Elemente der Geometrie

Harald Scheid · Wolfgang Schwarz

Elemente der Geometrie

5. Auflage

Springer Spektrum

Harald Scheid
Wuppertal, Deutschland

Wolfgang Schwarz
Wuppertal, Deutschland

ISBN 978-3-662-50322-5   ISBN 978-3-662-50323-2 (eBook)
DOI 10.1007/978-3-662-50323-2

Die Deutsche Nationalbibliothek verzeichnet diese Publikation in der Deutschen Nationalbibliografie; detaillierte bibliografische Daten sind im Internet über http://dnb.d-nb.de abrufbar.

Springer Spektrum

Planung: Dr. Andreas Rüdinger

Gedruckt auf säurefreiem und chlorfrei gebleichtem Papier

Springer Spektrum ist Teil von Springer Nature
Die eingetragene Gesellschaft ist Springer-Verlag GmbH Berlin Heidelberg

Vorwort

In den vergangenen Jahren haben die Reformbemühungen um die Verbesserung der Qualität und der Inhalte universitärer Ausbildung in den meisten Bundesländern zur Ablösung der grundständigen Lehramtsstudiengänge durch konsekutiv strukturierte Modelle geführt. Ein polyvalent angelegtes Bachelorstudium kann durch einen passend gestalteten Masterstudiengang zu einem Hochschulabschluss komplettiert werden, der nach den Bestimmungen der Lehramtsprüfungsordnungen als erste Staatsprüfung anerkannt wird. Vielfach werden schulartenspezifische Teilstudiengänge angeboten, grundsätzlich lässt sich aber die Vielfalt individuell konzipierter Bachelor-Master-Modelle nur schwer überschauen.

Das vorliegende Buch ist geprägt von dem Bemühen, den Studierenden elementare Grundlagen der Geometrie zu vermitteln, ebenso aber auch fachliche Vertiefungen dieser mit einer Vielzahl anderer mathematischer Teilgebiete verwobenen Disziplin anzubieten, die typischerweise im Hauptstudium einer grundständigen Lehrerausbildung angesprochen werden oder aber als Professionalisierungsinhalte einer polyvalenten mathematischen Ausbildung infrage kommen. Daher werden wesentlich mehr Themen angesprochen, als in einer einzelnen Lehrveranstaltung zu bewältigen sind. Dies ermöglicht nicht nur den Einsatz des Lehrbuchs in verschiedenen Lehrveranstaltungen der unterschiedlichsten Akzentuierungen und Niveaus, sondern bietet interessierten Studierenden auch die Möglichkeit der selbstständigen Weiterarbeit, was im Hinblick auf die Selbststudiumanteile in Bachelor- und Masterstudiengängen durchaus wertvoll ist.

Die Grundbegriffe der Geometrie werden zunächst der Anschauung entnommen; erst im letzten Kapitel wird eine Möglichkeit der Axiomatisierung der Geometrie vorgestellt. Wir tragen damit einer Eigenart der Geometrie Rechnung, die sie von anderen mathematischen Disziplinen unterscheidet: Die Anschaulichkeit ihrer Grundlagen erfordert immer wieder eine Standortbestimmung bei der Frage, welche Sachverhalte „klar" und welche beweisbedürftig sind. Im Rückgriff auf Schulkenntnisse werden häufiger Begriffe schon verwendet, ehe sie in einen systematischen Zusammenhang gestellt werden (z.B. Ähnlichkeit, Koordinatensystem, trigonometrische Funktionen). Dies soll die Arbeit mit dem Text nicht erschweren, sondern eher eine Motivation für die Systematisierung von Begriffsstrukturen schaffen.

Am Rande werden auch einige wenige Begriffe und Techniken aus dem Mathematikunterricht der Oberstufe angesprochen, etwa die Begriffe des Grenzwerts, der Ableitung oder des Integrals; dies unterstreicht, dass die Geometrie keinen isolierten Platz in der Mathematik einnimmt, sondern dass geometrische Inhalte und das Denken in geometrischen Kategorien teilgebietsübergreifend eine wichtige Rolle spielen. Viele Probleme der Geometrie lassen sich erst in algebraischen oder analytischen Begriffszusammenhängen so formulieren, dass sie erfolgreich bearbeitet werden können. Diese Erkenntnis vermitteln auch die ausgewählten weiterführenden Inhalte: Neben den

Standardthemen der schulischen Lehrpläne behandeln wir z. B. auch die Geometrie der komplexen Zahlen, die sphärische Trigonometrie, die Graphentheorie, endliche Geometrien und Modelle nichteuklidischer Geometrien.

Jeder Abschnitt endet mit einer kleinen Aufgabensammlung. Sie enthält in der Regel neben Routineaufgaben auch einige Aufgaben zum „Knobeln"; diese illustrieren eine wesentliche Komponente der Mathematik als allgemeinbildende Unterrichtsdisziplin, nämlich die Förderung des kreativen, fantasievollen Verhaltens beim Problemlösen. Zu allen Aufgaben sind Lösungen oder Lösungshinweise angegeben, schöner wäre es aber, wenn der Leser diese nicht zurate ziehen müsste.

Die jetzt vorliegende 5. Auflage der *Elemente der Geometrie* ist eine komplette Überarbeitung der vorangegangenen Auflage; sie weist neben der ausführlicheren Erläuterung mancher Zusammenhänge auch einige inhaltliche Ergänzungen auf, die aus den bisherigen Erfahrungen beim Einsatz dieses Buchs in universitären Lehrveranstaltungen resultieren. In Kapitel 4 wurde die Thematik „Bandornamente" umfangreich elementarmathematisch ausgebaut und auch die Klassifikation der Symmetriegruppen von Bandornamenten vorgenommen. Neu ist Kapitel 7 zum Thema „Projektive Geometrie"; hier handelt es sich im Kern um einen Beitrag unseres jungen Kollegen Sebastian Kitz, der sich im Rahmen seiner Dissertation intensiv mit den didaktischen Möglichkeiten der Thematik auseinandergesetzt und eine sehr erfolgreich evaluierte Lehrveranstaltung zur projektiven Geometrie durchgeführt hat.

Das vorliegende Werk deckt gemeinsam mit den beiden Büchern *Elemente der Arithmetik und Algebra* und *Elemente der Linearen Algebra und der Analysis*, die ebenfalls bei Springer Spektrum erschienen sind, den Kernbereich der reinen Mathematik auf elementarmathematischem Niveau ab.

Wuppertal,   Harald Scheid und Wolfgang Schwarz
Mai 2016

Inhaltsverzeichnis

Vorwort v

1   **Grundlagen der ebenen euklidischen Geometrie** 1
1.1   Punktmengen und Inzidenzbeziehungen 1
      Aufgaben.. 8
1.2   Längen, Winkel und Lagebeziehungen 9
      Aufgaben.. 15
1.3   Das Dreieck und seine Transversalen 16
      Aufgaben.. 30
1.4   Der Satz des Pythagoras 31
      Aufgaben.. 41
1.5   Winkel im Kreis........................... 43
      Aufgaben.. 50
1.6   Kreise und Geraden 52
      Aufgaben.. 58

2   **Geometrie im Raum** 59
2.1   Polyeder 59
      Aufgaben.. 63
2.2   Schrägbilder 64
      Aufgaben.. 68
2.3   Abwicklungen und Auffaltungen........................... 70
      Aufgaben.. 71
2.4   Zylinder und Kegel 72
      Aufgaben.. 75
2.5   Kugeln........................... 76
      Aufgaben.. 80

3   **Flächeninhalt und Volumen** 83
3.1   Flächeninhalt von Polygonen........................... 83
      Aufgaben.. 90
3.2   Kreisberechnung 92
      Aufgaben.. 99
3.3   Volumen von Körpern........................... 101
      Aufgaben.. 105
3.4   Kugelberechnung 108
      Aufgaben.. 112
3.5   Merkwürdige Punktmengen........................... 114
      Aufgaben.. 124

4   **Abbildungsgeometrie**........................... 125
4.1   Kongruenzabbildungen der Ebene 125
      Aufgaben.. 136

4.2 Symmetrien und Ornamente 137
     Aufgaben... 148
4.3 Abbildungsgeometrische Methoden 149
     Aufgaben... 155
4.4 Ähnlichkeitsabbildungen 157
     Aufgaben... 162
4.5 Anwendungen der zentrischen Streckung 164
     Aufgaben... 165
4.6 Affine Abbildungen 166
     Aufgaben... 172
4.7 Sätze der affinen Geometrie.................................... 174
     Aufgaben... 178
4.8 Affine Abbildungen im Raum 180
     Aufgaben... 184
4.9 Die Inversion am Kreis 184
     Aufgaben... 193

5   **Rechnerische Methoden** 195
5.1 Trigonometrie.. 195
     Aufgaben... 203
5.2 Komplexe Zahlen 204
     Aufgaben... 208
5.3 Analytische Geometrie 210
     Aufgaben... 224
5.4 Sphärische Trigonometrie....................................... 226
     Aufgaben... 231
5.5 Darstellung affiner Abbildungen 232
     Aufgaben... 239

6   **Kegelschnitte** 241
6.1 Definition der Kegelschnitte 241
6.2 Ellipsen 243
     Aufgaben... 250
6.3 Hyperbeln 251
     Aufgaben... 255
6.4 Parabeln 256
     Aufgaben... 259
6.5 Flächen zweiter Ordnung 261
     Aufgaben... 263
6.6 Pole und Polaren 264
     Aufgaben... 266

7   **Projektive Geometrie** 267
7.1 Fernelemente 267
     Aufgaben... 270

7.2   Doppelverhältnis, perspektive und projektive Grundgebilde 271

      Aufgaben. 281

7.3   Sätze von Pascal und Brianchon. 281

      Aufgaben. 286

7.4   Harmonische Punkte und Geraden, vollständiges Viereck und Vierseit 286

      Aufgaben. 289

8   Inzidenzstrukturen 291

8.1   Begriff der Inzidenzstruktur. 291

      Aufgaben. 295

8.2   Affine Ebenen. 296

      Aufgaben. 299

8.3   Graphen 300

      Aufgaben. 305

8.4   Planare Graphen 307

      Aufgaben. 317

9   Axiome der Geometrie 321

9.1   Ein Axiomensystem der ebenen euklidischen Geometrie 321

      Aufgaben. 327

9.2   Das Poincaré-Modell. 329

      Aufgaben. 332

9.3   Das Klein-Modell. 333

      Aufgaben. 336

Lösungen der Aufgaben. 337

Grundlagen der ebenen euklidischen Geometrie 337

Geometrie im Raum. 343

Flächeninhalt und Volumen 346

Abbildungsgeometrie 349

Rechnerische Methoden 354

Kegelschnitte 357

Projektive Geometrie 360

Inzidenzstrukturen 361

Axiome der Geometrie. 363

Namensverzeichnis 367

Sachverzeichnis 368

1 Grundlagen der ebenen euklidischen Geometrie

Übersicht

1.1 Punktmengen und Inzidenzbeziehungen 1
1.2 Längen, Winkel und Lagebeziehungen............................. 9
1.3 Das Dreieck und seine Transversalen 16
1.4 Der Satz des Pythagoras 31
1.5 Winkel im Kreis... 43
1.6 Kreise und Geraden 52

1.1 Punktmengen und Inzidenzbeziehungen

Seit Jahrtausenden hat sich die Menschheit mit Formen und Eigenschaften von Objekten ihrer Lebenswirklichkeit beschäftigt. In der Verarbeitung individueller Wahrnehmungen von Figuren des *Anschauungsraums* und der *Anschauungsebene* manifestieren sich die Anfänge der Geometrie, so zum Beispiel in steinzeitlichen Höhlenornamenten oder in Messungen von Strecken und Winkeln sowie in Berechnungen an einfachen geometrischen Figuren, die auf das zweite vorchristliche Jahrtausend zurückgehen. Allerdings wurden geometrische Erkenntnisse der Anschauung entnommen, erst mit THALES von Milet (ca. 625 - 545 v. Chr.) stellte sich das Bedürfnis ein, intuitiv gefundene Zusammenhänge zu *beweisen*, und die Geometrie wurde zu einer typisch mathematischen Disziplin. EUKLID von Alexandria (ca. 340 - ca. 270 v. Chr.) war der erste, der durch Auswahl „unmittelbar einsichtiger" Eigenschaften von Figuren der Anschauungsebene ein System von *Axiomen* (unbewiesenen Grund-Sätzen) der Geometrie aufstellte, aus dem sich alle damals bekannten Lehrsätze der Geometrie durch logische Schlüsse herleiten ließen; daher ist die Geometrie der Anschauungsebene und des Anschauungsraums untrennbar mit seinem Namen verbunden.

Den axiomatischen Aufbau der euklidischen Geometrie und auch anderer Geometrien werden wir am Ende dieses Buchs behandeln (Kap. 9). Zunächst aber wollen wir an die geometrische Anschauung und an die in der Schule erworbenen Grundkenntnisse der ebenen Geometrie anknüpfen.

Objektbereich der ebenen Geometrie ist eine Ebene (Anschauungsebene, Zeichen-ebene), welche man als eine Menge von Punkten auffassen kann. Jede Teilmenge der Menge der Punkte der Ebene nennt man eine ebene *Figur*. Die wichtigsten Figuren sind die *Geraden*, von denen wir folgende Eigenschaften festhalten:

(1) Jede Gerade enthält unendlich viele Punkte.
(2) Durch jeden Punkt gehen unendlich viele Geraden.
(3) Durch zwei verschiedene Punkte geht genau eine Gerade.
(4) Zwei verschiedene Geraden haben entweder keinen oder genau einen Punkt gemeinsam.

Sind A, B zwei verschiedene Punkte, dann nennt man die laut (3) eindeutig bestimmte Gerade durch A und B die *Verbindungsgerade* der Punkte A und B. Wir bezeichnen diese Gerade im Folgenden mit g_{AB} (Abb. 1.1.1).

Abb. 1.1.1 Verbindungsgerade

Sind g, h zwei verschiedene Geraden, die genau einen Punkt S gemeinsam haben, dann spricht man davon, dass g und h *sich schneiden* und nennt S den *Schnittpunkt* der Geraden g und h (Abb. 1.1.2).

Abb. 1.1.2 Schnittpunkt

Zwei Geraden g und h, welche sich *nicht* schneiden, haben folglich mehr als einen oder aber keinen Punkt gemeinsam. In beiden Fällen nennt man die Geraden g und h *parallel* und schreibt $g \| h$. Laut (3) sind zwei Geraden, die mindestens zwei gemeinsame Punkte haben, jedoch identisch. Deshalb gilt:

$$g \| h \iff g = h \quad \text{oder} \quad g \cap h = \emptyset$$

Die folgende Eigenschaft der Anschauungsebene ist das berühmte *Parallelenaxiom* (Abb. 1.1.3). Wir werden in Kap. 9 sehen, dass man auch ohne diese Eigenschaft sinnvoll geometrische Betrachtungen anstellen kann.

(5) Zu jeder Geraden g und zu jedem Punkt P existiert genau eine Gerade h mit

$$P \in h \quad \text{und} \quad g \| h.$$

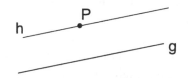

Abb. 1.1.3 Parallelenaxiom

Seit Euklid in dem Lehrbuch *Elemente* eine axiomatische Begründung der Geometrie angegeben hat, wurde immer wieder versucht, dieses „Parallelenpostulat" aus den übrigen von Euklid angegebenen Axiomen herzuleiten, es also als „Satz" zu formulieren und in der Menge der Axiome damit überflüssig zu machen. Erst über 2000 Jahre

nach Euklid begann man zu erkennen, dass man verschiedene Arten von „Geometrien"
betrachten kann, solche, in denen dieses „Postulat" gilt, und solche, in denen es nicht
gilt oder in denen eine gewisse Modifikation gilt. Man nennt allgemein eine Geometrie,
in der (5) gilt, eine *euklidische* Geometrie. Oft möchte man mit „euklidisch" aber auch
nur andeuten, dass man die Geometrie der Anschauungsebene bzw. des Anschauungsraums meint.

Über Euklid kursieren die folgenden Anekdoten:

Ein Schüler fragte, als er den ersten Satz gelernt hatte: „Was kann ich verdienen, wenn
ich diese Dinge lerne?" Da rief Euklid seinen Sklaven und sagte: „Gib ihm drei Obolen,
denn der arme Mann muss Geld verdienen mit dem, was er lernt."

Pharao Ptolemaios fragte einmal Euklid, ob es nicht für die Geometrie einen kürzeren
Weg gebe als die Lehre der *Elemente*. Er aber antwortete, es führe kein königlicher
Weg zur Geometrie.

Folgen wir also weiterhin dem von Euklid vorgezeichneten Weg zur Geometrie.
Gehen die Geraden g_1, g_2, ..., g_n durch einen gemeinsamen Punkt P, so heißen
diese Geraden *kopunktal* (Abb. 1.1.4).

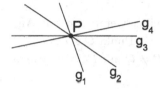

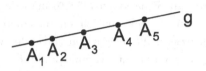

Abb. 1.1.4 Kopunktale Geraden   **Abb. 1.1.5** Kollineare Punkte

Liegen die Punkte A_1, A_2, ..., A_n auf einer gemeinsamen Geraden g, dann heißen die
Punkte *kollinear* (Abb. 1.1.5). Drei nicht-kollineare Punkte A, B, C bilden die Ecken
eines *Dreiecks*. Wir bezeichnen dieses
Dreieck mit

„Dreieck ABC"   oder   „ $\triangle ABC$ ".

Die drei Seiten eines Dreiecks liegen
stets auf drei nicht kopunktalen Geraden (Abb. 1.1.6).

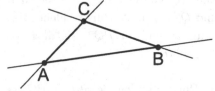

Abb. 1.1.6 Dreieck

Ist die Gerade g mit einem „Durchlaufsinn" versehen und ist $P \in g$, dann unterscheidet
man die Menge g_P^- aller Punkte von g, die *vor* P liegen, von der Menge g_P^+ aller Punkte
von g, die *hinter* P liegen (Abb. 1.1.7). Mit der Schreibweise $X <_g P$ für „X liegt auf
g vor P" ist dann

$$g_P^- = \{X \in g \mid X <_g P\},$$
$$g_P^+ = \{X \in g \mid P <_g X\}.$$

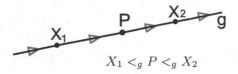

$$X_1 <_g P <_g X_2$$

Abb. 1.1.7 Durchlaufsinn

Abb. 1.1.8 Halbgeraden

Die Gerade g zerfällt dann in die paarweise disjunkten Punktmengen g_P^-, g_P^+, $\{P\}$. Man bezeichnet g_P^- und g_P^+ als *Halbgeraden* mit dem Anfangspunkt P oder auch als *Strahlen* (Abb. 1.1.8). Die Eigenschaften eines „Durchlaufsinns" einer Geraden g, also der Relation $<_g$, werden beim axiomatischen Aufbau der Geometrie durch die *Anordnungsaxiome* beschrieben (Abschn. 9.1). Dass die Notation an die Schreibweise für die Kleiner-Relation in der Menge $\mathbb{R}$ der reellen Zahlen erinnert, ist beabsichtigt; wir werden sehen, dass ein Durchlaufsinn einer Geraden – ebenso wie die Kleiner-Relation in $\mathbb{R}$ – Eigenschaften auf sich vereint, die ihn zu einer *strengen linearen Ordnungsrelation* machen.

In manchen Situationen möchte man diejenige Halbgerade einer Geraden g mit Anfangspunkt $P \in g$ kennzeichnen, die einen vorgegebenen weiteren Punkt $Q \in g$, $Q \neq P$ enthält bzw. nicht enthält. Im Folgenden wird für $P, Q \in g$, $P \neq Q$ mit PQ^+ diejenige Halbgerade von g mit Anfangspunkt P bezeichnet, die durch Q geht. Die dazu entgegengesetzte Halbgerade bezeichnen wir mit PQ^- (Abb. 1.1.9). Bei dieser Begriffswahl lassen sich diejenigen Punkte der Geraden g_{PQ}, die *zwischen* P und Q liegen, als Punkte identifizieren, die sowohl zu PQ^+ als auch zu QP^+ gehören.

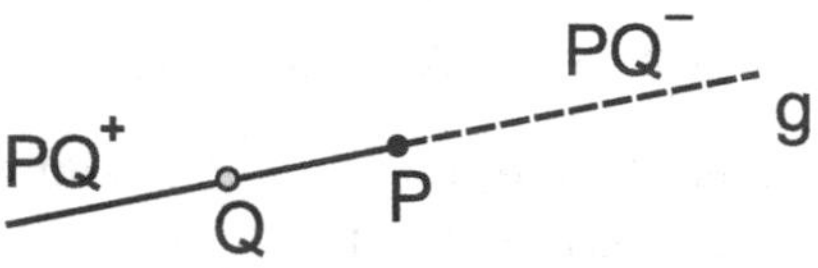

Abb. 1.1.9 Halbgeradennotation

Diese Punkte bilden die *Strecke* PQ; es ist also (Abb. 1.1.10)

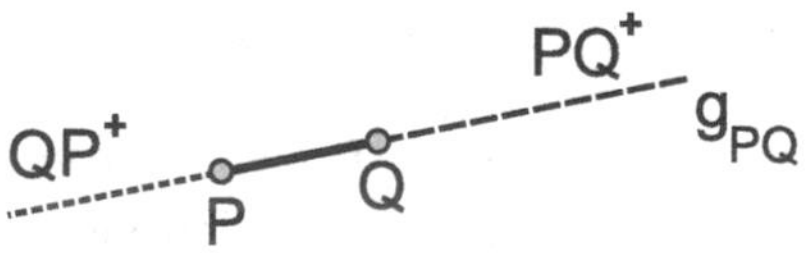

Abb. 1.1.10 Strecke

$$PQ = PQ^+ \cap QP^+.$$

Fügt man zu PQ noch die Punkte P und Q hinzu, dann erhält man die *abgeschlossene* Strecke mit den Endpunkten P und Q.

Auch der Begriff des Winkels lässt sich mithilfe von Halbgeraden erklären. Der *Winkel* mit dem *Scheitel* S und den *Schenkeln* p, q ist durch ein Halbgeradenpaar (p, q) mit gemeinsamem Anfangspunkt S gegeben; man schreibt dafür $\sphericalangle(p, q)$.

Manchmal ist es wichtig, zwischen den beiden Winkeln $\sphericalangle(p,q)$ und $\sphericalangle(q,p)$ zu unterscheiden – dies führt auf den Begriff des *orientierten* Winkels. In den meisten Fällen ist diese Unterscheidung aber nicht nötig. Liegt P auf p und Q auf q, dann schreibt man oft auch $\sphericalangle(p,q)=:\sphericalangle PSQ$ (Abb. 1.1.11).

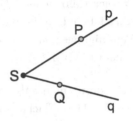

Abb. 1.1.11 Winkel

Ebenso wie eine Gerade durch jeden ihrer Punkte in zwei Halbgeraden zerlegt wird, zerteilt jede Gerade g die Ebene in zwei *Halbebenen* Σ_g^-, Σ_g^+.

Die Gerade g wird als die *Trägergerade* der beiden Halbebenen bezeichnet. Sie gehört zu keiner der Halbebenen; die Ebene zerfällt in die paarweise disjunkten Teilmengen Σ_g^-, Σ_g^+ und g (Abb. 1.1.12).

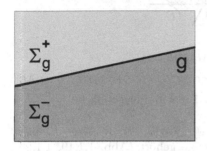

Abb. 1.1.12 Halbebenen

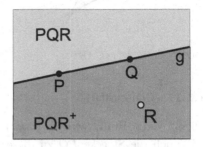

Abb. 1.1.13 Halbebenennotation

Beim axiomatischen Aufbau der Geometrie wird die durch eine Gerade herbeigeführte Zerlegung der Ebene in zwei Halbebenen durch die *Teilungsaxiome* festgelegt (Abschnitt 9.1).

Liegt R nicht auf der Geraden g_{PQ}, so kennzeichnen wir analog zur Notation bei Halbgeraden mit PQR^+ diejenige Halbebene bezüglich g_{PQ}, in der R liegt. Die dazu entgegengesetzte Halbebene bezüglich g_{PQ} wird mit PQR^- bezeichnet (Abb. 1.1.13).

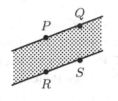

$PQR^+ \cap RSP^+$

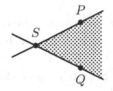

$SPQ^+ \cap SQP^+$

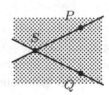

$SPQ^+ \cup SQP^+$

Abb. 1.1.14 Streifen   **Abb. 1.1.15** Winkelfeld   **Abb. 1.1.16** Winkelfeld

Die Schnittmenge zweier Halbebenen ist leer oder ein Streifen (Abb. 1.1.14), falls ihre Trägergeraden parallel sind; andernfalls ist die Schnittmenge ein *Winkelfeld* (Abb. 1.1.15). Auch die Vereinigungsmenge zweier Halbebenen mit nichtparallelen Trägergeraden ist ein Winkelfeld (Abb. 1.1.16).

Eine Dreiecksfläche kann man als Schnittmenge von drei Halbebenen darstellen (Abb. 1.1.17). Die Fläche eines konvexen Polygons kann man allgemein als eine Schnittmenge von Halbebenen auffassen (Abb. 1.1.18).

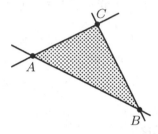

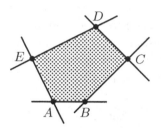

$$ABC = ABC^+ \cap BCA^+ \cap CAB^+$$

$$ABCDE =$$
$$ABC^+ \cap BCD^+ \cap CDE^+ \cap DEA^+ \cap EAB^+$$

Abb. 1.1.17 Dreiecksfläche

Abb. 1.1.18 Polygonfläche

Dabei heißt eine Punktmenge (Figur) $\mathbf{F}$ *konvex*, wenn mit je zwei Punkten $P, Q \in \mathbf{F}$ auch die Strecke PQ zu dieser Punktmenge gehört (Abb. 1.1.19, 1.1.20).

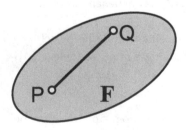

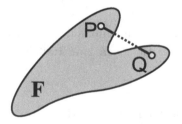

Abb. 1.1.19 Konvexe Figur

Abb. 1.1.20 Nicht-konvexe Figur

Wie schon Abb. 1.1.16 zeigt, ist die *Vereinigungsmenge* konvexer Figuren nicht notwendig wieder konvex; die *Schnittmenge* konvexer Figuren ist jedoch stets konvex. Sind nämlich $\mathbf{F}_1$, $\mathbf{F}_2$ konvex und $P, Q \in \mathbf{F}_1 \cap \mathbf{F}_2$, so gilt $PQ \subseteq \mathbf{F}_1$ und $PQ \subseteq \mathbf{F}_2$, also $PQ \subseteq \mathbf{F}_1 \cap \mathbf{F}_2$. Insbesondere ist die Schnittmenge $\mathcal{K}(\mathbf{F})$ aller konvexen Punktmengen, die eine vorgegebene Figur $\mathbf{F}$ enthalten, eine konvexe Figur. Man nennt $\mathcal{K}(\mathbf{F})$ die *konvexe Hülle* von $\mathbf{F}$.

Die konvexe Hülle der Zweipunkt-Menge $\{P, Q\}$ ist die Strecke PQ; die Dreiecksfläche aus Abb. 1.1.17 ist die konvexe Hülle der Punktmenge $\{A, B, C\}$. Allgemein ist die konvexe Hülle einer endlichen Punktmenge **F** mit mehr als zwei Punkten eine Polygonfläche (Abb. 1.1.21).

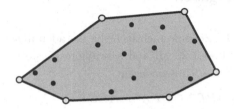

Abb. 1.1.21 Konvexe Hülle

Diese kann man sich als diejenige Fläche vorstellen, die von einem Gummiband umschlossen wird, das man auf einem Nagelbrett um Nägel spannt, die die einzelnen Punkte der Menge **F** repräsentieren. $\mathcal{K}(\mathbf{F})$ ist die *kleinste* konvexe Punktmenge, die **F** enthält, und $\mathcal{K}(\mathbf{F}) = \mathbf{F}$ gilt offenbar genau dann, wenn **F** konvex ist.

Zur Beschreibung von Figuren in der Ebene bedient man sich in der Analytischen Geometrie eines *Koordinatensystems*. Meistens benutzt man ein *kartesisches* Koordinatensystem, also ein solches, bei dem die Achsen zueinander rechtwinklig sind und gleich lange Einheitsstrecken haben.

Die Bezeichnung „kartesisch" geht auf den französischen Philosophen RENÉ DESCARTES (1596 - 1650) zurück, der seinen Namen zu CARTESIUS latinisierte und dessen Arbeiten für die Analytische Geometrie von grundlegender Bedeutung sind. Descartes und PIERRE DE FERMAT (1605 - 1661) stellten zu Beginn des 17. Jahrhunderts der synthetischen Geometrie klassisch-griechischer Tradition die Koordinatengeometrie an die Seite und ebneten damit den Weg für den Einzug rechnerischer Methoden in die Geometrie. Das Koordinatensystem fungiert dabei als Instrument der Übersetzung zwischen der Sprache der Algebra und der Sprache der Geometrie (Kap. 5).

Die Beschreibung von Punkten P durch ihre Koordinaten in der Form $P(x, y)$ und von Geraden g durch lineare *Gleichungen* der Gestalt

$$g : ax + by + c = 0 \quad \text{mit } (a, b) \neq (0, 0)$$

ist aus dem Mathematikunterricht in der Schule bekannt. Halbebenen H beschreibt man in der Form

$$H : ax + by + c < 0$$
$$\text{oder} \quad H : ax + by + c > 0$$

durch lineare *Ungleichungen* (Abb. 1.1.22).

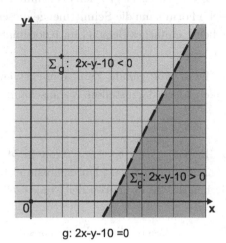

g: 2x-y-10 =0

Abb. 1.1.22 Halbebenen im Koordinatensystem

Aufgaben

1.1 Zeichne mehrfach die Geraden aus Abb. 1.1.23 ab und schraffiere die folgenden Punktmengen:

a) $ABD^+ \cap CFA^+ \cap AFC^+$

b) $DFE^+ \cap EFD^+ \cap DEF^+$

c) $BDC^- \cap DFE^-$

d) $AFB^+ \cap BDC^- \cap DFE^- \cap ABF^+$

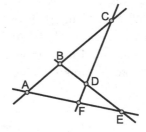

Abb. 1.1.23   Zu Aufgabe 1.1

1.2 a) Stelle die Fläche des nicht-konvexen Vierecks $ACDE$ in Abb. 1.1.23 als Vereinigungsmenge von Schnittmengen von Halbebenen dar.

b) Stelle die Fläche des „überschlagenen" Vierecks $BCFE$ in Abb. 1.1.23 mithilfe von Halbebenen dar.

1.3 Zeichne in einem kartesischen Koordinatensystem:

a) Die Gerade $g : 3x - 4y + 2 = 0$

b) Die Halbgerade $p : 2x + y - 3 = 0$ und $x > 1$

c) Die Strecke $s : x + 2y - 5 = 0$ und $2 < y < 4$

d) Die Halbebene $H : 5x - 2y + 1 > 0$

1.4 Zwei Winkelfelder seien als Schnittmengen von jeweils zwei Halbebenen definiert. Welche Form kann die Schnittmenge dieser Winkelfelder haben? Gib für jeden Fall ein möglichst einfaches Beispiel im Koordinatensystem an.

1.5 Ist n eine gerade Zahl, dann ist ein konvexes n-Eck als Schnittmenge von $\frac{n}{2}$ Winkelfeldern darzustellen. Veranschauliche dies an geeigneten Zeichnungen für $n = 4, 6, 8$.

1.6 Es sei $g : ax + by + c = 0$ mit $(a, b) \neq (0,0)$ eine Gerade im Koordinatensystem. Beschreibe auf g einen „Durchlaufsinn" mithilfe der Ordnungsbeziehungen $<, >, =$ zwischen den Koordinaten der Punkte P_1 und P_2..

1.7 Zeige, dass für die zu Beginn des Abschnitts gelisteten Eigenschaften von Geraden gilt: Eigenschaft (4) folgt aus Eigenschaft (3).

1.8 Zeichne die Vierecke aus Aufgabe 1.2 und ihre konvexen Hüllen.

1.9 Auf einer Kugel, z. B. auf der Erdkugel, verläuft die kürzeste Verbindung zweier Punkte längs eines *Großkreises*; dies ist der Schnittkreis der Kugelfläche mit einer Ebene durch den Mittelpunkt der Kugel. Daher versteht man unter einer Geraden auf einer Kugelfläche einen Großkreis. Die damit zu erklärende Geometrie auf einer Kugelfläche nennt man *sphärische Geometrie*.

a) Zeige, dass in der sphärischen Geometrie das Parallelenaxiom nicht gilt.

b) Versuche in der sphärischen Geometrie Halbgeraden zu definieren.

c) Welche Probleme gibt es bei der Definition des Begriffs „Strecke"?

1.2   Längen, Winkel und Lagebeziehungen

Zwei Geraden haben wir parallel genannt, wenn sie entweder identisch waren oder aber keinen Punkt gemeinsam hatten.

Wir übertragen nun den Parallelitätsbegriff auf Strecken und Halbgeraden und nennen diese Figuren *parallel*, wenn sie auf zueinander parallelen Geraden liegen. Entsprechend erklärt man die Parallelität von Strecken und Halbgeraden, Strecken und Geraden, Halbgeraden und Geraden usw. (Abb. 1.2.1):

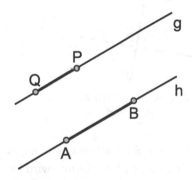

$$g\|h, \quad \text{also auch} \quad PQ\|AB,$$

$$PQ\|BA^+, \; PQ^-\|BA^+, \; PQ^+\|h, \; \ldots$$

Abb. 1.2.1   Parallelität

In gleicher Weise verfahren wir mit dem Begriff der *Orthogonalität*. Man nennt zunächst zwei Geraden g, h in der Ebene zueinander *orthogonal* oder *rechtwinklig* (in Zeichen: $g\perp h$), wenn jede der Geraden bei Spiegelung an der anderen auf sich selbst abgebildet wird. In Zeichnungen kennzeichnet man die Rechtwinkligkeit durch einen Viertelkreis mit einem Punkt darin (Abb. 1.2.2).

Figuren wie Strecken und Halbgeraden nennt man zueinander orthogonal oder rechtwinklig, wenn sie auf zueinander rechtwinkligen Geraden liegen. In Abb. 1.2.3 gilt $g\perp h$ und $AB \subset g$, $CD \subset h$, deshalb ist

$$AB\perp CD, \; AB\perp h, \; AB\perp CD^+, \; AB^-\perp CD, \; AB^+\perp CD^-, \ldots$$

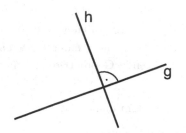

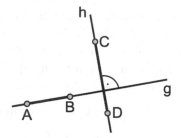

Abb. 1.2.2 Orthogonalität von Geraden   **Abb. 1.2.3** Orthogonalität

Zwischen Parallelität und Orthogonalität besteht der folgende Zusammenhang, der bei Konstruktionsaufgaben nutzbringend einzusetzen ist:

Ist die Gerade g zu jeder der Geraden h und k orthogonal, dann sind h und k parallel (Abb. 1.2.4). Sind die Geraden h und k zueinander orthogonal und ist g parallel zu h, dann ist auch g orthogonal zu k (Abb. 1.2.5).

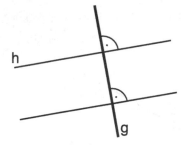

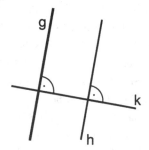

Abb. 1.2.4 Orthogonalität   **Abb. 1.2.5** Parallelität
              und Parallelität   und Orthogonalität

Die *Länge einer Strecke* kann man angeben, wenn eine Einheitsstrecke und damit eine Maßeinheit gegeben ist. Damit wird es möglich, die *Entfernung zweier Punkte* und den *Abstand eines Punktes von einer Geraden* zu erklären.

Unter der Entfernung $d(A, B)$ zweier Punkte A, B versteht man für $A \neq B$ die Länge der Strecke AB, und für $A = B$ setzt man $d(A, A) = 0$. Eine neben $|AB|$ übliche Bezeichnung für die Länge der Strecke AB ist $\overline{AB}$; damit gilt dann $d(A, B) = \overline{AB} = |AB|$.

Unter dem Abstand $d_g(A)$ des Punktes A von der Geraden g versteht man für $A \notin g$ die Entfernung $d(A, L)$ der Punkte A und L, wobei L der Schnittpunkt von g mit der zu g orthogonalen Geraden ℓ durch A ist (Abb. 1.2.6). Man nennt ℓ die *Lotgerade* oder das *Lot* von A auf g und bezeichnet L als den *Lotfußpunkt* von A auf g. Für $A \in g$ setzt man natürlich $d_g(A) = 0$.

Der *Abstand* eines Punktes A von einer Geraden g ist also die kleinste *Entfernung*, die ein Punkt der Geraden g von A haben kann.

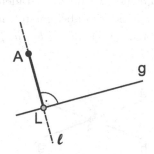 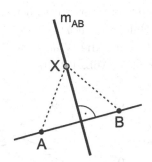

Abb. 1.2.6 Lotgerade   **Abb. 1.2.7** Mittelsenkrechte

Die zu einer Strecke AB orthogonale Gerade durch den Mittelpunkt der Strecke nennt man das *Mittellot* oder die *Mittelsenkrechte* von AB und bezeichnet sie mit m_{AB}. Auf dem Mittellot liegen alle Punkte X, die von A und B gleich weit entfernt sind, für die also $d(X, A) = d(X, B)$ gilt (Abb. 1.2.7).

Durch einen Winkel sind zwei (komplementäre) Winkelfelder festgelegt. Wir wollen künftig von der *Größe eines Winkels* sprechen, meinen damit aber immer die *Größe eines Winkelfelds*. Diese wird in Grad (°) gemessen, wobei man den *Vollwinkel* mit 360° angibt. (Die Maßzahlen für Winkelgrößen gehen ebenso wie die Maßzahlen unserer Zeitmessung auf die babylonische Mathematik zurück, wo man im 60er-System rechnete.) Der *gestreckte Winkel* misst dann 180°, der *rechte Winkel* 90° (Abb. 1.2.8).

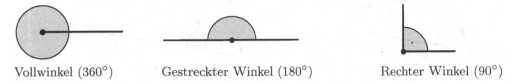

Vollwinkel (360°)   Gestreckter Winkel (180°)   Rechter Winkel (90°)

Abb. 1.2.8 Spezielle Größen von Winkelfeldern I

Ist die Größe eines Winkels α kleiner als die Größe eines Winkels β, so sagt man einfachheitshalber, α sei kleiner als β, und schreibt $\alpha < \beta$. Winkel, die kleiner als ein rechter Winkel sind, nennt man *spitze* Winkel. Diejenigen Winkel, die zwischen einem rechten und einem gestreckten Winkel liegen, heißen *stumpfe* Winkel; solche, die größer als gestreckte Winkel sind, heißen *überstumpfe* Winkel (Abb. 1.2.9).

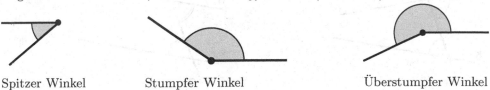

Spitzer Winkel   Stumpfer Winkel   Überstumpfer Winkel

Abb. 1.2.9 Spezielle Größen von Winkelfeldern II

Das Winkelfeld (der „Winkel") ist immer durch einen Kreisbogen zu kennzeichnen.

Der Schnittpunkt S zweier sich schneidender Geraden g und h zerlegt jede der Geraden in die beiden Halbgeraden g^+, g^- bzw. h^+, h^- mit Anfangspunkt S; dabei entstehen zwischen den Geraden die Winkel $\sphericalangle(g^+, h^+)$, $\sphericalangle(h^+, g^-)$, $\sphericalangle(g^-, h^-)$ und $\sphericalangle(h^-, g^+)$ mit dem Scheitel S (Abb. 1.2.10).

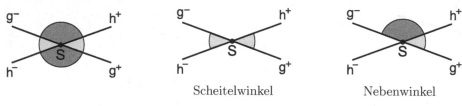

Scheitelwinkel   Nebenwinkel

Abb. 1.2.10   Winkel zwischen Geraden

Einander gegenüberliegende Winkel wie etwa $\sphericalangle(g^+, h^+)$ und $\sphericalangle(g^-, h^-)$ sind gleich groß und werden *Scheitelwinkel* (voneinander) genannt.
Benachbarte Winkel wie $\sphericalangle(g^+, h^+)$ und $\sphericalangle(h^+, g^-)$ heißen *Nebenwinkel* (voneinander), sie ergänzen sich zu einem gestreckten Winkel.

Schneidet eine Gerade g die Geraden h und k, so nennt man die auf den gleichen Seiten von g bzw. h und k liegenden Winkel *Stufenwinkel* (Abb. 1.2.11).

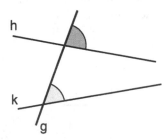

Abb. 1.2.11   Stufenwinkel

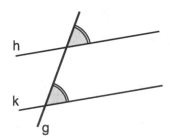

Abb. 1.2.12   Stufenwinkel an
                  parallelen Geraden

Diese Winkel sind genau dann gleich groß, wenn h und k parallel sind (Abb. 1.2.12).

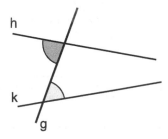

Abb. 1.2.13   Wechselwinkel

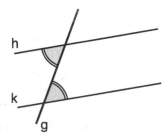

Abb. 1.2.14   Wechselwinkel an
                  parallelen Geraden

Ersetzt man einen der beiden Stufenwinkel durch seinen Scheitelwinkel, so ergibt sich ein Paar von *Wechselwinkeln* (Abb. 1.2.13). Auch diese sind genau dann gleich groß, wenn die Geraden h und k parallel sind (Abb. 1.2.14).

Diejenige Gerade w durch den Scheitel S eines Winkels $\sphericalangle(p,q)$, die das zugehörige Winkelfeld halbiert, heißt die *Winkelhalbierende* des Winkels $\sphericalangle(p,q)$. Auf der Winkelhalbierenden von $\sphericalangle(p,q)$ liegen alle Punkte X, die von den Schenkeln p und q des Winkels den gleichen Abstand haben, für die also $d_p(X) = d_q(X)$ gilt (Abb. 1.2.15). Da sich ein Winkel und sein Nebenwinkel stets zu einem gestreckten Winkel ergänzen, begrenzen die Winkelhalbierenden eines Winkels und seines Nebenwinkels das Winkelfeld eines rechten Winkels und sind folglich orthogonal (Abb. 1.2.16).

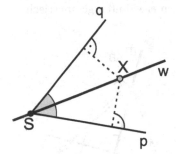

Abb. 1.2.15 Winkelhalbierende

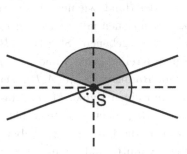

Abb. 1.2.16 Winkelhalbierende eines Nebenwinkelpaars

Zu jedem gegebenen Winkel lässt sich die Winkelhalbierende mithilfe von Zirkel und Lineal konstruieren, ebenso wie die Mittelsenkrechte einer vorgegebenen Strecke. Für diese beiden geometrischen Grundkonstruktionen benutzt man besondere Eigenschaften der Diagonalen einer *Raute (Rhombus)*, worunter man ein Viereck mit vier gleich langen Seiten versteht. In Abb. 1.2.17 sind die Punkte D und B von den Punkten A und C jeweils gleich weit entfernt:

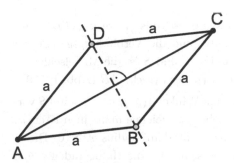

Abb. 1.2.17 Raute

$$d(A,D) = d(C,D) = a = d(A,B) = d(C,B)$$

Folglich liegen B und D auf der Mittelsenkrechten m_{AC} der Strecke AC, und es gilt $m_{AC} = g_{BD}$, denn die eindeutig bestimmte Gerade durch die beiden Punkte B und D ist ihre Verbindungsgerade g_{BD}. Bei der Spiegelung an g_{BD} wird daher C auf A und deshalb das Dreieck BDC auf das Dreieck BDA abgebildet, sodass die Winkel $\sphericalangle ABD$ und $\sphericalangle CBD$ sowie die Winkel $\sphericalangle BDA$ und $\sphericalangle BDC$ gleich groß sind. In gleicher Weise ergibt sich, dass die Mittelsenkrechte m_{BD} der Strecke BD durch die Verbindungsgerade g_{AC} der Punkte A und C gegeben ist und dass g_{AC} die Winkelhalbierende der Winkel $\sphericalangle BAD$ und $\sphericalangle BCD$ ist.

Insgesamt haben wir die in Abb. 1.2.18 festgehaltenen Eigenschaften einer Raute erkannt:

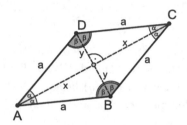

Die Diagonalen einer Raute schneiden sich orthogonal. Sie halbieren sich gegenseitig, und sie halbieren die Winkel der Raute.

Abb. 1.2.18 Symmetrieeigenschaften der Raute

Es liegt auf der Hand, wie man diese Erkenntnis für die oben erwähnten geometrischen Grundkonstruktionen mit Zirkel und Lineal nutzen kann.

Zu einer vorgegebenen Strecke AB zeichne man Kreise k_1 um A und k_2 um B mit dem Radius $r > \frac{1}{2}d(A, B)$. Da der Kreis um einen Punkt M mit Radius ρ genau diejenigen Punkte enthält, welche von M die Entfernung ρ haben, gilt für die Schnittpunkte S und T der Kreise k_1 und k_2:

$$r = \overline{SA} = \overline{SB} = \overline{TA} = \overline{TB}$$

Deshalb ist das Viereck $ATBS$ eine Raute, und die Verbindungsgerade der Punkte T und S ist die Mittelsenkrechte m_{AB} der Strecke AB (Abb. 1.2.19).

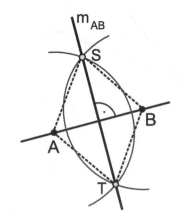

Abb. 1.2.19 Konstruktion einer Mittelsenkrechten

Ist ein Winkel $\sphericalangle(p, q)$ mit Scheitel S vorgegeben, so zeichne man einen Kreis k_1 um S mit dem Radius $r > 0$. Dieser Kreis schneidet die Halbgeraden p und q in Punkten A und B, die von S die Entfernung r haben. Ist dann T der von S verschiedene Schnittpunkt der Kreise um A und B mit dem Radius r, dann ist das Viereck $SATB$ eine Raute, in der die Verbindungsgerade der Punkte T und S die Winkelhalbierende w des Winkels $\sphericalangle(p, q)$ ist (Abb. 1.2.20).

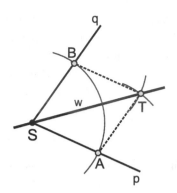

Abb. 1.2.20 Konstruktion einer Winkelhalbierenden

Auch die Konstruktion des Lotes ℓ von einem Punkt A auf eine Gerade g und der Parallelen h zu einer Geraden g durch den Punkt A (Abb. 1.2.21 und Abb. 1.2.22) beruhen auf den Eigenschaften der Raute. Man beachte: Aus den Symmetrien der Raute ergibt sich, dass einander gegenüberliegende Seiten parallel sind (Aufgabe 1.12).

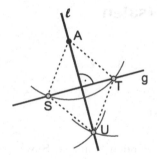

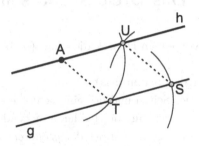

Abb. 1.2.21 Konstruktion einer Lotgeraden

Abb. 1.2.22 Konstruktion einer Parallelen

Durch die Diagonalen AC und BD wird die Raute in Abb. 1.2.18 in vier Dreiecke mit gleichen Seitenlängen und gleichen Winkeln zerlegt. Dreiecke wie diese, in denen jedes eine exakte Kopie des anderen ist, nennt man *kongruente Dreiecke*.

Von *ähnlichen Dreiecken* ist die Rede, wenn zwei Dreiecke in den Winkeln übereinstimmen (Abb. 1.2.23). Das geht auch dann, wenn die Seitenlängen der Dreiecke verschieden sind, allerdings müssen die Seitenlängen des einen Dreiecks zu den entprechenden Seitenlängen des anderen Dreiecks in einem festen Verhältnis k stehen.

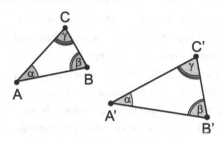

Abb. 1.2.23 Ähnliche Dreiecke

In Abb. 1.2.23 ist $k = \frac{3}{2}$, d. h. es gilt $\overline{A'B'} = \frac{3}{2}\overline{AB}$, $\overline{A'C'} = \frac{3}{2}\overline{AC}$, $\overline{B'C'} = \frac{3}{2}\overline{BC}$, ...

Man kann damit die Vorstellung verbinden, dass das eine Dreieck aus dem anderen Dreieck (abgesehen von der Lage in der Ebene) durch eine „maßstabsgerechte" Verkleinerung oder Vergrößerung hervorgeht. Näher werden wir uns mit dem Begriff der Ähnlichkeit von Figuren in Kap. 4 auseinandersetzen.

Aufgaben

1.10 Konstruiere die Winkelhalbierenden der Innenwinkel und der Außenwinkel eines Dreiecks mit den Seitenlängen 4 cm, 5 cm und 6 cm.

1.11 Bestimme in einem kartesischen Koordinatensystem die Gleichung der Mittelsenkrechten von AB mit $A(3,4)$ und $B(7,10)$.

1.12 Wir haben eine Raute als ein Viereck mit vier gleich langen Seiten eingeführt. Folgere aus den in Abb. 1.2.18 dokumentierten Symmetrien, dass einander gegenüberliegende Seiten der Raute parallel sind. (Rauten sind spezielle *Parallelogramme*.)

1.3 Das Dreieck und seine Transversalen

Wenn von einem Dreieck die Länge(n) bzw. Größe(n)

(1) der drei Seiten (**sss**);

(2) zweier Seiten und des eingeschlossenen Winkels (**sws**);

(3) einer Seite und der beiden anliegenden Winkel (**wsw**);

(4) zweier Seiten und des der *größeren* Seite gegenüberliegenden Winkels (**Ssw**)

bekannt sind, dann ist dieses Dreieck eindeutig zu konstruieren. Die *Eindeutigkeit* ist der Inhalt der im Schulunterricht behandelten *Kongruenzsätze*.

Man beachte aber, dass in der Formulierung oben die *Existenz* eines Dreiecks der vorgegebenen Art überhaupt nicht in Frage gestellt wird – von einem Dreieck sind bestimmte Stücke (Seiten bzw. Winkel) bekannt, also existiert dieses Dreieck zwangsläufig!

Fakt ist, dass man nicht zu jedem Datensatz ein Dreieck mit den geforderten Eigenschaften konstruieren kann. So besitzt etwa die Konstruktionsaufgabe, ein Dreieck mit den Seitenlängen 3 cm, 4 cm und 8 cm zu konstruieren, keine Lösung; in jedem Dreieck ist nämlich die Summe der Längen zweier Seiten größer als die Länge der dritten Seite. Dieser Sachverhalt trägt den Namen *Dreiecksungleichung* (Abb. 1.3.1).

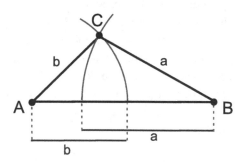

Abb. 1.3.1 Dreiecksungleichung

Bei der Vorgabe zweier Seiten und des von ihnen eingeschlossenen Winkels in (2) muss der eingeschlossene Winkel natürlich kleiner als 180° sein, damit das Dreieck konstruierbar ist.

In der Situation (3) ist mit zwei Winkeln auch der dritte Winkel bekannt, denn die Winkelsumme im Dreieck beträgt 180° (*Winkelsummensatz*).

Dieser Sachverhalt ist eine Folgerung aus dem Parallelenaxiom und der Tatsache, dass Wechselwinkel an parallelen Geraden gleich groß sind (Abb. 1.3.2).

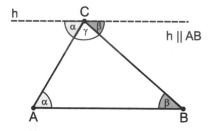

Abb. 1.3.2 Winkelsummensatz

In der Situation (4) ist es unverzichtbar, dass der der *größeren* zweier unterschiedlich langer Dreiecksseiten gegenüberliegende Winkel bekannt ist!

Anderenfalls wäre ein mögliches Dreieck zu den gegebenen Daten nicht eindeutig bestimmt:

Sind zwei unterschiedlich lange Seiten und der der *kleineren* Seite gegenüberliegende Winkel gegeben und ist ein Dreieck aus den Daten konstruierbar, so lassen sich zwei nichtkongruente Lösungen angeben (Abb. 1.3.3).

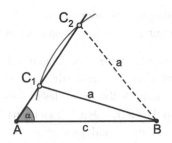

Abb. 1.3.3 Zum Kongruenzssatz Ssw

Die Nebenwinkel α', β', γ' der *Innenwinkel* α, β, γ eines Dreiecks werden als die *Außenwinkel* des Dreiecks bezeichnet (Abb. 1.3.4).

In jedem Dreieck ist jeder Innenwinkel kleiner als ein ihm nicht anliegender Außenwinkel, in Abb. 1.3.4 gilt also

$$\alpha < \beta', \ \alpha < \gamma'$$

und entsprechend

$$\beta < \alpha', \ \beta < \gamma', \ \gamma < \alpha', \ \gamma < \beta'.$$

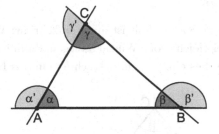

Abb. 1.3.4 Außenwinkel im Dreieck

Dies folgt aus dem Winkelsummensatz für Dreiecke: Jeder Innenwinkel wird sowohl durch die beiden anderen Innenwinkel als auch durch den ihm anliegenden Außenwinkel zu einem gestreckten Winkel ergänzt. Daher gilt

$$\alpha' = \beta + \gamma, \quad \beta' = \alpha + \gamma, \quad \gamma' = \alpha + \beta.$$

Ein Dreieck mit drei gleich langen Seiten nennt man ein *gleichseitiges* Dreieck. Im gleichseitigen Dreieck sind auch alle Innenwinkel gleich groß, messen also jeweils 60°. Dies folgt unmittelbar aus den Kongruenzsätzen:

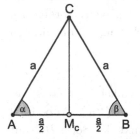
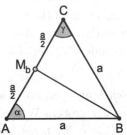

Abb. 1.3.5 Innenwinkel im gleichseitigen Dreieck

Im gleichseitigen Dreieck ABC sei a die einheitliche Seitenlänge und M_c der Mittelpunkt der Strecke AB (Abb. 1.3.5). Dann sind $\triangle AM_cC$ und $\triangle BM_cC$ kongruent (sss), stimmen also insbesondere in ihren Winkeln überein, sodass $\alpha = \beta$ gilt. In gleicher Weise erkennt man $\alpha = \gamma$; insgesamt ergibt sich $\alpha = \beta = \gamma = 60°$.

Ein Dreieck mit zwei gleich langen Seiten heißt *gleichschenklig*; die dritte Seite
bezeichnet man als die *Basis* des gleichschenkligen Dreiecks. Jedes gleichseitige Dreieck ist insbesondere auch gleichschenklig. Wie eben ergibt sich aus dem
Kongruenzsatz (sss), dass die der Basis anliegenden Winkel im gleichschenkligen Dreieck gleich groß sind (Abb.
1.3.6).

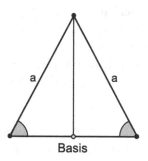

Abb. 1.3.6 Gleichschenkliges Dreieck

Dieser Sachverhalt ist auch umkehrbar: Wenn im Dreieck ABC einer Dreiecksseite d zwei gleich große Winkel anliegen, dann ist $\triangle ABC$ gleichschenklig und hat d als Basis. Um dies einzusehen, betrachte man das Dreieck ABC in Abb. 1.3.7 mit $\alpha = \beta$.

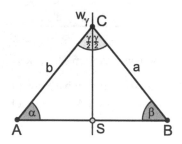

Abb. 1.3.7 $\alpha = \beta \Rightarrow a = b$

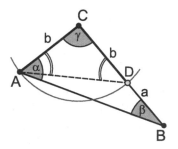

Abb. 1.3.8 $a > b \Rightarrow \alpha > \beta$

Bezeichnet dann S den Schnittpunkt der Winkelhalbierenden w_γ mit der Dreiecksseite AB, so gilt $\sphericalangle ASC = \sphericalangle BSC$ $(= 90°)$, weil die Dreiecke ASC und BSC in zwei Winkeln und deshalb in allen drei Winkeln übereinstimmen (und weil zwei gleich große Winkel, die sich zu einem gestreckten Winkel ergänzen, rechte Winkel sein müssen). Nach Kongruenzsatz (wsw) sind $\triangle ASC$ und $\triangle BSC$ kongruent, woraus sich $a = b$ ergibt. Genau dann sind also zwei Dreiecksseiten gleich lang, wenn die den Seiten gegenüberliegenden Winkel gleich groß sind.

Im Fall nicht gleich langer Seiten bzw. nicht gleich großer Winkel liegt stets der größeren Seite auch der größere Winkel gegenüber. Im Dreieck ABC aus Abb. 1.3.8 gelte $a = \overline{BC} > \overline{AC} = b$. Es bezeichne nun D den Schnittpunkt der Seite BC mit dem Kreis um C mit Radius b. Dann ist $\sphericalangle ADC > \beta$, denn $\sphericalangle ADC$ ist ein dem Winkel β nicht anliegender Außenwinkel im Dreieck ABD. Ferner gilt $\sphericalangle ADC = \sphericalangle DAC$, denn $\triangle ADC$ ist gleichschenklig mit Basis AD. Schließlich folgt mit dem Winkelsummensatz für Dreiecke $\sphericalangle DAC < \alpha$, denn $\alpha = 180° - \gamma - \beta > 180° - \gamma - \sphericalangle ADC = \sphericalangle DAC$. Durch Zusammensetzen der einzelnen Ungleichungen erhält man $\alpha > \beta$.

Auch hier gilt die Umkehrung: Aus $\alpha > \beta$ folgt $a > b$. Einerseits ist nämlich $a = b$ nicht möglich (dann wäre $\alpha = \beta$; gleichschenkliges Dreieck), andererseits kann nicht $b > a$ gelten, weil dann, wie wir eben gesehen haben, $\beta > \alpha$ sein müsste.

Zum Beweis der oben zusammengestellten elementaren Aussagen über Dreiecke haben wir die Kongruenzsätze benutzt. Diese würde man bei einer axiomatischen Grundlegung der Geometrie aus den *Bewegungsaxiomen* folgern (Abschn. 9.1), was aber an dieser Stelle unterbleiben soll. Statt dessen wollen wir uns nun komplizierteren geometrischen Sachverhalten im Zusammenhang mit Dreiecken zuwenden; wir beginnen dabei mit den Mittelsenkrechten der Seiten eines Dreiecks, welche man kurz die *Mittelsenkrechten des Dreiecks* nennt.

Satz 1.1 (Mittelsenkrechte im Dreieck)
Die Mittelsenkrechten eines Dreiecks ABC schneiden sich in einem Punkt M. Dieser Punkt M ist Mittelpunkt eines Kreises k durch alle Ecken des Dreiecks, den man den Umkreis *des Dreiecks nennt; entsprechend bezeichnet man M als den* Umkreismittelpunkt *des Dreiecks.*

Beweis 1.1 Alle Punkte der Mittelsenkrechten m_{AB} der Dreiecksseite AB haben vom Punkt A die gleiche Entfernung wie vom Punkt B. Alle Punkte der Mittelsenkrechten m_{BC} der Dreiecksseite BC haben vom Punkt B die gleiche Entfernung wie vom Punkt C. Deshalb gilt für den Schnittpunkt M der Mittelsenkrechten m_{AB} und m_{BC} offenbar

$$d(M, A) = d(M, B) \text{ und } d(M, B) = d(M, C), \text{ also auch } d(M, A) = d(M, C).$$

Daher liegt M auf der Mittelsenkrechten m_{AC} der Dreiecksseite AC, womit gezeigt ist, dass sich die Mittelsenkrechten eines Dreiecks in einem Punkt schneiden. Der Kreis k um M mit dem Radius $r = \overline{MA} = \overline{MB} = \overline{MC}$ trifft dann alle Ecken des Dreiecks.
□

In Abb. 1.3.9 sind zwei Dreiecke mit ihren Umkreisen abgebildet. Man erkennt, dass bei einem Dreieck mit einem stumpfen Winkel der Umkreismittelpunkt außerhalb der Dreiecksfläche liegt.

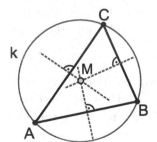 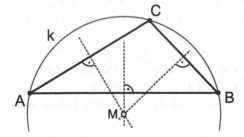

Abb. 1.3.9 Umkreismittelpunkt des Dreiecks

Unter den *Höhen* eines Dreiecks versteht man die Lote (Lotgeraden) von den Ecken eines Dreiecks auf seine gegenüberliegenden Seiten. Man bezeichnet die Strecken vom

Eckpunkt bis zum zugehörigen Lotfußpunkt ebenfalls als Höhen; auch für die Längen dieser Strecken ist die Bezeichnung Höhen üblich. Aus dem Zusammenhang muss jeweils entnommen werden, was genau mit *Höhe* gerade gemeint ist.

Satz 1.2 (Höhen im Dreieck)
Die Höhen eines Dreiecks schneiden sich in einem Punkt H.

Beweis 1.2 Durch eine geschickte Konstruktion kann man Satz 1.2 auf Satz 1.1 zurückführen.

Ist das Dreieck ABC gegeben, so zeichne man die Parallelen der Verbindungsgeraden g_{AB}, g_{AC}, g_{BC} durch die jeweils dritte Ecke C, B, A von $\triangle ABC$. Je zwei dieser Parallelen schneiden sich; ihre Schnittpunkte A', B', C' bilden die Ecken eines zu $\triangle ABC$ ähnlichen Dreiecks $A'B'C'$ (Abb. 1.3.10).

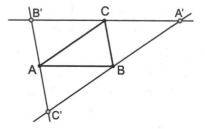

Abb. 1.3.10 Mittendreieck

Die Punkte A, B, C sind die Mittelpunkte der Seiten von $\triangle A'B'C'$, sodass $\triangle ABC$ das *Mittendreieck* von $\triangle A'B'C'$ ist. Dies folgt aus der Tatsache, dass Wechselwinkel an Parallelen gleich groß sind und daher laut Kongruenzsatz (wsw) die Dreiecke BAC', $CB'A$, $A'CB$ alle zu $\triangle ABC$ kongruent sind. Die Höhen von $\triangle ABC$ sind daher die Mittelsenkrechten von $\triangle A'B'C'$ (Abb. 1.3.11).

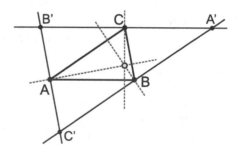

Abb. 1.3.11 Höhen im Mittendreieck

Diese schneiden sich nach Satz 1.1 jedoch in einem Punkt. Damit ist Satz 1.2 bewiesen.

□

Aus der entsprechenden Feststellung für die Mittelsenkrechten ergibt sich, dass der Höhenschnittpunkt H bei einem Dreieck mit einem stumpfen Winkel außerhalb der Dreiecksfläche liegt.

So wie jedes Dreieck ABC das Mittendreieck eines eindeutig bestimmten anderen Dreiecks $A'B'C'$ ist, kann man das Mittendreieck eines gegebenen Dreiecks konstruieren, indem man die Seitenmittelpunkte des gegebenen Dreiecks miteinander verbindet. Dass dann die Seiten des Dreiecks und die entsprechenden Seiten seines Mittendreiecks *parallel* sind, besagt die Umkehrung des *1. Strahlensatzes*. Auf die Strahlensätze werden wir in Abschn. 4.4 noch näher eingehen; hier sollen sie aber schon kurz dargestellt werden, da wir uns im Folgenden öfter auf sie berufen müssen.

Werden zwei Strahlen mit dem gemeinsamen Anfangspunkt Z von zwei parallelen Geraden in den Punkten A, B bzw. A', B' geschnitten, so gilt (Abb. 1.3.12):

$$\overline{ZA} : \overline{ZA'} \;=\; \overline{ZB} : \overline{ZB'}$$

(Erster Strahlensatz)

$$\overline{AB} : \overline{A'B'} \;=\; \overline{ZA} : \overline{ZA'}$$

(Zweiter Strahlensatz)

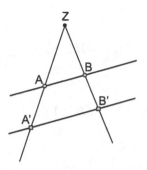

Abb. 1.3.12 Strahlensätze

In der hier formulierten Version für Halbgeraden gilt auch die Umkehrung des ersten Strahlensatzes. Ist in der Situation von Abb. 1.3.12

$$\overline{ZA} : \overline{ZA'} = \overline{ZB} : \overline{ZB'}$$

erfüllt, dann kann man auf $AB \| A'B'$ schließen. Der zweite Strahlensatz hingegen ist *nicht umkehrbar*. Beide Strahlensätze gelten auch in etwas allgemeinerer Form (Abschn. 4.4).

Die Geraden durch die Ecken und die jeweils gegenüberliegenden Seitenmitten eines Dreiecks heißen die *Seitenhalbierenden* des Dreiecks. Diese Bezeichnung benutzt man wie in Satz 1.3 auch für die Strecke von der Ecke bis zum gegenüberliegenden Seitenmittelpunkt sowie für die Länge dieser Strecke.

Satz 1.3 (Seitenhalbierende im Dreieck)
Die Seitenhalbierenden eines Dreiecks schneiden sich in einem Punkt S. Dieser Punkt S teilt jede Seitenhalbierende im Verhältnis 2:1 (von den Ecken aus gemessen).

Beweis 1.3 Im Dreieck ABC benennen wir die Mittelpunkte der Dreiecksseiten mit M_a, M_b, M_c und zeichnen die Seitenhalbierenden s_a durch A und M_a sowie s_b durch B und M_b ein; der Schnittpunkt von s_a und s_b sei S (Abb. 1.3.13). Zu zeigen ist, dass S auch ein Punkt der Seitenhalbierenden s_c durch C und M_c ist und dass gilt:

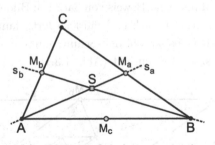

Abb. 1.3.13 Schnitt von s_a mit s_b

$$\overline{AS} = 2 \cdot \overline{SM_a}\,, \quad \overline{BS} = 2 \cdot \overline{SM_b}\,, \quad \overline{CS} = 2 \cdot \overline{SM_c}$$

Dazu zeichnen wir die Parallelen zu s_b durch die Punkte M_a und M_c ein, aus dem ersten Strahlensatz ergibt sich dann, dass die Strecke AC durch ihre Schnittpunkte P, M_b und Q mit dieser Parallelenschar in vier gleich lange Abschnitte zerlegt wird

(Abb. 1.3.14). Es ist

$$\overline{CP} : \overline{CM_b} = \overline{CM_a} : \overline{CB} = 1 : 2,$$

ferner

$$\overline{AQ} : \overline{AM_b} = \overline{AM_c} : \overline{AB} = 1 : 2$$

und

$$\overline{AM_b} = \overline{CM_b} = \frac{1}{2}\,\overline{AC}.$$

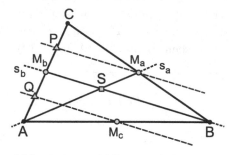

Abb. 1.3.14 Teilungsverhältnis

Daraus folgt $2 : 1 = \overline{AM_b} : \overline{M_bP} = \overline{AS} : \overline{SM_a}$, und analog ergibt sich $\overline{BS} = 2 \cdot \overline{SM_b}$, wenn man die Schar der Parallelen zu s_a durch die Punkte M_c, M_b betrachtet. Wiederholt man diese Argumentation nun für die Seitenhalbierenden s_a und s_c mit Schnittpunkt S', so erhält man

$$\overline{AS'} = 2 \cdot \overline{S'M_a} \quad \text{und} \quad \overline{CS'} = 2 \cdot \overline{S'M_c}.$$

Damit teilen sowohl S als auch S' die Strecke AM_a im Verhältnis $2 : 1$ – folglich muss $S = S'$ gelten, und Satz 1.3 ist bewiesen.

□

Der Schnittpunkt S der Seitenhalbierenden liegt stets im Inneren der Dreiecksfläche. Er ist der *Schwerpunkt* des Dreiecks, wenn man sich dieses homogen mit Masse belegt denkt.

Der Schwerpunkt eines Dreiecks ABC stimmt offenbar mit dem Schwerpunkt von dessen Mittendreieck $\triangle A'B'C'$ überein, denn die Seitenhalbierenden von $\triangle ABC$ sind gleichzeitig auch die Seitenhalbierenden von $\triangle A'B'C'$. Diese Erkenntnis liefert einen „dynamischen" Beweis von Satz 1.3: Bildet man zum Mittendreieck von $\triangle ABC$ wieder das Mittendreieck und fährt so fort, dann erhält man eine Folge von Dreiecken, von denen jedes sowohl den Schnittpunkt S von s_a und s_b als auch den Schnittpunkt S' von s_a und s_c enthält (Abb. 1.3.15).

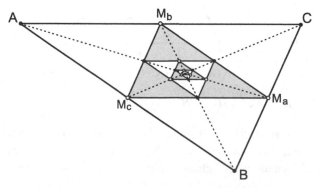

Abb. 1.3.15 Iterierte Bildung von Mittendreiecken

Da sich aber, wie man Abb. 1.3.10 entnehmen kann, beim Übergang von einem Dreieck zu seinem Mittendreieck der Inhalt der Dreiecksfläche viertelt, werden die zueinander ähnlichen Dreiecke dieser Folge auf Dauer beliebig klein, so dass nur dann S und S' in allen Dreiecken der Folge liegen können, wenn $S = S'$ gilt.

Diejenigen Geraden durch die Ecken eines Dreiecks, die die Innenwinkel halbieren, heißen die *Winkelhalbierenden* oder genauer die *Innenwinkelhalbierenden* des Dreiecks. Entsprechend bezeichnet man diejenigen Geraden durch die Ecken, die die Außenwinkel halbieren, als die *Außenwinkelhalbierenden* des Dreiecks.

Satz 1.4 (Winkelhalbierende im Dreieck)

a) Die Innenwinkelhalbierenden eines Dreiecks schneiden sich in einem Punkt W. Dieser Punkt W ist Mittelpunkt eines Kreises, der alle Dreiecksseiten berührt und den man den Inkreis *des Dreiecks nennt; entsprechend bezeichnet man W als den* Inkreismittelpunkt *des Dreiecks.*

b) Die Außenwinkelhalbierenden durch je zwei Ecken und die Innenwinkelhalbierende durch die dritte Ecke schneiden sich in einem Punkt außerhalb des Dreiecks. Dieser Punkt ist Mittelpunkt eines Kreises, der die durch die beiden Ecken festgelegte Dreiecksseite und die Verlängerungen der anderen Dreiecksseiten berührt und den man einen Ankreis *des Dreiecks nennt; entsprechend werden die Schnittpunkte zweier Außenwinkelhalbierenden als* Ankreismittelpunkte *des Dreiecks bezeichnet.*

Beweis 1.4 Im Dreieck ABC seien w_α die Winkelhalbierende des Innenwinkels α und w_β die Winkelhalbierende des Innenwinkels β, ferner sei W der Schnittpunkt von w_α und w_β (Abb. 1.3.16). Dann hat W von AC den gleichen Abstand wie von AB und von AB den gleichen Abstand wie von BC, also auch von AC den gleichen Abstand wie von BC.

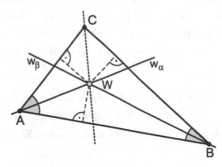

Abb. 1.3.16 Schnitt von w_α mit w_β

Damit ist W auch ein Punkt der Winkelhalbierenden w_γ des Winkels γ. Entsprechend ergibt sich die Aussage über die Außenwinkelhalbierenden.

$\square$

In Abb. 1.3.17 sind der Inkreis und die drei Ankreise eines Dreiecks ABC konstruiert. Bei der Konstruktion benutze man die Tatsache, dass die Innenwinkelhalbierende und die Außenwinkelhalbierende in einer Dreiecksecke zueinander orthogonal sind, weil sich Innen- und Außenwinkel zu einem gestreckten Winkel ergänzen.

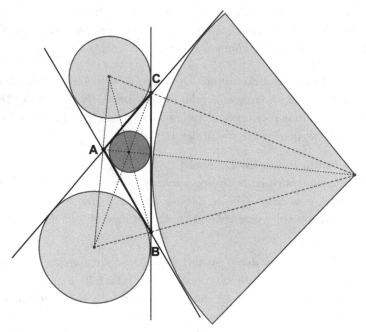

Abb. 1.3.17 Inkreis und Ankreise eines Dreiecks

Die Mittelsenkrechten, Höhen, Seitenhalbierenden und Winkelhalbierenden nennt man *Transversalen* des Dreiecks, was die Überschrift dieses Unterkapitels erklärt. Mit Ausnahme der Mittelsenkrechten handelt es sich um *Ecktransversalen*, also um Transversalen, die durch eine Ecke des Dreiecks gehen.

Satz 1.5

Jede Innenwinkelhalbierende im Dreieck teilt die dem Winkel gegenüberliegende Seite im Verhältnis der anliegenden Seiten.

Mit den Bezeichnungen von Abb. 1.3.18 gilt also:

$$\overline{CT} : \overline{TB} = b : c$$

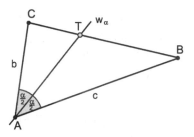

Abb. 1.3.18 Teilung von a durch w_α

Beweis 1.5 Die entscheidende Beobachtung ist, dass es hier um eine Aussage über *Streckenverhältnisse* geht – in solchen Situationen kann man beim Beweis oft mit Erfolg die *Strahlensätze* verwenden. Zur Konstruktion einer geeigneten Strahlensatzfigur zeichnen wir die Parallele g zu AB durch den Punkt C und bezeichnen den Schnittpunkt von g und w_α mit D.

Dann sind $\sphericalangle TAB$ und $\sphericalangle TDC$ Wechselwinkel an Parallelen und daher gleich groß. Im Dreieck ADC gilt demnach

$$\sphericalangle CAD = \sphericalangle ADC = \frac{\alpha}{2},$$

folglich ist $\triangle ADC$ gleichschenklig mit $\overline{AC} = \overline{DC} = b$ (Abb. 1.3.19). Mit dem zweiten Strahlensatz ergibt sich nun

$$b : c = \overline{CT} : \overline{TB},$$

womit Satz 1.5 bewiesen ist.

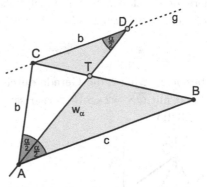

Abb. 1.3.19 Strahlensatzfigur

□

Auch bei Satz 1.6 geht es um Streckenverhältnisse, sodass wir zum Beweis auf den Themenkreis der Strahlensätze zurückgreifen werden.

Satz 1.6 (Euler'sche Gerade)
Der Höhenschnittpunkt H, der Umkreismittelpunkt M und der Schwerpunkt S eines Dreiecks liegen auf einer Geraden, die als Euler'sche Gerade des Dreiecks bezeichnet wird.
Ist das Dreieck gleichseitig, so gilt $H = S = M$.
Ist das Dreieck nicht gleichseitig (Abb. 1.3.20), so liegt S zwischen H und M, und es gilt

$$\overline{HS} = 2 \cdot \overline{SM}.$$

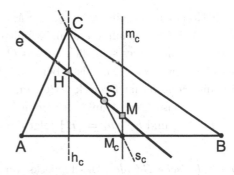

Abb. 1.3.20 Euler'sche Gerade

Beweis 1.6 Im *gleichschenkligen* Dreieck ist die Winkelhalbierende des der Basis gegenüberliegenden Winkels gleichzeitig die Mittelsenkrechte der Basis. Damit ist diese Winkelhalbierende ebenfalls Seitenhalbierende der Basis und Höhe auf die Basis. Das bedeutet offenbar, dass im *gleichseitigen* Dreieck, in dem ja *jede* einzelne Seite als Basis eines gleichschenkligen Dreiecks angesehen werden kann, Winkelhalbierende, Seitenhalbierende, Höhen und Mittelsenkrechten zusammenfallen; zwangsläufig gilt dann auch $S = H = M$.

Im nicht gleichseitigen Dreieck gibt es mindestens zwei Seitenhalbierende, die nicht gleichzeitig Mittelsenkrechte sind (Aufgabe 1.13). Da zwei verschiedene Geraden aber höchstens einen Punkt gemeinsam haben und sowohl Mittelsenkrechte als auch Seitenhalbierende durch den Seitenmittelpunkt gehen, muss im nicht-gleichseitigen Dreieck $M \neq S$ gelten. Sei also $\triangle ABC$ nicht gleichseitig mit

$$s_c \neq m_c, \; s_a \neq m_a \quad \text{und} \quad M \neq S.$$

Wir bezeichnen mit e die Gerade durch M und S. Auf der Halbgeraden MS^+ sei Q der Punkt mit $\overline{QS} = 2 \cdot \overline{SM}$, ferner sei g die Verbindungsgerade der Punkte C und Q (Abb. 1.3.21).

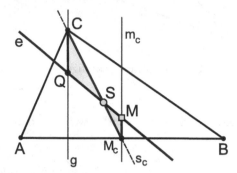

Abb. 1.3.21 Q liegt auf h_c **Abb. 1.3.22** Q liegt auf h_a

Nach Konstruktion gilt dann $\overline{QS} : \overline{SM} = 2 : 1$, im gleichen Verhältnis stehen laut Satz 1.3 die Seitenhalbierendenabschnitte $\overline{CS}$ und $\overline{SM_c}$. Mit der Umkehrung des ersten Strahlensatzes schließt man aus $\overline{QS} : \overline{SM} = \overline{CS} : \overline{SM_c}$ auf die Parallelität der Geraden g und m_c. Dann ist aber g die Lotgerade durch C auf die Dreiecksseite c, also die Höhe h_c im Dreieck ABC, und man erhält $Q \in h_c$. Völlig analog überlegt man sich, dass Q ein Punkt der Höhe h_a im Dreieck ABC ist (Abb. 1.3.22). Wegen $Q \in h_a \cap h_c$ und $h_a \cap h_c = \{H\}$ folgt dann $Q = H$, und Satz 1.6 ist bewiesen. $\quad\square$

Die *Euler'sche Gerade* e des Dreiecks durch die Punkte H, S, M ist nach dem schweizer Mathematiker LEONHARD EULER (1707 - 1783) benannt. Er stammte aus Basel, verbrachte allerdings den größten Teil seiner wissenschaftlichen Laufbahn in St. Petersburg als Mitglied der dortigen Akademie; von 1741 bis 1766 war er Mitglied der Königlichen Akademie in Berlin. Eulers Werk gilt als beispiellos, nicht nur bezüglich seines Umfangs: Er verfasste mehr als 850 wissenschaftliche Arbeiten und schrieb etwa 20 Bücher. Er beschäftigte sich auch mit naturwissenschaftlichen und philosophischen Fragen, der Schwerpunkt seiner Arbeit lag aber in der Mathematik.

Beim Beweis des nächsten Satzes benutzen wir den *Satz des Thales*, welcher in Kurzform besagt:

„Der Winkel im Halbkreis ist ein rechter Winkel."

Etwas genauer bedeutet dies: Liegt in $\triangle ABC$ die Ecke C auf dem Kreis mit dem Durchmesser AB, dann hat das Dreieck bei C einen rechten Winkel.

Auch die Umkehrung dieses Satzes ist richtig: Wenn das Dreieck ABC bei C einen rechten Winkel hat, dann liegt C auf dem Kreis mit dem Durchmesser AB.

Beide Aussagen zusammen kann man auch folgendermaßen ausdrücken:

> *Ein Parallelogramm besitzt genau dann einen Umkreis, wenn es ein Rechteck ist.*

Dieser Sachverhalt ist in Abb. 1.3.23, der auch ein Beweis für den Satz des Thales zu entnehmen ist, angedeutet. In Abschn. 1.5 werden wir den Thalessatz in allgemeinerem Zusammenhang beweisen.

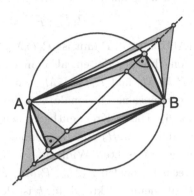

Abb. 1.3.23 Beweisidee Thalessatz

Satz 1.7 (Neunpunktekreis)

Im Dreieck ABC mit dem Höhenschnittpunkt H seien

M_a, M_b, M_c die Seitenmittelpunkte,

H_a, H_b, H_c die Höhenfußpunkte,

P_a, P_b, P_c die Mittelpunkte der Strecken HA, HB, HC.

Dann liegen diese neun Punkte auf einem Kreis, dem Neunpunktekreis *von* $\triangle ABC$ *(Abb. 1.3.24).*

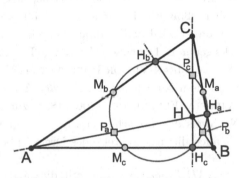

Abb. 1.3.24 Neunpunktekreis

Beweis 1.7 Mithilfe der Umkehrung des ersten Strahlensatzes ergibt sich, dass das Viereck $P_iP_jM_iM_j$ für jede Wahl von Indizes $i,j \in \{a,b,c\}$, $i \neq j$ ein *Rechteck* ist.

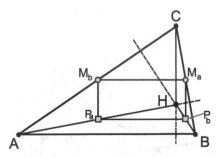

Abb. 1.3.25 Beweisfigur 1

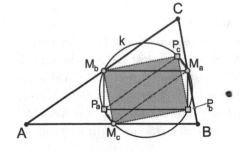

Abb. 1.3.26 Beweisfigur 2

In Abb. 1.3.25 wird dies für $i = a$ und $j = b$ verdeutlicht. Zunächst gilt

$$\overline{AP_a} : \overline{AH} = 1 : 2 = \overline{AM_b} : \overline{AC} \quad \text{sowie} \quad \overline{BP_b} : \overline{BH} = 1 : 2 = \overline{BM_a} : \overline{BC},$$

sodass die Strecken $P_a M_b$ und $P_b M_a$ zu HC parallel und damit auch zu AB orthogonal sind. Die Seite $M_b M_a$ des Mittendreiecks zu $\triangle ABC$ ist parallel zu AB, ebenso sind AB und $P_a P_b$ parallel, weil in der Strahlensatzfigur mit Zentrum H die Verhältnisgleichheit

$$\overline{HP_a} : \overline{HA} = 1 : 2 = \overline{HP_b} : \overline{HB}$$

besteht (Abb. 1.3.25). Damit ist $P_a P_b M_a M_b$ ein Parallelogramm mit zueinander senkrechten benachbarten Seiten, also ein Rechteck; ebenso handelt es sich bei den Vierecken $P_b P_c M_b M_c$ und $P_a P_c M_a M_c$ um Rechtecke. Je zwei dieser drei Rechtecke haben eine gemeinsame Diagonale, also haben sie auch einen gemeinsamen Umkreis k (Abb. 1.3.26). Dieser Kreis enthält nach der Umkehrung des Thalessatzes auch die Höhenfußpunkte H_a, H_b und H_c, denn die Dreiecke $P_a H_a M_a$, $P_b H_b M_b$, $P_c H_c M_c$ sind rechtwinklig mit rechten Winkeln bei H_a, bei H_b bzw. bei H_c (Abb. 1.3.24), und die Rechtecksdiagonalen $P_a M_a$, $P_b M_b$, $P_c M_c$ sind jeweils Durchmesser von k. Damit enthält k alle neun Punkte, d. h., k ist der Neunpunktekreis von $\triangle ABC$. □

Der Neunpunktekreis eines Dreiecks ABC ist offensichtlich der Umkreis des Mittendreiecks von $\triangle ABC$. Die Tatsache, dass der Umkreis des Mittendreiecks durch die Höhenfußpunkte des Dreiecks verläuft, wurde schon 1765 von Leonhard Euler bewiesen, daher wird der Neunpunktekreis manchmal auch der *Euler'sche Kreis* des Dreiecks genannt. Der erste vollständige Beweis der Existenz des Neunpunktekreises wurde 1821 von JEAN-VICTOR PONCELET (1788 - 1867) erbracht, dennoch ist der Kreis eher unter dem Namen *Feuerbach'scher Kreis* bekannt. Der bemerkenswerte Beitrag von WILHELM FEUERBACH (1800 - 1834) zur Thematik des Neunpunktekreises besteht im Nachweis der Tatsache, dass der Neunpunktekreis eines Dreiecks sowohl den Inkreis als auch die drei Ankreise des Dreiecks berührt.

Ist $\triangle ABC$ *gleichseitig*, so gilt dies auch für sein Mittendreieck $\triangle A'B'C'$, und der Umkreis von $\triangle A'B'C'$ stimmt mit dem Inkreis von $\triangle ABC$ überein (Aufgabe 1.19). Deshalb gilt für den Mittelpunkt F des Feuerbach'schen Kreises eines *gleichseitigen* Dreiecks: $F = H = M = S = W$. Im *nicht gleichseitigen* Dreieck ist der Sachverhalt ein anderer, wie Satz 1.8 zeigt.

Satz 1.8

Der Mittelpunkt F des Feuerbach'schen Kreises eines nicht gleichseitigen Dreiecks ABC liegt auf der Euler'schen Geraden e des Dreiecks. Genauer gilt: F ist der Mittelpunkt der Strecke MH, wenn H den Höhenschnittpunkt und M den Umkreismittelpunkt von $\triangle ABC$ bezeichnet. Der Radius r_F des Feuerbach'schen Kreises von $\triangle ABC$ ist halb so groß wie der Umkreisradius r des Dreiecks (Abb. 1.3.27).

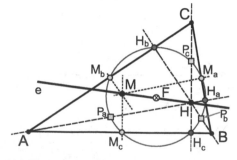

Abb. 1.3.27 Mittelpunkt F

Beweis 1.8 Die Aussage $r = 2 \cdot r_F$ folgt sofort aus der Tatsache, dass ein Dreieck und sein Mittendreieck zueinander ähnlich sind und das konstante Verhältnis zwischen einzelnen Streckenlängen im Dreieck ABC und den entsprechenden Streckenlängen im Mittendreieck $2 : 1$ beträgt.

Beim Beweis von Satz 1.7 haben wir gesehen, dass es sich bei den Vierecken $P_a P_b M_a M_b$, $P_b P_c M_b M_c$ und $P_a P_c M_a M_c$ um Rechtecke handelt – daraus folgt

$$\overline{P_a P_b} = \overline{M_a M_b} \, , \; \overline{P_b P_c} = \overline{M_b M_c} \, , \; \overline{P_a P_c} = \overline{M_a M_c} \, ,$$

sodass man mit dem Kongruenzsatz (sss) auf die Kongruenz der Dreiecke $P_a P_b P_c$ und $M_a M_b M_c$ schließen kann.

Nun sind $P_a M_a$, $P_b M_b$ und $P_c M_c$ Durchmesser des Feuerbachkreises k von $\triangle ABC$, also wird $\triangle P_a P_b P_c$ durch eine 180°- Drehung um den Mittelpunkt F von k auf $\triangle M_a M_b M_c$ abgebildet, und F ist der Mittelpunkt jeder Verbindungsstrecke zwischen einem Punkt und seinem Bildpunkt. Insbesondere liegt dann F in der Mitte zwischen dem Höhenschnittpunkt von $\triangle P_a P_b P_c$ und dem Höhenschnittpunkt von $\triangle M_a M_b M_c$.

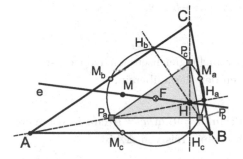 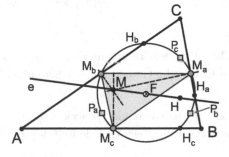

Abb. 1.3.28 Beweisfigur 1   **Abb. 1.3.29** Beweisfigur 2

Der Höhenschnittpunkt von $\triangle P_a P_b P_c$ ist aber der Höhenschnittpunkt H von $\triangle ABC$ (Abb. 1.3.28), und der Höhenschnittpunkt H' des Mittendreiecks $\triangle M_a M_b M_c$ ist der Umkreismittelpunkt M von $\triangle ABC$ (Abb. 1.3.29). Damit ist F der Mittelpunkt der Strecke MH.

□

Bemerkung: Wegen $H' = M$ und aufgrund der Tatsache, dass die Schwerpunkte S von $\triangle ABC$ und S' von $\triangle M_a M_b M_c$ identisch sind, stimmen auch die Euler'schen Geraden eines nicht gleichseitigen Dreiecks und seines Mittendreiecks überein.

Aufgaben

1.13 Beweise, dass ein Dreieck gleichseitig ist, wenn es zwei Seitenhalbierende besitzt, die gleichzeitig Mittelsenkrechte sind.

1.14 Beweise: Besitzt ein Viereck einen Inkreis (d.h., einen Kreis, der alle Seiten des Vierecks berührt), dann ist die Summe der Längen gegenüberliegender Seiten des Vierecks gleich.

1.15 Beweise folgende Aussagen:

a) In einem Dreieck ABC mit dem Schwerpunkt S bilden die Mittelpunkte der Strecken AS, BS, BC, AC ein Parallelogramm.

b) Ein Dreieck mit zwei gleich langen Seitenhalbierenden ist gleichschenklig.

c) Für die Längen s_a, s_b, s_c der Seitenhalbierenden und die Längen a, b, c der Seiten eines Dreiecks gilt:

$$\frac{3}{4}(a + b + c) \leq s_a + s_b + s_c \leq a + b + c.$$

1.16 Beweise: In einem gleichschenkligen, aber nicht gleichseitigen Dreieck stimmt die Euler'sche Gerade mit der Seitenhalbierenden der Basis überein.

1.17 Konstruiere ein Dreieck ABC mit $a = 12\,\text{cm}$, $b = 9\,\text{cm}$, $c = 10\,\text{cm}$. Konstruiere dann die Euler'sche Gerade und den Feuerbach'schen Kreis von $\triangle ABC$.

1.18 Was kann man über ein Dreieck aussagen, dessen Feuerbach'scher Kreis eine der Dreiecksseiten berührt?

1.19 Beweise, dass ein Dreieck genau dann gleichseitig ist, wenn sein Feuerbach'scher Kreis mit seinem Inkreis übereinstimmt.

1.20 In Abb. 1.3.30 sollen alle mit a bezeichneten Strecken die gleiche Länge haben. Wie groß ist dann der Winkel α?

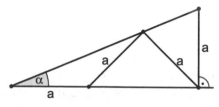

Abb. 1.3.30 Zu Aufgabe 1.20

1.4   Der Satz des Pythagoras

PYTHAGORAS von Samos (um 570 - 496 v. Chr.) hatte auf seinen Reisen in den Osten
– möglicherweise auch als Kriegsgefangener – die babylonische Mathematik kennenge-
lernt, darunter vermutlich auch den berühmten, nach ihm benannten mathematischen
Lehrsatz.

Er wanderte um 530 v. Chr. in die „Neue
Welt" (Unteritalien) aus, wo er in Kro-
ton einen Bund mit wissenschaftlichen,
religiösen und vor allem politischen Zie-
len gründete. Gerade aufgrund ihrer politischen Aktivitäten wurde diese Ge-
meinschaft zu einem „Geheimbund",
dessen Erkennungszeichen das *Pentagramm* (Drudenfuß) war (Abb. 1.4.1).
Die Lehre des Pythagoras wurde wesentlich durch den Grundsatz bestimmt,

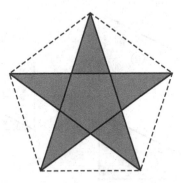

Abb. 1.4.1 Pentagramm

dass das Wesen der Wirklichkeit die Zahl sei (*„Alles ist Zahl"*), womit er die altgrie-
chische Philosophie stark beeinflusste. Unter seinen Schülern, den Pythagoräern, sind
viele bekannte Philosophen und Mathematiker zu finden.

Wir betrachten ein *rechtwinkliges* Dreieck mit den Bezeichnungen in Abb.
1.4.2. Die dem rechten Winkel anliegenden Seiten (hier: a und b) nennt man die
Katheten, die dem rechten Winkel gegenüberliegende Seite (hier: c) die *Hypotenuse* des rechtwinkligen Dreiecks.
Die Höhe auf die Hypotenuse (hier: h)
teilt diese in die *Hypotenusenabschnitte*
(hier: p und q).

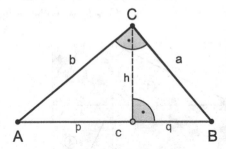

Abb. 1.4.2 Bezeichnungen am
rechtwinkligen Dreieck

Der Satz des Pythagoras macht eine Aussage über die „Quadrate über den Seiten"
eines rechtwinkligen Dreiecks. Gemeint ist damit der *Flächeninhalt* dieser Quadrate,
also das Quadrat der Längen der entsprechenden Seiten.

Satz 1.9 (Satz des Pythagoras)
*In einem rechtwinkligen Dreieck ist die Summe der Quadrate über den Katheten gleich
dem Quadrat über der Hypotenuse.*

Beweis 1.9 Für den Satz des Pythagoras kennt man über 200 verschiedene Beweise, in
der Liste ihrer Autoren finden sich neben Mathematikern auch Künstler, Philosophen
und Politiker. Vieles deutet darauf hin, dass der folgende Beweis, der sich aus unterschiedlichen Berechnungen des Flächeninhalts eines Quadrats der Seitenlänge $(a + b)$

ergibt und der zu den schönsten aller Beweise des Satzes zählt, schon im altbabylonischen Reich um 1700 v. Chr. bekannt war.

Setzt man zwei Exemplare eines rechtwinkligen Dreiecks mit den Katheten a und b und der Hypotenuse c längs der Hypotenuse zusammen, so entsteht ein Rechteck mit den Seitenlängen a und b, weil sich die beiden der Hypotenuse anliegenden Winkel im rechtwinkligen Dreieck zu einem rechten Winkel ergänzen (Abb. 1.4.3).

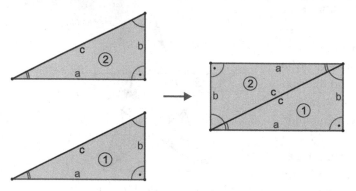

Abb. 1.4.3 Zusammenlegen zweier Dreiecke zu einem Rechteck

Aus vier Exemplaren dieses rechtwinkligen Dreiecks lassen sich dann zwei dieser Rechtecke herstellen, die ihrerseits zwei Quadrate der Seitenlängen a bzw. b zu einem Quadrat der Seitenlänge $(a + b)$ vervollständigen, wie Abb. 1.4.4 zeigt.

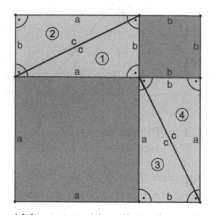
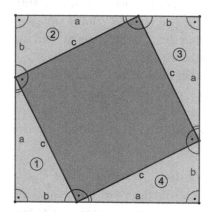

Abb. 1.4.4 Vervollständigung I   **Abb. 1.4.5** Vervollständigung II

Legt man die vier kongruenten rechtwinkligen Dreiecke so aneinander wie in Abb. 1.4.5, dann stoßen wieder jeweils die beiden der Hypotenuse anliegenden Winkel aneinander, so dass es ein *rechter* Winkel ist, der diese beiden Winkel zu einem gestreckten Winkel ergänzt. Im Inneren des Quadrats mit der Seitenlänge $(a + b)$ wird daher von den Hypotenusen der vier rechtwinkligen Dreiecke ein Quadrat der Seitenlänge c eingeschlossen. Der Flächeninhalt c^2 dieses Quadrats stimmt dann offenbar mit der Summe der Flächeninhalte der Quadrate der Seitenlängen a und b aus Abb. 1.4.4 überein, algebraisch formuliert

$$(a + b)^2 = a^2 + 2 \cdot ab + b^2 \qquad \text{(Abb. 1.4.4)}$$
$$= c^2 + 4 \cdot \frac{ab}{2} \qquad \text{(Abb. 1.4.5)}.$$

Daraus ergibt sich $a^2 + b^2 = c^2$. □

Der oben vorgestellte Beweis des Satzes von Pythagoras stimmt *nicht* mit dem Beweis überein, den Euklid in seinem Lehrbuch *„Elemente"* angegeben hat. Bevor wir uns Euklids Argumentation ansehen, skizzieren wir noch einige Beweise anderer prominenter Persönlichkeiten und einen Beweis im Stile des oben vorgeführten, den man in den Werken des indischen Mathematikers BHASKARA (1114 - 1191) gefunden hat.

In der in Abb. 1.4.6 dargestellten Situation stoßen jeweils die beiden der Hypotenuse anliegenden Winkel zweier kongruenter rechtwinkliger Dreiecke aneinander, sodass die Hypotenusen der vier kongruenten rechtwinkligen Dreiecke ein Quadrat der Seitenlänge c bilden. Im Inneren dieses Quadrats entsteht dann ein Quadrat der Seitenlänge $(a - b)$, und man erkennt:

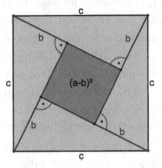

Abb. 1.4.6 Beweis nach Bhaskara

$$c^2 = (a - b)^2 + 4 \cdot \frac{ab}{2} = (a^2 - 2ab + b^2) + 2ab = a^2 + b^2.$$

In Abb. 1.4.7 ist der Zerlegungsbeweis des Philosophen ARTHUR SCHOPENHAUER (1788 - 1860) dargestellt, der die Mathematik wegen der Unanschaulichkeit vieler Beweisführungen nicht schätzte. Insbesondere hat er einmal Euklids Beweis zum Satz des Pythagoras als „stelzbeinig, ja hinterlistig" charakterisiert und Euklid vorgeworfen, er verwirre den Leser mit einer Aneinanderreihung kleinschrittiger logischer Spitzfindigkeiten, um ihm so am Ende den „Erkenntnisgrund unbemerkt in die Tasche" zu spielen.

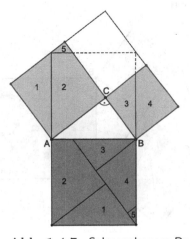

Abb. 1.4.7 Schopenhauers Beweis

Der Leser möge sich selbst ein Urteil darüber bilden, ob Schopenhauers Methode der Zerlegung des Hypotenusenquadrats in fünf Vielecke, die sich ihrerseits zu den beiden Kathetenquadraten zusammensetzen lassen, seinen eigenen Ansprüchen gerecht wird

– man beachte, dass der Beweis geführt werden muss, dass die mit gleichen Nummern bezeichneten Vielecke tatsächlich zueinander kongruent sind!

Der Einfluss der *Elemente* des Euklid auf die Schulung des Denkens kann gar nicht hoch genug eingeschätzt werden. Logik nach den Maßstäben Euklids (*„more geometrico"*) galt in früheren Zeiten als vorbildlich, „Mathematik lernen" diente zum „Denken lernen". In einer Zeit, als man noch keine Pluspunkte auf der Prominentenskala damit sammeln konnte, wenn man sich rühmte, im Fach Mathematik immer schlecht gewesen zu sein, gab es auch unter den politischen Führern der Nationen ambitionierte Amateur-Mathematiker.

Der 20. Präsident der Vereinigten Staaten von Amerika, JAMES GARFIELD (1831 - 1888), bereicherte im Jahr 1876 die Sammlung von Beweisen des Satzes von Pythagoras mit einem Beweis, der auf der unterschiedlichen Berechnung des Flächeninhalts eines Trapezes beruht (Abb. 1.4.8). Berechnet man den Flächeninhalt A des Trapezes mit der

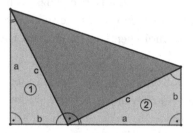

Abb. 1.4.8 Beweis nach Garfield

aus dem Schulunterricht bekannten Formel, so erhält man $A = \frac{a+b}{2} \cdot (a+b)$; ermittelt man aber A als Summe der Inhalte der einzelnen Dreiecksflächen, so ergibt sich $A = 2 \cdot \frac{ab}{2} + \frac{c \cdot c}{2}$. Gleichsetzen und Umformen führt auf $a^2 + b^2 = c^2$.

Der in Abb. 1.4.9 skizzierte Beweis des Satzes von Pythagoras stammt von LEONARDO DA VINCI (1452 - 1519), in dessen Arbeiten sich vielfach sehr präzise Auseinandersetzungen mit mathematischen Themen (Proportionenlehre, projektive Geometrie) manifestieren.

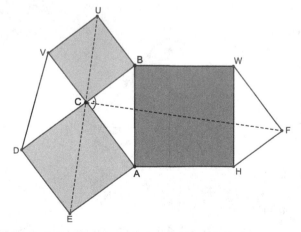

Abb. 1.4.9 Beweis nach Leonardo da Vinci

Die Vierecke $BUEA$ und $BCFW$ sind flächeninhaltsgleich, denn das erste wird durch eine 90°-Drehung um B auf das zweite abgebildet. Also stimmen auch die

Flächeninhalte der Sechsecke $BUVDEA$ und $BCAHFW$ überein, aus denen man dann nur die zueinander kongruenten Dreiecke ABC, VDC, WHF entfernen muss, um die Aussage des Satzes von Pythagoras ablesen zu können.

Kommen wir nun zum Beweis des Euklid. Dieser beruht darauf, dass Scherungen *flächeninhaltstreue* Abbildungen sind. Vorläufig genügt es uns festzustellen, dass sich

der Flächeninhalt eines Dreiecks nicht ändert, wenn man eine Dreiecksseite als „Grundseite" fixiert und den dritten Dreieckspunkt längs der Parallelen zur Grundseite durch den Punkt verschiebt (Abb. 1.4.10). Dabei ändert sich nämlich weder die Länge g der Grundseite noch die Länge h der Höhe, also auch nicht der Flächeninhalt $\frac{1}{2}\,g \cdot h$ des Dreiecks.

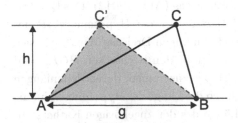

Abb. 1.4.10 Flächeninhaltstreue

Mit dieser Information kann man nun Euklids Beweis des Satzes von Pythagoras nachvollziehen. In Abb. 1.4.11 sind die Dreiecke EAC und EAB flächeninhaltsgleich, weil sie die gemeinsame Grundseite EA und ihre Höhen die gemeinsame Länge $\overline{AC}$ haben (oder: weil ΔEAB aus ΔEAC durch Scherung an der Achse g_{EA} hervorgeht). Ebenfalls flächeninhaltsgleich sind die Dreiecke EAB und CAH, weil ΔEAB durch eine 90°-Drehung um A in ΔCAH überführt wird. Schließlich stimmt der Flächeninhalt von ΔCAH mit dem Flächeninhalt des Dreiecks FAH überein, weil beide Dreiecke die gemeinsame Grundseite AH und ihre Höhen die gemeinsame Länge $\overline{FA}$ haben (Scherung an g_{AH}).

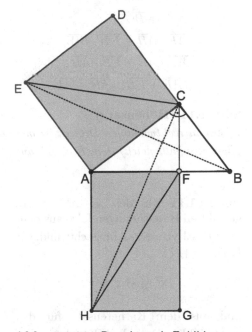

Abb. 1.4.11 Beweis nach Euklid

Weil nun aber ΔEAC und ΔFAH flächeninhaltsgleich sind, haben auch das Quadrat $ACDE$ über der Kathete AC des rechtwinkligen Dreiecks ABC und das Rechteck $FAHG$ denselben Flächeninhalt. Dieser Sachverhalt verdient einen eigenen Namen und wird in Satz 1.10 festgehalten.

Satz 1.10 (Kathetensatz)

In einem rechtwinkligen Dreieck ist das Quadrat über einer Kathete gleich (flächeninhaltsgleich) dem Rechteck aus der Hypotenuse und dem der Kathete anliegenden Hypotenusenabschnitt.

Wendet man nun den Kathetensatz auf beide Katheten gleichzeitig an, so ergibt sich die Aussage des Satzes von Pythagoras (Abb. 1.4.12). Das Quadrat $HWBA$ über der Hypotenuse AB des rechtwinkligen Dreiecks ABC setzt sich aus den beiden Rechtecken $HGFA$ und $GWBF$ zusammen, deren Seitenlängen durch die Länge der Hypotenuse und die Länge des der zugehörigen Kathete anliegenden Hypotenusenabschnitts gegeben sind. Algebraisch formuliert:

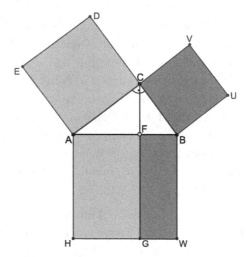

$$\overline{AC}^2 + \overline{BC}^2$$
$$= \overline{AF} \cdot \overline{AH} + \overline{FB} \cdot \overline{BW}$$
$$= \overline{AF} \cdot \overline{AB} + \overline{FB} \cdot \overline{AB}$$
$$= (\overline{AF} + \overline{FB}) \cdot \overline{AB} = \overline{AB}^2 \,.$$

Abb. 1.4.12 Kathetensatz ⇒ Pythagoras

Satz 1.11 (Höhensatz)

In einem rechtwinkligen Dreieck ist das Quadrat über der Höhe zur Hypotenuse gleich (flächeninhaltsgleich) dem Rechteck aus den Hypotenusenabschnitten.

Beweis 1.11 Mit den in Abb. 1.4.13 gewählten Bezeichnungen folgt aus dem Satz des Pythagoras im rechtwinkligen Dreieck AFC

$$b^2 = p^2 + h^2 \,,$$

und aus dem Kathetensatz für das rechtwinklige Dreieck ABC folgt

$$b^2 = pc = p(p + q) \,.$$

Aus diesen beiden Gleichungen ergibt sich

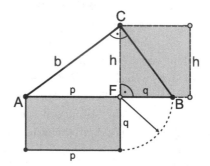

Abb. 1.4.13 Pythagoras u. Kathetensatz ⇒ Höhensatz

$$p^2 + h^2 = p(p + q) = p^2 + pq \,, \quad \text{also} \quad h^2 = pq \,,$$

womit der Höhensatz bewiesen ist. □

Aus dem Satz des Pythagoras und dem Höhensatz, jeweils für das rechtwinklige Dreieck ABC, ergibt sich umgekehrt wieder der Kathetensatz, denn mit den Bezeichnungen von Abb. 1.4.13 gilt:

$$b^2 = h^2 + p^2 = pq + p^2 = p(q + p) = pc.$$

Man kann zeigen, dass jeder der drei Sätze 1.9, 1.10 und 1.11 aus jedem anderen herzuleiten ist (Aufgabe 1.23). Da diese drei Sätze derart eng zusammenhängen, nennt man sie gemeinsam auch die *Satzgruppe des Pythagoras*.

Ein einfacher Beweis der einzelnen Sätze der Satzgruppe des Pythagoras ergibt sich durch die Betrachtung ähnlicher Dreiecke. In Abb. 1.4.14 stimmen $\triangle ABC$, $\triangle CBF$ und $\triangle ACF$ in allen drei Winkelgrößen überein, demnach handelt es sich um zueinander ähnliche Dreiecke, und die Längenverhältnisse einander entsprechender Seiten in diesen Dreiecken sind identisch.

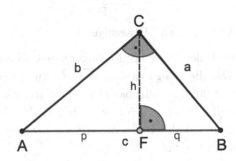

Abb. 1.4.14 Ähnlichkeitsbeweise

(1) Aus $b : p = c : b$ erhält man $b^2 = pc$; dies ist die Aussage des *Kathetensatzes*.

(2) Aus $h : p = q : h$ erhält man $h^2 = pq$; dies ist die Aussage des *Höhensatzes*.

(3) Aus

$$\frac{ab}{2} = \left(\frac{a}{c}\right)^2 \cdot \frac{ab}{2} + \left(\frac{b}{c}\right)^2 \cdot \frac{ab}{2} \qquad \text{erhält man} \qquad \frac{a^2}{c^2} + \frac{b^2}{c^2} = 1,$$

also $a^2 + b^2 = c^2$; dies ist die Aussage des *Satzes von Pythagoras*.

Für die Herleitung des Satzes von Pythagoras in (3) beachte man, dass $\triangle ABC$ den Flächeninhalt $\frac{ab}{2}$ hat und die Änderung der Seitenlängen mit einem Faktor k eine Änderung des Flächeninhalts mit dem Faktor k^2 zur Folge hat. Der Verkleinerungsfaktor für den Übergang von $\triangle ABC$ zu $\triangle CBF$ (Seite c in $\triangle ABC$ entspricht Seite a in $\triangle CBF$) beträgt $k_1 = \mathrm{d}\frac{a}{c}$, der des Übergangs von $\triangle ABC$ zu $\triangle ACF$ ist $k_2 = \frac{b}{c}$.

Es gilt auch die in Satz 1.12 festgehaltene *Umkehrung des Satzes von Pythagoras*.

Satz 1.12
Wenn in einem Dreieck ABC mit den üblichen Bezeichnungen

$$a^2 + b^2 = c^2$$

gilt, dann hat das Dreieck bei C einen rechten Winkel.

Beweis 1.12 Wir vergleichen Dreiecke mit den gemeinsamen Seitenlängen a und b, aber verschiedenen Winkelgrößen γ mit einem bei C *rechtwinkligen* Dreieck AB_0C mit den Kathetenlängen a und b.

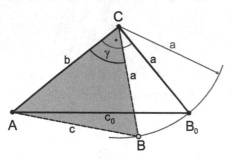
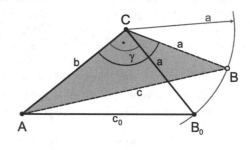

Abb. 1.4.15 Beweisfigur 1   **Abb. 1.4.16** Beweisfigur 2

Nach dem Satz des Pythagoras hat im rechtwinkligen Dreieck AB_0C die Hypotenuse AB_0 die Länge $c_0 = \sqrt{a^2 + b^2}$. Für jedes Dreieck ABC mit $\overline{AC} = b$, $\overline{BC} = a$ und $\gamma < 90°$ gilt offenbar $c = \overline{AB} < c_0$, wie man in Abb. 1.4.15 sieht; im Fall $\gamma > 90°$ ergibt sich $c = \overline{AB} > c_0$ (Abb. 1.4.16). Im ersten Fall ist also $a^2 + b^2 = c_0^2 > c^2$, im zweiten Fall ist $a^2 + b^2 = c_0^2 < c^2$. Damit ist $a^2 + b^2 = c^2$ dann und nur dann erfüllt, wenn $\gamma = 90°$ gilt.   □

Die Aussage von Satz 1.12 kommt genauer im *Kosinussatz* zum Ausdruck (Abschn. 5.1). Dieser besagt in den üblichen Bezeichnungen des Dreiecks:

$$c^2 = a^2 + b^2 - 2ab\cos\gamma$$

Wegen $\cos 90° = 0$ enthält dieser Satz sowohl den Satz des Pythagoras als auch seine Umkehrung.

Auch die anderen Sätze der Satzgruppe des Pythagoras (Höhensatz und Kathetensatz) sind umkehrbar; dies zeigt man ebenfalls mit der beim Beweis von Satz 1.12 benutzten Strategie (vgl. Aufgabe 1.24).

Bemerkung: Tripel (a, b, c) natürlicher Zahlen mit $a^2 + b^2 = c^2$ nennt man *pythagoreische Zahlentripel* (Aufgabe 1.33). Das kleinste Tripel dieser Art ist $(3,4,5)$. Man verwendet es beim *Maurerdreieck*; ein Dreieck aus Latten der Längen 3 m, 4 m und 5 m ist aufgrund der Umkehrung des Satzes von Pythagoras rechtwinklig. Im alten Ägypten wurde nach jeder Nilüberschwemmung die Einteilung der Felder mithilfe von Seilen durchgeführt, die in gleichen Abständen Knoten hatten; dabei dienten pythagoräische Zahlentripel zur Festlegung rechter Winkel. Die altägyptischen Landvermesser wurden daher „Seilspanner" genannt.

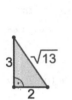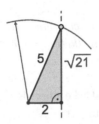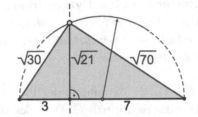

Abb. 1.4.17 Zeichnerische Bestimmung von Quadratwurzeln

Zu den Anwendungen der Satzgruppe des Pythagoras gehört die *zeichnerische Bestimmung von Quadratwurzeln*, wie die Beipiele in Abb. 1.4.17 zeigen.

Die sukzessive Konstruktion der Quadratwurzeln aus den natürlichen Zahlen wird in Gestalt der *Wurzelschnecke* vollzogen, wie es in Abb. 1.4.18 veranschaulicht wird.

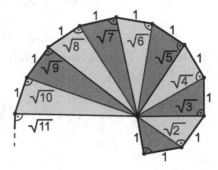

Abb. 1.4.18 Wurzelschnecke

Mit dem Satz des Pythagoras kann man die Länge der Diagonalen in einem Rechteck (Abb. 1.4.19) und in einem Quader (Abb. 1.4.20) aus den Seiten- bzw. Kantenlängen berechnen.

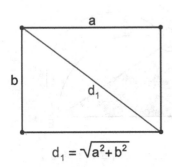

$$d_1 = \sqrt{a^2 + b^2}$$

Abb. 1.4.19 Diagonale im Rechteck

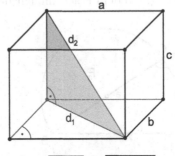

$$d_2 = \sqrt{d_1^2 + c^2} = \sqrt{a^2 + b^2 + c^2}$$

Abb. 1.4.20 Diagonalen im Quader

Darauf beruht die Berechnung der Entfernung von zwei Punkten in einem (ebenen bzw. räumlichen) kartesischen Koordinatensystem.

Der folgende Satz 1.13 ist eine Verallgemeinerung des Satzes von Pythagoras, die als *Erweiterter Satz des Pythagoras* bezeichnet wird. Er benutzt den Begriff der Ähnlichkeit von *Figuren*, den wir in Abschn. 4.4 genauer betrachten werden. Wie im Fall ähnlicher Dreiecke nennt man zwei beliebige Figuren ähnlich, wenn sie sich höchstens in ihrer Größe, nicht aber in ihren Winkeln und Seitenverhältnissen unterscheiden. Wird eine Figur um den Faktor k vergrößert oder verkleinert, dann ändert sich ihr Flächeninhalt mit dem Faktor k^2.

Satz 1.13 (Erweiterter Satz des Pythagoras)

Zeichnet man über den Seiten eines rechtwinkligen Dreiecks ähnliche Figuren, dann ist die Summe der Inhalte der Flächenstücke über den Katheten gleich dem Inhalt des Flächenstücks über der Hypotenuse.

Beweis 1.13 Sind F_a, F_b, F_c die Inhalte der Flächenstücke über den Katheten a, b und der Hypotenuse c des rechtwinkligen Dreiecks, dann gilt

$$F_a = \left(\frac{a}{c}\right)^2 F_c \quad \text{und} \quad F_b = \left(\frac{b}{c}\right)^2 F_c \,,$$

denn die Verkleinerungsfaktoren beim Übergang von der Figur über der Hypotenuse zu den ähnlichen Figuren über den Katheten a, b sind $k_1 = \frac{a}{c}$ bzw. $k_2 = \frac{b}{c}$. Wegen $a^2 + b^2 = c^2$ ergibt sich

$$F_a + F_b = \left(\left(\frac{a}{c}\right)^2 + \left(\frac{b}{c}\right)^2\right) F_c = \frac{a^2 + b^2}{c^2} \cdot F_c = F_c \,.$$

$\square$

Wählt man als Figuren über den Dreiecksseiten jeweils Quadrate, so ergibt sich der Satz des Pythagoras. Abb. 1.4.21 verdeutlicht Satz 1.13 für Halbkreise über den Dreiecksseiten. Daraus folgt in Abb. 1.4.22, dass die Summe der Flächeninhalte der „Möndchen" gleich dem Flächeninhalt des Dreiecks ist.

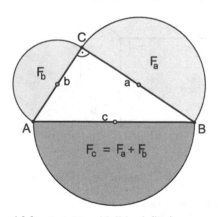

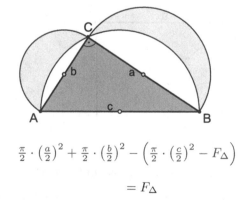

$$\frac{\pi}{2} \cdot \left(\frac{a}{2}\right)^2 + \frac{\pi}{2} \cdot \left(\frac{b}{2}\right)^2 - \left(\frac{\pi}{2} \cdot \left(\frac{c}{2}\right)^2 - F_\Delta\right)$$

$$= F_\Delta$$

Abb. 1.4.21 Halbkreisflächen   **Abb. 1.4.22** Möndchen

Man nennt diese Figur die *Möndchen des Hippokrates*. HIPPOKRATES von Chios lebte in der zweiten Hälfte des 5. Jahrhunderts v. Chr. Er beschäftigte sich mit dem Delischen Problem der Würfelverdoppelung und mit der Quadratur des Kreises. Beim Versuch, den Kreis mithilfe von Zirkel und Lineal in ein flächeninhaltsgleiches Quadrat zu verwandeln, entdeckte er den nach ihm benannten Zusammenhang. Man verwechsele Hippokrates von Chios nicht mit seinem Zeitgenossen Hippokrates von Kos, der als Arzt Berühmtheit erlangte.

Aufgaben

1.21   Man entnehme aus Abb. 1.4.23 einen Beweis des Satzes von Pythagoras.

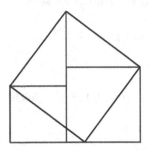   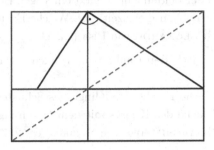

Abb. 1.4.23   Zu Aufgabe 1.21   **Abb. 1.4.24   Zu Aufgabe 1.22**

1.22   Man entnehme aus Abb. 1.4.24 einen Beweis des Höhensatzes.

1.23   Zeige, dass jeder Satz aus der Satzgruppe des Pythagoras aus jedem anderen Satz dieser Satzgruppe herzuleiten ist. Beweise zu diesem Zweck folgende Implikationskette:

$$\text{Kathetensatz} \implies \text{Satz des Pythagoras} \implies \text{Höhensatz} \implies \text{Kathetensatz}\,.$$

Die erste Implikation ist schon im Text gezeigt; bei der zweiten gehe man mit den Bezeichnungen aus Abb. 1.4.14 von $h^2 = b^2 - p^2$ aus.

1.24   Beweise, dass die Umkehrung des Höhensatzes und die Umkehrung des Kathetensatzes gelten.

1.25   Benutze jeden der Sätze der Satzgruppe des Pythagoras zur Konstruktion der Quadratwurzeln aus folgenden Zahlen. Wähle dabei als Längeneinheit 10 cm und lies Näherungswerte der Wurzeln ab.

a) 2   b) 5   c) 6   d) 10   e) 15

1.26   Welche Länge hat die Strecke AB, deren Endpunkte A und B in einem kartesischen Koordinatensystem durch folgende Daten gegeben sind:

a) $A\,(3,5)$, $B\,(-2,1)$ b) $A\,(-12,-15)$, $B\,(-14,1)$ c) $A\,(1,2,3)$, $B\,(8,4,-1)$ d) $A\,(-2,0,9)$, $B\,(5,12,-1)$

1.27   a) Berechne die Länge der Höhe, den Umkreisradius und den Inkreisradius in einem gleichseitigen Dreieck mit der Seitenlänge a.

b) Berechne die Länge der Höhe in einem Tetraeder mit der Kantenlänge a. (Dies ist eine Dreieckspyramide mit lauter gleich langen Kanten der Länge a.)

1.28 a) Zwei Türme T_A, T_B stehen 50 Schritt voneinander entfernt in den Fußpunkten A und B; Turm T_A ist 40 Schritt, Turm T_B 30 Schritt hoch. Das Zentrum C eines Brunnens befindet sich auf der Verbindungsstrecke von A und B. Auf der Spitze eines jeden der beiden Türme sitzt ein Vogel. Beide fliegen gleichzeitig los, sind gleich schnell und erreichen gleichzeitig C. Welche Entfernung hat C von A?
(Nach LEONARDO von Pisa (ca. 1170 - 1240), genannt FIBONACCI.)

b) Ermittle den Punkt C in a) auch zeichnerisch.

1.29 Die Fläche der Klinge des Schustermessers (*Arbelon*) in Abb. 1.4.25 ist gleich der Fläche des Kreises mit dem Durchmesser BD.
(Nach ARCHIMEDES von Syrakus (ca. 287 - 212 v. Chr.).)

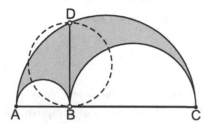

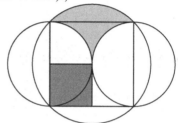

Abb. 1.4.25 Zu Aufgabe 1.29   **Abb. 1.4.26** Zu Aufgabe 1.30

1.30 Zeige, dass die beiden in Abb. 1.4.26 markierten Flächenstücke den gleichen Inhalt haben. (Nach Leonardo da Vinci.)

1.31 Ein Speer, der senkrecht im Wasser steht, ragt drei Ellen über die Wasseroberfläche hinaus. Der Wind beugt ihn und senkt ihn so ins Wasser, dass sich seine Spitze an der Wasseroberfläche befindet, während das untere Ende seine Lage nicht verändert hat. Gesucht ist die Länge des Speeres, wenn die Entfernung zwischen der anfänglichen Lage der Spitze und dem Berührpunkt mit der Wasseroberfläche fünf Ellen beträgt.
(Nach GAMSID IBN MASUD AL-KASI, 15. Jh.)

1.32 In einem Zimmer von 7 Arschin Länge, 6 Arschin Breite und 4 Arschin Höhe sitzen eine Spinne und eine Fliege an den größeren gegenüberliegenden Wänden. Beide sitzen anderthalb Arschin unterhalb der Decke, die Spinne sitzt 1 Arschin von einer Kante und die Fliege 2 Arschin von der diagonal gegenüberliegenden Kante entfernt. Gesucht ist der kürzeste Weg der Spinne zur Fliege.
(Nach dem russischen Schriftsteller LEW N. (LEO) TOLSTOI (1828-1910).)

1.33 Setzt man für $m, n \in \mathbb{N}$ mit $m > n$, ggT$(m, n) = 1$ und $2 \nmid m - n$

$$x = m^2 - n^2, y = 2mn, \ z = m^2 + n^2,$$

dann ist (x, y, z) ein teilerfremdes pythagöreisches Tripel. Beweise dies und gib zehn solche Tripel an.

1.5   Winkel im Kreis

Wir haben schon früher vom *Satz des Thales* Gebrauch gemacht, der in Kurzform
lautet:

„Der Winkel im Halbkreis ist ein rechter Winkel.“

Der Naturphilosoph THALES von Milet (ca. 625 - 545 v. Chr.), einer der „Sieben Weisen“ Griechenlands, ist der erste in der langen Reihe berühmter griechischer Gelehrter
und teilt sich mit Pythagoras den Ruhm des Begründers der altgriechischen Mathematik. Thales unternahm Reisen nach Kreta, Phönizien und Ägypten; er hielt sich auch
lange am Hof des sprichwörtlich reichen Krösus von Lydien auf, wo er seine mathematischen Kenntnisse beim Bau von Staudämmen anwenden konnte. Man berichtet auch,
er habe die Sonnenfinsternis des Jahres 585 v. Chr. vorausgesagt.

Den Satz des Thales wollen wir nun verallgemeinern. Dazu benötigen wir einige Begriffe
im Zusammenhang mit dem Kreis.

Zwei Punkte A, B auf einem Kreis k teilen diesen in zwei zueinander komplementäre
Kreisbögen b und b' ein, die in unterschiedlichen Halbebenen bezüglich g_{AB} liegen. Die
Verbindungsstrecke AB ist eine *Sehne* des Kreises k. Verbindet man die Endpunkte
A, B des Kreisbogens b mit einem Punkt C des komplementären Kreisbogens b', dann
nennt man den Winkel φ_b bei C einen *Umfangswinkel* oder auch einen *Peripheriewinkel*
zum Bogen b. Verbindet man A, B mit dem Mittelpunkt M des Kreises k, so entsteht
bei M der *Mittelpunktswinkel* oder *Zentriwinkel* μ_b zum Bogen b (Abb. 1.5.1).

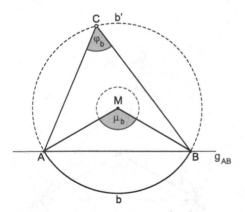
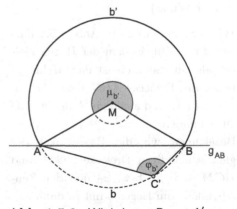

Abb. 1.5.1 Winkel zum Bogen b **Abb. 1.5.2** Winkel zum Bogen b'

Entsprechend sind Umfangs- und Mittelpunktswinkel zum komplementären Bogen b'
erklärt. Abb. 1.5.2 zeigt einen zum Bogen b' gehörenden Peripheriewinkel $\varphi_{b'}$ und den

zu b' gehörenden Zentriwinkel $\mu_{b'}$. Die Zentriwinkel zu komplementären Kreisbögen ergänzen sich zu einem Vollwinkel.

Die Tangente t in A an den Kreis k, die bekanntlich orthogonal zum Berührradius MA ist, bildet mit der Sehne AB zwei *Sehnentangentenwinkel* in A. Der *zum Bogen b gehörende Sehnentangentenwinkel* im Punkt A ist dann derjenige Winkel τ_b, der bezüglich g_{AB} in derselben Halbebene wie b liegt; sein Nebenwinkel in der anderen Halbebene bezüglich g_{AB} ist der zum Bogen b' gehörende Sehnentangentenwinkel $\tau_{b'}$ im Punkt A (Abb. 1.5.3).

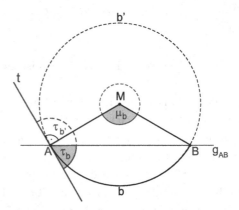

Abb. 1.5.3 Sehnentangentenwinkel

Die angekündigte Verallgemeinerung des Satzes von Thales ist der folgende *Satz vom Peripheriewinkel* (Satz 1.14).

Satz 1.14 (Satz vom Peripheriewinkel)
Alle Peripheriewinkel über einem Kreisbogen b sind gleich groß. Jeder ist halb so groß wie der dem Bogen b zugehörige Zentriwinkel und ebenso groß wie der dem Bogen b zugehörige Sehnentangentenwinkel.

Beweis 1.14 Offenbar ergibt sich aus Satz 1.14 die Aussage des Thalessatzes, wenn man als Kreisbogen b einen Halbkreis wählt; der diesem Halbkreis zugehörige Zentriwinkel ist ein gestreckter Winkel, folglich ist jeder zugehörige Peripheriewinkel ein rechter Winkel.

Wir betrachten den in Abb. 1.5.4 dargestellten Fall, in dem der Bogen kleiner als ein Halbkreis ist und M im Inneren des Dreiecks ABC liegt; die anderen Fälle sind analog in Aufgabe 1.34 zu behandeln.
Bezeichnen wir die Basiswinkel der gleichschenkligen Dreiecke ACM und BCM mit φ_1 bzw. φ_2 und den Zentriwinkel zum Bogen b mit μ, dann ist

$$\mu + (180° - 2\varphi_1) + (180° - 2\varphi_2) = 360°\,.$$

Also gilt für den Peripheriewinkel φ bei C zum Bogen b:

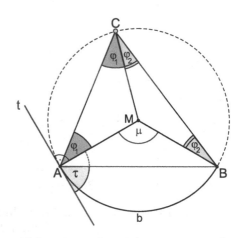

Abb. 1.5.4 Beweisfigur: $\tau = \varphi = \frac{\mu}{2}$

$$\varphi = \varphi_1 + \varphi_2 = \frac{\mu}{2}$$

Für den Sehnentangentenwinkel τ gilt

$$\tau + \frac{1}{2}(180° - \mu) = 90° ,$$

also ist $\tau = \frac{1}{2}\mu$. Damit sind die Winkel φ und τ gleich groß und dabei jeder halb so groß wie der zum Bogen b gehörige Zentriwinkel μ.

□

Der Peripheriewinkelsatz hat die folgende wichtige *Anwendung bei Dreieckskonstruktionen*: Kennt man von einem Dreieck ABC die Länge einer Seite AB und die Größe γ des dieser Seite gegenüberliegenden Winkels, so liegt die Ecke C auf dem Kreisbogen über AB mit dem Peripheriewinkel γ.
Man bezeichnet diesen Bogen als den *Fasskreisbogen* über AB zum Winkel γ.

Der Mittelpunkt M des Fasskreisbogens ergibt sich laut Peripheriewinkelsatz als der Schnittpunkt der Mittelsenkrechten von AB mit dem freien Schenkel des in A an AB angetragenen Winkels der Größe $(90° - \gamma)$. Die Konstruktion wird in Abb. 1.5.5 veranschaulicht.

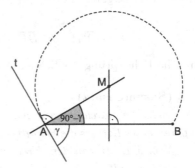

Abb. 1.5.5   Fasskreisbogen

Als wichtige Folgerungen aus Satz 1.14 ergeben sich der *Sehnensatz*, der *Sekantensatz* und der *Sekanten-Tangenten-Satz*, die wir nun formulieren und beweisen werden.

Satz 1.15 (Sehnensatz)
Haben zwei Sehnen durch einen Punkt P im Inneren eines Kreises die Endpunkte A, A' bzw. B, B' (Abb. 1.5.6), dann gilt:

$$\overline{AP} \cdot \overline{A'P} = \overline{BP} \cdot \overline{B'P}$$

Man sagt kurz: „Das Produkt der Sehnenabschnitte ist konstant."

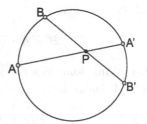

Abb. 1.5.6   Sehnensatz

Beweis 1.15 Aus Satz 1.14 folgt, dass die Winkel bei B und bei A' in Abb. 1.5.7 als Peripheriewinkel über AB' gleich groß sind. Ebensfalls gleich groß sind die Winkel bei A und bei B', denn beide sind Peripheriewinkel über $A'B$ (Abb. 1.5.8).
Die Dreiecke APB und $B'PA'$ haben demnach gleiche Winkel, sind also zueinander

ähnlich, sodass sich die Längen einander entsprechender (d.h. dem gleichen Winkel gegenüberliegender) Seiten nur durch einen gemeinsamen Faktor k unterscheiden.

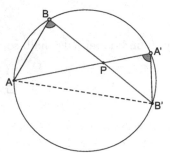

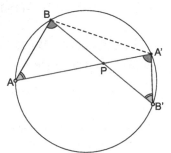

Abb. 1.5.7 Beweisfigur 1   **Abb. 1.5.8** Beweisfigur 2

Aus

$$\overline{A'P} = k \cdot \overline{BP} \quad \text{und} \quad \overline{B'P} = k \cdot \overline{AP}$$

folgt dann die Behauptung des Sehnensatzes.   □

Satz 1.16 (Sekantensatz)
Haben zwei Sekanten durch einen Punkt P im Äußeren eines Kreises die Schnittpunkte A, A' bzw. B, B' mit dem Kreis (Abb. 1.5.9), dann gilt:

$$\overline{AP} \cdot \overline{A'P} = \overline{BP} \cdot \overline{B'P}$$

Man sagt kurz: „Das Produkt der Sekantenabschnitte ist konstant."

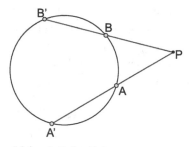

Abb. 1.5.9 Sekantensatz

Beweis 1.16 In Abb. 1.5.10 gilt

$$\sphericalangle B'A'A + \sphericalangle B'BA = 180°,$$

denn die beiden Winkelsummanden sind Peripheriewinkel zu komplementären Kreisbögen über $B'A$. Daher ist

$$\sphericalangle B'A'A = \sphericalangle PBA.$$

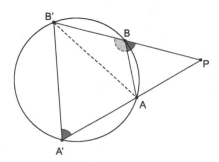

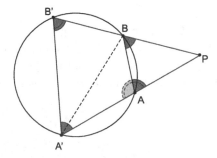

Abb. 1.5.10 Beweisfigur 1   **Abb. 1.5.11** Beweisfigur 2

Analog erkennt man in Abb. 1.5.11, dass

$$\sphericalangle A'B'B + \sphericalangle A'AB = 180° \quad \text{und deshalb} \quad \sphericalangle A'B'B = \sphericalangle PAB$$

gilt; folglich haben die Dreiecke BAP und $A'B'P$ dieselben Winkel. Aus der Ähnlichkeit von ΔBAP und $\Delta A'B'P$ folgt wie im Beweis des Sehnensatzes die Behauptung.

□

Satz 1.17 (Sekanten-Tangenten-Satz)
Eine Sekante durch den Punkt P im Äußeren eines Kreises schneide den Kreis in den Punkten A und A', und eine Tangente durch den Punkt P berühre den Kreis in B (Abb. 1.5.12). Dann ist das Produkt der Sekantenabschnitte gleich dem Quadrat des Tangentenabschnitts, d.h., es gilt:

$$\overline{AP} \cdot \overline{A'P} = \overline{BP}^2$$

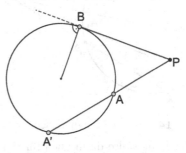

Abb. 1.5.12 Sekanten-Tangenten-Satz

Beweis 1.17 In Abb. 1.5.13 sind die Winkel $\sphericalangle ABP$ und $\sphericalangle PA'B$ gleich groß, denn der erste ist ein Sehnentangentenwinkel über AB und der zweite ein Peripheriewinkel über AB.

Folglich stimmen die Dreiecke ABP und $BA'P$ in diesen beiden Winkeln und ihrem gemeinsamen Winkel bei P, also in allen drei Winkeln überein und sind zueinander ähnlich. In ähnlichen Dreiecken unterscheiden sich entsprechende Seitenlängen aber nur durch einen gemeinsamen Faktor k. Aus

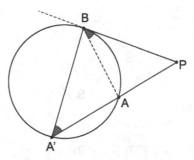

$$\overline{A'P} = k \cdot \overline{BP} \quad \text{und} \quad \overline{BP} = k \cdot \overline{AP}$$

Abb. 1.5.13 Beweisfigur

folgt sofort die Behauptung des Sekanten-Tangenten-Satzes.   □

Bemerkungen: 1. In einer dynamischen Sichtweise der Geometrie lässt sich der Sekanten-Tangenten-Satz als Grenzfall des Sekantensatzes verstehen (Abb. 1.5.14).

Betrachtet man eine Folge $A_0 = A$, $A_1, A_2, \ldots$ von Punkten A_n, welche längs des in der Halbebene ABP^+ gelegenen Kreisbogens von A auf B zuwandern und sind

$A'_0 = A', A'_1, A'_2, \ldots$ die zweiten Schnittpunkte der Sekanten durch P und A_n mit dem Kreis, so gilt laut Sekantensatz für alle n stets

$$\overline{A_n P} \cdot \overline{A'_n P} = \overline{AP} \cdot \overline{A'P},$$

wobei die Punkte A'_n längs des komplementären Kreisbogens auf B zuwandern.

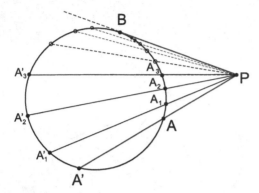

Abb. 1.5.14   Satz 1.17 dynamisch

Diese Gleichung sollte dann auch für den Grenzpunkt B gelten, also

$$\overline{BP} \cdot \overline{BP} = \overline{AP} \cdot \overline{A'P}.$$

2. Hat der Kreis in der Situation von Satz 1.15 bis Satz 1.17 den Mittelpunkt M und den Radius r, dann ist $r^2 - \overline{PM}^2$ das Produkt der Sehnenabschnitte in Satz 1.15 und $\overline{PM}^2 - r^2$ das Produkt der Sekantenabschnitte in Satz 1.16 und Satz 1.17.

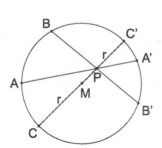

$$\overline{CP} \cdot \overline{C'P} = \left(r + \overline{PM}\right)\left(r - \overline{PM}\right)$$

Abb. 1.5.15   Sehnenabschnitte

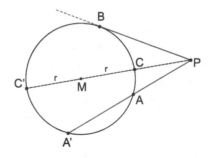

$$\overline{CP} \cdot \overline{C'P} = \left(\overline{PM} - r\right)\left(\overline{PM} + r\right)$$

Abb. 1.5.16   Sekantenabschnitte

Dies erkennt man, indem man die Konfigurationen um eine zusätzliche Sehne durch P und M (Abb. 1.5.15) oder aber um eine zusätzliche Sekante durch P und M (Abb. 1.5.16) ergänzt.

3. Als Spezialfall des Sehnensatzes ergibt sich der Höhensatz (Abb. 1.5.17), und aus dem Sekanten-Tangenten-Satz ergibt sich der Kathetensatz (Abb. 1.5.18).

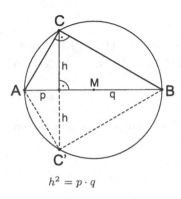

$$h^2 = p \cdot q$$

Abb. 1.5.17 Sehnensatz ⇒ Höhensatz

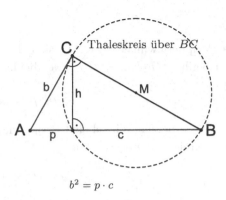

$$b^2 = p \cdot c$$

Abb. 1.5.18 Sekanten-Tangenten-Satz
⇒ Kathetensatz

Der folgende Sachverhalt spielt zwar keine große Rolle in der Geometrie, ist aber eine sehr hübsche Anwendung von Satz 1.14.

Satz 1.18 (Simson-Gerade)
*Ist P ein Punkt auf dem Umkreis ei-
nes Dreiecks ABC, dann liegen die Fußpunkte F_a, F_b und F_c der Lote von P
aus auf die Dreiecksseiten (bzw. auf die
Verlängerungen der Dreiecksseiten) auf
einer Geraden s.*
Man nennt diese Gerade s die Simson-
Gerade *des Dreiecks.*

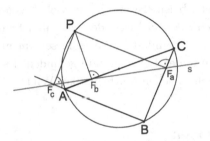

Abb. 1.5.19 Simson-Gerade

Beweis 1.18 Der Thaleskreis über PA ist Umkreis des Vierecks PF_bAF_c, der Thaleskreis über PC ist Umkreis des Vierecks PF_bF_aC (Abb. 1.5.20).

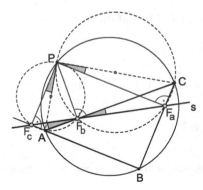

Abb. 1.5.20 Beweisfigur

Als Peripheriewinkel über AF_c sind die Winkel $\sphericalangle AF_bF_c$ und $\sphericalangle APF_c$ gleich groß, ebenso gilt $\sphericalangle CF_bF_a = \sphericalangle CPF_a$, weil beides Peripheriewinkel über CF_a sind. Außerdem gilt

$$\sphericalangle PCB = 180° - \sphericalangle PAB\,,$$

denn diese beiden Winkel sind Peripheriewinkel über PB zu komplementären Bögen im Umkreis des Dreiecks. Mit

$$\sphericalangle PAF_c = 180° - \sphericalangle PAB$$

ergibt sich

$$\sphericalangle APF_c = \sphericalangle CPF_a \quad \text{und} \quad \sphericalangle AF_bF_c = \sphericalangle CF_bF_a\,.$$

Dies bedeutet aber, dass die Punkte F_a, F_b, F_c auf einer Geraden liegen. $\qquad\square$

ROBERT SIMSON (1687 - 1768) hat viele Beiträge zur Arithmetik und zur Geometrie geliefert; beispielsweise hat er viele Eigenschaften der Fibonacci-Zahlen gefunden. Ob er auch der Entdecker der nach ihm benannten Geraden ist, kann nicht festgestellt werden; zumindest hat man in seinem mathematischen Werk keine Arbeit zur Kollinearität der Lotfußpunkte gefunden. Es spricht einiges dafür, dass die Entdeckung dem schottischen Mathematiker WILLIAM WALLACE (1768 - 1843) zuzuschreiben ist.

Aufgaben

1.34 Vervollständige den Beweis von Satz 1.14.

1.35 Konstruiere ein Dreieck mit $c = 6\,\text{cm}$, $\gamma = 50°$ und

a) $b = 3\,\text{cm}$ b) $\alpha = 30°$ c) $h_c = 4\,\text{cm}$ (Höhe auf die Seite AB)

d) $s_c = 4\,\text{cm}$ (Seitenhalbierende der Seite AB)

1.36 Beweise: Genau dann besitzt ein Viereck einen Umkreis, wenn die Summe gegenüberliegender Winkel 180° beträgt.

(Ein solches Viereck nennt man ein *Sehnenviereck*.)

1.37 Beweise: Genau dann besitzt ein Viereck einen Inkreis, wenn die Summen der Längen gegenüberliegender Seiten gleich sind.

(Ein solches Viereck nennt man ein *Tangentenviereck*.)

1.38　Konstruiere ein Viereck, das sowohl ein Sehnenviereck (Aufgabe 1.36) als auch ein Tangentenviereck (Aufgabe 1.37) ist, von dem ferner eine Seite 6 cm lang ist und ein dieser Seite anliegender Winkel 110° beträgt.

1.39

Über einer Strecke AB als Sehne zeichne man zwei Kreisbogen mit verschiedenen Radien (Abb. 1.5.21). Auf dem kleineren Kreisbogen wähle man einen Punkt P und bezeichne die Schnittpunkte von g_{AP} und g_{BP} mit dem größeren Kreisbogen mit A' bzw. B'. Zeige, dass die Länge des Kreisbogens zwischen A' und B' unabhängig von der Wahl des Punktes P ist.

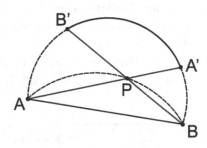

Abb. 1.5.21　Zu Aufgabe 1.39

1.40　Gegeben seien ein Dreieck ABC und zwei Winkel α, β. Konstruiere den Punkt, von dem aus AB unter dem Winkel α und BC unter dem Winkel β erscheint. (Diese Aufgabe ist für die Navigation, die Geodäsie und die Kartographie von Bedeutung.)

1.41　Ein Punkt T teilt eine Strecke AB im Verhältnis des *goldenen Schnitts*, wenn gilt (Abb. 1.5.22):

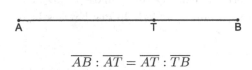

$$\overline{AB} : \overline{AT} = \overline{AT} : \overline{TB}$$

Abb. 1.5.22　Goldener Schnitt

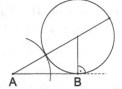

Abb. 1.5.23　Konstruktionsidee

Man entnehme Abb. 1.5.23 die Idee für die Teilung einer vorgegebenen Strecke AB im Verhältnis des goldenen Schnitts mithilfe des Sekanten-Tangenten-Satzes.

1.42　Diagonale und Seite des regelmäßigen Fünfecks stehen zueinander im Verhältnis des goldenen Schnitts. Konstruiere mithilfe dieser Information ein regelmäßiges Fünfeck.

1.6   Kreise und Geraden

Wir haben bereits mehrere Begriffe und Eigenschaften dieses Sachzusammenhangs benutzt, zumal sie aus dem Mathematikunterricht bekannt sind; hier wollen wir sie nun systematisch zusammenstellen und vervollständigen.

Eine Gerade kann bezüglich eines Kreises eine *Passante*, eine *Tangente* oder eine *Sekante* sein, wobei man eine Sekante durch den Mittelpunkt des Kreises als eine *Zentrale* bezeichnet.
Den Radius zum Berührpunkt einer Tangente nennt   man den *Berührradius*; dieser ist stets orthogonal zur Tangente (Abb. 1.6.1).

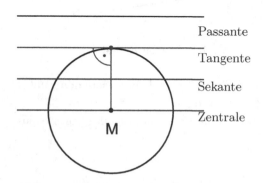

Abb. 1.6.1   Kreisgeraden   **Abb. 1.6.2**   Berührpunkte

Mithilfe des Thaleskreises über MP konstruiert man die Berührpunkte B_1, B_2 der beiden Tangenten t_1, t_2 von P aus an den Kreis, wenn P außerhalb des Kreises liegt (Abb. 1.6.2).

Die rechtwinkligen Dreiecke MB_1P und MB_2P sind kongruent (**Ssw**), also ist die Zentrale des Kreises durch P zugleich Winkelhalbierende und Mittelsenkrechte im gleichschenkligen Dreieck B_1PB_2. Deshalb verläuft die Verbindungsgerade p der Berührpunkte B_1, B_2 orthogonal zur Zentralen des Kreises durch P.

Zwei Kreise mit den Mittelpunkten M_1, M_2 und den Radien r_1, r_2, für die

$$\overline{M_1M_2} > r_1 + r_2$$

gilt, besitzen vier gemeinsame Tangenten. Diese sind im Fall $r_1 > r_2$ parallel zu den Tangenten von M_2 aus an die Kreise um M_1 mit den Radien $r_1 - r_2$ bzw. $r_1 + r_2$ (Abb. 1.6.3; vgl. auch Aufgabe 1.43).

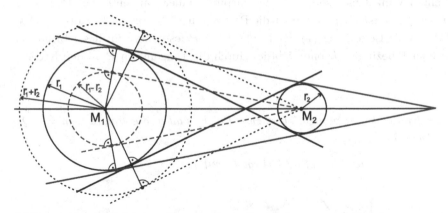

Abb. 1.6.3 Gemeinsame Tangenten zweier Kreise

Wir betrachten nun die Verbindungsgerade der Berührungspunkte der Tangenten von einem Punkt an einen Kreis (Abb. 1.6.2) etwas näher. Sei dazu k der Kreis mit dem Mittelpunkt M und dem Radius r, P ein Punkt außerhalb von k und p die Verbindungsgerade der Berührpunkte der Tangenten von P aus an den Kreis k. Ist dann P' der Schnittpunkt der Zentralen g_{MP} mit p, so gilt aufgrund des Kathetensatzes

$$\overline{MP'} \cdot \overline{MP} = r^2 \,,$$

denn wir haben vorhin festgestellt, dass p im rechtwinkligen Dreieck MPB die Höhe zur Hypotenuse MP ist (Abb. 1.6.4).

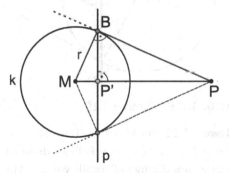

Abb. 1.6.4 Polare zum Pol außen

Ist allgemein P ein von M verschiedener Punkt, der auch auf k oder innerhalb von k liegen darf, und ist P' derjenige Punkt der Zentralen g_{MP}, für den

(∗) $P' \in MP^+$ und $\overline{MP'} \cdot \overline{MP} = r^2$

gilt, dann nennt man die zur Zentralen g_{MP} orthogonale Gerade p durch den Punkt P' die *Polare* des Kreises k zum *Pol* P. Abb. 1.6.5 zeigt den Fall, dass P im Inneren von k liegt.

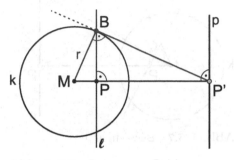

Abb. 1.6.5 Polare zum Pol innen

Ist dann ℓ die Lotgerade zu g_{MP} durch den Punkt P und B ein Schnittpunkt von ℓ mit k, so folgt aus der Umkehrung des Kathetensatzes, dass das Dreieck $MP'B$ bei

B einen rechten Winkel hat, sodass B Berührpunkt einer Tangente von P' aus an den Kreis k ist. Dann ist aber ℓ offenbar die Polare von P' bezüglich k. Falls P auf k liegt, wird durch die Bedingung $(*)$ der Punkt $P' = P$ festgelegt; in dieser Situation ist die Polare zu P bezüglich k offensichtlich durch die Tangente in P an den Kreis k gegeben.

Satz 1.19

Bezüglich des Kreises k sei p die Polare zum Pol P und q die Polare zum Pol Q. Dann gilt (Abb. 1.6.6):

$$\text{Liegt } Q \text{ auf } p \text{, so liegt } P \text{ auf } q.$$

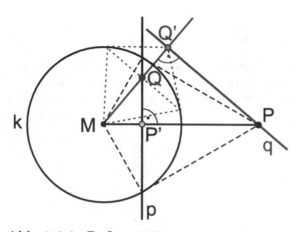

Abb. 1.6.6 Zu Satz 1.19

Beweis 1.19 Sei M der Mittelpunkt und sei r der Radius des Kreises k; es gelte $Q \in p$. Wenn P im Inneren von k liegt, dann ist p eine Passante von k, und der Punkt $Q \in p$ liegt zwangsläufig außerhalb von k (Abb. 1.6.7).

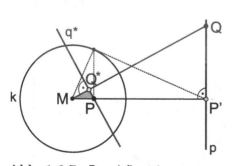

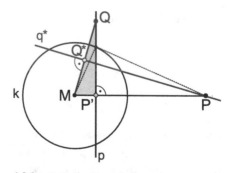

Abb. 1.6.7 Beweisfigur 1   **Abb. 1.6.8** Beweisfigur 2

Liegt P außerhalb von k, so ist p eine Sekante des Kreises, und der Punkt $Q \in P$ kann innerhalb von k (nichts Neues im Vergleich zu Abb. 1.6.7 bei vertauschten Rollen von P und Q), außerhalb von k (Abb. 1.6.8) oder auch auf k liegen – im letzten Fall ist aber die Polare q von Q die Tangente an k mit Berührpunkt Q, und diese verläuft durch P. Genauso ist P Berührpunkt der Tangente von Q aus an den Kreis k, wenn $P \in k$ gilt und deshalb die Polare p von P gerade die Tangente in P an k ist. In den Situationen von Abb. 1.6.7 und Abb. 1.6.8 sei nun q^* die Lotgerade zur Zentralen g_{MQ} durch den Punkt P und Q^* der Schnittpunkt von q^* und MQ. Dann sind die Dreiecke MQ^*P und $MP'Q$ ähnlich, weil beide rechtwinklig sind und den Winkel bei M gemeinsam haben. Aus der Streckenverhältnisgleichheit

$$\overline{MQ^*} : \overline{MP} = \overline{MP'} : \overline{MQ}$$

erhält man

$$\overline{MQ^*} \cdot \overline{MQ} = \overline{MP'} \cdot \overline{MP} = r^2\,,$$

denn $P' \in MP^+$ liegt auf p. Dann erfüllt aber auch der Punkt $Q^* \in MQ^+$ die Polarenbedingung (∗), und man kann auf $Q' = Q^*$ und $q^* = q$ schließen; somit verläuft die Polare q von Q durch den Punkt P.

□

Sind ein Kreis k mit Mittelpunkt M und eine Gerade g gegeben, die den Punkt M nicht trifft, dann schneiden sich die Polaren der Punkte von g bezüglich k in einem Punkt G, und dieser Punkt G ist Pol zur Polaren g von k.

Ist umgekehrt ein Punkt $G \neq M$ gegeben, dann liegen die Pole zu allen Geraden durch G auf einer Geraden g, und diese Gerade g ist die Polare von k zum Pol G (Abb. 1.6.9).

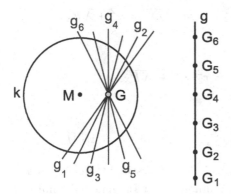

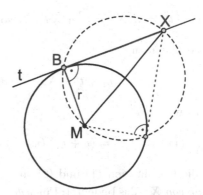

Abb. 1.6.9 Kopunktale Polaren   **Abb. 1.6.10** Tangentenabschnitt

Ist X ein Punkt der Tangente t mit dem Berührungspunkt B an einen Kreis k, so nennt man die Strecke BX den zugehörigen *Tangentenabschnitt*. Hat der Kreis den Mittelpunkt M und den Radius r, dann gilt für die Länge des Tangentenabschnitts

$$\overline{BX}^2 = \overline{MX}^2 - r^2\,,$$

wie man sofort mithilfe des Satzes von Pythagoras schließen kann (Abb. 1.6.10).

Satz 1.20

*Die Menge aller Punkte, deren Tangentenabschnitte an zwei vorgegebene nicht konzen-
trische Kreise gleich lang sind, liegen auf einer Geraden c. Man nennt diese Gerade
die* Chordale *der beiden Kreise.*

Beweis 1.20 Wir betrachten zunächst den Fall, dass die beiden Kreisscheiben mit den
Mittelpunkten M_1, M_2 und den Radien r_1, r_2 keine gemeinsamen Punkte haben.

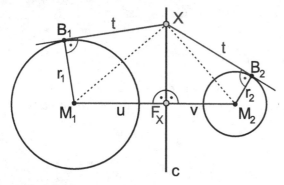

Abb. 1.6.11   Fall 1: Kreise sind disjunkt

Sei X ein Punkt mit Tangentenabschnitten gleicher Länge t, und sei F_X der Fußpunkt
des Lotes von X auf die Zentrale der beiden Kreise (Abb. 1.6.11). Sind dann $u = \overline{M_1 F_X}$
und $v = \overline{M_2 F_X}$, so folgt mit dem Satz des Pythagoras in den rechtwinkligen Dreiecken
$X B_1 M_1$, $M_1 F_X X$, $X F_X M_2$ und $M_2 B_2 X$:

$$r_1^2 + t^2 = \overline{M_1 X}^2 = u^2 + \overline{X F_X}^2 \quad \text{sowie} \quad r_2^2 + t^2 = \overline{M_2 X}^2 = v^2 + \overline{X F_X}^2 \,.$$

Daraus erhält man

$$u^2 = r_1^2 + t^2 - \overline{X F_X}^2 \quad \text{und} \quad v^2 = r_2^2 + t^2 - \overline{X F_X}^2 \,,$$

weiter folgt

$$(1) \quad u^2 - v^2 = (u+v) \cdot (u-v) = r_1^2 - r_2^2 \,; \qquad (2) \quad u + v = \overline{M_1 M_2} \,.$$

Durch die Gleichungen (1) und (2) sind u und v eindeutig bestimmt, und zwar *unabhängig von X* – das bedeutet: Für *jeden* Punkt X mit gleichen Tangentenabschnitten
ergibt sich der gleiche Lotfußpunkt F_X auf der Zentralen der beiden Kreise, sodass alle
diese Punkte auf der Lotgeraden zu $g_{M_1 M_2}$ durch F_X liegen.

Im Fall, dass sich die beiden Kreise in zwei Punkten S_1 und S_2 schneiden, argumentiert
man ebenso (Abb. 1.6.12). Dabei ist aber zu beachten, dass man von den Punkten im
Inneren der beiden Kreise keine Tangenten zeichnen kann.

Für die geometrische *Konstruktion* der Chordalen c in dieser Situation beachte man, dass auch S_1 und S_2 auf der Chordalen liegen; dies folgt wie oben speziell für $t = 0$ und $X = S_1$ (bzw. $X = S_2$). Damit erweist sich c in diesem Fall einfach als die Verbindungsgerade der beiden Schnittpunkte S_1, S_2 der Kreise. Die verbleibenden Fälle, in denen sich beide Kreise berühren oder der eine Kreis ganz im Inneren des anderen liegt, werden in Aufgabe 1.45 behandelt.

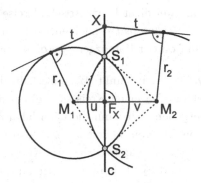

Abb. 1.6.12　Fall 2: Kreise
schneiden sich

□

Für die geometrische Konstruktion der Chordalen oder der *Potenzgeraden* zweier Kreise, wie sie bisweilen auch bezeichnet wird, im allgemeinen Fall kann man stets auf den in Abb. 1.6.12 beschriebenen Spezialfall zurückgreifen. Dazu beachte man zunächst, dass sich die Potenzgeraden von je zwei aus *drei* Kreisen k_1, k_2, k_3, deren Mittelpunkte M_1, M_2, M_3 nicht kollinear sind, in einem Punkt C schneiden.

Sind nämlich c_{12}, c_{13}, c_{23} die Chordalen von k_1 und k_2, von k_1 und k_3 sowie von k_2 und k_3, so sind diese Geraden Lotgeraden zu den Seiten des Dreiecks $M_1 M_2 M_3$, daher haben je zwei von ihnen einen Schnittpunkt. Ist nun C der Schnittpunkt von c_{12} und c_{13}, so sind die Tangentenabschnitte von C an die Kreise k_1 und k_2 gleich lang, weil C auf c_{12} liegt; ebenfalls gleich lang sind die Tangentenabschnitte von C an die Kreise k_1 und k_3, weil C auf c_{13} liegt. Daraus folgt, dass auch die Tangentenabschnitte von C an die Kreise k_2 und k_3 gleich lang sind, also ist C auch ein Punkt der dritten Chordalen c_{23}. Man bezeichnet den Schnittpunkt C der drei Chordalen als den *Chordalpunkt* oder den *Potenzpunkt* der drei Kreise.

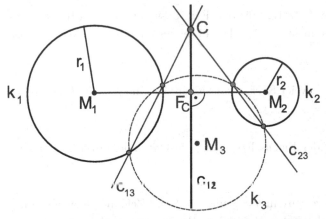

Abb. 1.6.13　Konstruktion der Potenzgeraden mittels Chordalpunkt

Sind nun zwei nicht konzentrische Kreise k_1, k_2 mit den Mittelpunkten M_1, M_2 gegeben, die sich *nicht* schneiden, so kann man den Chordalpunkt zur geometrischen Konstruktion der Potenzgeraden dieser beiden Kreise benutzen (Abb. 1.6.13).

Man wählt einen Punkt M_3 außerhalb der Zentralen $g_{M_1 M_2}$ der beiden Kreise und zeichnet um M_3 einen Kreis k_3, welcher die Kreise k_1 und k_2 schneidet. Wie in Abb. 1.6.12 ergeben sich dann die Chordalen c_{13} und c_{23} als die Verbindungsgeraden der Schnittpunkte von k_3 mit k_1 bzw. von k_3 mit k_2. Der Schnittpunkt C von c_{13} und c_{23} ist der Chordalpunkt der drei Kreise. Die Potenzgerade c_{12} der beiden gegebenen Kreise k_1 und k_2 ist dann die Lotgerade zur gemeinsamen Zentralen $g_{M_1 M_2}$ der Kreise k_1 und k_2 durch den Chordalpunkt C.

Aufgaben

1.43 Zeichne zwei Kreise mit den Radien $4\,\mathrm{cm}$ und $6\,\mathrm{cm}$, deren Mittelpunkte den Abstand

a) $12\,\mathrm{cm}$ b) $10\,\mathrm{cm}$ c) $4\,\mathrm{cm}$ d) $4\,\mathrm{cm}$

voneinander haben, und konstruiere die gemeinsamen Tangenten.

1.44 In einem kartesischen Koordinatensystem sei der Kreis um O mit dem Radius $4\,\mathrm{cm}$ gegeben. Konstruiere die Polaren zu den Punkten $A\,(2,2)$, $B\,(5,1)$, $C\,(1,6)$. Diese Polaren schneiden sich in den Punkten P, Q, R. Bestimme die Polaren zu diesen Schnittpunkten.

1.45 a) Beweise folgende Behauptung: Berühren sich zwei Kreise, dann sind die Tangentenabschnitte an die Kreise von jedem Punkt der gemeinsamen Tangente gleich lang.

b) Beweise die Behauptung von Satz 1.20 für den Fall, dass ein Kreis im Inneren des anderen Kreises liegt und diesen nicht berührt. Dabei sei der Fall konzentrischer Kreise ausgeschlossen.

1.46 Konstruiere die Chordale zweier Kreise, von denen der eine ganz im Inneren des anderen liegt.

1.47 Zeichne drei Kreise mit der Eigenschaft, dass die Chordalen zu je zwei dieser Kreise parallel sind.

1.48 Konstruiere $\triangle ABC$ mit $a = 6\,\mathrm{cm}$, $b = 8\,\mathrm{cm}$, $c = 9\,\mathrm{cm}$. Zeichne einen Kreis um A mit dem Radius $3\,\mathrm{cm}$, einen Kreis um B mit dem Radius $4\,\mathrm{cm}$ und einen Kreis um C mit dem Radius $2\,\mathrm{cm}$. Konstruiere dann den Chordalpunkt dieser drei Kreise.

2 Geometrie im Raum

Übersicht

2.1 Polyeder 59
2.2 Schrägbilder 64
2.3 Abwicklungen und Auffaltungen 70
2.4 Zylinder und Kegel 72
2.5 Kugeln 76

2.1 Polyeder

Eine begrenzte (beschränkte, endliche) Fläche nennt man ein Flächenstück. Ein begrenztes (beschränktes, endliches) Stück des Raumes nennt man einen *Körper*.

Ein ebenes Flächenstück heißt konvex, wenn für je zwei Punkte des Flächenstücks auch die Verbindungsstrecke zum Flächenstück gehört. Entsprechend heißt ein Körper *konvex*, wenn mit je zwei Punkten des Körpers auch die Verbindungsstrecke zum Körper gehört. Abb. 2.1.1 zeigt Beispiele für konvexe Körper, Abb. 2.1.2 für nichtkonvexe Körper.

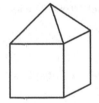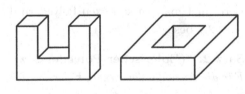

Abb. 2.1.1 Konvexe Körper   **Abb. 2.1.2** Nichtkonvexe Körper

Ein Polygon (Vieleck) ist ein ebenes Flächenstück, das von endlich vielen Strecken begrenzt wird. Hat es n Begrenzungsstrecken (und damit auch n Eckpunkte), so nennt man es ein n-Eck. Entsprechend ist ein *Polyeder* ein Körper, der von endlich vielen Polygonflächen begrenzt wird. Wird ein Polyeder von n Polygonflächen begrenzt, dann nennt man es auch n-*Flächner* oder n-*Flach*.

Ein Polyeder besitzt mindestens vier Begrenzungsflächen. Besitzt es genau vier Begrenzungsflächen, dann sind dies alles Dreiecke.

Ist nämlich eine Begrenzungsfläche ein n-Eck, so müssen noch mindestens n weitere Begrenzungsflächen existieren (die gemeinsame Kanten mit dem n-Eck haben), das Polyeder muss also mindestens $n + 1$ Begrenzungsflächen haben. Ein von vier Dreiecken begrenztes Polyeder heißt *Dreieckspyramide*. Sind die Dreiecke alle gleichseitig, dann handelt es sich um ein *Tetraeder* (Abb. 2.1.3).

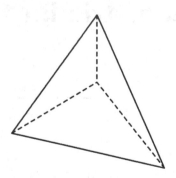

Abb. 2.1.3 Tetraeder

Schneidet man von einer Dreieckspyramide eine Ecke ab, so entsteht ein Polyeder mit fünf Flächen (zwei Dreiecke und drei Vierecke). Schneidet man von einem konvexen Polyeder mit n Flächen durch einen ebenen Schnitt eine Ecke ab, ohne dabei eine weitere Ecke zu berühren oder gar mit abzuschneiden, dann entsteht ein Polyeder mit $n + 1$ Flächen (Abb. 2.1.4). Es gibt also für jedes $n \geq 4$ ein Polyeder mit genau n Flächen. Wir bezeichnen nun mit

- e die Anzahl der Ecken,
- k die Anzahl der Kanten und
- f die Anzahl der Flächen

eines Polyeders. Treffen beim „Eckenabschneiden" in Abb. 2.1.4 in der abgeschnittenen Ecke ursprünglich a Kanten aufeinander, dann vergrößert sich e um $a - 1$, k um a und f um 1, also bleibt $e - k + f$ konstant.

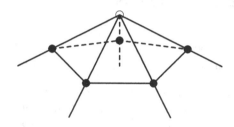

Abb. 2.1.4 Ecken, Kanten, Flächen

Berechnet man an konvexen Polyedern die Zahl $e - k + f$, so ergibt sich stets 2, wie Satz 2.1 besagt.

Satz 2.1 (Euler'scher Polyedersatz)
Für die Anzahl e der Ecken, k der Kanten und f der Flächen eines konvexen Polyeders gilt

$$e - k + f = 2.$$

Beweis 2.1 Da das Polyeder konvex ist, gibt es einen Punkt P im Inneren, von dem aus alle Ecken und Kanten (kreuzungsfrei) zu sehen sind. Wir denken uns eine Kugel um P gezeichnet und alle Ecken und Kanten von P aus auf diese Kugel projiziert. Dass aus den Kanten dabei Bögen auf der Kugel werden, stört dabei nicht weiter. Nun bauen wir das Polyeder sukzessiv durch Anfügen von Kanten auf, beginnend mit einer einzigen Kante. Zu Anfang ist demnach $e = 2$, $k = 1$ und $f = 1$, die einzige

Fläche ist die ganze Kugelfläche. Es ist daher zu Anfang $e - k + f = 2$. Nun fügen wir nacheinander die Kanten hinzu, die an eine schon vorhandene Ecke stoßen, und prüfen jedesmal den Wert von $e - k + f$. Bei einem solchen Fortsetzungsschritt sind zwei Fälle möglich:

(1) Die zweite Ecke der zugefügten Kante war noch nicht vorhanden. Dann erhöhen sich e und k um jeweils 1, während f unverändert bleibt. Daher ändert sich $e - k + f$ nicht.

(2) Die zweite Ecke war bereits vorhanden. Dann entsteht eine neue Fläche, sodass k und f jeweils um 1 wachsen, während sich e nicht ändert. Daher ändert sich $e - k + f$ nicht.

In beiden Fällen bleibt $e - k + f$ unverändert; es muss also beim ursprünglichen Wert $e - k + f = 2$ bleiben. □

Der eulersche Polyedersatz gilt natürlich auch für solche nichtkonvexen Polyeder, die sich durch eine stetige Verformung in ein konvexes Polyeder überführen lassen; er gilt aber nicht für Polyeder, die ein „Loch" haben (Aufgabe 2.2). Weiteres zum Euler'schen Polyedersatz und seinen Anwendungen findet sich in Abschn. 8.4.

Verschiebt man ein Polygon in eine Richtung, die nicht in der Ebene des Polygons liegt, dann bilden die dabei überstrichenen Punkte ein *Prisma*; die verschobene Fläche nennt man die *Grundfläche* des Prismas. Abb. 2.1.5 zeigt den allgemeinen Fall (a) eines *schiefen Prismas* sowie diverse Sonderfälle.

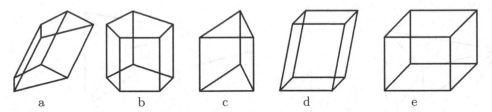

a   b   c   d   e

Abb. 2.1.5 Typen von Prismen

Ist die Verschiebungsrichtung orthogonal zur Ebene des Polygons, dann erhält man ein *gerades* Prisma (b). Im Alltag versteht man unter einem Prisma oft nur ein gerades Dreiecksprisma (c). Die Seitenflächen eines Prismas sind Parallelogramme. Ist die Grundfläche eines Prismas ein Parallelogramm, so heißt der Körper *Parallelepiped* oder *Spat* (d). Ein *Quader* ist ein Sonderfall eines Spats, er ist ein gerades Prisma, dessen Grundfläche ein Rechteck ist (e). Schließlich ist der Würfel ein Sonderfall eines Quaders.

Verbindet man die Punkte einer Polygonfläche mit einem Punkt S außerhalb der Ebene der Polygonfläche, so entsteht eine *Pyramide*. Die Polygonfläche heißt *Grundfläche*, der Punkt S *Spitze* der Pyramide. Die Verbindungsstrecken des Polygons mit der

Spitze heißen *Mantellinien*. Abb. 2.1.6 zeigt den allgemeinen Fall (a) einer *schiefen Pyramide* sowie diverse Sonderfälle.

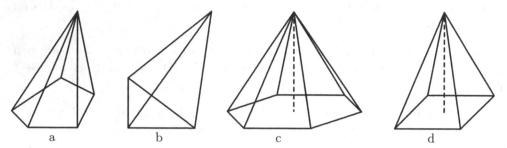

Abb. 2.1.6 Typen von Pyramiden

Ist die Grundfläche ein Dreieck, dann liegt eine *Dreieckspyramide* vor (b). Ist die Grundfläche ein regelmäßiges n-Eck und liegt die Spitze senkrecht über dem Mittelpunkt der Grundfläche, so handelt es sich um eine *gerade* Pyramide (c). Im Alltag versteht man unter einer Pyramide oft nur eine gerade Pyramide über einem Quadrat, eine sog. *quadratische Pyramide* (d).

Eine Pyramide, deren Grundfläche ein n-Eck ist, kann man durch Schnitte durch die Spitze und zwei Eckpunkte der Grundfläche in $n-2$ Dreieckspyramiden zerlegen. Ein Prisma, dessen Grundfläche ein n-Eck ist, kann man durch ebene Schnitte parallel zur Verschiebung der Grundfläche zur Deckfläche in $n-2$ Dreiecksprismen zerlegen. Ein Dreiecksprisma kann man durch ebene Schnitte in drei Dreieckspyramiden zerlegen, was in Abb. 2.1.7 demonstriert wird.

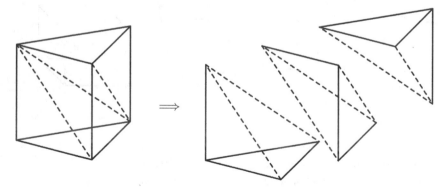

Abb. 2.1.7 Zerlegung eines Dreiecksprismas in Dreieckspyramiden

Jedes konvexe Polyeder kann durch ebene Schnitte durch die Ecken in endlich viele Dreieckspyramiden zerlegt werden. Dazu wähle man einen Punkt S im Inneren des Polyeders und betrachte die Pyramiden mit der Spitze S, deren Grundflächen die Flächen des Polyeders sind; diese Pyramiden lassen sich in endlich viele Dreieckspyramiden zerlegen.

Aufgaben

2.1 Überprüfe die Euler'sche Polyederformel an einem Prisma und an einer Pyramide, jeweils mit einem n-Eck als Grundfläche.

2.2 Zeige, dass für den durchbohrten Quader in Abb. 2.1.8 die Euler'sche Polyederformel *nicht* gilt.

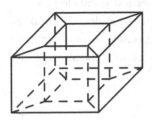

Abb. 2.1.8 Durchbohrter Quader

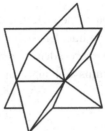

Abb. 2.1.9 Nichtkonvexer Sternkörper

2.3 Der nicht konvexe Sternkörper in Abb. 2.1.9 besteht aus zwei ineinandergesteckten Tetraedern. Überprüfe hier die Euler'sche Polyederformel.

2.4 Eine Abbildung des Raumes, bei der ein gegebener Körper mit sich zur Deckung kommt, heißt eine *Deckabbildung* des Körpers. Nenne möglichst viele Deckabbildungen des folgenden Körpers:

a) Parallelepiped (Spat)   b) Tetraeder   c) Quadratische Pyramide   d) Würfel

2.5 Berechne im Tetraeder mit der Kantenlänge a die Länge der Flächen- und Raumhöhen.

2.6 Berechne die Länge der Raumdiagonalen eines Quaders, der die Kantenlängen a, b, c hat.

2.7 Die Ecken des *Ikosaeders* in Abb. 2.1.10 sind die Ecken von drei symmetrisch ineinandergesteckten Rechtecken der Seitenlängen 2 und $1 + \sqrt{5}$. Überprüfe, ob die Kanten alle die Länge 2 haben.

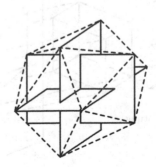

Abb. 2.1.10 Ikosaeder

2.2   Schrägbilder

Ein Fotoapparat stellt von einem Körper ein ebenes Bild her, das eine *Zentralprojektion* des Körpers auf die Ebene des Films ist, wobei die Linse des Fotoapparats das Zentrum der Projektion bildet. Solche Bilder wirken „natürlich", weil auch das Auge eine Zentralprojektion der Körper auf die Netzhaut bewirkt.

Dabei werden aber parallele Geraden in der Regel nicht wieder auf parallele Geraden abgebildet, vielmehr schneiden sich die Bilder von parallelen Geraden in Punkten der so genannten Fluchtgeraden, deren Lage auf der Projektionsebene von der Lage des Projektionszentrums abhängt. In Abb. 2.2.1 ist ein Haus in Zentralprojektion gezeichnet.

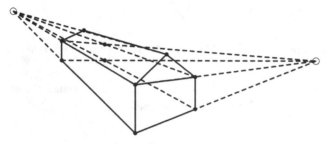

Abb. 2.2.1   Zentralprojektion

In der Geometrie verwendet man zur Darstellung von Körpern meistens eine *Parallelprojektion*. Hierbei denkt man sich die Punkte des Körpers durch parallele Strahlen auf eine Ebene (Projektionsebene) abgebildet; parallele Geraden gehen dabei wieder in parallele Geraden über.

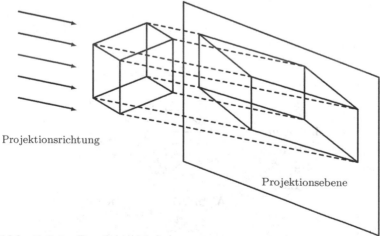

Projektionsrichtung

Projektionsebene

Abb. 2.2.2   Parallelprojektion

Abb. 2.2.2 zeigt die Abbildung eines Würfels durch eine Parallelprojektion. Dabei ist der abzubildende Würfel selbst schon in einer Parallelprojektion gegeben, da man ihn ja nicht anders auf ein Blatt Papier zeichnen kann.

Bei einer Parallelprojektion werden Winkel und Längen verändert, Teilverhältnisse bleiben aber erhalten: Teilt ein Punkt T eine Strecke PQ im Verhältnis $a : b$, dann teilt auch der Bildpunkt T' die Bildstrecke $P'Q'$ im Verhältnis $a : b$. Insbesondere wird der Mittelpunkt einer Strecke auf den Mittelpunkt der Bildstrecke abgebildet.

Das Bild eines Körpers bei einer Parallelprojektion nennt man ein *Schrägbild*. Die Form des Schrägbilds legt man meistens dadurch fest, dass man das Bild eines kartesischen Koordinatensystems angibt. Abb. 2.2.3 zeigt verschiedene Formen und jeweils das Bild des Einheitswürfels.

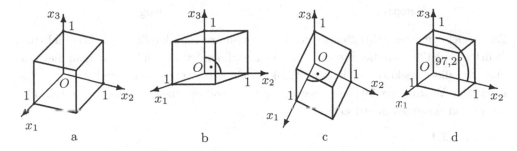

Abb. 2.2.3 Schrägbilder des Einheitswürfels

In (a) spricht man von der *isometrischen Projektion*, da die Einheiten auf den Koordinatenachsen gleich lang sind. In (b) wird die *Kavalierprojektion* gezeigt; dabei werden parallel zur x_2x_3-Ebene gelegene Flächen unverzerrt dargestellt. Bei der *Militärprojektion* (c) werden Flächen parallel zur x_1x_2-Ebene unverzerrt abgebildet. Die Projektion (d) heißt *Ingenieurprojektion*; ie Winkel zwischen den Koordinatenachsen sind hier so gewählt, dass das Bild einer Kugel als Kreis erscheint, was bei den anderen Projektionen nicht der Fall ist. Der Winkel zwischen der x_2-Achse und der x_3-Achse beträgt hier $97{,}2^o$, die x_1-Achse halbiert den Winkel zwischen der x_2-Achse und der x_3-Achse, die Einheiten auf der x_2- und der x_3-Achse sind unverkürzt, und auf der x_1-Achse ist der Verkürzungsfaktor $\frac{1}{2}$.

Wir wollen häufig die Darstellung in Abb. 2.2.4 benutzen. Hierbei handelt es sich um eine spezielle Kavalierprojektion, die so bemessen ist, dass das Eintragen von Punkten auf Karopapier besonders einfach ist. Der Winkel zwischen der x_1-Achse und der x_2-Achse beträgt 135° und der Verkürzungsfaktor auf der x_1-Achse ist $\frac{1}{2}\sqrt{2}$.
In Abb. 2.2.5 ist das Bild einer Kugel in dieser Projektion gezeichnet. Man erkennt deutlich, dass das Bild der Kugel kein Kreis ist, sondern eine Ellipse. Diese Abweichung von der Kreisgestalt wird bei Zeichnungen aber oft vernachlässigt.

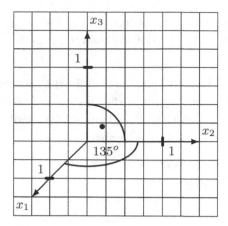

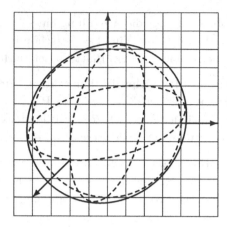

Abb. 2.2.4 Kavalierprojektion für
          Karopapier

Abb. 2.2.5 Karopapierprojektion
          Kugel

Zum Zeichnen eines Schrägbilds eines Körpers nimmt man häufig das Schrägbild eines Würfels zu Hilfe, weil dieses recht einfach zu zeichnen ist. Dabei benutzt man meistens eine Kavalierprojektion, wobei der Winkel zwischen der x_1-Achse und der x_2-Achse sowie der Verkürzungsfaktor so gewählt werden sollten, dass sich keine Kanten oder Konstruktionslinien überdecken.

Beispiel 2.1

Es soll ein Tetraeder gezeichnet werden. In Abb. 2.2.6 benutzt man die Tatsache, dass die sechs Flächendiagonalen des Würfels ein solches Tetraeder bilden. Wählte man die "Karopapierprojektion" aus Abb. 2.2.4, so entstünde kein schönes Bild, weil eine Kante des Tetraeders von zwei anderen verdeckt würde. Daher wählen wir für die Darstellung in Abb. 2.2.6 eine andere Kavalierprojektion (Aufgabe 2.9). ■

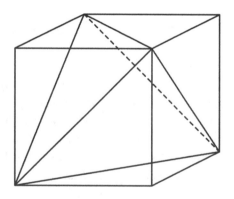

Abb. 2.2.6 Tetraeder

Beispiel 2.2

Es soll ein *Oktaeder* gezeichnet werden, also ein Körper, der von acht kongruenten gleichseitigen Dreiecken begrenzt wird. Das Schrägbild in Abb. 2.2.7 ist mithilfe eines Schrägbilds eines Würfels gezeichnet worden. Die Ecken des Oktaeders sind die Mittelpunkte der Würfelflächen. Auch hier ist eine andere Kavalierprojektion als die in Abb. 2.2.4 verwendet worden, damit sich keine Kanten des Oktaeders verdecken. ■

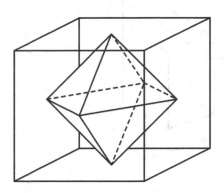

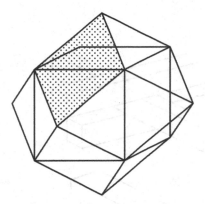

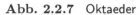

Abb. 2.2.7 Oktaeder

Abb. 2.2.8 Rhombendodekaeder

Beispiel 2.3

Ein *Rhombendodekaeder* ist ein Körper, der von zwölf kongruenten Rhomben begrenzt wird. In Abb. 2.2.8 ist ein solcher Körper gezeichnet. Dabei wurden auf die Flächen eines Würfels der Seitenlänge $2a$ gerade quadratische Pyramiden der Höhe a aufgesetzt. Die Kanten des Rhombendodekaeders haben dann die Länge $a\sqrt{3}$ (Aufgabe 2.11). Dabei ist die Projektionsform so gewählt, dass sich keine Konstruktionslinien verdecken. Es sind nur die sichtbaren Linien gezeichnet, da sonst das Bild zu verwirrend wäre. ∎

Durch Hervorheben bzw. Unterdrücken der sichtbaren bzw. unsichtbaren Linien kann man den räumlichen Eindruck eines Schrägbilds stark verbessern. Durch falsche Anwendung dieser Technik können aber auch „unmögliche Figuren" entstehen; das sind Figuren, die den Eindruck eines Körpers vermitteln, der überhaupt nicht existieren kann. Solche Bilder können auch dann entstehen, wenn sich Konstruktionslinien überdecken. In Abb. 2.2.9 und Abb. 2.2.10 sind einige Beispiele gezeichnet, in denen der räumliche Eindruck durch absichtlich fehlerhafte Behandlung der sichtbaren und unsichtbaren Linien verfälscht wird.

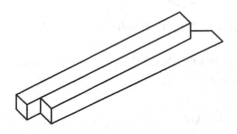

Abb. 2.2.9 Unmögliche Figuren I

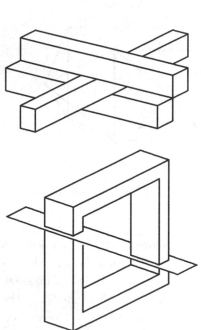

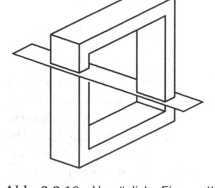

Abb. 2.2.10 Unmögliche Figuren II

Aufgaben

2.8 In Abb. 2.2.11 ist das Bild eines Würfels bei einer Parallelprojektion gezeichnet.
Wie liegen Würfel, Projektionsrichtung und Projektionsebene zueinander? Wie sieht das Bild eines Koordinatensystems bei einer entsprechenden Projektion aus?

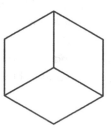

Abb. 2.2.11 Parallelprojektion Würfel

2.9 Führe die Konstruktion aus Beispiel 2.1 in dem in Abb. 2.2.4 gegebenen Bild des Koordinatensystems („Karopapierprojektion") aus.

2.10 Berechne die Seitenlänge des Oktaeders in Abb. 2.2.7, wenn der Würfel die Seitenlänge a hat.

2.11 Berechne die Seitenlänge der Rhomben (Rauten) in Abb. 2.2.8, wenn der Würfel die Seitenlänge $2a$ hat.

2.12 Ein Würfel werde von einer Ebene geschnitten, die rechtwinklig zu einer Raumdiagonalen ist. Der Schnittpunkt teile die Diagonale im Verhältnis $a : b$. Zeichne die Schnittfiguren für folgende Teilverhältnisse:

a) $a : b = 1 : 5$

b) $a : b = 1 : 2$

c) $a : b = 1 : 1$

2.13 Die Ecken eines Tetraeders werden so abgeschnitten, dass ein von vier gleichseitigen Dreiecken und vier regelmäßigen Sechsecken begrenzter Körper („Tetraederstumpf") entsteht (Abb. 2.2.12).
Zeichne diesen Körper in einer geeigneten Kavalierprojektion.

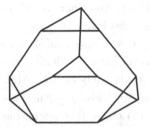

Abb. 2.2.12 Tetraederstumpf

2.14 Die Ecken eines Würfels werden so abgeschnitten, dass ein von acht gleichseitigen Dreiecken und sechs Quadraten begrenzter Körper entsteht (Abb. 2.2.13).
Zeichne diesen Körper in einer geeigneten Kavalierprojektion. Wie lang sind die Seiten der Dreiecke und Quadrate, wenn der gegebene Würfel die Seitenlänge a hat?

Abb. 2.2.13 Beschnittener Würfel I

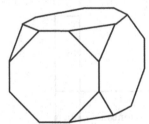

Abb. 2.2.14 Beschnittener Würfel II

2.15 Die Ecken eines Würfels werden so abgeschnitten, dass ein von acht gleichseitigen Dreiecken und sechs regelmäßigen Sechsecken begrenzter Körper entsteht (Abb. 2.2.14).
Zeichne diesen Körper in einer geeigneten Kavalierprojektion. Wie lang sind die Seiten der Dreiecke und Sechsecke, wenn der gegebene Würfel die Seitenlänge a hat?

2.16 Zeichne das Schrägbild eines Oktaeders. Verbinde dann die Mittelpunkte benachbarter Dreiecksflächen; dann erhält man das Schrägbild eines Körpers. Um welchen Körper handelt es sich?

2.3 Abwicklungen und Auffaltungen

Eine *Abwicklung* eines Polyeders ensteht, wenn man den Körper so auf der Ebene abrollt, dass jede Fläche genau einmal auf der Ebene liegt, wobei man diese Fläche dann in die Ebene kopiert.

Eine *Auffaltung* eines Polyeders entsteht, wenn man das Polyeder längs möglichst weniger Kanten aufschneidet und dann seine gesamte Oberfläche zu einem ebenen Flächenstück biegt. Aus einer Auffaltung kann man dann mit einer minimalen Anzahl von Klebekanten das Polyeder wieder zusammenfalten. Eine Abwicklung ist stets auch eine Auffaltung (nicht aber umgekehrt): Die Abrollkanten dienen als Knickkanten, die anderen als Klebekanten. Abb. 2.3.1 zeigt eine Abwicklung (a) und eine Auffaltung (b) eines Tetraeders; die Auffaltung ist aber keine Abwicklung. Dieses Beispiel belegt, dass man die Begriffe „Abwicklung" und „Auffaltung" unterscheiden muss.

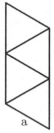 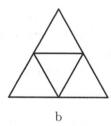

a   b

Abb. 2.3.1 Abwicklung und Auffaltung

Abb. 2.3.2 zeigt eine Abwicklung eines Quaders; Abb. 2.3.3 zeigt eine Auffaltung des Quaders, die nicht als Abwicklung entstehen kann.

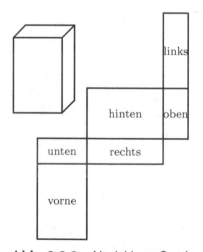

Abb. 2.3.2 Abwicklung Quader

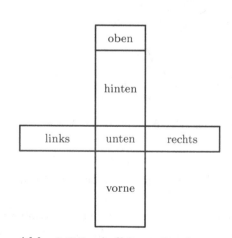

Abb. 2.3.3 Auffaltung Quader

Beide Auffaltungen des Quaders in Abb. 2.3.2 und Abb. 2.3.3 haben fünf Knickkanten und $2 \cdot 7 = 14$ Klebekanten, die zusammen die $5 + 7 = 12$ Kanten des Quaders darstellen. Abb. 2.3.4 zeigt Abwicklungen eines Würfels, Abb. 2.3.5 Auffaltungen, die nicht als Abwicklungen des Würfels gedeutet werden können. Auch hier gibt es stets fünf Knickkanten und sieben bzw. $2 \cdot 7 = 14$ Klebekanten.

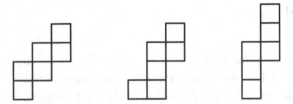

Abb. 2.3.4 Verschiedene Abwicklungen eines Würfels

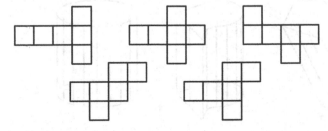

Abb. 2.3.5 Verschiedene Auffaltungen eines Würfels

Aufgaben

2.17 Verbinde in den Auffaltungen des Würfels in Abb. 2.3.4 und Abb.2.3.5 diejenigen Kanten mit einer Linie, die miteinander verklebt werden müssen.

2.18 Ein Oktaeder ist ein von acht gleichseitigen Dreiecken begrenztes Polyeder. In Abb. 2.3.6 ist eine Auffaltung gezeichnet. Verbinde diejenigen Kanten mit einer Linie, die beim Zusammenfalten des Körpers verklebt werden müssen.

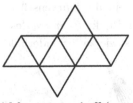

Abb. 2.3.6 Auffaltung Oktaeder

2.19 a) Ein Dodekaeder ist ein von zwölf regelmäßigen Fünfecken begrenztes Polyeder. In Abb. 2.3.7 ist eine Auffaltung gezeichnet.

b) Ein Ikosaeder ist ein von zwanzig gleichseitigen Dreiecken begrenztes Polyeder; Abb. 2.3.8 zeigt eine Auffaltung.

Verbinde in a) und b) diejenigen Kanten mit einer Linie, die beim Zusammenfalten des Körpers verklebt werden müssen.

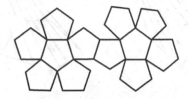

Abb. 2.3.7 Auffaltung Dodekaeder

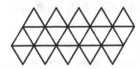

Abb. 2.3.8 Auffaltung Ikosaeder

2.4   Zylinder und Kegel

Verschiebt man ein ebenes Flächenstück in eine Richtung, die nicht in der Ebene des Flächenstücks liegt, so bilden die dabei überstrichenen Punkte einen *Zylinder*; die verschobene Fläche nennt man die *Grundfläche* des Zylinders. Abb. 2.2.1 zeigt den allgemeinen Fall (a) eines *schiefen Zylinders* sowie diverse Sonderfälle.

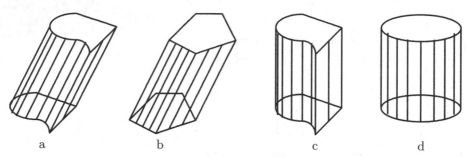

Abb. 2.4.1   Typen von Zylindern

Ist die Grundfläche ein Polygon, dann entsteht ein Prisma (b); Prismen sind also spezielle Zylinder. Ist die Verschiebungsrichtung orthogonal zur Ebene des Kurvenstücks, dann erhält man einen *geraden* Zylinder (c). Im Alltag versteht man unter einem Zylinder oft nur einen geraden Zylinder, dessen Grundfläche ein Kreis ist, einen sog. *Kreiszylinder* (d).

Verbindet man die Punkte eines ebenen Flächenstücks geradlinig mit einem Punkt S außerhalb der Ebene des Kurvenstücks, so entsteht ein *Kegel*. Das Flächenstück heißt *Grundfläche*, der Punkt S *Spitze* des Kegels.   Abb. 2.4.2 zeigt den allgemeinen Fall (a) eines *Kegels* sowie zwei Sonderfälle.

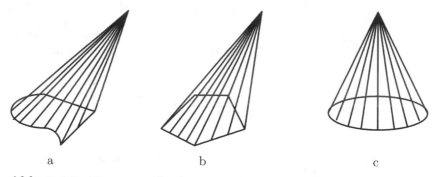

Abb. 2.4.2   Typen von Kegeln

Ist die Grundfläche eine Polygonfläche, dann liegt eine Pyramide vor (b); Pyramiden sind also spezielle Kegel. Ist die Grundfläche ein Kreis und liegt die Spitze senkrecht über dem Mittelpunkt des Kreises, dann handelt es sich um einen *geraden Kreiskegel* (c). Im Alltag versteht man unter einem Kegel meistens nur einen geraden Kreiskegel.

Schneidet man von einem Kegel durch einen ebenen Schnitt die Spitze ab, dann entsteht ein *Kegelstumpf*. Abb. 2.4.3 zeigt zwei Kegelstümpfe eines Kreiskegels, wobei die Schnittebene einmal parallel (a) und einmal nicht parallel (b) zur Grundfläche ist. Im ersten Fall ist die Schnittfläche ein Kreis, im zweiten Fall eine Ellipse. Handelt es sich bei dem Kegel um eine Pyramide (c), dann spricht man natürlich von einem *Pyramidenstumpf*.

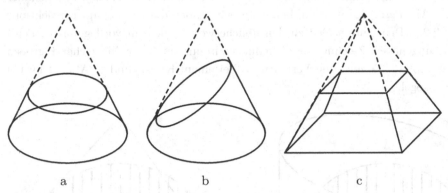

a   b   c

Abb. 2.4.3   Kegelstumpf und Pyramidenstumpf

Abb. 2.4.4 zeigt einen Pyramidenstumpf zu einer quadratischen Pyramide, wobei die Schnittebene nicht parallel zur Grundfläche ist. Zur Konstruktion des Schnittvierecks haben wir dabei die Schnittgerade g der Schnittebene mit der Ebene der Grundfläche und den Schnittpunkt P der Schnittebene mit der Pyramidenachse verwendet.

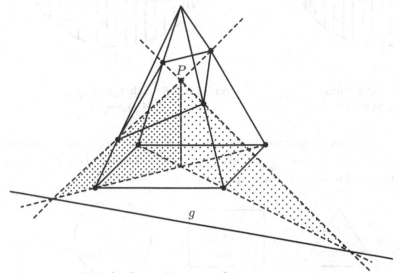

Abb. 2.4.4   Schiefer Pyramidenstumpf

Kennt man bei einem Pyramidenstumpf einer quadratischen Pyramide drei Eckpunkte des Schnittvierecks, so kann man den vierten Eckpunkt, den Schnittpunkt der Schnittebene mit der Achse und die Schnittgerade der Schnittebene mit der Ebene der Grundfläche konstruieren. Die Konstruktion ist ebenfalls Abb. 2.4.4 zu entnehmen; man konstruiert zuerst P, dann g und damit schließlich den vierten Punkt des Schnittvierecks.

Im Schrägbild eines Kreiszylinders und eines Kreiskegels erscheint der Grundkreis als eine Ellipse. Die äußeren Linien des Zylinders bzw. des Kegels sind Tangenten an diese Ellipse. Diesen Sachverhalt wollen wir in Abb. 2.4.5 und Abb. 2.4.6 etwas genauer darstellen. Als Parallelprojektion benutzen wir dabei die „Karopapierprojektion" aus Abb. 2.2.4. Den Unterschied zu den üblicherweise (auch im vorliegenden Buch!) benutzten ungenauen Zeichnungen erkennt man nur an einer hinreichend großen Zeichnung. Abb. 2.4.5 zeigt die Verhältnisse bei einem Kreiszylinder, Abb. 2.4.6 bei einem Kreiskegel.

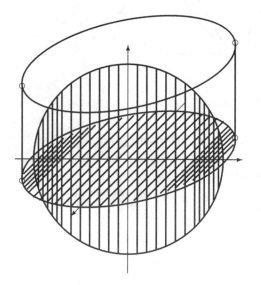

Abb. 2.4.5 Schrägbild eines Kreiszylinders

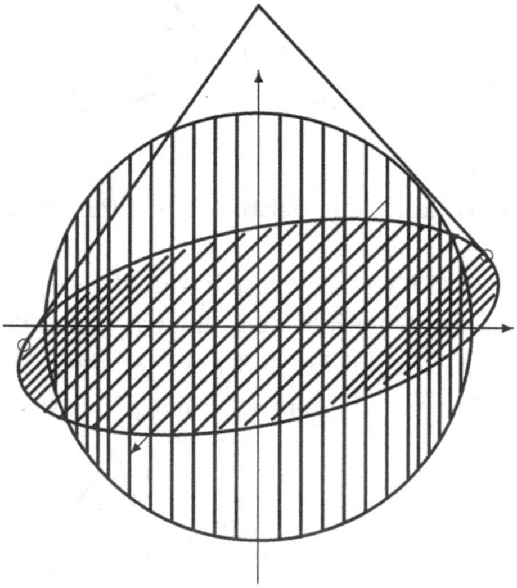

Abb. 2.4.6 Schrägbild eines Kreiskegels

Die Punkte der Ellipse erhält man, indem man die eingezeichneten Kreissehnen um $45°$ dreht und dann um den Faktor $\frac{1}{\sqrt{2}}$ verkürzt; das entspricht einer Halbierung der Koordinaten der Endpunkte der gedrehten Kreissehnen.

 Seitenriss Aufriss Grundriss

Abb. 2.4.7 Konoid

In Abb. 2.4.7 ist ein *Konoid* gezeichnet. Es entsteht, wenn man die Punkte einer Kreisfläche geradlinig mit den Punkten einer Strecke verbindet, die parallel zur Kreisfläche ist und deren Mittelpunkt senkrecht über dem Kreismittelpunkt liegt, wobei die Strecke die gleiche Länge wie der Kreisdurchmesser hat. Dieser merkwürdige Körper hat als Grundriss einen Kreis, als Aufriss ein Rechteck und als Seitenriss ein gleichschenkliges Dreieck. Ist der Aufriss ein Quadrat, so ist der Seitenriss kein gleichseitiges Dreieck; ist der Seitenriss ein gleichseitiges Dreieck, so ist der Aufriss kein Quadrat (Aufgabe 2.22).

Aufgaben

2.20 Ein Quader werde durch eine Ebene so abgeschnitten, dass vier Schnittpunkte mit den Seitenkanten des Quaders entstehen; drei der vier Schnittpunkte mit den Seitenkanten seien bekannt. Konstruiere den vierten Punkt des Schnittquadrats.
(Die Maße entnehme man aus Abb. 2.4.8.)

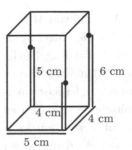

Abb. 2.4.8 Schnittpunkte und Maße

2.21 Ein Kreiskegel werde von einer Ebene geschnitten; dabei liege die Kegelachse nicht in der Schnittebene. Gegeben sind die Schnittgerade g der Schnittebene mit der Ebene des Grundkreises sowie der Schnittpunkt P der Schnittebene mit der Kegelachse. Konstruiere einige (mindestens acht) Punkte der Schnittkurve (Abb. 2.4.9).
(Hinweis: Betrachte Schnittpunkte T von Grundkreisdurchmessern mit g und die Verbindungsgeraden von T und P.)

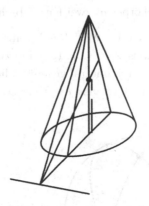

Abb. 2.4.9 Kegelschnitt

2.22 Welcher Körper passt genau („passgenau") durch die drei Löcher der Schablone in Abb. 2.4.10?
Welche Seitenlängen hat dabei das Dreieck, wenn das Viereck ein Quadrat mit der Seitenlänge a ist?
Welche Seitenlängen hat das Viereck, wenn das Dreieck gleichseitig mit der Seitenlänge a ist?

Abb. 2.4.10 Schablone

2.5   Kugeln

Eine *Kugel* (genauer: eine *Kugelfläche*) ist der geometrische Ort aller Punkte des
Raumes, die von einem festen Punkt M die gleiche Entfernung r haben. Dabei heißt M
der Mittelpunkt und r der *Radius* der Kugel. indexÄußeres der Kugel Die Kugelfläche
begrenzt den *Kugelkörper*; er besteht aus allen Punkten P mit $\overline{MP} \leq r$. Die Punkte
P mit $\overline{MP} < r$ bilden das *Innere*, die Punkte P mit $\overline{MP} > r$ das *Äußere* der Kugel.
Statt „Kugelfläche" (engl. sphere) und „Kugelkörper" (engl. ball) sagt man meist kurz
„Kugel", wenn aus dem Zusammenhang hervorgeht, was gemeint ist.

Eine Ebene, deren Abstand von M kleiner als r ist, schneidet die Kugel in einem Kreis und zerlegt die Kugelfläche
in zwei *Kugelkappen*, den Kugelkörper
in zwei *Kugelabschnitte* (*Kugelsegmente*). Hat die Schnittebene von M den
Abstand d, dann hat der Schnittkreis
den Radius $\sqrt{r^2 - d^2}$. Wird die Kugel
von zwei zueinander parallelen Ebenen

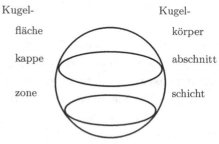

Kugel-   Kugel-
fläche   körper

kappe   abschnitt

zone   schicht

Abb. 2.5.1 Kugelteile

geschnitten, dann wird die Kugelfläche in zwei Kugelkappen und eine *Kugelzone* zerlegt, der Kugelkörper in zwei Kugelabschnitte und eine *Kugelschicht* (Abb. 2.5.1).

Eine Ebene durch den Mittelpunkt einer Kugel schneidet aus dieser einen *Großkreis*
aus. Ein Großkreis zerlegt die Kugel in zwei Halbkugeln. Zwei verschiedene Großkreise
schneiden sich in diametral gegenüberliegenden Punkten (*Antipodenpaar*) und zerlegen die Kugelfläche in vier *Kugelzweiecke*, den Kugelkörper in vier *Kugelkeile* (Abb.
2.5.2).

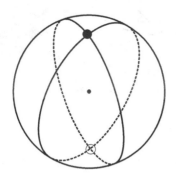

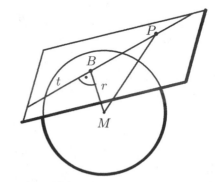

Abb. 2.5.2 Antipodenpaar   **Abb. 2.5.3** Tangentialebene

Eine Ebene, die von M den Abstand r hat, ist eine *Tangentialebene* der Kugel.

Ist B der Berührpunkt, dann ist die Strecke MB orthogonal zur Ebene; Berührradius
und Tangentialebene sind also orthogonal zueinander. Dasselbe gilt für eine Gerade,
die die Kugel in einem Punkt berührt (Abb. 2.5.3).

Ist P ein Punkt außerhalb der Kugel und t eine Tangente mit dem Berührpunkt B, dann ist $\overline{PB}^2 = \overline{PM}^2 - r^2$. Daher haben die *Tangentenabschnitte* PB für einen gegebenen Punkt P alle die gleiche Länge.

Die Tangenten von einem Punkt P aus an eine Kugel berühren die Kugel in einem Kreis (Abb. 2.5.4). Die Tangentenabschnitte bilden einen Kreiskegel, dessen Grundkreis dieser *Berührkreis* ist. Diesen Kegel nennt man den *Tangentialkegel* mit der Spitze P an die gegebene Kugel. Hat die Kugel den Mittelpunkt M und den Radius r, dann haben die Mantellinien des Tangentialkegels die Länge

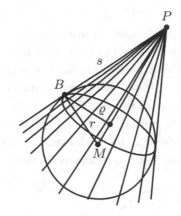

$$s = \sqrt{\overline{PM}^2 - r^2}.$$

Abb. 2.5.4 Tangentialkegel

Zwischen dem Grundkreisradius ϱ und der Höhe h des Tangentialkegels besteht aufgrund des Höhensatzes die Beziehung

$$\varrho^2 = h(\overline{PM} - h).$$

Zwei Kugelflächen mit den Mittelpunkten M_1, M_2 und den Radien r_1, r_2 schneiden sich in einem Kreis. Es seien P ein Punkt der Schnittkreisebene E außerhalb der Kugeln sowie B_1, B_2 die Berührpunkte zweier Tangenten von P aus an die Kugeln (Abb. 2.5.5).

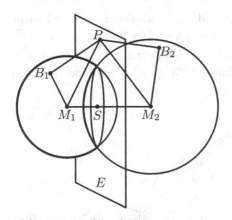

Abb. 2.5.5 Chordalebene

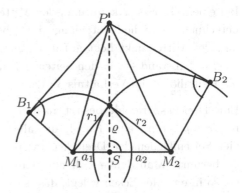

Abb. 2.5.6 Tangentenabschnitte

Weiterhin seien S der Schnittpunkt von E und $M_1 M_2$ sowie $a_1 = \overline{M_1 S}, a_2 = \overline{M_2 S}$ und ϱ der Radius des Schnittkreises (Abb. 2.5.6). Dann gilt

$$\overline{PB_1}^2 = \overline{PM_1}^2 - r_1^2 = \overline{PS}^2 + a_1^2 - r_1^2 = \overline{PS}^2 - \varrho^2,$$

$$\overline{PB_2}^2 = \overline{PM_2}^2 - r_2^2 = \overline{PS}^2 + a_2^2 - r_2^2 = \overline{PS}^2 - \varrho^2,$$

also $\overline{PB_1} = \overline{PB_2}$. Die Tangentenabschnitte von einem Punkt der Ebene E aus an die beiden Kugeln sind demnach gleich lang. Man nennt die Ebene E die *Chordalebene* der beiden Kugeln (Aufgabe 2.23).

Eine Dreieckspyramide besitzt eine *Umkugel*, d.h., eine Kugel, die durch alle vier Ecken der Dreieckspyramide geht. Man denke sich den Umkreis eines der Begrenzungsdreiecke gezeichnet, in diesen eine Kugel gesetzt und deren Radius und Mittelpunkt so lange variiert, bis die Kugel auch durch den vierten Punkt geht (Abb. 2.5.7). Der Umkugelmittelpunkt ist der Schnittpunkt der *mittelsenkrechten Ebenen* der sechs Kanten. Dabei ist die mittelsenkrechte Ebene einer Strecke diejenige Ebene durch den Mittelpunkt der Strecke, die orthogonal zu der Strecke ist. Diese Ebene besteht aus allen Punkten, die von den Endpunkten der Strecke die gleiche Entfernung haben.

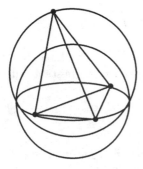

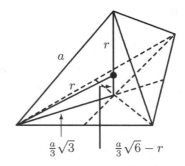

Abb. 2.5.7 Umkugel

Abb. 2.5.8 Umkugelradius

Bei einem Tetraeder kann man den Mittelpunkt und den Radius der Umkugel leicht berechnen, wenn die Kantenlänge a gegeben ist (Abb. 2.5.8). Der Radius ist $r = \frac{a}{4}\sqrt{6}$, und der Mittelpunkt liegt auf den Raumhöhen in der Entfernung r von den Ecken bzw. im Abstand $\frac{r}{3}$ von den Seitenflächen (Aufgabe 2.25). Der Mittelpunkt teilt also die Raumhöhen im Verhältnis 3 : 1.

Eine Dreieckspyramide besitzt auch eine *Inkugel*, d.h., eine Kugel, die alle vier Seitenflächen der Dreieckspyramide berührt. Man denke sich eine Kugel so in eine der Ecken gelegt, dass sie die drei dort zusammenstoßenden Seitenflächen berührt und dann den Radius und den Mittelpunkt so lange variiert, bis die Kugel die vierte Seitenfläche berührt (Abb. 2.5.9). Die Inkugel eines Tetraeders mit der Seitenlänge a hat den Radius $\frac{a}{12}\sqrt{6}$ (Aufg. 2.25).

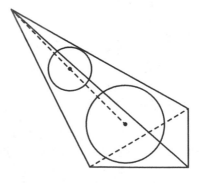

Abb. 2.5.9 Inkugel

Die Mittelpunkte der quadratischen Begrenzungsflächen eines Würfels bilden
die Ecken eines Oktaeders, und die Mittelpunkte der dreieckigen Begrenzungsflächen eines Oktaeders bilden die Ecken
eines Würfels. Sei nun ein Oktaeder einem Würfel einbeschrieben, und dem
Oktaeder sei ein Würfel einbeschrieben.
Dann ist die Inkugel des großen Würfels
die Umkugel des Oktaeders, und die Inkugel des Oktaeders ist die Umkugel des
kleinen Würfels (Abb. 2.5.10).

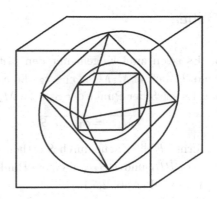

Abb. 2.5.10 Würfel und Oktaeder

Die vier Kugeln in Abb. 2.5.11 berühren sich gegenseitig. Es soll die Höhe h der „Kugelpyramide" berechnet werden, wenn der Kugelradius r bekannt ist. Die Mittelpunkte
der Kugeln bilden ein Tetraeder der Seitenlänge $2r$. Dessen Raumhöhe ist d$\frac{2}{3}r\sqrt{6}$. Also
ist

$$h = \left(2 + \frac{2}{3}\sqrt{6}\right) r \approx 3{,}63\,r.$$

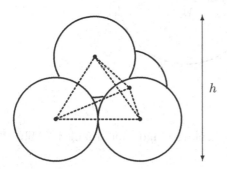

h

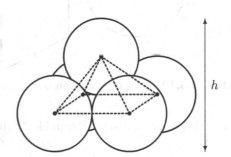

h

Abb. 2.5.11 Kugelpyramide Tetraeder   **Abb. 2.5.12** Quadratische Kugel-
                                                             pyramide

Für die Höhe h der „Kugelpyramide" in Abb. 2.5.12 findet man einen anderen Wert.
Die aus den Mittelpunkten gebildete quadratische Pyramide hat die Höhe $r\sqrt{2}$, also
ist hier

$$h = \left(2 + \sqrt{2}\right) r \approx 3{,}41\,r.$$

Eine quadratische „Kugelpyramide" mit n Schichten enthält

$$1 + 4 + 9 + \ldots + n^2 = \frac{n(n+1)(2n+1)}{6}$$

Kugeln. Die Mittelpunkte der Kugeln an den vier Ecken der untersten Lage und an
der Spitze bilden eine quadratische Pyramide mit den Kantenlängen $(n-1) \cdot 2r$. Die
Höhe der gesamten Kugelpyramide ist

$$h = (2 + (n-1)\sqrt{2})\,r.$$

Aufgaben

2.23 Es seien zwei Kugeln mit den Mittelpunkten M_1, M_2 und den Radien r_1, r_2 gegeben. Dabei sei $\overline{M_1 M_2} > r_1 + r_2$, die Kugeln sollen also keine gemeinsamen Punkte haben. Es sei S der Punkt der Strecke $M_1 M_2$ mit

$$\overline{M_1 S} = a_1 , \ \overline{M_2 S} = a_2 \ \text{ und } \ a_1^2 - r_1^2 = a_2^2 - r_2^2 .$$

Es sei ferner E die Ebene durch S orthogonal zu $M_1 M_2$. Beweise, dass die Tangentenabschnitte $\overline{PB_1}$ und $\overline{PB_2}$ von einem Punkt P der Ebene E aus an die beiden Kugeln gleich lang sind (Abb. 2.5.13).

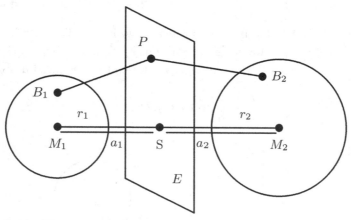

Abb. 2.5.13 Tangentenabschnitte an zwei Kugeln

2.24 Eine quadratische Pyramide besitzt eine Umkugel und eine Inkugel (Abb. 2.5.14).

Für die Umkugel denke man sich den Umkreis des Quadrats gezeichnet, in diesen eine Kugel gesetzt und deren Radius und Mittelpunkt so lange variiert, bis die Kugel auch durch den vierten Punkt geht. Für die Inkugel denke man sich eine Kugel so in die Spitze der Pyramide gelegt, dass sie die vier dort zusammenstoßenden Seitenflächen berührt, und dann den Radius und den Mittelpunkt so lange variiert, bis die Kugel die Grundfläche berührt.

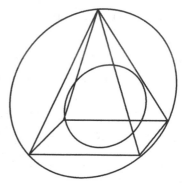

Abb. 2.5.14 Inkugel und Umkugel

Berechne den Radius dieser Kugeln in Abhängigkeit von der Grundseitenlänge a und der Höhe h.

2.25 Berechne den Mittelpunkt und den Radius der Inkugel und der Umkugel eines Tetraeders mit der Kantenlänge a.

2.26 Welche der folgenden Körper besitzen eine Inkugel bzw. eine Umkugel?

a) Quader   b) Dreieckspyramide   c) Parallelepiped mit gleichlangen Seiten

d) Dreiecksprisma   e) Kreiskegel

2.27 Berechne in Abb. 2.5.10 den Radius der dem kleinen Würfel umbeschriebenen bzw. dem Oktaeder einbeschriebenen Kugel, wenn die Kantenlänge a des großen Würfels gegeben ist.

2.28 In einen Torus (Ringkörper, Abb. 2.5.15) sollen acht gleichgroße Kugeln vom Radius 2 cm hineinpassen, die sich reihum berühren. Konstruiere den Grundriss des Torus.

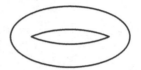

Abb. 2.5.15 Torus

2.29 Legt man den Boden einer Kiste wie in Abb. 2.5.16 mit Kugeln vom Durchmesser 1 cm aus, so benötigt man pro Kugel einen Platz von 1 cm^2. Man kann das aber auch platzsparender machen, nämlich wie in Abb. 2.5.17. Mindestens wie viele Kugeln kann man unterbringen, wenn der Boden der Kiste ein Quadrat mit der Seitenlänge 50 cm ist?

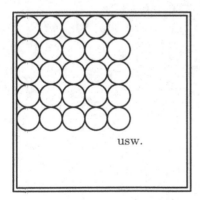

Abb. 2.5.16 Kugelpackung I

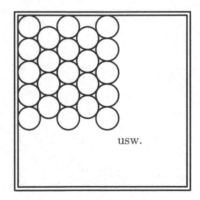

Abb. 2.5.17 Kugelpackung II

3 Flächeninhalt und Volumen

Übersicht

3.1 Flächeninhalt von Polygonen..................................... 83

3.2 Kreisberechnung 92

3.3 Volumen von Körpern.. 101

3.4 Kugelberechnung... 108

3.5 Merkwürdige Punktmengen....................................... 114

3.1   Flächeninhalt von Polygonen

Verwenden wir als Längeneinheit 1 LE, dann verwenden wir als Einheit für den Flächeninhalt $1\,\mathrm{LE}^2$; dies ist der Flächeninhalt eines Quadrats mit der Seitenlänge 1 LE. Ein Quadrat mit der Seitenlänge a LE hat dann den Flächeninhalt $a^2\,\mathrm{LE}^2$. Möchten wir den Inhalt einer Fläche angeben, dann können wir dies als (zeichnerische oder rechnerische) Konstruktion eines Quadrates verstehen, das denselben Flächeninhalt wie die vorgelegte Fläche hat. Daher bezeichnet man die Bestimmung des Inhalts einer Fläche auch als die *Quadratur* der Fläche.

Die Quadratur eines Rechtecks bereitet keine Mühe, man benutzt dazu den Höhensatz (Abb. 3.1.1) oder den Kathetensatz (Abb. 3.1.2).

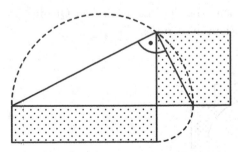

Abb. 3.1.1 Rechtecksquadratur gemäß Höhensatz

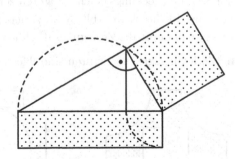

Abb. 3.1.2 Rechtecksquadratur gemäß Kathetensatz

Es ergibt sich die bekannte Formel $A = a \cdot b$ für den Flächeninhalt des Rechtecks mit den Seitenlängen a und b. (Zur Bezeichnung von Flächeninhalten benutzen wir meist den Buchstaben A für *Areal*.)

Die Formel

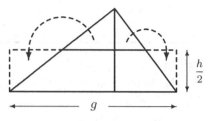

$$A = \frac{g \cdot h}{2}$$

für den Inhalt eines Dreiecks mit einer Grundseite der Länge g und einer Höhe der Länge h ist in Abb. 3.1.3 verdeutlicht.

Abb. 3.1.3   Inhalt Dreieck

Man zerschneidet das Dreieck und legt die Teile zu einem Rechteck mit den Seitenlängen g und $\frac{h}{2}$ zusammen.

Die Formel für den Inhalt eines Dreiecks gewinnt man auch aus der Formel $A = g \cdot h$ für den Inhalt eines Parallelogramms (Abb. 3.1.4), denn jedes Dreieck Δ mit der Grundseite g und der Höhe h lässt sich durch ein weiteres Exemplar von Δ zu einem Parallelogramm mit Grundseite g und Höhe h ergänzen.

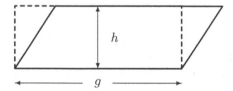

Abb. 3.1.4   Inhalt Parallelogramm

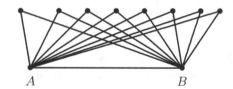

Abb. 3.1.5   Flächeninhaltsgleichheit

Man erkennt insbesondere, dass zwei Dreiecke mit gleichlangen Grundseiten und gleichlangen Höhen flächeninhaltsgleich sind (Abb. 3.1.5).

Man nennt zwei Figuren in der Ebene *zerlegungsgleich*, wenn man sie in paarweise kongruente (deckungsgleiche) Figuren zerlegen kann. In diesem Sinne sind das Dreieck und das Rechteck in Abb. 3.1.3 zerlegungsgleich. Bei der geometrischen Quadratur benutzt man oft die Zerlegungsgleichheit von Figuren, denn es gilt:

- Zerlegungsgleiche Figuren sind flächeninhaltsgleich.

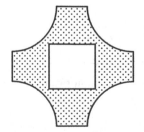 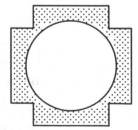

Abb. 3.1.6   Ergänzungsgleiche Figuren

Können zwei Figuren durch Hinzufügen paarweise kongruenter Figuren zu kongruenten Figuren ergänzt werden, dann heißen sie *ergänzungsgleich*. Es gilt ebenfalls:

■ Ergänzungsgleiche Figuren sind flächeninhaltsgleich.

Die beiden Flächen in Abb. 3.1.6 sind ergänzungsgleich, also auch flächeninhaltsgleich.

Die schattierten Rechtecke in Abb. 3.1.7 und ebenso die schattierten Parallelogramme in Abb. 3.1.8 sind ergänzungsgleich. Die Abbildungen verdeutlichen also, wie man man gegebene Rechtecke bzw. Parallelogramme in flächeninhaltsgleiche Rechtecke bzw. Parallelogramme mit einer vorgeschriebenen Seitenlänge verwandeln kann.

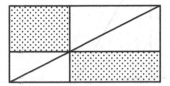

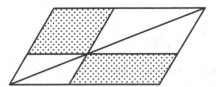

Abb. 3.1.7 Ergänzungsgleiche Rechtecke

Abb. 3.1.8 Ergänzungsgleiche Parallelogramme

Ein Polygon mit n Ecken (n-Eck) können wir im Fall $n \geq 4$ in ein flächeninhaltsgleiches Polygon mit $n - 1$ Ecken verwandeln, indem wir eine vorspringende Ecke P gemäß Abb. 3.1.9 „wegscheren".

Damit sind wir nun in der Lage, *jedes* Polygon geometrisch zu quadrieren: Durch „Wegscheren" von Ecken verwandeln wir das n-Eck in ein flächeninhaltsgleiches Dreieck; anschließend überführen wir dieses wie in Abb. 3.1.3 in ein Rechteck und dann mit dem Höhensatz oder dem Kathetensatz in ein Quadrat gleichen Inhalts.

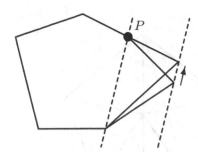

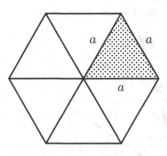

Abb. 3.1.9 Wegscheren von P

Abb. 3.1.10 Zerlegung Sechseck

Zur Berechnung des Flächeninhalts eines Polygons können wir dieses in Dreiecke zerlegen, in diesen jeweils eine Seite als Grundseite auszeichnen und die Inhalte mit der Dreiecksformel und den jeweils gemessenen oder berechneten Längen der Grundseiten und Höhen bestimmen.

Auch in der Geschichte der Landvermessung ist die *Triangulation* (Aufteilen einer Fläche in Dreiecke und deren Ausmessung) von großer Bedeutung; bereits im 17. Jahrhundert entstanden europaweite Triangulationsnetze. Nicht nur Messungen, sondern auch viele Berechnungen an Dreiecken sind mit trigonometrischen Methoden (Abschn. 5.1) möglich.

Beispiel 3.1 (Flächeninhalt des regelmäßigen Sechsecks)
Ein regelmäßiges Sechseck mit der Seitenlänge a lässt sich in sechs gleichseitige Dreiecke mit der Seitenlänge a zerlegen (Abb. 3.1.10).

Für die Höhe h im gleichseitigen Dreieck gilt (Abb. 3.1.11)

$$h^2 = a^2 - \left(\frac{a}{2}\right)^2 = \frac{3}{4}a^2,$$

also $h = \frac{a}{2}\sqrt{3}$.

Das gleichseitige Dreieck hat daher den Flächeninhalt

$$\frac{a}{2} \cdot \frac{a}{2}\sqrt{3} = \frac{a^2}{4}\sqrt{3}.$$

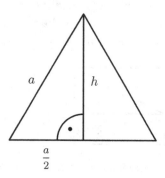

Abb. 3.1.11   Gleichseitiges Dreieck

Daraus ergibt sich: Das regelmäßige Sechseck mit der Seitenlänge a hat den Flächeninhalt

$$6 \cdot \frac{a^2}{4}\sqrt{3} = \frac{3a^2}{2}\sqrt{3}.$$

■

Beispiel 3.2 (Flächeninhalt des regelmäßigen Fünfecks)
Im regelmäßigen Fünfeck ist die Flächenberechnung etwas komplizierter; wir benötigen dazu die Länge d seiner Diagonalen.

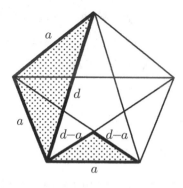

Abb. 3.1.12   Regelmäßiges Fünfeck

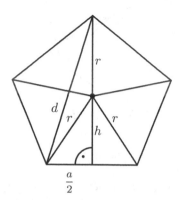

Abb. 3.1.13   Höhe im regelmäßigen Fünfeck

Die Längen einander entsprechender Strecken der beiden in Abb. 3.1.12 schattierten Dreiecke sind proportional; es gilt also

$$d : a = a : (d - a) \quad \text{bzw.} \quad d^2 - ad - a^2 = 0.$$

Die Zahl $\sigma = \dfrac{d}{a}$ genügt der quadratischen Gleichung $\sigma^2 - \sigma - 1 = 0$; wegen $\sigma > 1$ ergibt sich $\sigma = \dfrac{1 + \sqrt{5}}{2}$ und $d = a \cdot \dfrac{1 + \sqrt{5}}{2}$.

Man denke sich das Fünfeck nun in fünf gleichschenklige Dreiecke mit einer Grundseite der Länge a und Schenkeln der Länge r zerlegt. Jedes dieser Dreiecke hat den Inhalt $\dfrac{ah}{2}$. In Abb. 3.1.13 gelten die Gleichungen

$$r + h = \sqrt{d^2 - \left(\frac{a}{2}\right)^2} = \frac{a}{2}\sqrt{(2\sigma)^2 - 1}$$

und $r^2 - h^2 = \left(\dfrac{a}{2}\right)^2$, also

$$r - h = \left(\frac{a}{2}\right)^2 : (r + h) \quad \text{bzw.} \quad r - h = \frac{a}{2} \cdot \frac{1}{\sqrt{(2\sigma)^2 - 1}}.$$

Subtraktion der beiden Gleichungen liefert

$$h = \frac{a}{4} \cdot \left(\sqrt{(2\sigma)^2 - 1} - \frac{1}{\sqrt{(2\sigma)^2 - 1}}\right) = \frac{a}{4} \cdot \frac{(2\sigma)^2 - 2}{\sqrt{(2\sigma)^2 - 1}}.$$

Mit $2\sigma = 1 + \sqrt{5}$ folgt

$$\begin{aligned}
h &= \frac{a}{4} \cdot \frac{4 + 2\sqrt{5}}{\sqrt{5 + 2\sqrt{5}}} = \frac{a}{2} \cdot \frac{(2 + \sqrt{5})\sqrt{5 + 2\sqrt{5}}}{5 + 2\sqrt{5}} \\
&= \frac{a}{2} \cdot \frac{(2 + \sqrt{5})(5 - 2\sqrt{5})\sqrt{5 + 2\sqrt{5}}}{5} \\
&= \frac{a}{10} \cdot \sqrt{5} \cdot \sqrt{5 + 2\sqrt{5}} = \frac{a}{10}\sqrt{25 + 10\sqrt{5}}
\end{aligned}$$

Der Inhalt eines der fünf gleichschenkligen Dreiecke ist damit $\dfrac{a^2}{20}\sqrt{25 + 10\sqrt{5}}$.

Daraus ergibt sich: Das regelmäßige Fünfeckeck mit der Seitenlänge a hat den Flächeninhalt

$$5 \cdot \frac{a^2}{20}\sqrt{25 + 10\sqrt{5}} = \frac{a^2}{4}\sqrt{25 + 10\sqrt{5}}.$$

∎

Den Flächeninhalt eines Dreiecks kann man auch mithilfe zweier Seitenlängen und des von den Seiten eingeschlossenen Winkels berechnen, wenn man die Sinusfunktion benutzt (Abschn. 5.1). In Abb. 3.1.14 gilt für den Flächeninhalt A des Dreiecks:

$$A = \frac{1}{2}c \cdot b \sin \alpha = \frac{1}{2}a \cdot c \sin \beta = \frac{1}{2}a \cdot b \sin \gamma.$$

Aus dieser Formel ergibt sich auch der wichtige *Sinussatz*:

$$\frac{a}{\sin \alpha} = \frac{b}{\sin \beta} = \frac{c}{\sin \gamma}$$

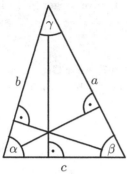

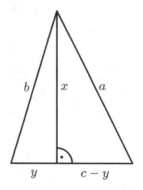

Abb. 3.1.14 Flächenberechnung mit
Sinus

Abb. 3.1.15 Beweisfigur zu
Satz 3.1

Satz 3.1 (Heron'sche Formel)
*Für ein Dreieck mit den Seitenlängen a, b und c setze man $s = \dfrac{a+b+c}{2}$. Dann gilt für
den Flächeninhalt A des Dreiecks:*

$$A = \sqrt{s(s-a)(s-b)(s-c)}$$

Beweis 3.1 Mit den Bezeichnungen in Abb. 3.1.15 ergibt sich der Flächeninhalt des
Dreiecks zu $A = \frac{cx}{2}$. Nun gilt aber

$$x^2 = b^2 - y^2 \quad \text{und} \quad x^2 = a^2 - (c-y)^2,$$

also $b^2 - y^2 = a^2 - (c^2 - 2cy + y^2)$ und damit

$$y = \frac{b^2 + c^2 - a^2}{2c}.$$

Man erhält

$$x^2 = b^2 - \left(\frac{b^2 + c^2 - a^2}{2c}\right)^2 = \frac{4b^2c^2 - (b^2 + c^2 - a^2)^2}{(2c)^2}$$

und schließlich

$$A = \frac{1}{4}\sqrt{4b^2c^2 - (b^2 + c^2 - a^2)^2}.$$

Mit dieser Formel können wir A mithilfe der Seitenlängen a, b und c des Dreiecks
berechnen.

Es sind nur noch einige Termumformungen des Radikanden notwendig, um die im Satz behauptete Form zu erhalten. Es gilt

$$4b^2c^2 - (b^2 + c^2 - a^2)^2$$
$$= (2bc + b^2 + c^2 - a^2)(2bc - b^2 - c^2 + a^2)$$
$$= ((b + c)^2 - a^2)(a^2 - (b - c)^2)$$
$$= (b + c - a)(b + c + a)(a + b - c)(a - b + c)$$
$$= (2s - 2a) \cdot 2s \cdot (2s - 2c) \cdot (2s - b)$$
$$= 16 \cdot s(s - a)(s - b)(s - c),$$

und damit ergibt sich schließlich die Heron'sche Formel. □

Benannt ist diese Formel nach HERON von Alexandria, um 60 n. Chr. Es gibt aber Indizien dafür, dass diese Formel schon von Archimedes gefunden worden ist.

Satz 3.2
Ist ϱ der Inkreisradius eines Dreiecks mit den Seitenlängen a, b und c, dann gilt

$$A = \frac{a + b + c}{2} \cdot \varrho.$$

Beweis 3.2 Das Dreieck setzt sich aus drei Dreiecken mit der Höhe ϱ zusammen (Abb. 3.1.16); daraus ergibt sich sofort die Behauptung. □

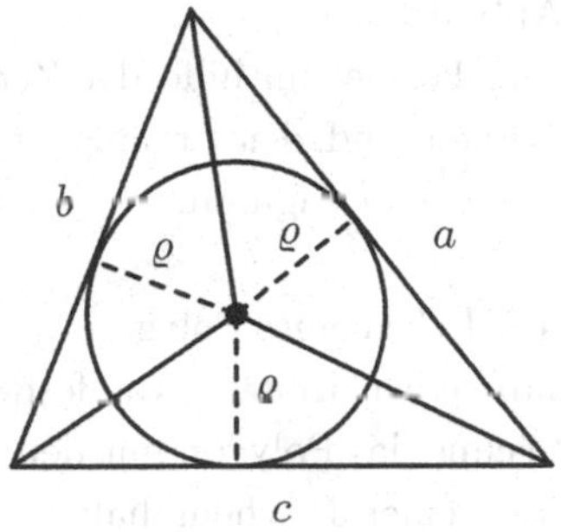

Abb. 3.1.16 Inhalt Dreieck mit Inkreisradius

Satz 3.3
In einem Dreieck mit den Seitenlängen a, b, c und dem Umkreisradius r gilt für den Flächeninhalt:

$$A = \frac{abc}{4r}.$$

Beweis 3.3 Aufgrund des Satzes vom Peripheriewinkel (Satz 1.14) gilt mit den Bezeichnungen in Abb. 3.1.17

$$r : \frac{c}{2} = b : h_a,$$

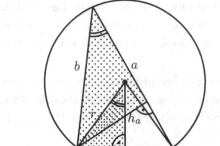

Abb. 3.1.17 Beweisfigur

demnach gilt auch

$$\frac{bc}{h_a} = 2r \quad \text{bzw.} \quad \frac{abc}{ah_a} = 2r.$$

Daraus erhält man $\frac{abc}{2A} = 2r$, woraus sich die Behauptung ergibt.   □

Flächeninhaltsformeln enthalten stets das Produkt von zwei Längen. Vergrößert man eine Fläche mit dem Faktor k, multipliziert man also alle Längen mit k, dann ändert sich ihr Flächeninhalt mit dem Faktor k^2. Darauf haben wir schon des Öfteren aufmerksam gemacht.

Aufgaben

3.1 Aus dem Schulunterricht ist die Flächeninhaltsformel für das Trapez in der Form

    „A = Mittellinie · Höhe"

bekannt (Abb. 3.1.18).
Begründe die Formel mithilfe der Zerlegungsgleichheit und der Ergänzungsgleichheit geeigneter Figuren.

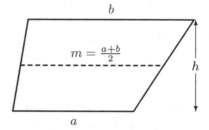

Abb. 3.1.18 Flächeninhalt Trapez

3.2 Sind die Ecken eines Polygons in einem kartesischen Koordinatensystem gegeben, so kann man seinen Inhalt mithilfe der Inhaltsformel für Trapeze (Aufgabe 3.1) berechnen. Zeichne das Polygon mit den Ecken $A(1,1)$, $B(6,2)$, $C(8,8)$, $D(3,11)$, $E(0,7)$ und berechne seinen Flächeninhalt.

3.3 Es ist ein Parallelogramm mit dem gegebenen spitzen Winkel α zu konstruieren, das einem gegebenen Dreieck flächeninhaltsgleich ist. (Nach EUKLID von Alexandria.)

3.4 Ein dreieckiges Grundstück hat zwei Seiten zu 10 Ellen und eine dritte zu 12 Ellen. In der Mitte der dreieckigen Fläche liegt ein quadratisches Grundstück. Gesucht ist die Seite des Quadrats. (Nach AL-CHWARIZMI, 9. Jh.)

3.5 Der Flächeninhalt eines Dreiecks beträgt 84 Flächeneinheiten. Berechne seine Seitenlängen, wenn bekannt ist, dass sie durch aufeinanderfolgende natürliche Zahlen ausgedrückt werden. (Nach LUCA PACIOLI, 15. Jh.)

3.6 Drei aufeinanderfolgende natürliche Zahlen $a-1, a, a+1$, die (als Seitenlängen) ein Dreieck mit ganzzahligem Flächeninhalt bilden, nennt man ein *Heron'sches Zahlentripel*. Bestimme zwei solche Tripel.

3.7 Berechne den Flächeninhalt, den Umkreisradius und den Inkreisradius eines Dreiecks mit den Seitenlängen 3, 5, 6 [cm].

3.8   Berechne den Flächeninhalt eines regelmäßigen Siebenecks mithilfe trigonometrischer Funktionen.

3.9   Besitzt ein Polygon einen Inkreis, d.h., einen Kreis, der alle Seiten des Polygons berührt, dann beträgt sein Flächeninhalt $\dfrac{u \cdot \varrho}{2}$, wobei ϱ der Inkreisradius und u der Umfang (Summe der Seitenlängen) ist. Beweise dies.

3.10   Berechne den Flächeninhalt eines regelmäßigen Achtecks mit der Seitenlänge a mithilfe der in Abb. 3.1.19 gefärbten rechtwinkligen Dreiecke.

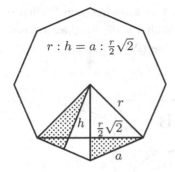
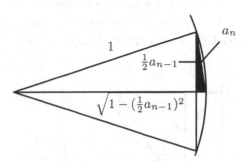

Abb. 3.1.19 Inhalt Achteck   **Abb. 3.1.20** Umfang 2^n-Eck

3.11   In einen Kreis vom Radius 1 sei ein regelmäßiges 2^n-Eck einbeschrieben ($n = 2,3,4,\ldots$). Berechne seinen Umfang und vergleiche diesen mit dem Kreisumfang 2π. Hinweis: Berechne die Seitenlänge a_n des regelmäßigen 2^n-Ecks aus a_{n-1} (Abb. 3.1.20).

3.12   Es seien ϱ bzw. $\varrho_a, \varrho_b, \varrho_c$ der Inkreisradius bzw. die Ankreisradien, ferner r der Umkreisradius und A der Flächeninhalt eines Dreiecks mit den Seitenlängen a, b und c. Beweise folgende Formeln:

a) $\qquad \varrho_a = \dfrac{2A}{-a+b+c}, \quad \varrho_b = \dfrac{2A}{a-b+c}, \quad \varrho_c = \dfrac{2A}{a+b-c}$

b) $\qquad \dfrac{1}{\varrho_a} + \dfrac{1}{\varrho_b} + \dfrac{1}{\varrho_c} = \dfrac{1}{\varrho}$

c) $\qquad \varrho_a \varrho_b \varrho_c \varrho = A^2$

3.13   Mithilfe der Sinusfunktion (Abschn. 5.1) kann man weitere interessante Beziehungen zwischen den Seitenlängen, den Winkeln, dem Umkreisradius und dem Flächeninhalt eines Dreiecks finden. Beweise:

$$r = \frac{a}{2\sin\alpha} = \frac{b}{2\sin\beta} = \frac{c}{2\sin\gamma}, \qquad A = 2r^2 \sin\alpha \sin\beta \sin\gamma$$

Leite daraus die Aussage von Satz 3.3 her.

3.2   Kreisberechnung

Die geometrische *Quadratur des Kreises* ist nicht möglich; man kann zu einem gegebenen Kreis also kein Quadrat mit gleichem Flächeninhalt konstruieren, wenn man zur Konstruktion nur Zirkel und Lineal verwenden darf. Das ist keineswegs selbstverständlich, denn viele krummlinig begrenzte Flächen erlauben eine solche Quadratur. Beispiele hierfür sind die Möndchen des Hippokrates (Abb. 1.4.22) oder die Fläche unter der Parabel. Mit der Parabelfläche wollen wir uns etwas näher beschäftigen.

In Abb. 3.2.1 ist A der Inhalt der Fläche zwischen der Parabel mit der Gleichung $y = x^2$ und der x-Achse im kartesischen Koordinatensystem zwischen den Stellen 0 und 1. Die mit B gekennzeichnete Fläche hat denselben Inhalt wie die Fläche zwischen der Kurve mit der Gleichung $y = 2(x - x^2)$ und der x-Achse (Abb. 3.2.2).

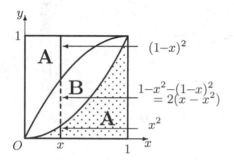

Abb. 3.2.1 Fläche unter der
Parabel I

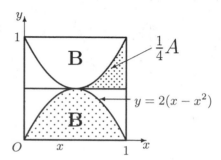

Abb. 3.2.2 Fläche unter der
Parabel II

Aus Abb. 3.2.1 und Abb. 3.2.2 gemeinsam entnimmt man

$$2A + B = 1 \quad \text{und} \quad 2B + A = 1\,,$$

woraus sich $A = B$ und damit $A = \dfrac{1}{3}$ ergibt.

In gleicher Weise findet man für den Inhalt der Fläche zwischen der Parabel mit der Gleichung $y = ax^2$ und der x-Achse zwischen den Stellen 0 und g die Formel

$$A = \frac{1}{3} \cdot g \cdot h$$

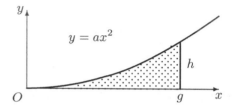

Abb. 3.2.3 Parabelquadratur

mit $h = ag^2$ (Abb. 3.2.3).

Diese erinnert an die Flächeninhaltsformel für Dreiecke: Die Fläche unter der Parabel ist demnach flächeninhaltsgleich zu einem Rechteck (mit den Seitenlängen $\frac{g}{3}$ und h) und damit auch zu einem Quadrat. Man sagt kurz, die Parabel sei *quadrierbar*.

Im Gegensatz dazu ist der Kreis *nicht* quadrierbar; dies folgt aus einer zahlentheoretischen Eigenschaft der *Kreiszahl* π, die Ende des 19. Jahrhunderts entdeckt wurde. Im Jahr 1882 bewies FERDINAND LINDEMANN (1852–1939), damals Professor in Freiburg, dass es keine Gleichung der Form

$$a_n x^n + \ldots + a_2 x^2 + a_1 x + a_0 = 0 \quad \text{mit} \quad a_0, a_1, a_2, \ldots, a_n \in \mathbb{Z}$$

(„algebraische Gleichung") gibt, die π als Lösung hat. Reelle Zahlen, die Lösungen algebraischer Gleichungen sind, nennt man *algebraisch*; die anderen reellen Zahlen nennt man *transzendent*. Beispielsweise ist die irrationale Zahl $\sqrt{2}$ nicht transzendent, denn sie genügt der Gleichung $x^2 - 2 = 0$ und ist daher algebraisch.

Die große wissenschaftliche Leistung von Lindemann bestand also im Nachweis der *Transzendenz von* π. Dies ermöglichte erstmals in der Geschichte einen Beweis für die Unmöglichkeit der Quadratur des Kreises, eines der klassischen Probleme, die seit der griechischen Antike die Mathematiker interessiert hatten.

Der Flächeninhalt eines Kreises mit gegebenem Radius kann nur *näherungsweise* bestimmt werden, denn in der bekannten Formel $A = \pi r^2$ ist die Kreiszahl

$$\pi = 3{,}1415926535897932384626\ldots$$

nur näherungsweise anzugeben. Man kennt zwar viele hundert Nachkommastellen von π, aber eben *nicht alle*. In der Geschichte hat es viele Approximationen der Zahl π gegeben, bei denen π als Flächeninhalt eines Kreises vom Radius 1 oder auch als Umfang eines Kreises vom Durchmesser 1 verstanden wurde.

Im alten Ägypten beispielsweise wurde π durch

$$\pi \approx \left(\frac{16}{9} \right)^2 = \frac{256}{81} = 3 + \frac{13}{81} = 3 + \frac{1}{9} + \frac{1}{27} + \frac{1}{81} = 3{,}160\ldots$$

angenähert. Dies kann man verstehen, wenn man bedenkt, dass in der ägyptischen Mathematik die Stammbrüche $\frac{1}{2}, \frac{1}{3}, \frac{1}{4}, \frac{1}{5}, \ldots$ eine große Rolle gespielt haben.

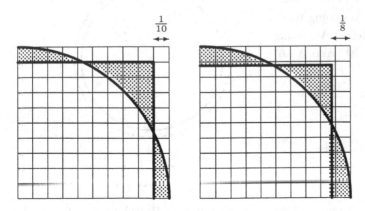

Abb. 3.2.4 Annäherung des Kreises durch Quadrate

Man zeichnet ein Quadrat mit dem gleichen Mittelpunkt wie der Kreis, dessen halbe Seitenlänge $1 - \frac{1}{n}$ beträgt und dessen Flächeninhalt möglichst gut mit dem Inhalt des Kreises übereinstimmt. An einer Zeichnung erkennt man (Abb. 3.2.4): Für $n = 10$ ist das Qudrat zu groß, für $n = 8$ ist es zu klein.

Also wählt man $n = 9$ und erhält $\pi \approx \left(2 \cdot \left(1 - \frac{1}{9}\right)\right)^2 = \left(\frac{16}{9}\right)^2$.

Auf Archimedes geht die Annäherung von π mithilfe dem Kreis ein- und umbeschriebener Polygone zurück; er ging vom *Umfang* statt vom Inhalt des *Einheitskreises* (Kreis mit Radius 1) aus. Das ist aber kein Problem, weil zwischen dem Umfang und dem Flächeninhalt eines Kreises ein einfacher Zusammenhang besteht.

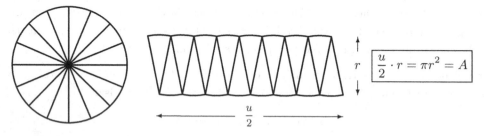

Abb. 3.2.5 Kreisumfang u aus Kreisflächeninhalt A

In Abb. 3.2.5 erkennt man, dass für den Kreisumfang u eines Kreises mit dem Flächeninhalt A gilt:

$$\frac{u}{2} \cdot r = A = \pi \cdot r^2, \quad \text{also} \quad u = 2\pi r.$$

Der Einheitskreis hat demnach den Umfang 2π.

Man kann den Zusammenhang zwischen u und A auch mithilfe der Differenzialrechnung erklären.

Wir betrachten dazu A und u als Funktionen von r, also $A = A(r) = \pi r^2$ und $u = u(r)$. Eine (kleine) Änderung von r um Δr bewirkt eine (kleine) Änderung von A um ΔA, und zwar ist (Abb. 3.2.6)

$$\Delta A \approx u(r)\Delta r, \quad \text{also} \quad u(r) \approx \frac{\Delta A}{\Delta r}.$$

Wegen

$$\lim_{\Delta r \to 0} \frac{\Delta A}{\Delta r} = A'(r) = 2\pi r$$

ergibt sich $u(r) = 2\pi r$.

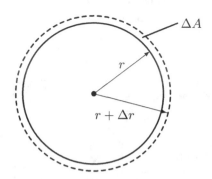

Abb. 3.2.6 Infinitesimale Änderungen von r und A

Nun zum Verfahren des Archimedes zur näherungsweisen Berechnung von π. Es beruht darauf, den Umfang 2π des Einheitskreises zwischen dem Umfang eines dem Kreis einbeschriebenen und eines dem Kreis umbeschriebenen n-Ecks einzuschachteln. Dabei ist es wichtig, Quadratwurzeln „berechnen" zu können, also durch Brüche oder Dezimalzahlen anzunähern.

Hierzu gab es schon im Altertum effiziente Verfahren, z.B. den Heron-Algorithmus, der zwar nach HERON *von Alexandria* benannt ist, aber schon den Babyloniern bekannt war. Die Idee hinter diesem Algorithmus ist die wiederholte Mittelwertbildung, genauer: die iterierte Bildung des *arithmetischen Mittels* $A(a,b) := \frac{a+b}{2}$ zweier positiver Zahlen $a, b \in \mathbb{R}, a \neq b$. Wichtig zu wissen ist dabei, dass das arithmetische Mittel zweier verschiedener positiver Zahlen stets größer ist als deren *geometrisches Mittel* $G(a,b) := \sqrt{a \cdot b}$; die Gültigkeit der Ungleichung

$$G(a,b) < A(a,b) \quad \text{für alle} \quad a,b > 0 \quad \text{mit} \quad a \neq b$$

kann man sich leicht mithilfe der Satzgruppe des Pythagoras erklären.

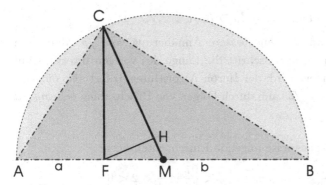

Abb. 3.2.7   Ungleichung zwischen den Mittelwerten: $G(a,b) < A(a,b)$

In Abb. 3.2.7 ist $\overline{MC} = A(a,b)$ das arithmetische Mittel der Hypotenusenabschnitte a und b im rechtwinkligen Dreieck ABC, und nach dem Höhensatz ist $\overline{FC}^2 = a \cdot b$, folglich ist $\overline{FC} = G(a,b)$. Die Gültigkeit der Ungleichung $G(a,b) < A(a,b)$ kann man der Zeichnung entnehmen oder daran festmachen, dass die Hypotenuse MC die längste Seite im rechtwinkligen Dreieck CFM ist.

Der Heron-Algorithmus zur näherungsweisen Bestimmung von $\sqrt{p}$, $p > 0$ funktioniert nun wie folgt:

- Wähle irgendein $b_1 \in \mathbb{N}$ mit $b_1^2 > p$ und setze $a_1 := \frac{p}{b_1}$. Dann ist $0 < a_1 < \sqrt{p} < b_1$, denn $b_1^2 > p \Rightarrow b_1 > \sqrt{p} \Rightarrow 0 < a_1 = \frac{p}{b_1} < \frac{p}{\sqrt{p}} = \sqrt{p}$.
- Setze $b_2 := A(b_1, a_1)$ und $a_2 := \frac{p}{b_1}$. Dann ist

$$a_1 < a_2 < \sqrt{p} < b_2 < b_1,$$

denn: Wegen $0 < a_1 < b_1$ ist $b_2 = \frac{1}{2}(a_1 + b_1) < \frac{1}{2}(b_1 + b_1) = b_1$. Aus $b_2 < b_1$ erhält man $a_2 = \frac{p}{b_2} > \frac{p}{b_1} = a_1$. Die Tatsache, dass $b_2 > \sqrt{p}$ ist, ergibt sich aus der Ungleichung zwischen dem geometrischen und dem arithmetischen Mittel, denn

$b_2 = A(b_1, a_1) > G(b_1, a_1) = \sqrt{b_1 \cdot a_1} = \sqrt{b_1 \cdot \frac{p}{b_1}} = \sqrt{p}$. Aus $b_2 > \sqrt{p}$ folgt wie eben $a_2 = \frac{p}{b_2} < \sqrt{p}$.

■ Sind allgemein Intervalle

$$[a_1, b_1], [a_2, b_2], \dots, [a_n, b_n] \quad \text{mit} \quad a_1 < \dots < a_n < \sqrt{p} < b_n < \dots < b_1$$

konstruiert, dann setze man

$$b_{n+1} := \frac{1}{2}\left(b_n + \frac{p}{b_n}\right) \quad \text{und} \quad a_{n+1} := \frac{p}{b_{n+1}}.$$

Wie eben gewinnt man die Ungleichungen $a_n < a_{n+1} < \sqrt{p} < b_{n+1} < b_n$.

■ Die nach der angegebenen Vorschrift konstruierten Intervalle $I_n = [a_n, b_n]$ haben offenbar folgende Eigenschaften:

(1) Die Zahl $\sqrt{p}$ liegt in jedem einzelnen Intervall, also $\sqrt{p} \in I_n$ für alle $n \in \mathbb{N}$.

(2) Jedes Intervall $I_n, n \geq 2$ ist in allen vorigen Intervallen $I_1, \dots, I_{n-1}$ enthalten, also

$$I_1 \supset I_2 \supset \dots \supset I_n \supset I_{n+1} \supset \dots.$$

Mit jeder Iteration erhält man also eine *bessere* Annäherung von $\sqrt{p}$. Man kann nachrechnen, dass bei jedem Iterationsschritt die Länge des vorigen Intervalls auf weniger als die Hälfte verkleinert wird; der Heron-Algorithmus liefert also eine *Intervallschachtelung* für $\sqrt{p}$, und $\sqrt{p}$ kann durch Folgen von Bruchzahlen *beliebig gut* approximiert werden.

Das Heron-Verfahren liefert beispielsweise folgende Einschachtelungen:

$$1 < \frac{3}{2} < \frac{12}{7} < \frac{168}{97} < \dots \sqrt{3} \dots < \frac{97}{56} < \frac{7}{4} < 2 < 3$$

$$3 < \frac{15}{4} < \frac{120}{31} < \frac{7440}{1921} < \dots \sqrt{15} \dots < \frac{1921}{496} < \frac{31}{8} < 4 < 5$$

Wir beginnen nun das archimedische Verfahren zur Annäherung von π mit einem Sechseck und verdoppeln dann stets die Eckenzahl, betrachten also der Reihe nach Zwölfecke, 24-Ecke, ... Archimedes selbst hat dieses Verfahren bis zum 96-Eck durchgerechnet.

 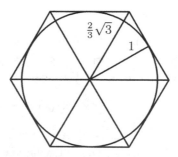

Abb. 3.2.8   Einbeschriebenes und umbeschriebenes Sechseck

Mit E_n bzw. U_n bezeichnen wir den Umfang des einbeschriebenen bzw. des umbeschriebenen $6 \cdot 2^{n-1}$-Ecks ($n = 1,2,3,\ldots$). In Abb. 3.2.8 gilt für die Seitenlänge t des umbeschriebenen Sechsecks:

$$t^2 - \left(\frac{t}{2}\right)^2 = 1, \quad \text{folglich} \quad t^2 = \frac{4}{3} \quad \text{und} \quad t = \frac{2}{3}\sqrt{3}.$$

Daher ist

$$E_1 = 6 \quad \text{und} \quad U_1 = 4\sqrt{3} < 7,$$

woraus man in erster Näherung $3 < \pi < 3 + \frac{1}{2}$ erhält.

Ist allgemein s_n die Seitenlänge des einbeschriebenen $6\cdot 2^{n-1}$-Ecks ($n = 1,2,3,\ldots$), dann kann man s_{n+1} aus s_n berechnen. In Abb. 3.2.9 gilt in dem schattierten rechtwinkligen Dreieck:

$$s_{n+1}^2 = \left(\frac{s_n}{2}\right)^2 + \left(1 - \sqrt{1 - \left(\frac{s_n}{2}\right)^2}\right)^2 = 2 - \sqrt{4 - s_n^2}.$$

Aus $\pi > \dfrac{6 \cdot 2^n}{2} \cdot s_{n+1}$ folgt dann

$$\pi > 6 \cdot 2^{n-1}\sqrt{2 - \sqrt{4 - s_n^2}}.$$

Daraus lassen sich untere Abschätzungen für π (d.h., Abschätzungen der Form $\pi \geq \ldots$ oder $\pi > \ldots$) gewinnen.

Für $n=1$ ergibt sich wegen $s_1=1$

$$\pi > 6 \cdot \sqrt{2 - \sqrt{3}} \quad (\approx 3{,}10583).$$

Mit der Abschätzung $\sqrt{3} < \dfrac{7}{4}$ erhält man $\pi > 3$.

Die genauere Annäherung $\sqrt{3} < \dfrac{97}{56}$ liefert $\pi > 3 \cdot \sqrt{\dfrac{15}{14}}$; wegen $\sqrt{\dfrac{15}{14}} > 1 + \dfrac{1}{30}$ folgt hieraus

$$\pi > \frac{31}{10} = 3 + \frac{1}{10}.$$

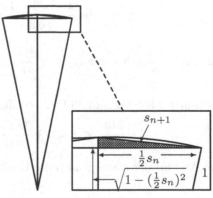

Abb. 3.2.9 s_{n+1} aus s_n rekursiv

Ist allgemein t_n die Seitenlänge des umbeschriebenen $6\cdot 2^{n-1}$-Ecks ($n = 1,2,3,\ldots$), dann kann man t_{n+1} aus t_n berechnen. In Abb. 3.2.10 gilt in dem schattierten rechtwinkligen Dreieck:

$$\left(\frac{t_n}{2} - \frac{t_{n+1}}{2}\right)^2 = \left(\frac{t_{n+1}}{2}\right)^2 + \left(\sqrt{1 + \left(\frac{t_n}{2}\right)^2} - 1\right)^2.$$

Dies lässt sich umformen zu $\dfrac{1}{2}t_n t_{n+1} = 2\sqrt{1 + \left(\dfrac{t_n}{2}\right)^2} - 2$ bzw. $t_{n+1} = \dfrac{2\sqrt{4 + t_n^2} - 4}{t_n}$.

Aus $\pi < \dfrac{6 \cdot 2^n}{2} \cdot t_{n+1}$ folgt dann $\pi < 6 \cdot 2^{n-1} \cdot \dfrac{2\sqrt{4 + t_n^2} - 4}{t_n}$.

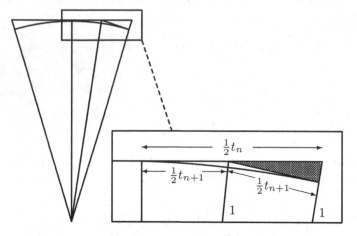

Abb. 3.2.10   Rekursive Bestimmung von t_{n+1} aus t_n

Daraus lassen sich obere Abschätzungen für π (d.h., Abschätzungen der Form $\pi \leq \ldots$ oder $\pi < \ldots$) gewinnen.

Mit $n = 1$ und $t_1 = \dfrac{2}{3}\sqrt{3}$ ergibt sich

$$\pi < 6 \cdot \frac{2 \cdot \frac{4}{3}\sqrt{3} - 4}{\frac{2}{3}\sqrt{3}} = 24 - 12\sqrt{3} \quad (\approx 3{,}21539).$$

Mit $\sqrt{3} > \dfrac{168}{97}$ erhält man $\quad \pi < \dfrac{312}{97} = 3 + \dfrac{21}{97}$.

Archimedes hat bis zum 96-Eck gerechnet und folgende Schranken gefunden:

$$3 + \frac{1137}{8069} < \pi < 3 + \frac{1335}{9347} \quad \text{bzw.} \quad 3{,}14103 < \pi < 3{,}14271.$$

Von Archimedes stammt auch die Faustregel $\pi \approx 3 + \dfrac{1}{7} = \dfrac{22}{7} = 3{,}142857\ldots$.

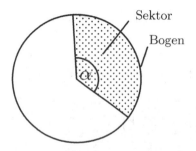

Abb. 3.2.11   Kreisbogen und
Kreissektor

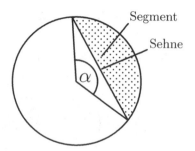

Abb. 3.2.12   Kreissehne und
Kreissegment

Zum Zentriwinkel α eines Kreises mit dem Radius r gehört ein *Kreisbogen* der Länge b und ein *Kreissektor* (*Kreisausschnitt*) mit dem Flächeninhalt A_{Sektor} (Abb. 3.2.11). Es gilt

$$\frac{b}{2\pi r} = \frac{\alpha}{360^o} = \frac{A_{\text{Sektor}}}{\pi r^2},$$

also

$$b = \frac{\alpha}{360^o} \cdot 2\pi r \quad \text{und} \quad A_{\text{Sektor}} = \frac{\alpha}{360^o} \cdot \pi r^2.$$

Zu dem Zentriwinkel α gehört auch eine *Sehne* der Länge s und ein *Kreissegment* (*Kreisabschnitt*) mit dem Flächeninhalt A_{Segment} (Abb. 3.2.12). Mithilfe der Sinus- und der Kosinusfunktion (Abschn. 5.1) lassen sich s und A_{Segment} in Abhängigkeit von α und r angeben: Es gilt $s = 2r \cdot \sin\frac{\alpha}{2}$ und

$$A_{\text{Segment}} = A_{\text{Sektor}} - \frac{1}{2}\left(2r\sin\frac{\alpha}{2}\right)\left(r\cos\frac{\alpha}{2}\right),$$

was wir wegen der Beziehung $2\sin\frac{\alpha}{2}\cos\frac{\alpha}{2} = \sin\alpha$ umformen können zu

$$A_{\text{Segment}} = A_{\text{Sektor}} - \frac{1}{2}r^2\sin\alpha.$$

Aufgaben

3.14 Verwandle die Fläche unter der Parabel mit der Gleichung $y = \frac{1}{2}x^2$ für $0 \le x \le 4$ mit Zirkel und Lineal in ein flächeninhaltsgleiches Quadrat.

3.15 Berechne den Flächeninhalt des einem Kreis vom Radius 1 einbeschriebenen und umbeschriebenen regelmäßigen Achtecks. Nähere dann π durch das arithmetische Mittel dieser beiden Flächeninhalte an und schätze den Fehler ab.

3.16 Ein Kreissektor habe den Flächeninhalt 10 cm^2, der zugehörige Bogen habe die Länge 3 cm. Bestimme die Länge der Sehne und den Inhalt des Kreissegments.

3.17 Zu einem Kreisbogen zum Radius r gehöre die Sehne der Länge s. Bestimme eine Formel zur Berechnung der Höhe h des zugehörigen Segments.

3.18 ERATOSTHENES von Cyrene (276–195 v. Chr.) hat den Erdumfang ziemlich genau mit folgender Methode bestimmt: Am Tag der Sommersonnenwende wirft die Sonne um 12 Uhr mittags in Cyrene (Assuan) keinen Schatten. Zum gleichen Zeitpunkt wirft sie im 5000 Stadien weiter nördlich gelegenen Alexandria einen Schatten unter einem Winkel von 7,2°. Welchen Wert erhielt Eratosthenes für den Erdumfang (1 Stadion $\approx$ 157,5m)?

3.19 Aus der Kenntnis der Höhe eines Berges, der sich in freier ebener Landschaft befindet, ist der Erdradius zu bestimmen. (MOHAMMED IBN AHMED AL-BIRUNI, 973–1050)

3.20 Von dem indischen Gelehrten ARYABHATA (um 500 n.Chr.) stammt folgende Regel zur Berechnung von π: Addiere 4 zu 100, multipliziere mit 8 und addiere zu alldem 62000. Das, was du erhältst, ist der genäherte Wert des Kreisumfangs, wenn der Durchmesser 20000 ist. Welche Genauigkeit liefert die Anwendung dieser Regel?

3.21 Bestimme den Umfang und den Flächeninhalt der Figuren in Abb. 3.2.13.

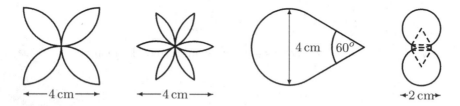

Abb. 3.2.13 Zu Aufgabe 3.21

3.22 Bestimme den Inhalt der schattierten Flächenstücke in Abb. 3.2.14, wenn der Radius des großen Halbkreises 1 ist (nach Leonardo da Vinci).

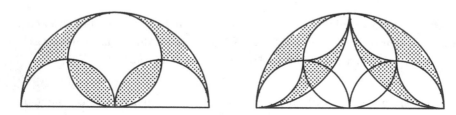

Abb. 3.2.14 Zu Aufgabe 3.22

3.23 Wie laut Hippokrates die Sage berichtet, entfloh DIDO, die Tochter des Königs von Tyros, ihrem Vater und nahm eine Schatulle voller Kostbarkeiten mit sich. An der Nordküste Afrikas erkärte sich der numidische König bereit, ihr ein Grundstück am Meeresufer zu verkaufen, „nicht größer, als man mit einer Stierhaut begrenzen kann." Dido schnitt die Haut in feine Streifen, knüpfte ein langes Seil und begrenzte mit ihm die maximale Fläche. So wurde Karthago gegründet. Warum hat Dido kein (zum Meer hin offenes) Rechteck begrenzt?

3.3   Volumen von Körpern

Verschiebt man ein ebenes Flächenstück im Raum und verbindet dann jeden Punkt des Flächenstücks mit dem entsprechenden verschobenen Punkt, so entsteht ein *allgemeiner Zylinder*. In Abb. 3.3.1 sind die üblichen Bezeichnungen eingetragen. Ist die Grundfläche ein Kreis, dann entsteht ein *Kreiszylinder*; ist die Grundfläche ein Parallelogramm, dann entsteht ein *Parallelepiped* oder *Spat*. Ist die Verschiebung orthogonal zur Grundebene, dann heißt der Zylinder *gerade*. Alle diese Begriffe sind bereits in Abschn. 2.1 behandelt worden.

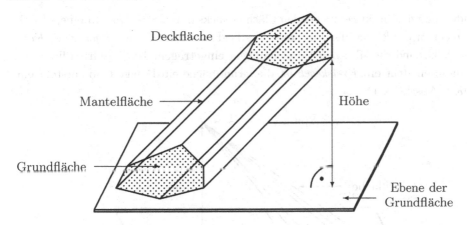

Abb. 3.3.1   Bezeichnungen am Zylinder

Verwenden wir als Längeneinheit 1 LE, dann verwenden wir als Einheit für das Volumen $1 \, \mathrm{LE}^3$; dies ist das Volumen (der Rauminhalt) eines Würfels mit der Seitenlänge 1 LE. Ein Würfel mit der Seitenlänge a LE hat dann das Volumen $a^3 \, \mathrm{LE}^3$, und ein Quader mit den Kantenlängen a, b, c (LE) hat das Volumen $a \cdot b \cdot c$ (LE^3). Allgemeiner gilt, dass ein gerader Zylinder mit einer Grundfläche vom Inhalt A und der Höhe h das Volumen $V = A \cdot h$ hat. Zur Berechnung des Volumens eines allgemeinen Zylinders benutzen wir das *Prinzip von Cavalieri*. Dieses besagt:

Zwei Körper haben dasselbe Volumen, wenn eine Ebene derart existiert, dass jede dazu parallele Ebene aus den beiden Körpern flächeninhaltsgleiche Flächenstücke ausschneidet.

Damit ist auch gemeint, dass man aus der Kenntnis der Inhalte der Schnittflächen das Volumen bestimmen kann. BONAVENTURA CAVALIERI (1591 oder 1598–1647), ein Schüler Galileis, entwickelte zur Berechnung von Bogenlängen, Flächeninhalten und Volumina die *Methode der Indivisiblen*, die man als Vorläufer der modernen Integralrechnung verstehen kann. Grob gesprochen fasste er ein Flächenstück als eine Menge von Strecken und einen Körper als eine Menge von Flächenstücken auf. Obwohl diese Flächenstücke kein Volumen besitzen, ergab nach Cavalieri ihre Gesamtheit (paradoxerweise?) das Volumen des untersuchten Körpers.

Nach dem Cavalieri'schen Prinzip besitzt ein schiefer Zylinder dasselbe Volumen wie ein gerader Zylinder mit derselben Grundfläche und derselben Höhe
(Abb. 3.3.2); es gilt Satz 3.4.

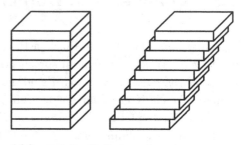

Satz 3.4
*Ein allgemeiner Zylinder mit dem
Grundflächeninhalt A und der Höhe h
hat das Volumen $V = A \cdot h$.*

Abb. 3.3.2   Zylindervolumen

Verbindet man die Punkte eines ebenen Flächenstücks durch Strecken mit einem Punkt
S, der nicht in der Ebene des Flächenstücks liegt, so entsteht ein *allgemeiner Kegel*;
in Abb. 3.3.3 sind die üblichen Bezeichnungen eingetragen. Ist die Grundfläche ein
Kreis, dann entsteht ein *Kreiskegel*; ist die Grundfläche ein Polygon, so entsteht eine
Pyramide (Abschn. 2.1).

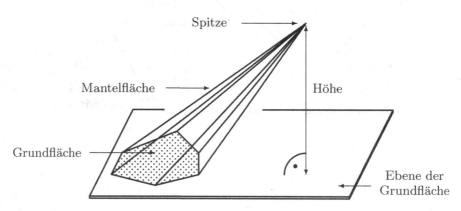

Abb. 3.3.3   Bezeichnungen am Kegel

Satz 3.5
*Ein allgemeiner Kegel mit dem Grund-
flächeninhalt A und der Höhe h hat das
Volumen*

$$V = \frac{1}{3} \cdot A \cdot h.$$

Beweis 3.5 Wir verwenden die Cavalieri'sche Indivisiblenrechnung, allerdings
in „moderner" Fassung; wir benutzen also die Integralrechnung.
Für $0 \leq x \leq h$ bezeichne $q(x)$ den Inhalt
der Schnittfläche des Kegels mit der zur

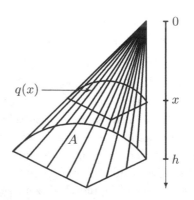

Abb. 3.3.4   Kegelvolumen

Grundfläche parallelen Ebene im Abstand x von der Spitze. Mit $V(x)$ bezeichnen wir das Volumen zwischen der Spitze und dieser Ebene. Ändert sich x um den (kleinen) Betrag Δx, dann ändert sich $V(x)$ um den (ebenfalls kleinen) Betrag ΔV. Es ist $\Delta V \approx q(x) \cdot \Delta x$ bzw. genauer

$$V'(x) = \lim_{\Delta x \to 0} \frac{\Delta V}{\Delta x} = q(x),$$

wobei V' die Ableitung der Funktion V bedeutet. Aus dem Hauptsatz der Differenzial- und Integralrechnung folgt nun

$$V = \int\limits_0^h q(x)\,\mathrm{d}x.$$

Die Schnittfläche an der Stelle x entsteht aus der Grundfläche durch zentrische Streckung mit dem Faktor $\frac{x}{h}$, also ist $q(x) = \left(\frac{x}{h}\right)^2 A$ und daher

$$V = \frac{A}{h^2} \int\limits_0^h x^2\,\mathrm{d}x = \frac{A}{h^2} \cdot \frac{1}{3} h^3 = \frac{1}{3} Ah.$$

$\square$

Die Formel in Satz 3.5 kann man nicht „elementar" beweisen, etwa durch Zerschneiden und geschicktes Zusammenlegen der Teile. Man kann sie so zwar plausibel machen, ein exakter Beweis erfordert aber immer „infinitesimale Methoden", also Methoden der Analysis. Dafür ließe sich auch die Summenformel aus Aufgabe 3.36b verwenden.

Schneidet man von einem Kegel durch eine zur Grundfläche parallele Ebene den oberen Teil ab, so entsteht ein *Kegelstumpf*.

Den Abstand k beider Ebenen nennt man die *Höhe* des Kegelstumpfs (Abb. 3.3.5).

Satz 3.6
Ein Kegelstumpf mit dem Grundflächeninhalt A, dem Deckflächeninhalt B und der Höhe k hat das Volumen

$$V = \frac{1}{3} \cdot (A + \sqrt{AB} + B) \cdot k.$$

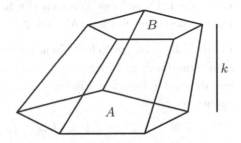

Abb. 3.3.5 Kegelstumpfvolumen

Beweis 3.6 Ist h die Höhe des Kegels, aus dem der Kegelstumpf abgeschnitten ist, dann gilt für das Volumen V des Kegelstumpfs:

$$V = \frac{1}{3} A h - \frac{1}{3} B (h - k) = \frac{1}{3} A k + \frac{1}{3} (A - B)(h - k).$$

Wegen

$$\frac{A}{B} = \left(\frac{h}{h-k}\right)^2, \quad \text{also} \quad \frac{h}{h-k} = \sqrt{\frac{A}{B}}$$

folgt

$$1 + \frac{k}{h-k} = \sqrt{\frac{A}{B}} \quad \text{und daraus} \quad h - k = \frac{k\sqrt{B}}{\sqrt{A} - \sqrt{B}}.$$

Damit erhält man

$$\begin{aligned}
V &= \frac{1}{3} A k + \frac{1}{3} (A - B) \cdot \frac{k\sqrt{B}}{\sqrt{A} - \sqrt{B}} \\
&= \frac{1}{3} A k + \frac{1}{3} (\sqrt{A} + \sqrt{B}) \cdot k\sqrt{B} = \frac{1}{3} A k + \frac{1}{3} (\sqrt{AB} + B) k.
\end{aligned}$$

$\square$

Der Beweis von Satz 3 ist nicht einfach. Daher ist es nicht verwunderlich, dass man im alten Ägypten zeitweise mit einer Formel für das Kegelstumpfvolumen rechnete, die nur näherungsweise gilt:

$$V \approx \frac{A + B}{2} \cdot k$$

Man multiplizierte also einfach das arithmetische Mittel von A und B mit der Höhe. Im Grenzfall $B = A$, wenn also ein Zylinder vorliegt, ist diese Formel exakt. Im anderen Grenzfall $B = 0$, wenn also ein vollständiger Kegel vorliegt, liefert diese Formel einen um den Faktor 1,5 zu großen Wert. In einem in Moskau aufbewahrten Papyrus aus dem 18. Jh. v. Chr. steht aber für das Volumen eines quadratischen Pyramidenstumpfs der Höhe k, der von Quadraten mit den Seitenlängen a und b begrenzt wird, die korrekte Formel $V = \frac{1}{3} (a^2 + ab + b^2) k$.

Wir wollen nun mit der Methode des Cavalieri noch eine weitere Volumenberechnung vornehmen. Es soll das Volumen des Konoids mit dem Grundkreisradius r und der Höhe h bestimmt werden (Abschn. 2.4).

In Abb. 3.3.6 ist ein Schnittdreieck eingezeichnet, das bei einem Schnitt orthogonal zum Grundkreis und orthogonal zum First entsteht. An einer Stelle x mit $-r \leq x \leq r$ hat dieses Dreieck den Flächeninhalt $q(x) = h\sqrt{r^2 - x^2}$. Es ergibt sich daher das Volumen

$$V = \int\limits_{-r}^{r} q(x) \, \mathrm{d}x = h \int\limits_{-r}^{r} \sqrt{r^2 - x^2} \, \mathrm{d}x.$$

Nun ist das Integral $\int\limits_{-r}^{r} \sqrt{r^2 - x^2} \, \mathrm{d}x$ offensichtlich der Flächeninhalt eines Halbkreises mit dem Radius r (Abb. 3.3.7), hat also den Wert $\frac{1}{2}\pi r^2$.

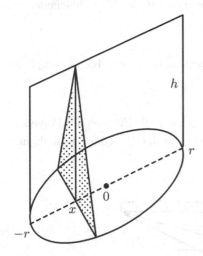

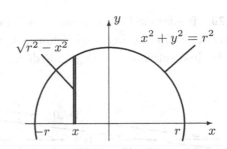

Abb. 3.3.6 Schnitt durch Konoid   **Abb. 3.3.7** Integral geometrisch

Das Konoid hat daher das Volumen

$$V = \frac{1}{2}\pi r^2 \cdot h.$$

Aufgaben

3.24 Ein Sektglas habe die Form eines geraden Kreiskegels; der Grundkreisradius sei 4 cm, die Höhe sei 15 cm. Wie hoch muss das Glas gefüllt werden, damit es halb voll ist? In welcher Höhe muss eine Markierung „5 cl" angebracht werden?

3.25 Ein gerader Kreiskegel hat den Grundkreisradius r, und seine Mantellinien (Strecken von den Punkten der Grundkreislinie zur Spitze) haben die Länge s. Berechne das Volumen und den Inhalt der Mantelfläche.

3.26 Beim Aufschütten von Getreide entsteht näherungsweise ein gerader Kreiskegel, wobei der Böschungswinkel von den Eigenschaften des Getreides abhängt. Wenn 2 m³ Getreide aufgeschüttet sind, betrage die Höhe 1,20 m. Wieviel m³ muss man noch hinzufügen, damit eine Höhe 1,50 m erreicht wird?

3.27 Eine gerade quadratische Pyramide, deren Grundquadrat die Seitenlänge a hat und deren Höhe h beträgt, soll durch eine zur Grundfläche parallele Ebene so in einen Pyramidenstumpf und eine Pyramide zerlegt werden, dass diese beiden Teilkörper

a) das gleiche Volumen   b) den gleichen Mantelflächeninhalt

c) den gleichen Oberflächeninhalt

besitzen. Welchen Abstand muss die Schnittebene jeweils von der Grundflächenebene haben?

3.28   Zeige, dass die altägyptische Näherung für das Volumen eines Kegelstumpfs zu große Werte liefert.

3.29   Besitzt ein Polyeder eine Inkugel (also eine Kugel, die alle Flächen des Polyeders berührt), dann beträgt sein Volumen $V = \frac{1}{3} O \varrho$, wobei O der Oberflächeninhalt und ϱ der Inkugelradius ist. Begründe dies.

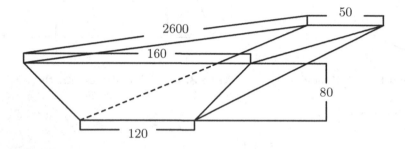

Abb. 3.3.8   Zu Aufgabe 3.30: Modellierung eines Stausees

3.30   Ein Stausee habe (näherungsweise) die in Abb. 3.3.8 dargestellte Form, wobei die Abschlussmauer senkrecht sein soll. Berechne mit dem Cavalieri'schen Prinzip das Fassungsvermögen des Stausees.

3.31   Berechne für ein Tetraeder mit der Kantenlänge a (Abb. 3.3.9) den Oberflächeninhalt, das Volumen und den Radius der Inkugel.

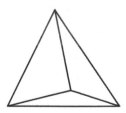

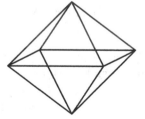

Abb. 3.3.9   Zu Aufgabe 3.31   **Abb. 3.3.10**   Zu Aufgabe 3.32

3.32   Berechne für ein Oktaeder mit der Kantenlänge a (Abb. 3.3.10) den Oberflächeninhalt, das Volumen und den Radius der Inkugel.

3.33 In Abb. 3.3.11 ist ein Ikosaeder (Zwanzigflächner) mit der Kantenlänge a dargestellt. Er entsteht, wenn man benachbarte Ecken von drei symmetrisch ineinandergesteckten Rechtecken verbindet, wobei die Rechtecke die Seitenlängen a und ηa mit $\eta = \frac{1}{2}(1 + \sqrt{5})$ haben (Aufgabe 2.7). Berechne den Oberflächeninhalt, den Inkugelradius und das Volumen.

Hinweis: Berechne zuerst den Umkugelradius r; es ergibt sich $r = \frac{a}{2}\sqrt{1 + \eta^2}$.

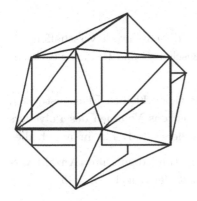 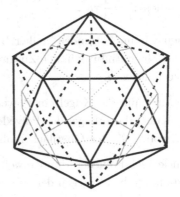

Abb. 3.3.11 Zu Aufgabe 3.33   **Abb. 3.3.12** Zu Aufgabe 3.34

3.34 Verbindet man die Mittelpunkte benachbarter Dreiecke eines Ikosaeders, dann entsteht ein Dodekaeder (Zwölfflächner; Abb. 3.3.12). Berechne für ein Dodekaeder der Kantenlänge a den Oberflächeninhalt, das Volumen und den Radius der Inkugel.

Hinweise: (1) Der Inhalt eines regelmäßigen Fünfecks mit der Seitenlänge a ist $\frac{a^2}{4}\sqrt{25 + 10\sqrt{5}}$ (Abschn. 3.1)).

(2) Der Inkugelradius des Ikosaders (Aufgabe 3.33) ist der Umkugelradius des einbeschriebenen Dodekaeders.

(3) Hat das Dodekaeder die Kantenlänge a, dann hat das Ikosaeder die Kantenlänge $\frac{3}{2}(\sqrt{5} - 1) \cdot a$. Das kann man an Abb. 3.3.11 ablesen.

3.35 In Abschn. 2.4 haben wir die Begriffe „Zylinderstumpf" und "Kegelstumpf" allgemeiner definiert als im vorliegenden Abschnitt; die Körper durften durch eine beliebige (nicht notwendig zur Grundfläche parallele) Ebene zerschnitten werden. Berechne das Volumen des Stumpfs einer (geraden) quadratischen Pyramide mit den in Abb. 3.3.13 angegebenen Daten.

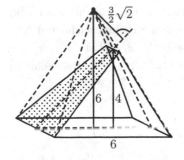

Abb. 3.3.13 Zu Aufgabe 3.35

3.4   Kugelberechnung

Eine Kugel vom Radius r hat

- den Oberflächeninhalt $O = 4\pi r^2$;

- das Volumen $V = \dfrac{4}{3}\pi r^3$.

Dies werden wir im Folgenden näher begründen. Zu diesem Zweck verschaffen wir uns zunächst einen Einblick in den Zusammenhang zwischen O und V; dieser ist leicht plausibel zu machen.

Beschreibt man um die Kugel ein Polyeder mit sehr vielen kleinen Flächenstücken, sodass die Kugel die Inkugel des Polyeders ist, dann ist das Volumen des Polyeders $\dfrac{1}{3} \cdot r \cdot O^*$, wobei O^* der Oberflächeninhalt des Polyeders ist. Denkt man sich die Flächenstücke des Polyeders immer weiter verkleinert (und damit ihre Anzahl vergrößert), dann strebt O^* gegen den Oberflächeninhalt O der Kugel. Also gilt:

- Hat die Kugel den Oberflächeninhalt $4\pi r^2$, dann hat sie das Volumen $\dfrac{4}{3}\pi r^3$.

Ist $V(r) = \dfrac{4}{3}\pi r^3$ das Volumen der Kugel und ändert man den Radius um den (sehr kleinen) Wert Δr, dann ändert sich das Volumen um $\Delta V \approx O(r) \cdot \Delta r$, wobei $O(r)$ der Oberflächeninhalt der Kugel vom Radius r ist.

Also gilt $V'(r) = \lim\limits_{\Delta x \to 0} \dfrac{\Delta V}{\Delta r} = O(r)$, d. h. $O(r)$ ist die Ableitung von $V(r)$.

Wegen $\left(\dfrac{4}{3}\pi r^3\right)' = 4\pi r^2$ gilt daher:

- Hat die Kugel das Volumen $\dfrac{4}{3}\pi r^3$, dann hat sie den Oberflächeninhalt $4\pi r^2$.

Das Volumen der Kugel kann man mit dem Cavalieri'schen Prinzip berechnen. In Abb. 3.4.1 sei $q(x)$ der Inhalt der Schnittfläche der Kugel mit einer Ebene orthogonal zur eingezeichneten Achse an der Stelle x, wobei $-r \leq x \leq r$. Es gilt $q(x) = \pi(r^2 - x^2)$. Das Volumen ist daher

$$
\begin{aligned}
V &= \int\limits_{-r}^{r} q(x)\,\mathrm{d}x = \pi \int\limits_{-r}^{r} (r^2 - x^2)\,\mathrm{d}x \\
&= \pi \left(r^2 x - \frac{1}{3}x^3 \right)\Big|_{-r}^{r} = \frac{4}{3}\pi r^3.
\end{aligned}
$$

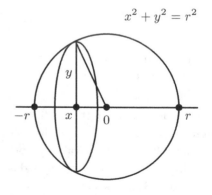

$x^2 + y^2 = r^2$

Abb. 3.4.1   Kugelvolumen mit Integralrechnung

Wir wollen nun den Oberflächeninhalt und das Volumen der Kugel (bzw. allgemeiner von Kugelschichten) *ohne* Benutzung der Differenzial- und Integralrechnung bestimmen. Allerdings treten auch dabei infinitesimale Prozesse auf, denn ohne die Idee des Grenzübergangs sind diese Rechnungen nicht zu bewerkstelligen.

Zwei parallele Ebenen schneiden aus einer Kugel eine *Kugelschicht* aus. Die verbleibenden Restkörper sind *Kugelsegmente*. Ein Kugelsegment ist eine spezielle Kugelschicht, die entsteht, wenn eine der beiden Schnittebenen eine Tangentialebene der Kugel ist. Sind beide Schnittebenen Tangentialebenen, dann erhält man die volle Kugel als spezielles Kugelsegment bzw. spezielle Kugelschicht. Wir wollen nun den Oberflächeninhalt und das Volumen einer Kugelschicht bestimmen. Dabei habe die Kugel den Radius r und die Kugelschicht die Höhe h (= Abstand der beiden Schnittebenen).

Wir denken uns die Kugelschicht Z durch weitere Parallelebenen in n Kugelschichten $Z_1, Z_2, \ldots, Z_n$ zerlegt, indem wir den in der Oberfläche der Kugelschicht (der Kugel*zone*) liegenden Meridianbogen in n gleichlange Bogen der Länge b einteilen; ein Achsenschnitt hierzu wird in Abb. 3.4.2 gezeigt. Dabei soll n eine sehr große natürliche Zahl sein. Sei nun h_i die Dicke der Kugelschicht Z_i. Ersetzen wir den zu Z_i gehörenden Bogen der Länge b durch die Sehne der Länge s, dann wird Z_i zu einem Kegelstumpf.

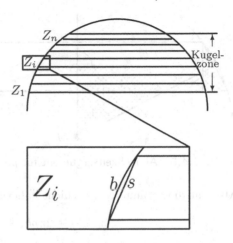

Abb. 3.4.2 Partition der Kugelschicht

Die Mantelfläche eines geraden Kreiskegels mit dem Grundkreisradius r und einer Mantellinie der Länge m hat den Inhalt $\pi r m$ (Abb. 3.4.3). Also hat der Kegelstumpf, welcher Z_i approximiert, den Mantelinhalt

$$M_i = \pi(s_1 + s)R_2 - \pi s_1 R_1,$$

wobei die Größen s_1, R_1, R_2 aus Abb. 3.4.4 zu entnehmen sind.

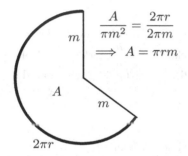

Abb. 3.4.3 Mantelinhalt Kegel

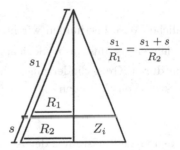

Abb. 3.4.4 Mantelinhalt Kegelstumpf

Es gilt
$$\frac{s_1}{R_1} = \frac{s_1 + s}{R_2}, \quad \text{also} \quad s_1 = \frac{R_1 s}{R_2 - R_1}.$$
Damit erhält man
$$M_i = \pi \cdot \frac{R_2^2 s - R_1^2 s}{R_2 - R_1} = \pi s (R_1 + R_2),$$
und es ergibt sich
$$M_i = 2\pi s \varrho_i \quad \text{mit} \quad \varrho_i = \frac{R_1 + R_2}{2}.$$

Bezeichnet nun p den Abstand der Sehne der Länge s vom Kugelmittelpunkt M, dann kann man aus Abb. 3.4.5 aufgrund der Ähnlichkeit der schattierten Dreiecke die Proportion $\frac{s}{h_i} = \frac{p}{\varrho_i}$ ablesen; mit $s\varrho_i = ph_i$ ergibt sich dann $M_i = 2\pi ph_i$.

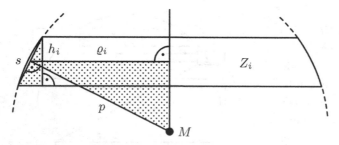

Abb. 3.4.5 Ähnlichkeitsargument für $ph_i = s\varrho_i$

Also hat die gesamte Kugelschicht näherungsweise den Inhalt
$$2\pi ph_1 + 2\pi ph_2 + \ldots + 2\pi ph_n = 2\pi ph.$$

Mit wachsendem n (= Anzahl der Schichten, in die die Kugelschicht eingeteilt ist) strebt p gegen r. Die Mantelfläche der Kugelschicht (also die Kugelzone) hat demnach den Inhalt $2\pi rh$. Im Sonderfall $h = 2r$ ergibt sich der Oberflächeninhalt der gesamten Kugel. Wir fassen unsere Ergebnisse in Satz 3.7 zusammen.

Satz 3.7

Bei einer Kugel vom Radius r hat die Mantelfläche einer Kugelschicht bzw. eine Kugelzone der Höhe h den Inhalt $2\pi rh$. Der Inhalt der gesamten Kugelfläche ist $4\pi r^2$.

Auf ähnliche Weise bestimmen wir nun das Volumen eines Kugelsegments der Höhe h. Wir denken es uns in n Schichten gleicher Dicke $d = \dfrac{h}{n}$ zerlegt und diese Schichten durch Kreiszylinder angenähert (Abb. 3.4.6). Das Kugelsegment hat dann näherungsweise das Volumen
$$\pi r_1^2 d + \pi r_2^2 d + \ldots + \pi r_n^2 d,$$
wenn r_i den Grundkreisradius der i-ten Schicht bezeichnet. Wegen
$$r_i^2 = r^2 - (r - h + id)^2 = 2r(n - i)d - (n - i)^2 d^2$$

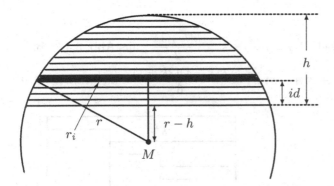

Abb. 3.4.6 Partition des Kugelsegments in Kugelschichten

beträgt das Volumen des Kugelsegments also näherungsweise

$$2\pi r d^2 \cdot (1 + 2 + \ldots + (n-1)) - \pi d^3 \cdot (1^2 + 2^2 + \ldots + (n-1)^2)$$

$$= 2\pi r h^2 \cdot \frac{1 + 2 + \ldots + (n-1)}{n^2} - \pi h^3 \cdot \frac{1^2 + 2^2 + \ldots + (n-1)^2}{n^3}$$

Mit den Formeln

$$1 + 2 + \ldots + k = \frac{k(k+1)}{2} \quad \text{und} \quad 1^2 + 2^2 + \ldots + k^2 = \frac{k(k+1)(2k+1)}{6} \quad (k \in \mathbb{N})$$

(Aufgabe 3.36) erhält man

$$\frac{1 + 2 + \ldots + (n-1)}{n^2} = \frac{(n-1)n}{2n^2} = \frac{n^2 - n}{2n^2} = \frac{1}{2} - \frac{1}{2n},$$

$$\frac{1^2 + 2^2 + \ldots + (n-1)^2}{n^3} = \frac{(n-1)n(2n-1)}{6n^3} = \frac{2n^3 - 3n^2 + n}{6n^3} = \frac{1}{3} - \frac{1}{2n} + \frac{1}{6n^2}.$$

Für $n \to \infty$ strebt der erste Wert gegen $\frac{1}{2}$, der zweite gegen $\frac{1}{3}$. Mit wachsendem n ergibt sich daher das Volumen des Kugelsegments zu

$$V = \pi r h^2 - \frac{1}{3}\pi h^3 = \frac{1}{3}\pi h^2 (3r - h).$$

Das Volumen der gesamten Kugel ergibt sich für $h = 2r$ zu $V = \frac{4}{3}\pi r^3$.

Wir fassen unsere Ergebnisse in Satz 3.8 zusammen.

Satz 3.8

Bei einer Kugel vom Radius r hat ein Kugelsegment der Höhe h das Volumen $\frac{1}{3}\pi h^2(3r - h)$. Das Volumen der gesamten Kugel ist $\frac{4}{3}\pi r^3$.

Aufgaben

3.36 a) Lies die Summenformel $1 + 2 + \ldots + k = \dfrac{k(k+1)}{2}$ aus Abb. 3.4.7 ab.

b) Lies die Summenformel $1^2 + 2^2 + \ldots + k^2 = \dfrac{k(k+1)(2k+1)}{6}$ aus Abb. 3.4.8 ab.

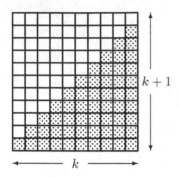

Abb. 3.4.7 Summe der ersten k natürlichen Zahlen

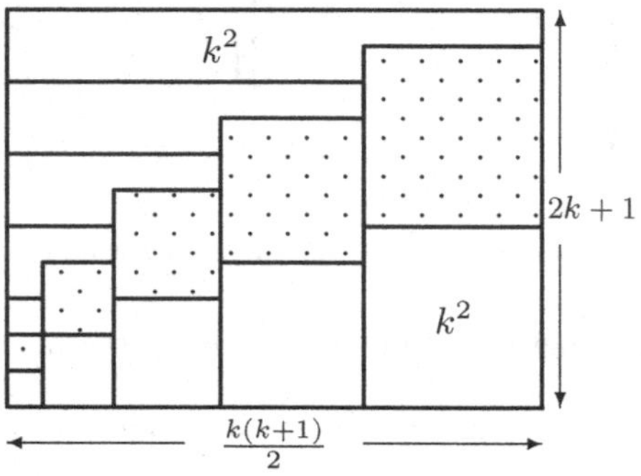

Abb. 3.4.8 Summe der ersten k Quadratzahlen

3.37 Die Erdkugel hat einen Umfang von etwa 40 000 km. Man denke sich den Radius um 1 m vergößert. Um wieviel wachsen der Umfang, der Oberflächeninhalt und das Volumen?

3.38 Bestimme näherungsweise den Flächeninhalt des Gebietes auf der Erdkugel zwischen dem 45. und dem 46. Breitenkreis sowie dem achten und dem neunten Längenkreis.

3.39 Berechne das Volumen der Bikonvexlinse in Abb. 3.4.9. Dabei sind r_1, r_2 die Krümmungsradien der Kugelflächen.

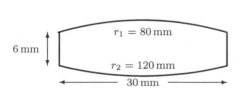

Abb. 3.4.9 Zu Aufgabe 3.39

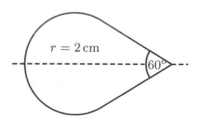

Abb. 3.4.10 Zu Aufgabe 3.40

3.40 Die Fläche in Abb. 3.4.10 soll um ihre Symmetrieachse rotieren. Berechne den Oberflächeninhalt und das Volumen des Rotationskörpers.

3.41 Ein Torus entsteht durch Rotation eines Kreises vom Radius r um eine Achse, die in der Kreisebene liegt und vom Kreismittelpunkt den Abstand $R > r$ hat (Abb. 3.4.11). Begründe „anschaulich" folgende Formeln für den Torus:

$$V = 2\pi^2 r^2 R; \quad O = 4\pi^2 r R.$$

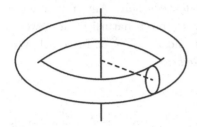

Abb. 3.4.11 Zu Aufgabe 3.41   **Abb. 3.4.12** Zu Aufgabe 3.42

3.42 Einem Kreiszylinder seien eine Kugel und ein Kreiskegel so einbeschrieben, dass der Achsenschnitt wie in Abb. 3.4.12 aussieht. Bestimme das Verhältnis der Volumina

$$V_{Kegel} : V_{Kugel} : V_{Zylinder}.$$

Dieses Verhältnis ist erstmals von Archimedes bestimmt worden. Er war auf das Ergebnis und auf die dabei verwendete Methode (Aufgabe 3.43) so stolz, dass er angeblich bestimmt haben soll, das in Abb. 3.4.12 dargestellte Bild möge auf seinen Grabstein eingemeißelt werden. Entsprechend ist das vermeintliche Grab des Archimedes im Archäologischen Park von Syrakus verziert.

3.43 Archimedes hat in einem Brief an Eratosthenes die Berechnung des Kugelvolumens folgendermaßen durchgeführt: Eine Waage sei gedacht mit dem Drehpunkt A und den gleich langen Balken AB, AC.

Der Kreis in Abb. 4.3.13 stellt einen Schnitt durch eine Kugel dar, deren Volumen zu bestimmen ist. AEZ ist der Schnitt durch einen Kegel und das Rechteck über EZ durch einen Zylinder mit der gemeinsamen Achse AC. Dabei sei $\overline{AC} = \overline{CE} = \overline{CZ}$. Der Schnitt der Kugel und der des Kegels sind zusammen, in B aufgehängt, im Gleichgewicht gegen den Schnitt des Zylinders, der an seiner Stelle bleibt. Daraus findet man das Volumen der Kugel. Analysiere diesen Text und beweise die Behauptung.

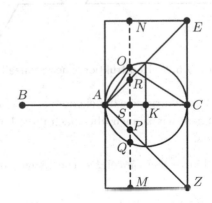

Abb. 3.4.13 Kugelvolumen nach Archimedes

3.5   Merkwürdige Punktmengen

Wir wollen nun Punktmengen untersuchen, die man nicht unter die anschaulichen Begriffe *Linienstück, Flächenstück* oder *Körper* einordnen kann und bei denen es schwerfällt, in sinnvoller Weise von *Länge, Flächeninhalt* oder *Volumen* zu sprechen. Solche Punktmengen erzeugen wir durch unendlich oft wiederholte Anwendung einer Konstruktionsvorschrift auf eine Ausgangsfigur. Hierbei treten natürlich Grenzwerte von Zahlenfolgen auf, etwa $\lim\limits_{n\to\infty} x^n = 0$ für $0 < x < 1$ und $x^n \xrightarrow{n\to\infty} \infty$ für $x > 1$. Wir benötigen auch den Grenzwert einer *geometrischen Reihe*: Ist

$$s_n = 1 + x + x^2 + x^3 + \ldots + x^n,$$

dann ist $s_n - x \cdot s_n = 1 - x^{n+1}$ bzw. $(1-x)s_n = 1 - x^{n+1}$, also $s_n = \dfrac{1 - x^{n+1}}{1 - x}$, falls $x \neq 1$. Ist dabei $|x| < 1$, so gilt offenbar

$$\lim_{n\to\infty} s_n = \frac{1}{1-x}.$$

Beispiel 3.3
Wir betrachten ein gleichseitiges Dreieck, errichten auf den mittleren Dritteln der Seiten wieder ein gleichseitiges Dreieck und lassen dann diese mittleren Drittel weg. Mit den Seiten des so entstandenen Polygons verfahren wir ebenso usw. Wir erhalten eine Figurenfolge $C_0, C_1, C_2, C_3, \ldots$ (Abb. 3.5.1).

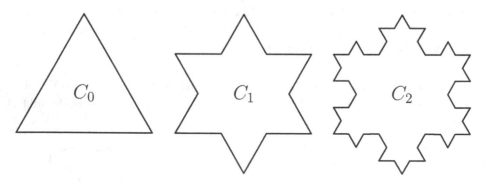

Abb. 3.5.1   Konstruktion einer Schneeflockenkurve

Die Grenzkurve, die dabei entsteht („Schneeflockenkurve"), können wir natürlich nicht zeichnen, wir können aber nach ihrer Länge und dem eingeschlossenen Flächeninhalt fragen.

Die Länge von C_0 sei L_0. Die Länge von C_1 ist dann $L_1 = \dfrac{4}{3} \cdot L_0$, denn jede Seite wird durch einen Streckenzug mit $\dfrac{4}{3}$-facher Länge ersetzt. Dies ist bei jedem weiteren Schritt ebenso, die Länge von C_n ist also

$$L_n = \left(\frac{4}{3}\right)^n \cdot L_0.$$

Wegen $\left(\dfrac{4}{3}\right)^n \overset{n\to\infty}{\longrightarrow} \infty$ ist die Grenzkurve C also „unendlich lang".

Die Kurve C_n besteht aus $3 \cdot 4^{n-1}$ Streckenzügen der Form ⎯⋀⎯ . Beim Übergang von C_{n-1} zu C_n vergößert sich die Anzahl der Streckenzüge mit dem Faktor 4, ihre Länge verkleinert sich aber nur mit dem Faktor $\dfrac{1}{3}$. Daher wächst die Länge der Kurven unbeschränkt. Beim Übergang von C_{n-1} zu C_n werden $3 \cdot 4^{n-1}$ Dreiecksflächen zur eingeschlossenen Fläche hinzugefügt, jede hat aber nur den Inhalt $\left(\dfrac{1}{9}\right)^n$ des Inhalts des Ausgangsdreiecks; der Zuwachs des Flächeninhalts ist also nur sehr gering.

Der Flächeninhalt von C_0 (genauer: der Inhalt des von C_0 eingeschlossenen Flächenstücks) sei A_0. Der Flächeninhalt von C_1 ist dann

$$A_1 = A_0 + 3 \cdot \frac{1}{9} A_0 = \left(1 + 3 \cdot \frac{1}{9}\right) \cdot A_0;$$

der Flächeninhalt von C_2 ist

$$A_2 = A_1 + 3 \cdot 4 \cdot \left(\frac{1}{9}\right)^2 A_0 = \left(1 + \frac{3}{4} \cdot \frac{4}{9} + \frac{3}{4} \cdot \left(\frac{4}{9}\right)^2\right) \cdot A_0;$$

der Flächeninhalt von C_3 ist

$$A_3 = A_2 + 3 \cdot 4^2 \cdot \left(\frac{1}{9}\right)^3 A_0 = \left(1 + \frac{3}{4} \cdot \frac{4}{9} + \frac{3}{4} \cdot \left(\frac{4}{9}\right)^2 + \frac{3}{4} \cdot \left(\frac{4}{9}\right)^3\right) \cdot A_0.$$

C_{n-1} besteht aus $3 \cdot 4^{n-1}$ Strecken; beim Übergang zu C_n wird auf jeder dieser Strecken ein Dreieck mit dem Inhalt $\left(\dfrac{1}{9}\right)^n \cdot A_0$ errichtet. Also ist

$$A_n = A_{n-1} + 3 \cdot 4^{n-1} \cdot \left(\frac{1}{9}\right)^n \cdot A_0 = A_{n-1} + \frac{3}{4} \cdot \left(\frac{4}{9}\right)^n \cdot A_0.$$

Der Inhalt des von der Grenzkurve C eingeschlossenen Flächenstücks ist daher

$$A = \lim_{n\to\infty} A_n = \lim_{n\to\infty} \left(1 + \frac{3}{4} \cdot \frac{4}{9} + \frac{3}{4} \cdot \left(\frac{4}{9}\right)^2 + \ldots + \frac{3}{4} \cdot \left(\frac{4}{9}\right)^n\right) \cdot A_0$$

$$= \lim_{n\to\infty} \left(\frac{1}{4} + \frac{3}{4}\left(1 + \frac{4}{9} + \left(\frac{4}{9}\right)^2 + \ldots + \left(\frac{4}{9}\right)^n\right)\right) \cdot A_0$$

$$= \left(\frac{1}{4} + \frac{3}{4} \cdot \frac{1}{1 - \frac{4}{9}}\right) \cdot A_0 = \frac{8}{5} A_0.$$

Man nennt C eine *Schneeflockenkurve* oder auch eine *von Koch'sche Kurve*, weil der norwegische Mathematiker HELGE VON KOCH (1874–1924) etwa um 1900 erstmals auf derartig merkwürdige Kurven aufmerksam gemacht hat. Die Schneeflockenkurve besitzt die merkwürdige Eigenschaft, dass man zwar kein noch so kleines Stück dieser Kurve zeichnen kann, dass aber trotzdem Aussagen über ihre Länge und den Inhalt der von ihr berandeten Fläche möglich sind.   ∎

Beispiel 3.4

Wir erzeugen nun ebenfalls rekursiv eine Punktmenge, bei der es schwer fallen wird, sie eine „Kurve" zu nennen. Eine Folge $C_0, C_1, C_2, \ldots$ von Punktmengen entstehe folgendermaßen: Es sei ein Quadrat gegeben, und C_0 sei der Mittelpunkt des Quadrats. Dann zerlege man das Quadrat in vier kongruente Teilquadrate und verbinde deren Mittelpunkte durch einen zu den Seiten des Quadrats parallelen Streckenzug; dieser sei C_1. So fahre man fort, wie es in Abb. 3.5.2 angedeutet ist.

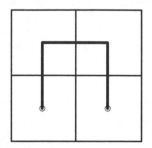 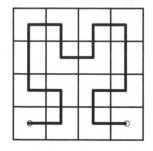 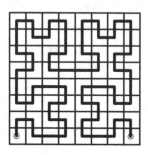

Abb. 3.5.2   Konstruktion eines Peano-Kontinuums

Die Grenzkurve C hat eine äußerst merkwürdige Eigenschaft: Sie geht durch *jeden* Punkt des Quadrats, füllt also das gesamte Quadrat vollkommen aus, sodass man eher geneigt wäre, von einem Flächenstück als von einer Kurve zu sprechen.

Zum Beweis dieser Behauptung betrachte man einen Punkt P des Quadrats und schachtele ihn in eine Folge von Teilquadraten ein, wie es Abb. 3.5.3 zeigt. (Es handelt sich um das „flächenhafte" Analogon einer Intervallschachtelung auf der Zahlengeraden, d.h., um eine „Quadratschachtelung".) Da die Grenzkurve durch *jedes* Quadrat dieser Quadratschachtelung geht, muss sie auch durch P gehen.

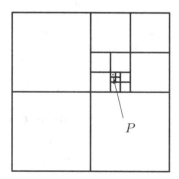

Abb. 3.5.3   Quadratschachtelung

Eine „flächenfüllende Kurve" wie C nennt man ein *Peano-Kontinuum*. Spricht man hierbei von einer „Kurve", dann muss man natürlich klären, was unter einer Kurve verstanden werden soll. Es ist leider unmöglich, diesen Begriff anschaulich zu erklären. In der Analysis versteht man unter einer Kurve die Bildmenge einer Abbildung f eines Intervalls der Zahlengeraden in die Zahlenebene $\mathbb{R}^2$, wobei f stetig sein soll. In diesem Sinne ist C eine Kurve.   ■

GIUSEPPE PEANO (1858–1932) gab erstmals 1890 eine flächenfüllende Kurve an und löste damit die Diskussion um die Frage aus, was denn eigentlich eine Kurve sei. Peano beschäftigte sich auch mit den logischen Grundlagen der Mathematik; bekannt ist das *Peanosche Axiomensystem der Arithmetik*. Er schuf die Universalsprache *Interlingua*, welche aber nie so bekannt wie *Esperanto* wurde.

Beispiel 3.5
Ein weiteres Beispiel für ein Peano-Kontinuum ist die Grenzkurve der Kurvenfolge, deren erste Glieder in Abb. 3.5.4 dargestellt sind. Hierbei handelt es sich um eine geschlossene Kurve.

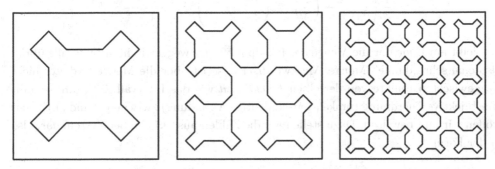

Abb. 3.5.4 Konstruktion eines geschlossenen Peano-Kontinuums

■

Während in Beispiel 3.3 bis 3.5 Punktmengen durch fortgesetztes „Verlängern" von Kurven entstanden sind, betrachten wir nun Beispiele, bei denen ständig „verkürzt" wird.

Beispiel 3.6
Es sei $C_0 = [0,1]$ das abgeschlossene Intervall der reellen Zahlen zwischen 0 und 1, das wir auf der Zahlengeraden als eine Strecke der Länge 1 verstehen.

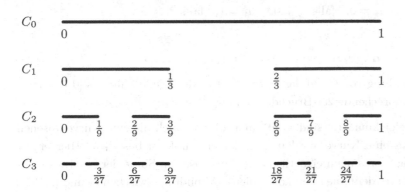

Abb. 3.5.5 Konstruktion einer Wischmenge

Die Menge C_1 entsteht, indem wir das mittlere Drittel dieser Strecke wegwischen, also das offene Intervall $\left]\frac{1}{3}, \frac{2}{3}\right[$ entfernen. Dann entsteht C_2, indem wir dasselbe mit den beiden verbliebenen Teilintervallen tun. Wie es weitergeht, zeigt Abb. 3.5.5. Beim Übergang von C_{n-1} zu C_n entfernt man 2^n offene Intervalle der Länge $\left(\frac{1}{3}\right)^{n+1}$. Die Grenzmenge C ensteht demnach, indem man offene Intervalle der Gesamtlänge 1 wegwischt, denn

$$\frac{1}{3} + 2 \cdot \left(\frac{1}{3}\right)^2 + 2^2 \cdot \left(\frac{1}{3}\right)^3 + 2^3 \cdot \left(\frac{1}{3}\right)^4 + \ldots$$

$$= \frac{1}{3}\left(1 + \frac{2}{3} + \left(\frac{2}{3}\right)^2 + \left(\frac{2}{3}\right)^3 + \ldots\right) = \frac{1}{3} \cdot \frac{1}{1-\frac{2}{3}} = 1.$$

Es bleibt am Ende nur die Menge der Randpunkte der weggewischten Intervalle übrig, also eine sehr „dünne" Menge. Merkwürdigerweise ist aber die Menge C dieser nicht weggewischten Punkte von derselben *Mächtigkeit* wie das Intervall $[0,1]$, d.h., es gibt eine bijektive Zuordnung (umkehrbar-eindeutige Abbildung) zwischen C und $[0,1]$. Dies wollen wir nun beweisen. Dazu stellen wir die Zahlen aus $[0,1]$ im 3er-System dar, also in der Form

$$(0,z_1 z_2 z_3 z_4 \ldots)_3 = \frac{z_1}{3} + \frac{z_2}{3^2} + \frac{z_3}{3^3} + \frac{z_4}{3^4} + \ldots \quad \text{mit } z_1, z_2, z_3, z_4, \ldots \in \{0,1,2\}.$$

Um Eindeutigkeit herzustellen, schreiben wir diese 3er-Brüche stets *nicht-abbrechend*, schreiben also z.B. für $\frac{2}{3}$ nicht $(0,2)_3$, sondern

$$\frac{2}{3} = (0,\overline{1})_3 = (0,1111111\ldots)_3.$$

Bei der Konstruktion von C_1 werden alle 3er-Brüche mit $z_1 = 1$ gestrichen; bei der Konstruktion von C_2 werden alle 3er-Brüche mit $z_2 = 1$ gestrichen usw. Die Menge C besteht also aus denjenigen 3er-Brüchen, in denen nur die Ziffern 0 und 2 vorkommen. Für eine Zahl $(0,z_1 z_2 z_3 z_4 \ldots)_3 \in C$ setze man für $i = 1,2,3,4,\ldots$

$$u_i = 0, \quad \text{falls } z_i = 0, \quad u_i = 1, \quad \text{falls } z_i = 2.$$

Dann ist

$$\alpha : (0,z_1 z_2 z_3 z_4 \ldots)_3 \mapsto (0,u_1 u_2 u_3 u_4 \ldots)_2$$

eine bijektive Abbildung von C auf das Intervall $[0,1]$, denn jede Zahl aus $[0,1]$ besitzt genau eine nicht-abbrechende 2er-Bruchdarstellung $(0,u_1 u_2 u_3 u_4 \ldots)_2$.

Weil C und $[0,1]$ gleichmächtig sind, sollte man C also auch als eine Kurve ansehen können. Aber kann eine Kurve aus lauter isolierten Punkten bestehen? Hier ergibt sich wieder die Frage, was denn eigentlich eine Kurve ist. Im Sinne der Analysis ist C natürlich keine Kurve, denn die oben konstruierte Abbildung zwischen C und $[0,1]$ ist nicht stetig.

Die hier konstruierte Menge C heißt *Cantor'sche Wischmenge* oder *Cantor'sches Diskontinuum* nach GEORG CANTOR (1845–1918), dem Begründer der Mengenlehre.

∎

Die drei folgenden Beispiele zeigen flächenhafte Analoga zur Cantor'schen Wischmenge; sie unterscheiden sich hinsichtlich der Möglichkeit, der verbleibenden Punktmenge einen positiven Flächeninhalt zuzuordnen.

Beispiel 3.7
Aus der Fläche eines gleichseitigen Dreiecks wischen wir das Mittendreieck (ohne Rand) weg und verfahren analog mit den entstandenen Teildreiecken (Abb. 3.5.6).

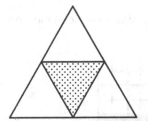 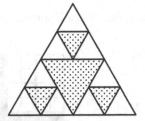 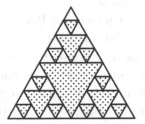

Abb. 3.5.6 Konstruktion einer Cantor'schen Kurve I

Es ergibt sich eine Folge von Punktmengen mit einer sehr merkwürdigen Grenzmenge C. Soll man dieser einen Flächeninhalt zusprechen, so kommt nur der Flächeninhalt 0 in Frage, da Flächenstücke weggewischt worden sind, deren gesamter Inhalt gleich dem Inhalt des Ausgangsdreiecks ist. Die Punktmenge C und ähnlich konstruierte Mengen nennt man *Cantor'sche Kurven*. ∎

Beispiel 3.8
Aus einem Quadrat der Kantenlänge 1 (mit Rand) entferne man in der Mitte ein Quadrat der Kantenlänge $\frac{1}{5}$ (ohne Rand) und teile die verbleibende Fläche wie in Abb. 3.5.7 in acht Quadrate und Rechtecke ein. In jedem dieser Quadrate bzw. Rechtecke entferne man wiederum in der Mitte ein Quadrat der Kantenlänge $\frac{2}{25}$ oder ein halb so großes Rechteck und teile die dabei verbliebene Fläche wieder in jeweils acht Quadrate bzw. Rechtecke ein.

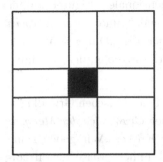 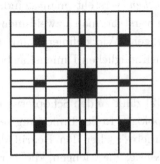

Abb. 3.5.7 Konstruktion einer Cantor'schen Kurve II

So fortfahrend erhält man eine Folge von Punktmengen, deren Grenzmenge eine Cantor'sche Kurve ist. Im ersten Schritt wird $\frac{1}{25}$ der Fläche gewischt, im zweiten Schritt $6 \cdot \frac{4}{25} \cdot \frac{1}{25} = \frac{1}{25} \cdot \frac{24}{25}$; man denke sich dabei zwei der weggewischten Rechtecke zu einem

Quadrat zusammengelegt. Dann wird $6^2 \cdot \left(\frac{4}{25}\right)^2 \cdot \frac{1}{25} = \frac{1}{25} \cdot \left(\frac{24}{25}\right)^2$ weggewischt usw. Der Inhalt der weggewischten Fläche ist also insgesamt

$$\frac{1}{25} \cdot \frac{1}{1 - \frac{24}{25}} = 1.$$

∎

Beispiel 3.9
Wir konstruieren eine Punktmenge, die „überall Löcher" hat, aber dennoch einen positiven Flächeninhalt besitzt.

Aus einem Quadrat der Seitenlänge 1 entferne man in der Mitte ein „Kreuz" der Breite 0,1; aus den 4 verbliebenen Quadraten entferne man in der Mitte ein „Kreuz" der Breite 0,01. Aus den dann noch verbliebenen 4^2 Quadraten entferne man in der Mitte ein „Kreuz" der Breite 0,001 usw. (Abb. 3.5.8). Der Inhalt der entfernten Flächenstücke ist insgesamt kleiner als

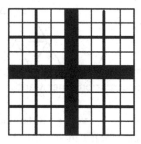

Abb. 3.5.8 Konstruktion eines Flickenteppichs

$$2 \cdot \frac{1}{10} + 4 \cdot 2 \cdot \frac{1}{2} \cdot \frac{1}{10^2} + 4^2 \cdot 2 \cdot \frac{1}{2^2} \cdot \frac{1}{10^3} + \ldots = \frac{1}{5}\left(1 + \frac{1}{5} + \frac{1}{5^2} + \ldots\right) = \frac{1}{4}.$$

Es bleibt ein „Flächenstück" mit einem Inhalt von mindestens $\frac{3}{4}$ übrig. Aber ist die Grenzmenge C wirklich ein Flächenstück? Dagegen spricht, dass man in C kein noch so kleines Flächenstück findet, in welchem nicht ein „Loch" ist, aus welchem also nichts weggewischt worden ist. Die Menge C ist ein Beispiel für einen *Sierpinski'schen Flickenteppich* (nach WACLAV SIERPINSKI, 1882–1969). ∎

Unter *Linien* und *Linienstücken* versteht man „eindimensionale" Figuren, unter *Flächen* und *Flächenstücken* versteht man „zweidimensionale" und unter *Körpern* „dreidimensionale" Punktmengen. Wie definiert man aber die „Dimension" einer Punktmenge? Wir wollen einen möglichen Dimensionsbegriff angeben, der auf Hausdorff zurückgeht.

FELIX HAUSDORFF (1868–1942) zählt zu den Schöpfern der axiomatischen Grundlagen der Mengenlehre und der Topologie. In der Einleitung seiner *Grundzüge der Mengenlehre* aus dem Jahr 1914 schrieb er über den Begriff der Kurve: „Wir geben keine Definition des Begriffs der Kurve; die Mengen, die herkömmlicherweise diesen Namen führen, sind von so heterogener Beschaffenheit, dass sie unter keinen vernünftigen Sammelbegriff fallen." Im Jahr 1919 schlug er einen Dimensionsbegriff vor, den wir im Folgenden in stark vereinfachter Form vorstellen. Dieser Begriff spielt eine Rolle in der Ende des 20. Jahrhunderts entwickelten „Geometrie der Fraktale", in der merkwürdige Punktmengen der hier besprochenen Art behandelt werden.

Wir beschränken uns auf Punktmengen auf einer Geraden, in einer Ebene oder im Raum, die folgende Eigenschaft haben: Die Punktmenge lässt sich so in a Teilmengen zerlegen, dass jede dieser Teilmengen bei Streckung (Vergrößerung) der Geraden, der Ebene oder des Raumes mit dem Faktor k kongruent zur gesamten Punktmenge ist. Hat die Punktmenge diese Eigenschaft, dann nennt man sie *selbstähnlich* und bezeichnet die Zahl d mit

$$k^d = a \qquad \text{bzw.} \qquad d = \frac{\log a}{\log k}$$

als die *Dimension* (genauer: die *Selbstähnlichkeitsdimension*) der Punktmenge.

Wir prüfen zunächst an durchschaubaren Beispielen, ob diese Definition sinnvoll ist, d.h., ob sie dem anschaulichen Dimensionsbegriff nicht entgegensteht (Abb. 3.5.9).

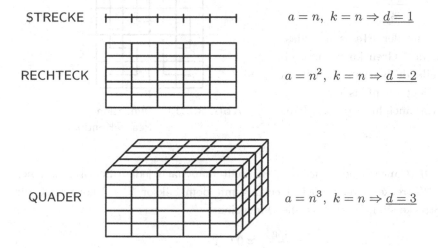

STRECKE $\qquad a = n, \; k = n \Rightarrow \underline{d = 1}$

RECHTECK $\qquad a = n^2, \; k = n \Rightarrow \underline{d = 2}$

QUADER $\qquad a = n^3, \; k = n \Rightarrow \underline{d = 3}$

Abb. 3.5.9 Selbstähnlichkeitsdimension von Strecke, Rechteck und Quader

Eine Strecke hat also die Dimension 1, ein Rechteck die Dimension 2 und ein Quader die Dimension 3. Nachdem der Hausdorff'sche Dimensionsbegriff damit seine Bewährungsprobe bestanden hat, wollen wir ihn auf die Punktmengen in den obigen Beispielen anwenden.

In Beispiel 3.3 (Schneeflockenkurve) wird bei jedem Konstruktionsschritt ein Streckenzug mit vier Strecken in $a = 4$ dazu ähnliche Streckenzüge verwandelt, von denen jeder bei Streckung mit dem Faktor $k = 3$ kongruent zum ursprünglichen Streckenzug wird (Abb. 3.5.10). Die Dimension ist folglich

$$d = \frac{\log 4}{\log 3} \approx 1{,}262.$$

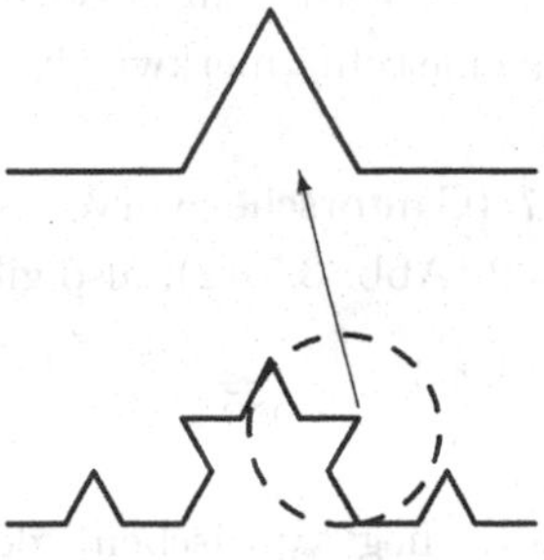

Abb. 3.5.10 Dimension Schneeflockenkurve

Die Schneeflockenkurve aus Beispiel 3.3 hat eine größere Dimension als eine Strecke, aber eine kleinere Dimension als ein Rechteck; in Aufgabe 3.44 behandeln wir Schneeflockenkurven anderer Dimensionen.

In Beispiel 3.4 (Peano-Kontinuum) wird bei jedem Konstruktionsschritt ein Streckenzug in $a = 4$ dazu ähnliche Streckenzüge verwandelt, von denen jeder bei Streckung mit dem Faktor $k = 2$ kongruent zum ursprünglichen Streckenzug wird (Abb. 3.5.11). Also ist die Dimension

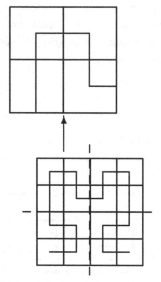

$$d = \frac{\log 4}{\log 2} = 2.$$

Dies passt zu der Tatsache, dass es sich bei der Grenzkurve um eine „flächenfüllende Kurve" handelt. In Beispiel 3.5 liegt ebenfalls ein Peano-Kontinuum vor; auch hier ergibt sich die Dimension 2.

Abb. 3.5.11 Dimension
Peano-Kontinuum

In Beispiel 3.6 (Cantor'sche Wischmenge) erhält man nach jedem Schritt aus einer Strecke $a = 2$ Strecken, welche bei Streckung mit dem Faktor $k = 3$ kongruent zur vorherigen Strecke sind. Folglich ist die Dimension

$$d = \frac{\log 2}{\log 3} \approx 0{,}631.$$

Es handelt sich also um eine Punktmenge, deren Dimension kleiner als die einer Strecke ist, obwohl sie, wie wir oben gesehen haben, im Sinne der Mengenlehre gleichmächtig zu einer Strecke ist. Spätestens hier wird man zugeben, dass es sich um eine sehr „merkwürdige" Menge handelt.

In Beispiel 3.7 (Cantorsche Kurve) ist $a = 3$ und $k = 2$ (Abb. 3.5.12), also gilt

$$d = \frac{\log 3}{\log 2} \approx 1{,}585.$$

Die Dimension liegt zwischen der eines Linienstücks und der eines Flächenstücks.

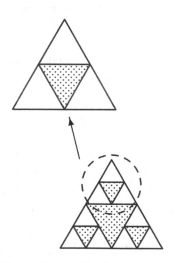

Abb. 3.5.12 Dimension
Cantor'sche Kurve I

In Beispiel 3.8 sind die Verhältnisse etwas komplizierter. Man kann nach jedem Konstruktionsschritt aus den Rechtecken zwei Quadrate zusammenstellen, bei denen insgesamt eine Fläche fehlt, die denselben Inhalt wie eines der Mittenquadrate hat (Abb. 3.5.13).

Bei der Flächenbilanz kann man also davon ausgehen, dass bei jedem Konstruktionsschritt $a = 6$ Quadrate entstehen, die bei der Streckung mit $k = 2{,}5$ kongruent zum vorangehenden Quadrat sind. Als Dimension ergibt sich

$$d = \frac{\log 6}{\log 2{,}5} \approx 1{,}955.$$

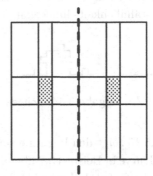

Die Dimension ist damit also größer als die Dimension der Cantor'schen Kurve aus Beispiel 3.7.

Abb. 3.5.13 Dimension Cantor'sche Kurve II

Gleichwohl sind in beiden Grenzfällen Flächenstücke weggewischt worden, deren gesamter Inhalt gleich dem Inhalt der Ausgangsfigur ist.

Weil bei den hier untersuchten Punktmengen die Dimension manchmal keine *ganze* Zahl, sondern (näherungsweise) eine *gebrochene* Zahl ist, nennt man solche Punktmengen *Fraktale*. Unter diesem Namen treten aber auch Mengen auf, bei denen die Selbstähnlichkeit allgemeiner als hier definiert ist, wie etwa in Beispiel 3.9. Ein weiteres Beispiel ist das Farnblatt in Abb. 3.5.14, bei dem der Streckfaktor k (unendlich viele) verschiedene Werte hat.

Ausschnitt

Abb. 3.5.14 Farnblatt-Fraktal

Aufgaben

3.44 In Abb. 3.5.15 ist der Anfang von zwei Kurvenfolgen dargestellt. Bestimme jeweils für die Grenzkurve den Flächeninhalt zwischen der Kurve und der Grundlinie sowie die Selbstähnlichkeitsdimension.

(1)   (2)

Abb. 3.5.15 Zu Aufgabe 3.44: Schneeflockenkurven

3.45 Abb. 3.5.16 zeigt den Beginn einer Kurvenfolge. Die Grenzfolge stimmt mit der Cantor'schen Kurve in Beispiel 3.7 überein. Zeige, dass kein Peano-Kontinuum vorliegt, und berechne die Selbstähnlichkeitsdimension.

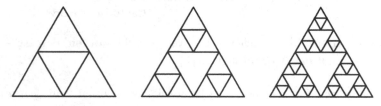

Abb. 3.5.16 Zu Aufgabe 3.45: Cantor'sche Kurve

3.46 Bestimme Flächeninhalt und Selbstähnlichkeitsdimension der Wischmenge, die als Grenzmenge der in Abb. 3.5.17 konstruierten Punktmengenfolge definiert ist.

(1)   (2)

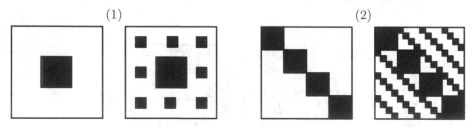

Abb. 3.5.17 Zu Aufgabe 3.46: Wischmenge

3.47 Aus einem Würfel entsteht ein „Schwamm" durch ständig wiederholtes Herausbohren der mittleren Drittel (volumenmäßig macht das $\frac{7}{27}$ aus), wie es in Abb. 3.5.18 angedeutet ist.

Bestimme Volumen und Selbstähnlichkeitsdimension der Grenzmenge.

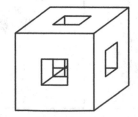

Abb. 3.5.18 Zu Aufgabe 3.47

4 Abbildungsgeometrie

Übersicht

4.1 Kongruenzabbildungen der Ebene 125
4.2 Symmetrien und Ornamente 137
4.3 Abbildungsgeometrische Methoden 149
4.4 Ähnlichkeitsabbildungen 157
4.5 Anwendungen der zentrischen Streckung 164
4.6 Affine Abbildungen 166
4.7 Sätze der affinen Geometrie 174
4.8 Affine Abbildungen im Raum 180
4.9 Die Inversion am Kreis 184

4.1 Kongruenzabbildungen der Ebene

Eine wichtige Methode zur Definition von Begriffen, zur Untersuchung von Eigenschaften von Figuren, zum Beweis von Sätzen und zur Ausführung von Konstruktionen besteht darin, das Verhalten geometrischer Figuren bei gewissen bijektiven Abbildungen der Ebene auf sich zu betrachten. (Eine Abbildung heißt *bijektiv* oder *eineindeutig* oder *umkehrbar*, wenn jedes Element des Bildbereichs als Bildelement auftritt und wenn zwei verschiedene Elemente des Ausgangsbereichs stets auch verschiedene Bilder haben; dann kann man jedem Element des Bildbereichs genau ein Element des Ausgangsbereichs als sein „Urbild" zuordnen. Diese Zuordnung ist dann die *Umkehrabbildung* der ursprünglich gegebenen Abbildung.) Bei derartigen Abbildungen interessiert man sich vor allem für die *Invarianten*, d. h. für diejenigen Eigenschaften und Größen von Figuren, die sich bei der betrachteten Abbildung nicht ändern.

Neben der Bijektivität (Umkehrbarkeit) ist die wichtigste Eigenschaft, die eine solche Abbildung haben kann, die *Geradentreue*. Dabei heißt eine bijektive Abbildung der Ebene auf sich *geradentreu*, wenn sie eine Gerade stets wieder auf eine Gerade abbildet, wobei eine Halbgerade auch stets wieder auf eine Halbgerade und eine Strecke wieder auf eine Strecke abgebildet wird.

Wir betrachten nun den Fall, dass eine Strecke stets wieder auf eine *gleich lange* Strecke abgebildet wird, dass die Abbildung also *längentreu* ist. Eine längentreue Bijektion der Ebene auf sich heißt eine *Kongruenzabbildung* oder eine *Bewegung* der Ebene. Die Menge aller Kongruenzabbildungen der Ebene wollen wir mit **B** bezeichnen.

Die Verkettung zweier Kongruenzabbildungen ist offensichtlich wieder eine solche. Für $\sigma, \tau \in \mathbf{B}$ ist $\sigma \circ \tau$ (lies „σ nach τ") die Abbildung, die aus den nacheinander aus-zuführenden Abbildungen τ und σ (in dieser Reihenfolge!) besteht. Das Verkettungs-zeichen $\circ$ kann auch man als „verkettet mit" lesen. In der Regel ist $\sigma \circ \tau$ nicht dieselbe Abbildung wie $\tau \circ \sigma$, das Verketten von Abbildungen ist also *nicht kommutativ*. Das Verketten von Abbildungen ist *assoziativ*, d.h., es gilt

$$(\varrho \circ \sigma) \circ \tau = \varrho \circ (\sigma \circ \tau) \quad \text{für alle } \varrho, \sigma, \tau \in \mathbf{B}.$$

Denn für jeden Punkt P gilt $((\varrho \circ \sigma) \circ \tau)(P) = (\varrho \circ \sigma)(\tau(P)) = \varrho(\sigma(\tau(P)))$ und $(\varrho \circ (\sigma \circ \tau))(P) = \varrho((\sigma \circ \tau)(P)) = \varrho(\sigma(\tau(P)))$. Man muss bei einer Verkettung von mehr als zwei Abbildungen daher keine Klammern setzen; für obige Verkettung können wir einfach $\varrho \circ \sigma \circ \tau$ schreiben.

Die *identische Abbildung* bildet jeden Punkt auf sich selbst ab; wir wollen sie mit id bezeichnen. Für jedes $\sigma \in \mathcal{B}$ gilt $\sigma \circ \text{id} = \text{id} \circ \sigma = \sigma$. Ist σ^{-1} die Umkehrabbildung von $\sigma \in \mathbf{B}$, dann gilt $\sigma^{-1} \circ \sigma = \sigma \circ \sigma^{-1} = \text{id}$. Für $\sigma, \tau \in \mathbf{B}$ gilt $(\sigma \circ \tau)^{-1} = \tau^{-1} \circ \sigma^{-1}$ (in dieser Reihenfolge!), denn es ist

$$(\sigma \circ \tau) \circ (\tau^{-1} \circ \sigma^{-1}) = \sigma \circ (\tau \circ \tau^{-1}) \circ \sigma^{-1} = \sigma \circ \text{id} \circ \sigma^{-1} = \sigma \circ \sigma^{-1} = \text{id}.$$

Die genannten Eigenschaften der Menge **B** bezüglich der Verknüpfung $\circ$ drückt man in der Algebra folgendermaßen aus: $(\mathbf{B}, \circ)$ ist eine (nicht-kommutative) *Gruppe*. Man nennt $(\mathbf{B}, \circ)$ die *Gruppe der Kongruenzabbildungen* oder die *Bewegungsgruppe* der Ebene.

Mit **F** bezeichnen wir im Folgenden eine Teilmenge der Punkte der Ebene und nennen dies allgemein eine *Figur*. Beispiele für Figuren sind Geraden, Kreislinien, Kreisflächen, Vierecke, Strecken, Punkte usw. Das Bild einer Figur **F** bei der Abbildung σ bezeichnen wir mit $\sigma(\mathbf{F})$ oder kurz mit $\mathbf{F}'$, falls klar ist, um welche Abbildung es sich handelt. Ist $\mathbf{F}' = \sigma(\mathbf{F})$ für ein $\sigma \in \mathbf{B}$, dann heißt $\mathbf{F}'$ *kongruent* zu $\mathbf{F}$, und man schreibt $\mathbf{F}' \cong \mathbf{F}$. Die Kongruenz ist eine *Äquivalenzrelation* in der Menge aller Figuren der Ebene:

- Jede Figur ist zu sich selbst kongruent ($\cong$ ist reflexiv).
- Ist $\mathbf{F}_1 \cong \mathbf{F}_2$, dann ist auch $\mathbf{F}_2 \cong \mathbf{F}_1$ ($\cong$ ist symmetrisch).
- Ist $\mathbf{F}_1 \cong \mathbf{F}_2$ und $\mathbf{F}_2 \cong \mathbf{F}_3$, dann ist auch $\mathbf{F}_1 \cong \mathbf{F}_3$ ($\cong$ ist transitiv).

Die Menge aller Figuren ist damit in Klassen kongruenter Figuren eingeteilt.

Eine Kongruenzabbildung τ ist eindeutig durch ein nicht-kollineares Punktetripel (A, B, C) und sein Bild $(\tau(A), \tau(B), \tau(C))$ festgelegt. Man sagt kurz, sie sei durch ein Dreieck ABC und sein Bilddreieck $\tau(ABC) = \tau(A)\tau(B)\tau(C)$ festgelegt. Dazu beachte man, dass das Bild eines jeden weiteren Punktes P aufgrund der Geradentreue und Längentreue der Abbildung eindeutig zu konstruieren ist (Abb. 4.1.1). Auf einer Geraden g durch P und einen Eckpunkt des Dreiecks findet man einen Punkt D auf einer der Dreiecksseiten und bestimmt zuerst den Bildpunkt von D. Dann findet man auf der Bildgeraden von g den Bildpunkt von P.

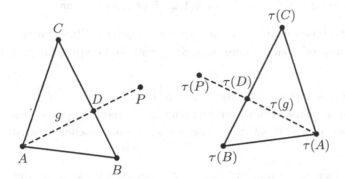

Abb. 4.1.1 Bildpunktkonstruktion aus Dreieck und Bilddreieck
einer Kongruenzabbildung

Eine Kongruenzabbildung ist auch *winkeltreu*, d.h., sie bildet jeden Winkel auf einen gleich großen Winkel ab. Zum Beweis, dass zwei Strecken gleich lang oder zwei Winkel gleich groß sind, kann man nach einer Kongruenzabbildung suchen, die die eine Strecke bzw. den einen Winkel auf die andere Strecke bzw. den anderen Winkel abbildet; bei einer solchen Abbildung kommt also eine Figur mit ihrer Bildfigur zur Deckung. Die Kongruenzabbildungen, die eine gegebene Figur F auf sich abbilden, heißen *Deckabbildungen* von F (Abschn. 4.2).

Nun wollen wir untersuchen, welche Arten von Kongruenzabbildungen existieren. Wir beginnen mit den Spiegelungen. Eine *Spiegelung an der Geraden* a (Achsenspiegelung mit der Spiegelachse a) bezeichnen wir mit σ_a; sie ist durch folgende Bedingungen festgelegt:

Spiegelung σ_a an der Geraden a

(1) Jeder Punkt der Achse a ist Fixpunkt, für $P \in a$ ist also $P' = P$.
(2) Für $P \notin a$ ist a die Mittelsenkrechte der Strecke PP'.

Dabei haben wir zur Vereinfachung P' statt $\sigma_a(P)$ geschrieben.

Weitere offensichtliche Eigenschaften der Achsenspiegelung sind (Abb. 4.1.2):

- Die Spiegelung σ_a ist *involutorisch*, d.h., es gilt

$$\sigma_a \circ \sigma_a = \mathrm{id} \quad \mathrm{bzw.} \quad \sigma_a^{-1} = \sigma_a.$$

- Bei der Spiegelung σ_a ändert sich der Umlaufsinn einer Figur; man sagt, σ_a sei *orientierungsumkehrend*.

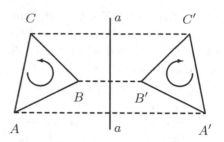

Abb. 4.1.2 Eigenschaften von σ_a

Die Verkettung zweier Spiegelungen nennt man eine *Doppelspiegelung*. Eine Doppelspiegelung ist eine *Verschiebung* oder eine *Drehung*, je nachdem, ob die Spiegelachsen parallel sind oder nicht.

Sind die Achsen a, b *parallel*, dann ist $\sigma_a \circ \sigma_b$ eine *Verschiebung*.
Genauer: Es handelt sich um die Verschiebung rechtwinklig zu a um das Doppelte des Abstands von a und b, wobei in der Orientierung von b nach a hin verschoben wird (Abb. 4.1.3).

Eine Vertauschung der einzelnen Spiegelungen bewirkt offenbar eine Umkehrung der Orientierung der Verschiebung; damit ist $\sigma_b \circ \sigma_a$ die Umkehrabbildung (*Gegenverschiebung*) von $\sigma_a \circ \sigma_b$. Algebraisch wird dies durch

$$(\sigma_a \circ \sigma_b) \circ (\sigma_b \circ \sigma_a) = \sigma_a \circ (\sigma_b \circ \sigma_b) \circ \sigma_a = \sigma_a \circ \mathrm{id} \circ \sigma_a = \sigma_a \circ \sigma_a \mathrm{id}$$

und den analog nachzurechnenden Sachverhalt $(\sigma_b \circ \sigma_a) \circ (\sigma_a \circ \sigma_b) = \mathrm{id}$ bestätigt.

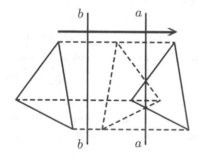

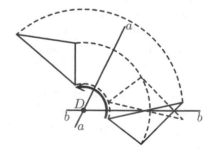

Abb. 4.1.3 $a \parallel b$: Verschiebung $\sigma_a \circ \sigma_b$ **Abb. 4.1.4** $a \not\parallel b$: Drehung $\sigma_a \circ \sigma_b$

Sind die Achsen a, b *nicht parallel*, so handelt es sich bei der Doppelspiegelung $\sigma_a \circ \sigma_b$ um eine *Drehung*.
Genauer gilt: Ist D der Schnittpunkt von a und b, so ist $\sigma_a \circ \sigma_b$ die Drehung im Gegenuhrzeigersinn mit D als Drehzentrum und einem Drehwinkel, der doppelt so groß ist wie der Winkel zwischen a und b, gemessen im Gegenuhrzeigersinn von b nach a hin (Abb. 4.1.4).

Wieder ergibt sich $\sigma_b \circ \sigma_a$ als die Umkehrabbildung, in diesem Fall die *Gegendrehung* von $\sigma_a \circ \sigma_b$.

Schneiden sich die Spiegelachsen a, b *orthogonal* im Punkt D, dann ist $\sigma_a \circ \sigma_b$ eine Drehung um D mit dem Drehwinkel $180°$ (Abb. 4.1.5). In diesem Fall schreiben wir σ_D für $\sigma_a \circ \sigma_b$ und nennen σ_D eine *Punktspiegelung* am Punkt D (oder mit dem Zentrum D).

Da sich zwei hintereinander ausgeführte Drehungen um D mit dem Drehwinkel $180°$ zur identischen Abbildung ergänzen, sind Punktspiegelungen involutorisch:

$$\sigma_D \circ \sigma_D = \mathrm{id}, \quad \text{also} \quad \sigma_D^{-1} = \sigma_D.$$

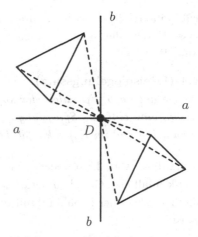

Abb. 4.1.5 Punktspiegelung an D

Bei orthogonalen Achsen a, b kommt es also auf die Reihenfolge der einzelnen Spiegelungen nicht an; stets gilt dann $\sigma_a \circ \sigma_b = \sigma_b \circ \sigma_a$.

Auch bei der Auswahl der Spiegelachsen zur Beschreibung einer Punktspiegelung an D hat man gewisse Freiheiten: Für *jedes* Paar (c, d) von Geraden, die sich in D rechtwinklig schneiden, ist σ_D durch die Doppelspiegelung $\sigma_c \circ \sigma_d$ gegeben. Dies kann man ausnutzen, um zu zeigen, dass die Verkettung zweier Punktspiegelungen $\sigma_P \circ \sigma_Q$ eine Verschiebung ergibt, und zwar das Doppelte der Verschiebung, die Q auf P abbildet (Aufgabe 4.1).

Entsprechende Wahlfreiheiten für die Spiegelachsen hat man bei allen Doppelspiegelungen, was für abbildungsgeometrische Argumentationen äußerst nützlich ist.

Sind die Geraden a, b, c, d parallel und stimmt der „gerichtete Abstand" von b nach a mit dem von c nach d überein, dann ist $\sigma_a \circ \sigma_b = \sigma_d \circ \sigma_c$; damit definieren $\sigma_a \circ \sigma_b$ und $\sigma_d \circ \sigma_c$ dieselbe Verschiebung (Abb. 4.1.6).

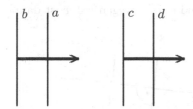

Abb. 4.1.6 Identische Verschiebungen:
$\sigma_a \circ \sigma_b = \sigma_d \circ \sigma_c$

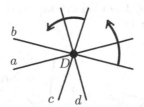

Abb. 4.1.7 Identische Drehungen:
$\sigma_a \circ \sigma_b = \sigma_d \circ \sigma_c$

Haben die Geraden a, b, c, d den gemeinsamen Punkt D und stimmt der „gerichtete Winkel" von b nach a mit dem von c nach d überein, so ist $\sigma_a \circ \sigma_b = \sigma_d \circ \sigma_c$; beide Doppelspiegelungen definieren dann dieselbe Drehung (Abb. 4.1.7).

Wir betrachten nun *Dreifachspiegelungen*, also aus drei Achsenspiegelungen zusammengesetzte Kongruenzabbildungen $\tau = \sigma_a \circ \sigma_b \circ \sigma_c$, wobei wir uns zunächst für die

Sonderfälle interessieren, dass die drei Spiegelachsen alle parallel sind („Parallelfall")
oder dass sie sich alle in einem einzigen Punkt schneiden, also *kopunktal* sind („Kopunktalfall").

Satz 4.1 (Dreispiegelungssatz)
*Sind die Geraden a, b, c parallel oder kopunktal, dann ist die Dreifachspiegelung $\tau =
\sigma_a \circ \sigma_b \circ \sigma_c$ eine einfache Spiegelung σ_d an einer Spiegelachse d, die im Parallelfall
parallel zu a, b, c und im Kopunktalfall kopunktal mit a, b, c ist.*

Beweis 4.1 Den Abb. 4.1.6 und 4.1.7 ist zu entnehmen, wie man im Parallelfall bzw.
im Kopunktalfall eine Gerade d derart wählen kann, dass $\sigma_a \circ \sigma_b = \sigma_d \circ \sigma_c$ gilt, wobei
d parallel zu a, b, c oder kopunktal mit a, b, c ist. Diese Gerade d leistet das Verlangte,
denn es ist

$$\tau = \sigma_a \circ \sigma_b \circ \sigma_c = (\sigma_a \circ \sigma_b) \circ \sigma_c = (\sigma_d \circ \sigma_c) \circ \sigma_c = \sigma_d \circ (\sigma_c \circ \sigma_c) = \sigma_d \circ \mathrm{id} = \sigma_d.$$

□

In den vom Dreispiegelungssatz nicht erfassten Fällen von Dreifachspiegelungen handelt es sich um Verkettungen von Achsenspiegelungen mit Verschiebungen in Richtung
der Spiegelachse, wie wir nun zeigen wollen. Satz 4.2 liefert den vollständigen Überblick
über die Natur von Dreifachspiegelungen.

Satz 4.2
*Eine Dreifachspiegelung $\tau = \sigma_a \circ \sigma_b \circ \sigma_c$ ist eine Spiegelung oder die Verkettung einer
Spiegelung mit einer Verschiebung parallel zur Spiegelachse.*

Beweis 4.2 Im Hinblick auf die im Dreispiegelungssatz behandelten Situationen muss
nur noch der Fall betrachtet werden, dass a, b, c weder parallel noch kopunktal sind
(das spielt aber für die folgenden Überlegungen keine Rolle). Man ersetze zuerst b, c
durch zwei Geraden d, w mit $\sigma_b \circ \sigma_c = \sigma_d \circ \sigma_w$ und $d \perp a$. Dann ersetze man a, d durch
zwei orthogonale Geraden u, v mit $\sigma_a \circ \sigma_d = \sigma_u \circ \sigma_v$ und $u \perp w$; wegen $u \perp v$ ist dann
$v \parallel w$ (Abb. 4.1.8).

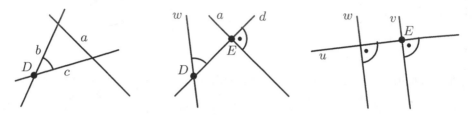

Abb. 4.1.8   Beweisschritte von Satz 4.2

Insgesamt ergibt sich

$$\tau = \sigma_a \circ \sigma_b \circ \sigma_c = \sigma_a \circ \sigma_d \circ \sigma_w = \sigma_u \circ \sigma_v \circ \sigma_w \quad \text{mit} \quad u \perp v \text{ und } v \parallel w,$$

die Dreifachspiegelung ist also von der behaupteten Art.

□

Die Verkettung einer Spiegelung mit einer Verschiebung in Richtung der Spiegelachse nennt man eine *Schubspiegelung*; dabei darf man die Spiegelung mit der Verschiebung vertauschen (Abb. 4.1.9). Fasst man die identische Abbildung id als spezielle Verschiebung (um den Betrag 0) auf, dann ist eine Spiegelung eine spezielle Schubspiegelung.

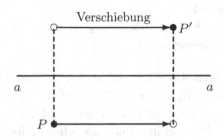

Abb. 4.1.9 Schubspiegelung

Man könnte demnach die Aussage von Satz 4.2 so verstehen, dass es sich bei allen Dreifachspiegelungen um Schubspiegelungen handelt.

Satz 4.3
Eine Verkettung von mehr als drei Spiegelungen kann stets als Verkettung von höchstens drei Spiegelungen dargestellt werden.

Beweis 4.3 Es sei $\tau = \sigma_a \circ \sigma_b \circ \sigma_c \circ \sigma_d = (\sigma_a \circ \sigma_b \circ \sigma_c) \circ \sigma_d$ eine Verkettung von vier Spiegelungen. Nach Satz 4.2 können wir für die Dreifachspiegelung $\sigma_a \circ \sigma_b \circ \sigma_c$ die Situation $a \perp b$ und $b \parallel c$ annehmen. Ist nun $d \parallel c$, dann ist $\sigma_b \circ \sigma_c \circ \sigma_d$ nach Satz 4.1 eine Spiegelung und daher τ eine Doppelspiegelung. Ist $d \parallel a$, dann ist τ eine Verkettung von zwei Punktspiegelungen und damit eine Verschiebung (Aufgabe 4.1). Ist d weder parallel zu a noch zu c, dann kann man b, c durch u, v mit $\sigma_b \circ \sigma_c = \sigma_u \circ \sigma_v$ so ersetzen, dass a, v, d kopunktal sind. Nach Satz 4.1 ist dann $\sigma_a \circ \sigma_v \circ \sigma_d$ eine Spiegelung σ_w, und

$$\tau = \sigma_a \circ \sigma_u \circ \sigma_v \circ \sigma_d = \sigma_u \circ \sigma_a \circ \sigma_v \circ \sigma_d = \sigma_u \circ \sigma_w$$

ist eine Doppelspiegelung (Abb. 4.1.10).

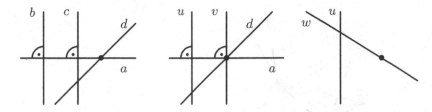

Abb. 4.1.10 Beweis von Satz 4.3: Der Fall $d \nparallel a$ und $d \nparallel c$

Man kann eine Vierfachspiegelung also stets durch eine Doppelspiegelung ersetzen; daraus ergibt sich, dass eine Verkettung von mehr als drei Spiegelungen stets durch eine Verkettung von weniger als vier Spiegelungen zu ersetzen ist. Damit ist Satz 4.3 bewiesen. □

Die Aussage von Satz 4.3 ergibt sich auch aus Satz 4.4, der die komplette Übersicht über alle Typen von Kongruenzabbildungen ermöglicht.

Satz 4.4

Jede Kongruenzabbildung ist eine Spiegelung, eine Doppelspiegelung oder eine Drei-fachspiegelung.

Beweis 4.4 Sind ABC und $A'B'C'$ zwei kongruente Dreiecke, dann ist die Kongruenz-abbildung τ, die A, B, C auf A', B', C' (in dieser Reihenfolge) abbildet, eindeutig bestimmt, und jede Kongruenzabbildung lässt sich auch durch drei nicht-kollineare Punkte und ihre Bildpunkte beschreiben (Abb. 4.1.1). Wir wollen zeigen, dass τ eine Verkettung von höchstens drei (also 0, 1, 2 oder 3) Spiegelungen ist. Dazu sei

$$\tau_1 = \begin{cases} \mathrm{id}, & \text{falls } A = A', \\ \sigma_a, & \text{falls } A \neq A', \end{cases}$$

wobei a die Mittelsenkrechte von AA' ist. Ferner sei

$$\tau_2 = \begin{cases} \mathrm{id}, & \text{falls } \tau_1(B) = B', \\ \sigma_b, & \text{falls } \tau_1(B) = B_0 \neq B', \end{cases}$$

wobei b die Winkelhalbierende von $\sphericalangle B'A'\tau_1(B)$ ist. Schließlich sei

$$\tau_3 = \begin{cases} \mathrm{id}, & \text{falls } \tau_2(\tau_1(C)) = C', \\ \sigma_c, & \text{falls } \tau_2(\tau_1(C)) = C_0 \neq C', \end{cases}$$

wobei c die Gerade durch A' und B' ist. Dann ist

$$\tau = \tau_3 \circ \tau_2 \circ \tau_1.$$

Abb. 4.1.11 zeigt ein Beispiel für den Fall, dass jede der drei Abbildungen τ_1, τ_2 und τ_3 eine Spiegelung ist:

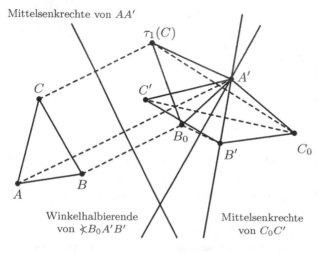

Abb. 4.1.11 $\tau_3 \circ \tau_2 \circ \tau_1 : \triangle ABC \longmapsto \triangle A'B'C'$ als Dreifachspiegelung

Ist aber mindestens eine der Abbildungen τ_1, τ_2 und τ_3 die identische Abbildung, so ist τ eine Doppelspiegelung, eine Achsenspiegelung oder die identische Abbildung. Fasst man die identische Abbildung als eine Doppelspiegelung an derselben Geraden auf, so ergibt sich insgesamt die Aussage von Satz 4.4.   □

In Abb. 4.1.12 ist die Dreifachspiegelung aus Abb. 4.1.11 als Schubspiegelung dargestellt. Die Winkelhalbierende g des Winkels, den die Verbindungsgeraden g_{AB} der Punkte A, B und $g_{A'B'}$ der Punkte A', B' miteinander bilden, gibt die Richtung der Verschiebung an; die Spiegelachse der Schubspiegelung muss also parallel zu g sein.

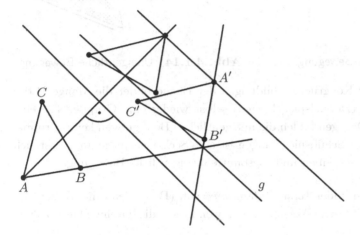

Abb. 4.1.12 Die Dreifachspiegelung aus Abb. 4.1.11 als Schubspiegelung

Mit Satz 4.4 haben wir alle Typen von Kongruenzabbildungen gefunden. Im Einzelnen handelt es sich um folgende Bewegungen:

- *Spiegelung* (Achsenspiegelung)
- *Verschiebung* (Doppelspiegelung an parallelen Achsen)
- *Drehung* (Doppelspiegelung an sich schneidenden Achsen)
- *Schubspiegelung* (Spiegelung plus Verschiebung in Richtung der Spiegelachse)

Bei einer Spiegelung und einer Dreifachspiegelung (Schubspiegelung) kehrt sich der Umlaufsinn einer Figur um (Abb. 4.1.2), bei den Doppelspiegelungen bleibt der Umlaufsinn aber erhalten, sie sind „orientierungserhaltend". Eine Drehung oder Verschiebung kann man physikalisch (z.B. mit einer Schablone in der Zeichenebene) realisieren, ohne die abzubildenden Figuren umklappen zu müssen (Abb. 4.1.13); bei einer Spiegelung oder Schubspiegelung muss man aber noch eine Klappung ausführen, die Zeichenebene also verlassen (Abb. 4.1.14). Daher nennt man die Doppelspiegelungen *eigentliche* Bewegungen, die Spiegelungen und Schubspiegelungen aber *uneigentliche* Bewegungen.

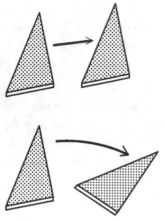

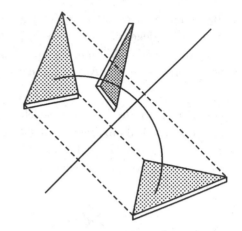

Abb. 4.1.13　Eigentliche Bewegung　　　　**Abb. 4.1.14**　Uneigentliche Bewegung

In der Gruppe $(\mathbf{B}, \circ)$ der Kongruenzabbildungen der Ebene bildet die Menge $\mathbf{E}$ der eigentlichen Bewegungen (Doppelspiegelungen) selbst wieder eine Gruppe, also eine *Untergruppe* von $(\mathbf{B}, \circ)$. Dagegen bilden die uneigentlichen Bewegungen keine Gruppe, denn die Verkettung zweier Schubspiegelungen ist eine Sechsfachspiegelung, lässt sich also als Doppelspiegelung schreiben und ist somit eine eigentliche Bewegung.

Die Menge der Drehungen bildet *keine Untergruppe* von $(\mathbf{B}, \circ)$, denn die Verkettung von zwei Drehungen ergibt eine Verschiebung, wenn sich die Drehwinkel zu $360°$ ergänzen.

Ist nämlich $\sigma_a \circ \sigma_b$ eine Drehung um D mit dem Drehwinkel 2α und $\sigma_b \circ \sigma_c$ eine Drehung um E mit dem Drehwinkel $360° - 2\alpha$, dann ist $\sigma_a \circ \sigma_b \circ \sigma_b \circ \sigma_c$ $= \sigma_a \circ \sigma_c$ mit $a \parallel c$; es handelt sich bei der Verkettung also um eine Verschiebung orthogonal zu a.

(Diese Argumentation bleibt auch im

Abb. 4.1.15　Drehwinkelsumme $360°$

Fall $D = E$ gültig: Dann ist $a = c$, und man erhält die „Nullverschiebung" id.) Bei diesen Überlegungen haben wir die Tatsache ausgenutzt, dass man bei der Darstellung der Drehung um E als Doppelspiegelung eine der beiden Spiegelachsen willkürlich wählen kann (Abb. 4.1.15).

In der Gruppe $(\mathbf{E}, \circ)$ der eigentlichen Bewegungen bildet die Menge $\mathbf{V}$ der Verschiebungen wiederum eine Untergruppe. Wird bei einer Verschiebung der Punkt P auf den Punkt Q abgebildet, dann schreibt man die Verschiebung in der Form $\overrightarrow{PQ}$ und symbolisiert sie durch einen Pfeil von P nach Q. Genau dann ist $\overrightarrow{PQ} = \overrightarrow{RS}$, wenn die Strecken PQ und RS parallel und gleich lang sind und die zugehörigen Pfeile in die gleiche Richtung zeigen. Die Punkte P, Q, R, S bilden dann ein Parallelogramm, und es gilt auch $\overrightarrow{PR} = \overrightarrow{QS}$ (Abb. 4.1.16).

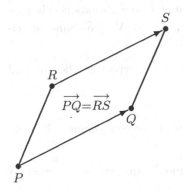

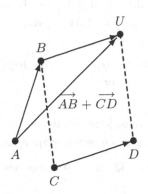

Abb. 4.1.16 Gleichheit von
                 Verschiebungen

Abb. 4.1.17 Verkettung von
                 Verschiebungen

Die Verkettung von Verschiebungen nennt man Addition und schreibt $+$ statt $\circ$. Um die Summe von $\overrightarrow{AB}$ und $\overrightarrow{CD}$ zu bestimmen, ersetzt man $\overrightarrow{CD}$ durch $\overrightarrow{BU}$ (Abb. 4.1.17) und erhält

$$\overrightarrow{AB} + \overrightarrow{CD} = \overrightarrow{AB} + \overrightarrow{BU} = \overrightarrow{AU} \, .$$

Wichtige algebraische Eigenschaften der Menge aller Verschiebungen und ihrer Addition sind:

- Die Verschiebung $\overrightarrow{AA}$ (Nullverschiebung) ist die identische Abbildung.

- Die Verschiebung $\overrightarrow{BA}$ ist die Gegenverschiebung von $\overrightarrow{AB}$ und wird mit $-\overrightarrow{AB}$ bezeichnet.

- Die Addition von Verschiebungen ist kommutativ: $\overrightarrow{AB} + \overrightarrow{PQ} = \overrightarrow{PQ} + \overrightarrow{AB}$.

Alle genannten Eigenschaften der Menge $\mathbf{V}$ der Verschiebungen, unter Berücksichtigung der Tatsache, dass die Verkettung von Abbildungen stets assoziativ ist, kann man folgendermaßen zusammenfassen: $(\mathbf{V}, +)$ ist eine kommutative Gruppe (Verschiebungsgruppe der Ebene). Eine Verschiebung nennt man auch einen *Vektor* (Verschiebungsvektor). In Abschn. 4.3 werden wir Vektoren zum Beweis geometrischer Sätze benutzen; Vektoren im Raum werden wir in Abschn. 5.3 betrachten.

Die Menge aller Kongruenzabbildungen, die einen bestimmten Punkt F auf sich abbilden (also festlassen), bildet eine Gruppe; die Menge aller Drehungen um den Punkt F bildet eine (kommutative) Untergruppe dieser Gruppe.

Ist allgemeiner F eine Figur in der Ebene, dann bildet die Menge aller $\tau \in \mathbf{B}$ mit $\tau(\mathsf{F}) = \mathsf{F}$ eine Gruppe, die *Deckabbildungsgruppe* von F. Die Figur F ist dann ein *Fixelement* (Fixpunkt, Fixgerade, ...) jeder Abbildung aus dieser Gruppe. Damit werden wir uns in Abschn. 4.2 näher auseinandersetzen.

Aufgaben

4.1 a) Zeige, dass man jede Verschiebung als Verkettung zweier Punktspiegelungen und umgekehrt jede Verkettung von zwei Punktspiegelungen als Verschiebung schreiben kann.

b) Beweise: Aus $\sigma_A \circ \sigma_B = \sigma_C \circ \sigma_D$ folgt $\sigma_A \circ \sigma_C = \sigma_B \circ \sigma_D$. Interpretiere dies anhand einer geeigneten Figur.

4.2 a) Zeige, dass jede Schubspiegelung als Verkettung einer Spiegelung mit einer Punktspiegelung geschrieben werden kann.

b) Wie muss man Q und h bei gegebenem P und g wählen, damit $\sigma_P \circ \sigma_g = \sigma_h \circ \sigma_Q$ gilt?

4.3 Die Verkettung zweier Drehungen, für die die Summe der Drehwinkel von $360°$ verschieden ist, ist wieder eine Drehung. Beweise dies und zeige, wie man das Drehzentrum und den Drehwinkel der Verkettung konstruieren kann.

4.4 In einem kartesischen Koordinatensystem seien die Punkte $A(0,0), B(4,0), C(4,2)$ und $A'(12,8), B'(12,4), C'(10,4)$ gegeben. Die Dreiecke sind kongruent, unterscheiden sich aber im Umlaufsinn. Konstruiere eine Schubspiegelung, bei der das Dreieck ABC auf das Dreieck $A'B'C'$ abgebildet wird.

4.5 Bestimme die Menge aller Kongruenzabbildungen, die

a) den Fixpunkt F b) die Fixgerade f c) die Fixpunktgerade f

haben. Eine *Fixpunktgerade* ist dabei eine Gerade, deren Punkte sämtlich Fixpunkte sind, während eine *Fixgerade* nur als Punktmenge festbleiben muss, ohne dass dabei jeder Punkt auf sich selbst abgebildet werden muss.

4.6 a)Eine Kongruenzabbildung ϱ habe die beiden Fixpunkte A und B, $A \neq B$. Zeige, dass dann die Verbindungsgerade g_{AB} der Punkte A und B eine Fixpunktgerade von ϱ ist.

b) Eine Kongruenzabbildung τ habe drei nichtkollineare Fixpunkte. Beweise, dass dann $\tau = \mathrm{id}$ gilt.

4.7 a) Aus welchen Elementen besteht die Deckabbildungsgruppe eines Quadrats?

b) Aus welchen Elementen besteht die Deckabbildungsgruppe eines gleichseitigen Dreiecks?

4.2 Symmetrien und Ornamente

Im Alltag nennt man eine Figur symmetrisch, wenn sie bei einer Spiegelung (in der Ebene Spiegelung an einer Geraden, im Raum Spiegelung an einer Ebene) auf sich abgebildet wird. In der Mathematik fasst man den Begriff weiter. Dort heißt eine Figur symmetrisch, wenn es außer der identischen Abbildung id noch mindestens eine weitere Kongruenzabbildung gibt, bei der die Figur auf sich selbst abgebildet wird. Dabei benennt man die Art der Symmetrie nach der Art der Kongruenzabbildung. Eine Figur F der Ebene heißt

achsensymmetrisch, punktsymmetrisch bzw. *drehsymmetrisch,*

wenn eine Achsenspiegelung, Punktspiegelung bzw. Drehung τ mit $\tau(\mathsf{F}) = \mathsf{F}$ existiert. Die Spiegelachse bzw. das Drehzentrum nennt man dann eine *Symmetrieachse* bzw. ein *Symmetriezentrum* der Figur.

Eine Kongruenzabbildung, die eine Figur auf sich abbildet, nennt man eine *Deckabbildung* oder auch eine *Symmetrie* dieser Figur; damit unterscheidet sich die Fachsprache von der Alltagssprache: „Symmetrie" kann eine *Abbildung* bezeichnen. Die Menge der Deckabbildungen bzw. Symmetrien einer Figur bildet eine Gruppe, denn es gilt:

- Die Verkettung zweier Symmetrien von F ist eine Symmetrie von F.
- Für die Verkettung von Symmetrien gilt (wie für alle Abbildungen der Ebene auf sich) das Assoziativgesetz.
- Die identische Abbildung id ist eine Symmetrie für jede Figur.
- Die Umkehrabbildung einer Symmetrie von F ist wieder eine Symmetrie von F.

Diese Gruppe nennt man die *Deckabbildungsgruppe* oder *Symmetriegruppe* der betrachteten Figur F.

Die Symmetriegruppe eines regelmäßigen n-Ecks besteht aus n Spiegelungen und n Drehungen (einschließlich der identischen Abbildung als Drehung um $0°$), also aus $2n$ Abbildungen.

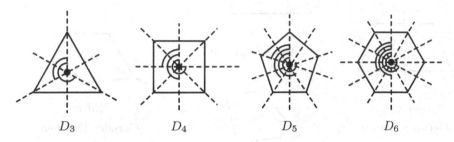

$$D_3 \qquad\qquad D_4 \qquad\qquad D_5 \qquad\qquad D_6$$

Abb. 4.2.1 Diedergruppen D_n für $n = 3, 4, 5$ und 6

Diese Gruppe heißt *Diedergruppe* (sprich Di-eder) vom Grad n und wird mit D_n bezeichnet. Abb. 4.2.1 zeigt die Elemente von D_n für $n = 3, 4, 5, 6$.

Symmetrien von Figuren dienen zu ihrer Klassifikation. In Abb. 4.2.2 wird deutlich, wie verschiedene Typen von Dreiecken anhand ihrer Symmetriegruppen geordnet werden können; Abb. 4.2.3 zeigt eine Klassifikation der Viereckstypen, die unter dem Namen „Haus der Vierecke" bekannt ist.

D_3	$\{\mathrm{id}, \sigma_a\}$	$\{\mathrm{id}\}$
Gleichseitiges Dreieck	Gleichschenkliges Dreieck	Allgemeines Dreieck

Abb. 4.2.2 Dreieckstypen und ihre Symmetriegruppen

Zu jeder Dreiecks- bzw. Vierecksart ist die zugehörige Symmetriegruppe angegeben; dabei bedeutet δ eine Drehung um 90°. Ein Dreieck, Viereck, … heißt *allgemein*, wenn es außer id keine weitere Symmetrie besitzt.

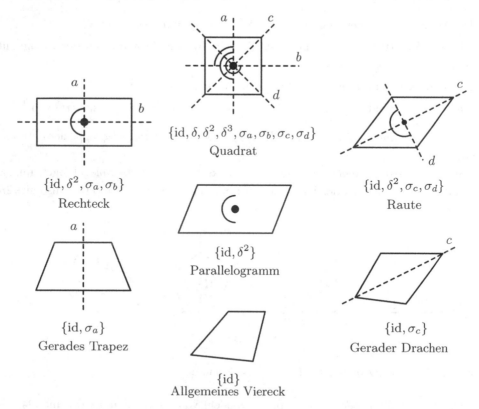

Abb. 4.2.3 Viereckstypen und ihre Symmetriegruppen: Haus der Vierecke

Besitzt eine Figur als Symmetrie eine Drehung δ ($\neq$ id), dann sind auch $\delta^2 = \delta \circ \delta, \delta^3 = \delta \circ \delta \circ \delta, \ldots$ Symmetrien dieser Figur. Gibt es ein $n \in \mathbb{N}$ mit $\delta^n = $ id und ist n mit dieser Eigenschaft kleinstmöglich gewählt, dann bildet $\{\text{id}, \delta, \delta^2, \ldots, \delta^{n-1}\}$ eine Untergruppe

der Symmetriegruppe der Figur; diese Untergruppe nennt man die *Drehgruppe* der Figur. Die Symmetriegruppe der Figur in Abb. 4.2.4 ist die Drehgruppe $\{\text{id}, \delta, \delta^2, \delta^3, \delta^4, \delta^5\}$, wobei δ die Drehung um das *Symmetriezentrum* D um 60° im Gegenuhrzeigersinn ist. Ornamente, deren Symmetriegruppe eine Drehgruppe enthält, werden als *Kreisornamente* bezeichnet.

Abb. 4.2.4 Kreisornament

Besitzt eine Figur eine von der Identität verschiedene *Verschiebung* τ als Symmetrie, dann muss sie zwangsläufig in der durch τ definierten Richtung bis ins Unendliche ausgedehnt sein, sowohl nach τ als auch nach $-\tau$ orientiert; anderenfalls würde die n-fache Anwendung von τ oder $-\tau$ für hinreichend große n aus der Figur herausführen, damit könnte aber dann τ nicht zu den Deckabbildungen der Figur gehören. Figuren, die in *genau einer* Richtung verschiebungssymmetrisch sind, bezeichnet man als *Bandornamente*; Abb. 4.2.5 zeigt ein Beispiel dafür.

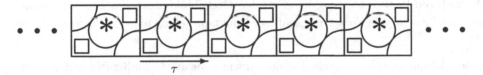

Abb. 4.2.5 Beispiel für ein Bandornament

In der Lebenswirklichkeit hat man es eigentlich nirgendwo mit Bandornamenten im mathematischen Sinne zu tun, weil die nowendige unendliche Ausdehnung von Objekten in Verschiebungsrichtung nicht realisiert werden kann. Wenn nun im Zusammenhang mit Mustern auf Sockeln und Friesen von Gebäuden, in der bildenden Kunst, auf Tapeten oder auf Stoffbändern von „Bandornamenten" die Rede ist, so muss man sich diese Objekte ins Unendliche fortgesetzt denken, wenn man sie mathematisch beschreiben will.

In den Symmetriegruppen eines Bandornaments F im mathematischen Sinn ist also stets eine Gruppe T von Verschiebungen („Translationen") als Untergruppe enthalten, die von *einer* „minimalen" Verschiebung τ in folgendem Sinne erzeugt wird: $\tau \neq$ id mit $\tau(\mathsf{F}) = \mathsf{F}$ hat die Eigenschaft, dass sich *jede* Verschiebung σ mit $\sigma(\mathsf{F}) = \mathsf{F}$ als eine (mehrfache) Hintereinanderausführung von τ oder τ^{-1} ergibt. Eine Translation τ mit dieser Eigenschaft bezeichnet man als *Periode* des Bandornaments. Die in Abb. 4.2.5

angegebene Verschiebung τ ist Periode des dort dargestellten Bandornaments, ebenso wie $-\tau$.

Wenn man die Verkettung von Verschiebungen mit dem Pluszeichen $+$, die Gegenverschiebung von τ in der Form $-\tau$ und die n-fache Anwendung von τ als $n\tau$ schreibt, dann ergibt die Verkettung von $n\tau$ mit $m\tau$ offenbar $(m+n)\tau$, und die identische Abbildung (Nullverschiebung) ist durch 0τ gegeben. Mit den in der Menge T zusammengefassten Verschiebungen eines Bandornaments rechnet man also wie im Bereich $\mathbb{Z}$ der ganzen Zahlen; algebraisch formuliert: Die in der Symmetriegruppe eines Bandornaments enthaltene Untergruppe T von Translationen ist eine zu $(\mathbb{Z}, +)$ isomorphe *zyklische* (d.h. von *einem* Element wie oben beschrieben erzeugte) Gruppe. Insbesondere hat ein Bandornament unendlich viele Deckabbildungen, da bereits T unendlich viele Elemente hat.

Es kann vorkommen, dass ein Bandornament außer den Verschiebungen *keine* weiteren Symmetrien besitzt; das in Abb. 4.2.5 gezeigte Bandornament ist ein Beispiel dafür. Man beachte, dass das Symbol * *nicht* in den Diagonalenschnittpunkten der rechteckig beranderten „Grundfiguren" liegt, aus denen man sich das Bandornament durch fortgesetztes Aneinanderreihen aufgebaut denken kann. (Dabei ist die „Grundfigur" in dieser Hinsicht minimal zu wählen; in Abb. 4.2.5 ist die Grundfigur durch *eine* der rechteckig beranderten Flächen gegeben, nicht etwa durch zwei oder mehrere davon.) Läge der Mittelpunkt des Symbols * aber im Symmetriezentrum Z der Grundfiguren, dann würde auch die Punktspiegelung an Z zu den Deckabbildungen des Bandornaments gehören, und mit ihr alle Verkettungen dieser Punktspiegelung mit den Verschiebungen aus T.

Allgemein könnte man hoffen, dass Bandornamente, die aus Grundfiguren mit „vielen" Symmetrien aufgebaut sind, auch „viele" Deckabbildungen besitzen. Tatsächlich gibt es aber nur genau sieben „Symmetrieklassen" von Bandornamenten, denen sieben unterschiedliche Zusammensetzungen ihrer Symmetriegruppen entsprechen. Dies werden wir nun näher untersuchen.

Zu diesem Zweck stellen wir zunächst fest, welche Typen von Deckabbildungen außer den Translationen noch in den Symmetriegruppen von Bandornamenten enthalten sein können. Wir wollen die Bandornamente dabei so ausrichten, dass sie in der *Horizontalen* verschiebungssymmetrisch sind, dass man sich also eine Grundfigur entlang eines Horizontalstreifens (theoretisch) unendlich oft nach links und nach rechts aneinandergesetzt denken kann.

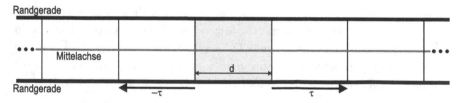

Abb. 4.2.6   Bezeichnungen am Bandornament

Die Perioden des Bandornaments werden stets mit τ bzw. $-\tau$ bezeichnet; ist d die Länge dieser Verschiebungen (und damit der horizontale Durchmesser einer Grundfigur), so ergeben sich τ und $-\tau$ als Doppelspiegelungen an jeder Auswahl zweier vertikaler Geraden, deren Abstand zueinander $\frac{d}{2}$ beträgt (Abschn. 4.1). Die den Horizontalstreifen begrenzenden parallelen Geraden sind die *Randgeraden* des Bandornaments; deren Mittelparallele ist die *Mittelachse* des Bandornaments (Abb. 4.2.6).

Beobachtung 1: *Wenn* die Symmetriegruppe eines Bandornaments eine *Geradenspiegelung* σ_a enthält, dann muss die Spiegelachse a senkrecht zu den Randgeraden g_1, g_2 des Bandornaments verlaufen, oder a muss die Mittelachse des Bandornaments sein.

Denn: Da das Bandornament ein Fixelement von σ_a ist, muss die Menge $\{g_1, g_2\}$ bei der Spiegelung an a auf sich selbst abgebildet werden. Verläuft die Spiegelachse a orthogonal zu den Randgeraden, so sind g_1 und g_2 Fixgeraden von σ_a; ist a die Mittelparallele der beiden Randgeraden, so ist

$$\sigma_a(g_1) = g_2 \quad \text{und} \quad \sigma_a(g_2) = g_1.$$

Für von der Mittelachse verschiedene horizontale Spiegelachsen h können *nicht beide* Geraden $g_1 \neq g_2$ Fixgeraden von σ_h sein; auch $\sigma_h(g_1) = g_2$ und $\sigma_h(g_2) = g_1$ ist nicht möglich, weil h von g_1 und g_2 unterschiedlich weit entfernt sein müsste und deshalb die eine Gerade nicht als Bild der anderen unter σ_h infrage käme (Abb. 4.2.7).

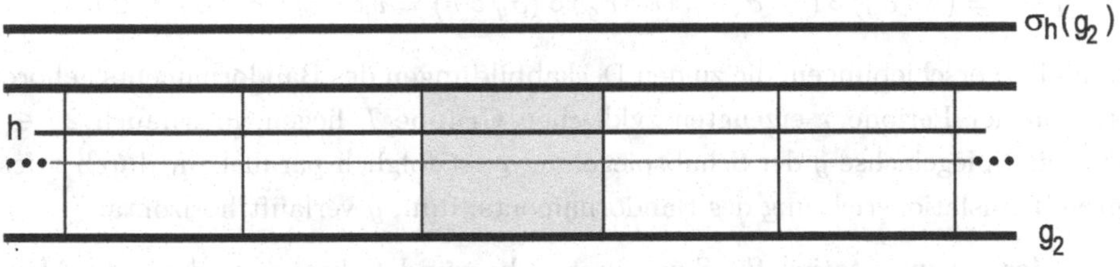

$\sigma_h(g_2)$

g_1

h

$\cdots$ $\cdots$

g_2

Abb. 4.2.7 Von der Mittelachse verschiedene horizontale Spiegelachse h

Wäre a weder parallel noch orthogonal zur horizontalen Verschiebungsrichtung des Bandornaments, dann verliefen die Bildgeraden der Randgeraden unter σ_a nicht horizontal, denn Achsenspiegelungen sind als Kongruenzabbildungen winkeltreu (Abschn. 4.1). Insbesondere könnte dann das Bandornament bei der Spiegelung an a nicht auf sich selbst abgebildet werden (Abb. 4.2.8).

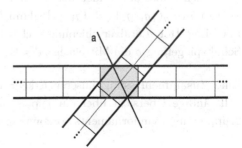

Abb. 4.2.8 a weder vertikal noch horizontal

Beobachtung 2: *Wenn* die Symmetriegruppe eines Bandornaments eine von id verschiedene *Drehung* δ enthält, dann muss das Drehzentrum D auf der Mittelachse des Bandornaments liegen, und es muss $\delta = \sigma_D$ die Punktspiegelung an D sein.

Denn: Wie bei der Argumentation für Spiegelungen ergibt sich, dass die Menge $\{g_1, g_2\}$ der Randgeraden bei der Drehung δ auf sich selbst abgebildet werden muss; insbesondere müssen die Randgeraden und ihre Bildgeraden zueinander parallel sein. Da $\delta \neq$ id gilt, ist das nur für den Drehwinkel $180°$ möglich, deshalb muss δ eine Punktspiegelung am Drehzentrum D sein. Läge aber der Punkt D *nicht* auf der Mittelachse des Bandornaments, so wäre D von g_1 und g_2 unterschiedlich weit entfernt, und deshalb käme die eine Gerade nicht als Bild der anderen unter σ_D infrage. Ebensowenig können *beide* Geraden g_1 und g_2 Fixgeraden von σ_D sein, denn sonst müsste $D \in g_1 \cap g_2$ gelten, was aber wegen $g_1 \neq g_2$ und $g_1 \parallel g_2$ unmöglich ist.

Beobachtung 3: *Wenn* die Symmetriegruppe eines Bandornaments eine *Schubspiegelung* ϱ enthält, dann muss die Spiegelachse dieser Schubspiegelung die Mittelachse des Bandornaments sein.

Denn: Neben ϱ müsste auch $\varrho \circ \varrho$ in der Symmetriegruppe des Bandornaments liegen. Die zweimalige Hintereinanderausführung derselben Schubspiegelung ist aber eine Verschiebung, weil es bei einer Schubspiegelung auf die Reihenfolge der einzelnen Abbildungen nicht ankommt (Abschn. 4.1). Wäre etwa $\varrho = \vec{v} \circ \sigma_g$ mit $g \parallel \vec{v}$, so erhielte man

$$\varrho \circ \varrho = (\vec{v} \circ \sigma_g) \circ (\vec{v} \circ \sigma_g) = (\vec{v} \circ \sigma_g) \circ (\sigma_g \circ \vec{v}) = \vec{v} \circ (\sigma_g \circ \sigma_g) \circ \vec{v} = 2\vec{v}.$$

Da nun alle Verschiebungen, die zu den Deckabbildungen des Bandornaments gehören, in der von der Periode τ erzeugten zyklischen Gruppe T liegen, muss auch $2\vec{v} \in T$ gelten. Die Spiegelachse g der Schubspiegelung ϱ ist folglich parallel zur durch τ festgelegten Translationsrichtung des Bandornaments, d.h., g verläuft horizontal.

Wie bei der Argumentation für Spiegelungen begründet, kann nur dann die Menge $\{g_1, g_2\}$ der Randgeraden bei der Spiegelung σ_g an einer horizontalen Spiegelachse g auf sich selbst abgebildet werden, wenn g die Mittelachse des Bandornaments ist. Wäre nun $\sigma_g(\{g_1, g_2\}) \neq \{g_1, g_2\}$, dann ließe sich daran auch durch die Verkettung mit einer Horizontalverschiebung nichts mehr ändern; also ist die Spiegelachse der Schubspiegelung ϱ die Mittelachse des Bandornaments.

Eine Zusammenfassung unserer Erkenntnisse aus Beobachtung 1 bis 3 liefert die vollständige Übersicht über die Typen von Deckabbildungen, die in der Symmetriegruppe eines Bandornaments vorkommen können. Dies sind:

- Translationen (T) in Bandrichtung (horizontal);
- die Horizontalspiegelung (H) mit der Mittelachse des Bandes als Spiegelachse;
- Vertikalspiegelungen (V), also Spiegelungen an Achsen, die orthogonal zur Bandrichtung verlaufen;

- Punktspiegelungen (P) an auf der Mittelachse des Bandes gelegenen Punkten;
- Schubspiegelungen (S) mit der Mittelachse des Bandornaments als Spiegelachse;
- Verkettungen von (T), (H), (V), (P) und (S).

Da das Auftreten von Translationen in der Symmetriegruppe eines Bandornaments obligatorisch ist, sind a priori 16 „Symmetrieklassen" (Typen von Symmetriegruppen) von Bandornamenten denkbar, die sich daraus ergeben, ob (H), (V), (P) oder (S) in der Symmetriegruppe des Bandornaments vorkommen oder nicht vorkommen (jeweils 2 Möglichkeiten, also insgesamt $2^4 = 16$ Fälle). Allerdings sind nicht alle kombinatorischen Möglichkeiten realisierbar, da das Vorliegen mancher Kombinationen von (H), (V), (P) oder (S) geometrischen Restriktionen unterworfen ist; dies erkennt man sofort mithilfe der Charakterisierung sämtlicher Kongruenzabbildungen als Verkettung von höchstens drei Achsenspiegelungen, wie wir sie in Abschn. 4.1 vorgenommen haben.

Wir fassen die für die Klassifikation der Symmetrieklassen von Bandornamenten wichtigen Erkenntnisse nachfolgend zusammen; die Überprüfung dieser Sachverhalte überlassen wir dem Leser als Übungsaufgabe (Aufgabe 4.11).

Verkettungen einzelner Symmetrien von Bandornamenten

(1) Die Verkettung einer Abbildung vom Typ (V) mit der Abbildung (H) ergibt eine Abbildung vom Typ (P).

(2) Die Verkettung einer Abbildung vom Typ (T) mit der Abbildung (H) ergibt eine Abbildung vom Typ (S).

(3) Die Verkettung einer Abbildung vom Typ (P) mit der Abbildung (H) ergibt eine Abbildung vom Typ (V).

(4) Die Verkettung einer Abbildung vom Typ (P) mit einer Abbildung vom Typ (V) ergibt die Abbildung (H), wenn das Zentrum der Punktspiegelung auf der vertikalen Spiegelachse liegt.

(5) Die Verkettung einer Abbildung vom Typ (P) mit einer Abbildung vom Typ (V) ergibt eine Abbildung vom Typ (S), wenn das Zentrum der Punktspiegelung *nicht* auf der vertikalen Spiegelachse liegt.

(6) Die Verkettung einer Abbildung vom Typ (P) mit einer Abbildung vom Typ (S) ergibt eine Abbildung vom Typ (V).

(7) Die Verkettung einer Abbildung vom Typ (V) mit einer Abbildung vom Typ (S) ergibt eine Abbildung vom Typ (P).

(8) Die Verkettung einer Abbildung vom Typ (S) mit einer Abbildung vom Typ (S) ergibt eine Abbildung vom Typ (T).

(9) Die Verkettung einer Abbildung vom Typ (T) mit einer Abbildung vom Typ (S) ergibt eine Abbildung vom Typ (S).

Nun können wir durch eine vollständige Fallunterscheidung alle sieben Symmetrieklassen von Bandornamenten gewinnen. Es bietet sich dabei an, Horizontalspiegelungssymmetrie und Vertikalspiegelungssymmetrie als Ordnungsgesichtspunkte voranzustellen, weil diese besonders leicht erkennbar sind. Im Folgenden bezeichne S_B die Symmetriegruppe eines Bandornaments.

1. Fall: S_B enthalte Abbildungen vom Typ (V).

Wenn es *eine* vertikale Symmetrieachse g des Bandornaments gibt, dann gibt es unendlich viele vertikale Symmetrieachsen, denn jede Verkettung von σ_g mit einer der Translationen $n\tau, n \in \mathbb{Z}$ ist eine Vertikalspiegelung. Beschreibt man etwa die Periode τ des Bandornaments durch eine Doppelspiegelung $\sigma_g \circ \sigma_h$ an g und einer weiteren vertikalen Geraden h im Abstand der halben Periodenlänge $\frac{d}{2}$ von g, dann ist $\sigma_g \circ \tau = \sigma_h$, und weil $\sigma_g \circ \tau$ zu S_B gehören muss (Gruppeneigenschaften von S_B), ist h eine weitere vertikale Symmetrieachse des Bandornaments. Analog erhält man unendlich viele vertikale Symmetrieachsen, von denen zwei benachbarte Achsen immer den Abstand $\frac{d}{2}$ zueinander haben.

Unterfall a): S_B enthalte auch (H).

Dann enthält S_B wegen (1) auch Abbildungen vom Typ (P); wegen (2) enthält S_B auch Abbildungen vom Typ (S).

Insgesamt enthält S_B also Symmetrien *aller* Typen; Bandornamente mit solchen Symmetriegruppen gehören zur Symmetrieklasse (TVHPS).

Abb. 4.2.9 zeigt ein Beispiel für ein Bandornament der Klasse (TVHPS). Die vertikalen Symmetrieachsen und die horizontale Symmetrieachse des Bandes sind eingezeichnet; ihre Schnittpunkte definieren die Zentren von Punktspiegelungen, die zu den Deckabbildungen des Bandornaments gehören.

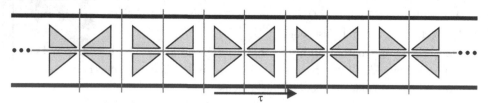

Abb. 4.2.9 Bandornament der Symmetrieklasse (TVHPS)

Analog zur Argumentation für Vertikalspiegelungen ergibt sich: Wenn S_B *eine* Punktspiegelung enthält, dann enthält S_B unendlich viele Punktspiegelungen, deren Spiegelzentren im Abstand $\frac{d}{2}$ in Translationsrichtung auf der Mittelachse des Bandornaments verteilt sind.

Unterfall b): S_B enthalte (H) *nicht.*

Enthält S_B keine Abbildungen vom Typ (P), dann wegen (7) auch keine vom Typ

(S); solche Bandornamente gehören zur Symmetrieklasse (TV). Abb. 4.2.10 zeigt ein Beispiel.

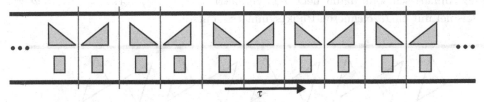

Abb. 4.2.10 Bandornament der Symmetrieklasse (TV)

Enthält jedoch S_B Abbildungen vom Typ (P), dann können wegen (4) die Zentren der Punktspiegelungen *nicht* auf den vertikalen Symmetrieachsen liegen, weil sonst die Symmetrie (H) zu S_B gehören müsste. Dann aber gehören wegen (5) auch Abbildungen vom Typ (S) zu S_B; damit liegt die Symmetrieklasse (TVPS) vor. Abb. 4.2.11 zeigt ein Beispiel für ein Bandornament der Klasse TVPS mit eingezeichneten vertikalen Symmetrieachsen und den Punktsymmetriezentren außerhalb der Achsen.

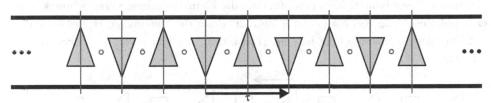

Abb. 4.2.11 Bandornament der Symmetrieklasse (TVPS)

2. Fall: S_B enthalte Abbildungen vom Typ (V) *nicht*.

Unterfall a): S_B enthalte (H).

Dann enthält S_B wegen (2) auch Abbildungen vom Typ (S). Wegen (3) enthält S_B *keine* Abbildungen vom Typ (P), weil sonst Abbildungen vom Typ (V) zu S_B gehören müssten. Bandornamente mit solchen Symmetriegruppen gehören zur Symmetrieklasse (THS); Abb. 4.2.12 zeigt ein Beispiel.

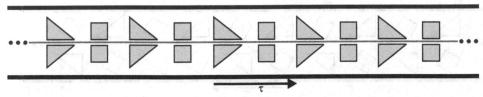

Abb. 4.2.12 Bandornament der Symmetrieklasse (THS)

Unterfall b): S_B enthalte (H) *nicht*.

Dann haben wir es mit Bandornamenten zu tun, die weder horizontale noch vertikale Symmetrieachsen haben.

Wenn S_B Abbildungen vom Typ (P) enthält, dann können Abbildungen vom Typ (S) *nicht* zu S_B gehören, denn sonst müsste wegen (6) das Bandornament doch vertikal-spiegelsymmetrisch sein; damit liegt die Symmetrieklasse (TP) vor. Abb. 4.2.13 zeigt ein Beispiel mit eingezeichneten Punktsymmetriezentren.

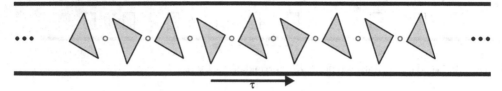

Abb. 4.2.13 Bandornament der Symmetrieklasse (TP)

Enthält S_B jedoch keine Abbildungen vom Typ (P), dann kommen außer den Translationen nur noch Abbildungen vom Typ (S) als Symmetrien des Bandornaments infrage. Im Hinblick auf (8) und (9) ist es tatsächlich möglich, dass der Symmetrietyp (S) zu S_B gehört. Die zugehörige Symmetrieklasse wäre (TS); das Beispiel aus Abb. 4.2.14 ist ein Vertreter dieser Klasse. Man beachte, dass die kleinstmögliche Verschiebungslänge einer Schubspiegelung aus S_B genau $\frac{d}{2}$ beträgt, denn die zweimalige Hintereinander-ausführung der Schubspiegelung ist eine Translation, muss also von der Form $n\tau$ mit $n \in \mathbb{Z}$ sein.

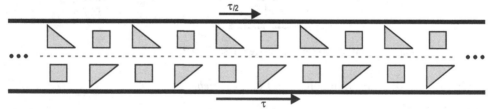

Abb. 4.2.14 Bandornament der Symmetrieklasse (TS)

Gehören letzlich weder Punktspiegelungen noch Schubspiegelungen zu S_B, dann weist das Bandornament außer den Translationen keine weiteren Symmetrien auf; wir erhalten Bänder der Symmetrieklasse (T) wie in Abb. 4.2.15.

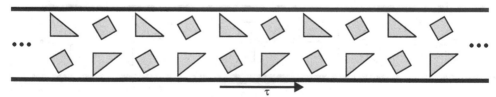

Abb. 4.2.15 Bandornament der Symmetrieklasse (T)

Damit ist die vollständige Klassifikation der Symmetriegruppen von Bandornamenten gelungen. Unsere Bezeichnungen der Symmetrieklassen sind sehr suggestiv gewählt, insofern als einfach alle Typen von Deckabbildungen, die zur Symmetriegruppe eines

Vertreters dieser Symmetrieklasse gehören, aufgezählt werden. Das populärste Klassifikationssystem verwendet die kristallographischen Bezeichnungen der International Union of Crystallography (IUCr); hier werden Bandornamente mit einem Code der Form $\boxed{\text{p—x—y—z}}$ charakterisiert. Dabei gilt:

- Der Buchstabe p steht für „periodic" und weist darauf hin, dass alle Bandornamente translationssymmetrisch sind, dass sich also eine Grundfigur periodisch in Translationsrichtung wiederholt.
- Die Variable x steht für ein Element der Menge $\{1, m\}$ und gibt Auskunft darüber, ob (V) zu den Symmetrien des Bandornaments gehört. Hat das Bandornament vertikale Symmetrieachsen, dann wird x durch m („mirror") ersetzt; andernfalls wird x der Wert 1 zugewiesen.
- Die Variable y steht für ein Element der Menge $\{1, m, g\}$. Ist das Bandornament symmetrisch zur Mittelachse, wird y der Wert m zugewiesen; gehört (H) *nicht* zu den Symmetrien des Bandornaments, aber (S) schon, dann wird y mit dem Wert g („glide") belegt; $y = 1$ bedeutet, dass das Bandornament weder horizontalspiegelungssymmetrisch noch schubspiegelungssymmetrisch ist.
- Die Variable z steht für ein Element der Menge $\{1, 2\}$. Sie gibt Auskunft darüber, ob Drehungen mit Drehwinkeln von $\frac{1}{n} \cdot 360°, n \in \{1,2\}$ zu den Symmetrien des Bandornaments gehören. Demnach bedeutet $z = 2$, dass das Bandornament punktsymmetrisch ist; $z = 1$ weist darauf hin, dass keine Abbildungen vom Typ (P) zur Symmetriegruppe des Bandornaments gehören.

In der Praxis ist es bisweilen gar nicht so einfach, einem vorgelegten Bandornament seine Symmetrieklasse zuzuordnen. Hier hilft folgender Kunstgriff: Man kopiere das Band auf einen Folienstreifen, unterziehe diesen physisch den Operationen (H), (V), (P) oder (S) und prüfe dann, ob man den Folienstreifen in neuer Lage mit dem Bandornament zur Deckung bringen kann.

Erweiterungen der IUCr-Systematik für Bandornamente lassen übersichtliche Klassifizierungen der Symmetrieklassen auch geometrisch komplizierterer Muster zu.

Dies gilt zum Beispiel für Figuren, die *zwei* von der Identität verschiedene Verschiebungen τ_1, τ_2 in zwei verschiedene Richtungen („linear unabhängige" Verschiebungen, vgl. Abschn. 5.3) als Symmetrie aufweisen; solche Figuren müssen dann offenbar die gesamte Ebene ausfüllen.

Eine Figur **F** heißt ein *Flächenornament*, wenn zwei Verschiebungen τ_1, τ_2 mit unterschiedlichen Richtungen existieren, sodass alle Verschiebungen der

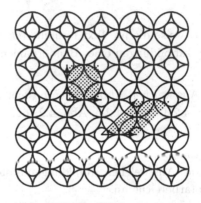

Abb. 4.2.16 Flächenornament

Form $z_1\tau_1 + z_2\tau_2$ $(z_1, z_2 \in \mathbb{Z})$ die Figur F wieder auf sich abbilden. Wählt man dabei die Verschiebungen τ_1, τ_2 von möglichst kleiner Länge, dann nennt man das Parallelogramm mit den Ecken $P, \tau_1(P), \tau_2(P), (\tau_1 + \tau_2)(P)$ einen *Elementarbereich* des Flächenornaments zu den Perioden τ_1, τ_2, wobei P ein beliebiger Punkt ist. Die Elementarbereiche zu einem Punkt P sind bei einem Flächenornament nicht eindeutig bestimmt, wie Abb. 4.2.16 zeigt. Die Elementarbereiche haben alle stets den gleichen Flächeninhalt.

Bandornamente und Flächenornamente spielen in der Kunst eine große Rolle. Schöne Beispiele hierfür findet man in Moscheen und maurischen Palästen.

Wie der ungarische Mathematiker GEORG POLYA (1887–1985), der insbesondere durch seine Arbeiten zur Heuristik des Problemlösens berühmt wurde, im Jahr 1924 nachweisen konnte, gibt es genau 17 Symmetrieklassen von Flächenornamenten (Typen von *Ornamentgruppen*). Deren IUCr-Klassifizierung und viele weitere Informationen zu Band- und Flächenornamenten sind im Internetangebot $Math^e(Prism)^a$ der Bergischen Universität Wuppertal frei verfügbar.

Aufgaben

4.8 Welche Symmetrien kann ein Fünfeck, Sechseck bzw. Siebeneck haben?

4.9 Welche der in Abb. 4.2.3 aufgeführten Vierecksarten besitzen einen Umkreis bzw. einen Inkreis?

4.10 Beschreibe die Symmetriegruppen der Mäander-Bänder in Abb. 4.2.17.

Abb. 4.2.17 Bandornamente zu Aufgabe 4.10

4.11 Beweise die im Text formulierten Eigenschaften (1) bis (9) für die Verkettung von Deckabbildungen eines Bandornaments.

4.12 Aus welchen Abbildungen besteht jeweils die Symmetriegruppe des Ornaments in Abb. 4.2.4, Abb. 4.2.5, Abb. 4.2.16?

4.13 Ein Koordinatengitter eines kartesischen Koordinatensystems ist ein Flächenornament. Aus welchen Abbildungen besteht die Symmetriegruppe? Gib verschiedene Elementarbereiche an.

4.3   Abbildungsgeometrische Methoden

Symmetrien (Deckabbildungen) von Figuren kann man zur *Definition* von bestimmten Klassen von Figuren verwenden, wie folgende Beispiele zeigen:

- Ein punktsymmetrisches Viereck ist ein *Parallelogramm*.
- Ein Parallelogramm, das achsensymmetrisch zu den Diagonalen ist, ist eine *Raute* (*Rhombus*).
- Ein Viereck, das achsensymmetrisch zu einer Geraden durch die Mittelpunkte zweier Seiten ist, ist ein (gerades) *Trapez*.

Bei *Konstruktionen* können Kongruenzabbildungen hilfreich sein, wie in Beispiel 4.1 bis 4.5 zu sehen ist; man kann Kongruenzabbildungen auch zum *Beweis von Sätzen* verwenden (Bsp. 4.6 bis 4.10).

Beispiel 4.1
Der Schnittpunkt S zweier Geraden g, h liege außerhalb des Zeichenblatts, er soll aber mit einem Punkt P auf dem Zeichenblatt verbunden werden. Man kann dann versuchen, eine Spiegelung an einer geeigneten Achse a auszuführen, sodass die Bildpunkte S', P' auf dem Zeichenblatt liegen. Man zeichne dann die Verbindungsgerade v' von P' und S' und spiegele diese an a, womit man die gesuchte Verbindungsgerade v erhält (Abb. 4.3.1). Ähnlich könnte man mit einer Punktspiegelung arbeiten.   ■

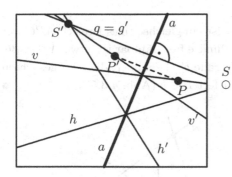

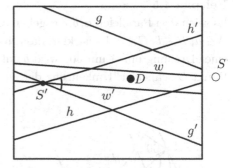

Abb. 4.3.1   Schnittpunkt außerhalb des Zeichenblatts

Abb. 4.3.2   Winkelhalbierende außerhalb des Zeichenblatts

Beispiel 4.2
Es soll die Winkelhalbierende eines Winkels konstruiert werden, dessen Scheitel S nicht auf dem Zeichenblatt liegt. Man führe eine Punktspiegelung mit einem geeigneten Zentrum D aus, sodass das Bild S' von S auf dem Zeichenblatt liegt, konstruiere die Winkelhalbierende des Bildwinkels und spiegele diese zurück (Abb. 4.3.2). Ähnlich könnte man mit einer Achsenspiegelung arbeiten.   ■

Beispiel 4.3

Es seien zwei Punkte A, B einer Halbebene bezüglich der Trägergeraden g gegeben. Gesucht ist ein Punkt $G \in g$ derart, dass der Weg von A über G nach B möglichst kurz ist. (Die Herde muss von der Farm an den Fluss und dann an die Verladestation getrieben werden.) Wir spiegeln B an g und erhalten den Punkt B'. Die Gerade durch A und B' schneidet g im gesuchten Punkt G (Abb. 4.3.3). ▪

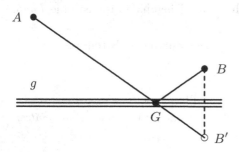

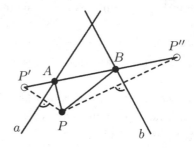

Abb. 4.3.3 Minimaldistanz über G **Abb. 4.3.4** △ mit Minimalumfang

Beispiel 4.4

In einem spitzen Winkelfeld liegt ein Punkt P. Gesucht sind die Punkte A, B auf den Schenkeln, sodass das Dreieck PAB einen möglichst kleinen Umfang hat. Man spiegele P an den beiden Schenkeln. Die Verbindungsgerade der Bildpunkte P', P'' schneidet die Schenkel in den gesuchten Punkten A, B (Abb. 4.3.4). ▪

Beispiel 4.5

Es seien drei Parallelen a, b, c gegeben. Gesucht ist ein gleichseitiges Dreieck ABC mit $A \in a$, $B \in b$, $C \in c$. Es ist klar, dass einer der Punkte frei wählbar ist, etwa $A \in a$. Bei einer Drehung um A um $60°$ wird b auf eine Gerade b' abgebildet, die c im gesuchten Punkt C schneidet. Umkehrung der Drehung liefert $B \in b$ (Abb. 4.3.5). ▪

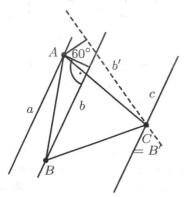

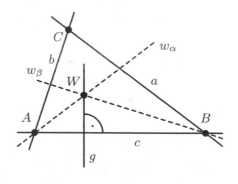

Abb. 4.3.5 Gleichseitiges Dreieck mit   **Abb. 4.3.6** Winkelhalbierendensatz
Ecken auf Parallelen   im Dreieck

Beispiel 4.6

Wir wollen den bereits bekannten Satz beweisen, dass sich die Winkelhalbierenden im Dreieck in einem Punkt schneiden. Wir betrachten die Winkelhalbierenden w_α von α und w_β von β. Diese schneiden sich im Punkt W. Die zu c orthogonale Gerade durch W heiße g. Die Dreifachspiegelung

$$\sigma = \sigma_{w_\alpha} \circ \sigma_g \circ \sigma_{w_\beta}$$

ist eine Spiegelung an einer Geraden durch W (Satz 4.1). Wegen $\sigma(a) = b$ ist dies die Winkelhalbierende von γ, folglich geht die Winkelhalbierende von γ auch durch W (Abb. 4.3.6).　　　　　　　　　　　　　　　　　　　　　　　　　　　　■

Beispiel 4.7 (Fermat-Punkt und Napoléon-Dreieck)

Auf die Seiten eines spitzwinkligen Dreiecks werden gleichseitige Dreiecke aufgesetzt. In den Bezeichnungen von Abb. 4.3.7 gilt dann: Die Strecken AA', BB', CC' sind gleich lang, schneiden sich in einem Punkt F und bilden dort Winkel von $60°$. Der Punkt F heißt der *Fermat-Punkt* des Dreiecks (nach Pierre de Fermat).

Zum Beweis dieser Behautung betrachten wir den Schnittpunkt F der Strecken AA' und BB'. Eine Drehung um C mit $60°$ bildet B' auf A und B auf A' ab. Also ist $\overline{AA'} = \overline{BB'}$ und $\sphericalangle A'FB = \sphericalangle B'FA = 60°$. Das Viereck $AFCB'$ besitzt einen Umkreis, denn $\sphericalangle AFB' = \sphericalangle CAB' = 60°$. Der Fasskreisbogen über AB' zum Winkel $60°$ geht also durch F und C. Betrachtet man diesen Kreis als Fasskreis über $B'C$, so ergibt sich $\sphericalangle CFB' = \sphericalangle CAB' = 60°$. Analog ergibt sich $\sphericalangle CFA' = 60°$. Eine Drehung um A um $60°$ ergibt nun $\overline{BB'} = \overline{CC'}$ und zwischen BB' und CC' einen Schnittwinkel von $60°$. Daher muss auch CC' durch F gehen.

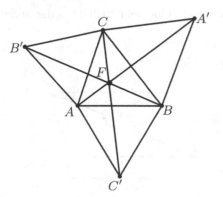

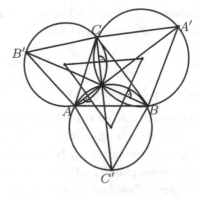

Abb. 4.3.7　Fermat-Punkt　　　　　　　　　**Abb. 4.3.8**　Napoléon-Dreieck

Eine interessante Folgerung aus diesem Satz über den Fermat-Punkt ist der folgende *Satz von Napoléon* (nach NAPOLÉON BONAPARTE, 1769–1821): Werden über den Ecken eines spitzwinkligen Dreiecks gleichseitige Dreiecke errichtet, dann bilden deren Umkreismittelpunkte ein gleichseitiges Dreieck. (Dieses Dreieck heißt das *Napoléon-Dreieck* des gegebenen Dreiecks.)

Zum Beweis dieser Aussage beachten wir, dass die Umkreise der drei gleichseitigen Dreiecke alle durch den Fermat-Punkt des Dreiecks gehen, wie wir oben gesehen haben. Weil AF eine Sehne der Umkreise der Dreiecke $\triangle ABC'$ und $\triangle ACB'$ ist, ist die Verbindungsstrecke der Umkreismittelpunkte dieser Dreiecke orthogonal zu AF bzw. zu AA'. Entsprechendes gilt für BF und CF. Da nun die Strecken AA', BB', CC' Winkel von 60° bilden, gilt dasselbe für die Verbindungsstrecken der Umkreismittelpunkte. Diese bilden somit ein gleichseitiges Dreieck (Abb. 4.3.8). ■

Nachdem wir Anwendungen von *Spiegelungen* und *Drehungen* betrachtet haben, wollen wir uns nun mit *Verschiebungen* beschäftigen. In Abschn. 4.2 haben wir schon *ganzzahlige* Vielfache von Verschiebungen definiert; jetzt wollen wir auch die *Vervielfachung mit beliebigen reellen Faktoren* erklären.

Es sei $P \neq Q$, ferner r eine positive reelle Zahl und R der Punkt der Halbgeraden PQ^+ mit $\overline{PR} = r \cdot \overline{PQ}$. Dann setzen wir $r\,\overrightarrow{PQ} := \overrightarrow{PR}$ und nennen dies das *r-fache* der Verschiebung $\overrightarrow{PQ}$ (Abb. 4.3.9). Unter $(-r)\,\overrightarrow{PQ}$ verstehen wir die Umkehrabbildung (Gegenverschiebung) von $r\,\overrightarrow{PQ}$.

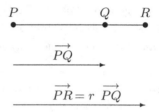

Abb. 4.3.9 r-faches von $\overrightarrow{PQ}$

Das 0-fache einer Verschiebung und das r-fache der Nullverschiebung soll die Nullverschiebung (id) sein. Für Verschiebungen benutzt man häufig die Variablen $\vec{a}$, $\vec{b}$, $\vec{c}$, ... Die Nullverschiebung bezeichnet man dann mit $\vec{o}$.

Verschiebungen $\vec{a}$, $\vec{b}$ heißen *linear unabhängig*, wenn die eine kein Vielfaches der anderen ist, wenn also eine Gleichung

$$r\vec{a} + s\vec{b} = \vec{o} \qquad (r, s \in \mathbb{R})$$

nur mit $r = s = 0$ bestehen kann.

Drei Verschiebungen in der Ebene sind stets linear abhängig, d.h., man kann eine als Linearkombination der beiden anderen darstellen (Abb. 4.3.10). Man findet aber immer zwei linear unabhängige Verschiebungen in der Ebene.

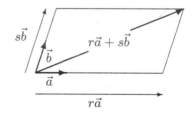

Abb. 4.3.10 Lineare Abhängigkeit

Verschiebungen nennt man auch *Verschiebungsvektoren* oder kurz *Vektoren*. Ist ein fester Punkt O der Ebene gegeben, dann kann man jeden Punkt A eindeutig durch den Verschiebungsvektor $\vec{a} = \overrightarrow{OA}$ kennzeichnen; diesen Vektor nennt man dann den *Ortsvektor* von A.

Für zwei Punkte A, B gilt (Abb. 4.3.11):

$$\overrightarrow{AB} = \vec{b} - \vec{a}, \quad \text{denn es ist} \quad \vec{a} + \overrightarrow{AB} = \vec{b}.$$

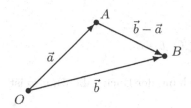

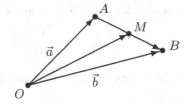

Abb. 4.3.11 $\overrightarrow{AB} = \vec{b} - \vec{a}$ **Abb. 4.3.12**   Mittelpunkt von AB

Der Mittelpunkt M der Strecke AB hat den Ortsvektor

$$\vec{m} = \vec{a} + \frac{1}{2}(\vec{b} - \vec{a}) = \frac{1}{2}(\vec{a} + \vec{b})$$

(Abb. 4.3.12). In Bsp. 4.9 werden wir sehen, dass der Ortsvektor $\vec{s}$ des Schwerpunkts S eines Dreiecks ABC durch

$$\vec{s} = \frac{1}{3}(\vec{a} + \vec{b} + \vec{c})$$

gegeben ist.

Beispiel 4.8

Die Mittelpunkte der Seiten eines Vierecks bilden ein Parallelogramm. Dies erkennt man leicht an der Tatsache, dass die Verbindungsstrecken der Seitenmittelpunkte parallel zu den Diagonalen sind. Wir wollen diesen Satz aber nun mithilfe von Verschiebungsvektoren beweisen.

Mit den Bezeichnungen in Abb. 4.3.13 gilt der Reihe nach

$$\overrightarrow{AB} + \overrightarrow{BC} = \overrightarrow{AD} + \overrightarrow{DC}$$
$$\frac{1}{2}\overrightarrow{AB} + \frac{1}{2}\overrightarrow{BC} = \frac{1}{2}\overrightarrow{AD} + \frac{1}{2}\overrightarrow{DC}$$
$$\overrightarrow{M_1 B} + \overrightarrow{BM_2} = \overrightarrow{M_4 D} + \overrightarrow{DM_3}$$
$$\overrightarrow{M_1 M_2} = \overrightarrow{M_4 M_3}$$

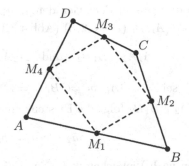

Die letzte Gleichung besagt aber gerade, dass $M_1 M_2 M_3 M_4$ ein Parallelogramm ist.

Abb. 4.3.13   Seitenmitten-Parallelogramm

Beispiel 4.9

Wir haben bereits in Satz 1.3 bewiesen, dass sich die Seitenhalbierenden im Dreieck in einem Punkt schneiden und im Verhältnis 2:1 teilen; dies wollen wir nun mithilfe von Verschiebungsvektoren zeigen. Es sei S_a der Punkt auf der Seitenhalbierenden AM_a

mit $\overline{AS_a} : \overline{S_aM_a} = 2 : 1$ (Abb. 4.3.14). Entsprechend seien S_b und S_c definiert. Ferner seien O ein fest gewählter Punkt und

$$\vec{a} := \overrightarrow{OA}, \quad \vec{b} := \overrightarrow{OB}, \quad \vec{c} := \overrightarrow{OC}$$

die Ortsvektoren der Punkte A, B und C. Dann ist

$$\overrightarrow{OS_a} = \vec{a} + \frac{2}{3}\left(\frac{1}{2}(\vec{b}+\vec{c}) - \vec{a}\right) = \frac{1}{3}(\vec{a}+\vec{b}+\vec{c}).$$

Derselbe Vektor ergibt sich für $\overrightarrow{OS_b}$ und $\overrightarrow{OS_c}$ (Vertauschung der Buchstaben!), also ist $\overrightarrow{OS_a}=\overrightarrow{OS_b}=\overrightarrow{OS_c}$.   ∎

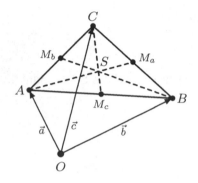

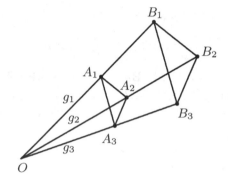

Abb. 4.3.14 Seitenhalbierenden-Satz vektoriell

Abb. 4.3.15 Parallelität

Beispiel 4.10

Es seien drei verschiedene Geraden g_1, g_2, g_3 durch den Punkt O gegeben; auf g_i liegen die Punkte A_i, B_i ($i = 1, 2, 3$) (Abb.4.3.15). Dann gilt:

$$A_1A_2 \parallel B_1B_2 \quad \text{und} \quad A_2A_3 \parallel B_2B_3 \quad \Rightarrow \quad A_1A_3 \parallel B_1B_3.$$

Denn: Es sei $\vec{a}_i = \overrightarrow{OA_i}$, $\vec{b}_i = \overrightarrow{OB_i}$ ($i = 1,2,3$). Dann ist $\vec{b}_i = r_i\vec{a}_i$ mit $r_i \in \mathbb{R}$ ($i = 1,2,3$). Aus $A_1A_2 \parallel B_1B_2$ folgt die Existenz einer Zahl $k \in \mathbb{R}$ mit $\overrightarrow{B_1B_2} = k\,\overrightarrow{A_1A_2}$, also

$$r_2\vec{a}_2 - r_1\vec{a}_1 = \vec{b}_2 - \vec{b}_1 = k(\vec{a}_2 - \vec{a}_1).$$

Sortieren nach Vielfachen von $\vec{a}_1$ und $\vec{a}_2$ ergibt.

$$(k - r_1)\vec{a}_1 + (r_2 - k)\vec{a}_2 = \vec{o}.$$

Da $\vec{a}_1, \vec{a}_2$ linear unabhängig sind, folgt $r_1 = k = r_2$. In gleicher Weise erhält man $r_2 = r_3$ und damit schließlich $r_1 = r_2 = r_3$. Nun ergibt sich

$$\overrightarrow{B_1B_3} = \vec{b}_3 - \vec{b}_1 = r_3\vec{a}_3 - r_1\vec{a}_1 = r_1(\vec{a}_3 - \vec{a}_1) = r_1\,\overrightarrow{A_1A_3},$$

also $A_1A_3 \parallel B_1B_3$.   ∎

Aufgaben

4.14 Es sei ein Winkelfeld mit den Schenkeln a, b gegeben, ferner zwei Punkte P, Q im Inneren des Winkelfeldes. Konstruiere ein Parallelogramm $PAQB$ mit $A \in a$, $B \in b$ (Abb. 4.3.16).

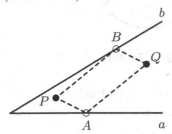

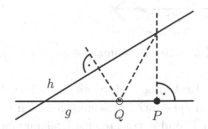

Abb. 4.3.16 Zu Aufgabe 4.14   **Abb. 4.3.17** Zu Aufgabe 4.15

4.15 Es seien zwei Geraden g, h und ein Punkt $P \in g$ gegeben. Konstruiere einen Punkt $Q \in g$, dessen Abstand von h gleich seiner Entfernung von P ist (Abb. 4.3.17).

4.16 Gegeben seien Kreise k_1, k_2 mit $k_1 \cap k_2 = \{S, T\}$ und $r_1 > r_2$. Konstruiere eine Gerade g mit $S \in g$ und $T \notin g$, aus der beide Kreise gleich lange Strecken ausschneiden.

4.17 Es seien zwei Kreise und eine Gerade g gegeben. Konstruiere eine Strecke AB mit gegebener Länge a und $AB \parallel g$, $A \in k_1$, $B \in k_2$.

4.18 Gegeben seien Kreise k_1, k_2 und eine Gerade g. Konstruiere ein Quadrat $ABCD$ mit $A \in k_1, C \in k_2$ und $B, D \in g$. Bei welcher Lage der Kreise gibt es keine, genau ein, genau zwei, unendlich viele solche Quadrate (Abb. 4.3.18)?

4.19 Es seien ein Kreis k vom Radius r, ein Punkt P im Äußeren von k und eine Länge $s < 2r$ gegeben. Konstruiere eine Gerade durch P, aus der k eine Sehne der Länge s ausschneidet.

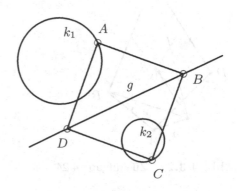

Abb. 4.3.18 Zu Aufgabe 4.18

4.20 Es seien ein Kreis k, ein Punkt P im Inneren von k und eine Winkelgröße $\alpha \leq 90°$ gegeben. Konstruiere eine Sehne durch P, zu der ein Peripheriewinkel der Größe α gehört (Abb. 4.3.19).

4.21 Beweise den Peripheriewinkelsatz mithilfe einer Doppelspiegelung (Abb. 4.3.20).

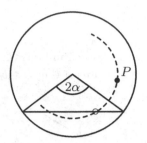

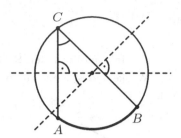

Abb. 4.3.19 Zu Aufgabe 4.20   **Abb. 4.3.20** Zu Aufgabe 4.21

4.22 Bestimme im Inneren des spitzwinkligen Dreiecks ABC einen Punkt P, für den die Summe seiner Entfernungen zu den Eckpunkten minimal ist. Hinweis: Wähle einen Punkt P und betrachte eine Drehung um die Ecke B mit $60°$.

4.23 Beweise mithilfe von Verschiebungsvektoren, dass sich die Diagonalen in einem Viereck genau dann halbieren, wenn es sich um ein Parallelogramm handelt.

4.24 Im Viereck $ABCD$ sei S der Schnittpunkt der Verbindungsgeraden der Mittelpunkte einander gegenüberliegender Seiten. Ferner sei O ein fester Punkt, und $\vec{a} = \overrightarrow{OA}$, $\vec{b} = \overrightarrow{OB}, \ldots$ seien die Ortsvektoren der Punkte A, B, C und D (Abb. 4.3.21). Zeige: $\overrightarrow{OS} = \frac{1}{4}(\vec{a} + \vec{b} + \vec{c} + \vec{d})$.

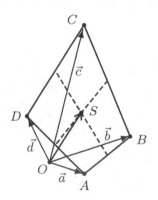

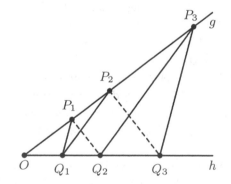

Abb. 4.3.21 Zu Aufgabe 4.24   **Abb. 4.3.22** Zu Aufgabe 4.25

4.25 Beweise den folgenden *Satz von Pappos und Pascal* (nach PAPPOS VON ALEXANDRIA, um 300 v. Chr., und BLAISE PASCAL, 1623–1662):

Es seien zwei Geraden g, h mit dem Schnittpunkt O gegeben, ferner drei verschiedene Punkte P_1, P_2, P_3 aus g und drei verschiedene Punkte Q_1, Q_2, Q_3 aus h; keiner dieser sechs Punkte sei O (Abb. 4.3.22). Dann gilt:

$$P_1Q_1 \parallel P_3Q_3 \quad \text{und} \quad P_2Q_1 \parallel P_3Q_2 \quad \Rightarrow \quad P_1Q_2 \parallel P_2Q_3$$

4.4   Ähnlichkeitsabbildungen

Eine geradentreue Bijektion der Ebene auf sich heißt *winkeltreu*, wenn jedes Winkelfeld auf ein gleich großes Winkelfeld abgebildet wird. Eine solche Abbildung nennt man eine *Ähnlichkeitsabbildung*. Zwei Figuren heißen *ähnlich*, wenn die eine durch eine Ähnlichkeitsabbildung auf die andere abgebildet werden kann.

Jede Ähnlichkeitsabbildung kann man als Verkettung einer Kongruenzabbildung mit einer zentrischen Streckung darstellen, wobei der Begriff der zentrischen Streckung folgendermaßen definiert ist: Es sei Z ein fester Punkt und k eine feste von 0 verschiedene reelle Zahl. Die Abbildung der Ebene auf sich, die

- den Fixpunkt Z hat und
- jeden Punkt $P \neq Z$ auf den Punkt P' mit $\overrightarrow{ZP'} = k\,\overrightarrow{ZP}$ abbildet,

heißt *zentrische Streckung* mit dem *Streckzentrum (Zentrum)* Z und dem *Streckfaktor (Faktor)* k. Die Umkehrung einer zentrischen Streckung mit dem Zentrum Z und dem Faktor k ist eine zentrische Streckung mit dem Zentrum Z und dem Faktor $\frac{1}{k}$. Zwei Figuren, von denen sich die eine mit einer zentrischen Streckung auf die andere abbilden lässt, heißen *zentrisch ähnlich*.

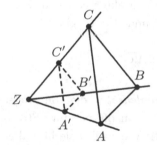

Abb. 4.4.1 Streckfaktor $k = \frac{1}{2}$

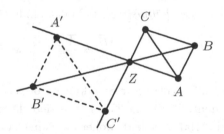

Abb. 4.4.2 Streckfaktor $k = -\frac{3}{2}$

Abb. 4.4.1 zeigt eine zentrische Streckung mit dem Faktor $k = \frac{1}{2}$; in Abb. 4.4.2 liegt eine zentrische Streckung mit dem Faktor $k = -\frac{3}{2}$ vor.

Sei nun φ eine beliebige Ähnlichkeitsabbildung. Wie im Fall von Kongruenzabbildungen ergibt sich, dass φ durch ein Dreieck ABC und sein Bilddreieck $A'B'C'$ (mit $A' = \varphi(A), B' = \varphi(B)$ und $C' = \varphi(C)$) *eindeutig bestimmt* ist (Aufgabe 4.26). Zu den zueinander ähnlichen Dreiecken ABC und $A'B'C'$ gibt es zunächst eine Kongruenzabbildung τ, die A auf A', B auf $B^* \in A'B'^+$ und C auf $C^* \in A'C'^+$ abbildet. Führt man anschließend eine zentrische Streckung ϑ am Zentrum A' mit dem Faktor $k = \dfrac{\overline{A'B'}}{\overline{AB}}$ aus, so wird das Dreieck $A'B^*C^*$ auf $\triangle A'B'C'$ abgebildet (Abb. 4.4.3).

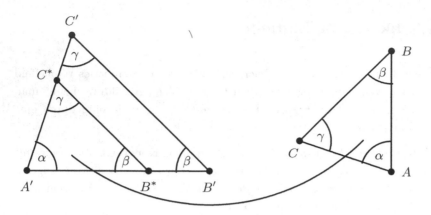

Abb. 4.4.3 Ähnlichkeitsabbildung $\hat{=}$ Zentrische Streckung ∘ Kongruenzabbildung

Demnach ist mit $\vartheta \circ \tau$ eine Ähnlichkeitsabbildung gefunden, die das Dreieck ABC auf das Dreieck $A'B'C'$ abbildet; da es aber höchstens eine Ähnlichkeitsabbildung dieser Art gibt, muss $\vartheta \circ \tau = \varphi$ gelten, und φ ist als Verkettung einer Kongruenzabbildung mit einer zentrischen Streckung dargestellt. Dabei gilt dann:

$$\overline{A'B'} = k \cdot \overline{AB}, \quad \overline{A'C'} = k \cdot \overline{AC}, \quad \overline{B'C'} = k \cdot \overline{BC}.$$

Eine Ähnlichkeitsabbildung kann man also auch dadurch charakterisieren, dass sie *streckenverhältnistreu* ist: In den ähnlichen Dreiecken ABC und $A'B'C'$ gilt z.B.

$$\frac{\overline{AB}}{\overline{AC}} = \frac{\overline{A'B'}}{\overline{A'C'}} \quad \text{bzw.} \quad \overline{AB} : \overline{AC} = \overline{A'B'} : \overline{A'C'}.$$

Mithilfe zentrischer Streckungen beweisen wir nun die *Strahlensätze*, die von großer Bedeutung für die Geometrie sind. Diese Sätze formuliert man oft nur für „Strahlen" (Halbgeraden), woher der Name stammt (Abschn. 1.3). Wir wollen sie hier aber allgemeiner für zwei sich schneidende *Geraden* formulieren.

Satz 4.5 (Strahlensätze)
Werden zwei sich in einem Punkt Z schneidende Geraden von parallelen Geraden in A, B bzw. A', B' geschnitten (Abb. 4.4.4), dann gilt:

$$\overline{ZA} : \overline{ZA'} = \overline{ZB} : \overline{ZB'}$$

(Erster Strahlensatz)

$$\overline{ZA} : \overline{ZA'} = \overline{AB} : \overline{A'B'}$$

(Zweiter Strahlensatz)

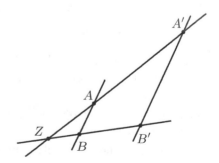

Abb. 4.4.4 Strahlensatzfigur

Beweis 4.5 Bei einer zentrischen Streckung wird jede Gerade auf eine zu ihr parallele Gerade abgebildet. Würden sich nämlich eine Gerade und ihre Bildgerade in einem Punkt F schneiden, so wäre F ein Fixpunkt der zentrischen Streckung, als solcher kommt aber nur O in Frage. Bei der zentrischen Streckung mit dem Zentrum Z und dem Faktor k, die A auf A' abbildet, ist $\overrightarrow{ZA'} = k\,\overrightarrow{ZA}$. Dann muss aber auch $k\,\overrightarrow{ZB} = \overrightarrow{ZB'}$ gelten, denn die Parallele zu g_{AB} durch A' ist eindeutig bestimmt (Parallelenaxiom). Daraus ergibt sich der erste Strahlensatz. Weiterhin ist

$$\overrightarrow{A'B'} = \overrightarrow{ZB'} - \overrightarrow{ZA'} = k\,\overrightarrow{ZB} - k\,\overrightarrow{ZA} = k(\overrightarrow{ZB} - \overrightarrow{ZA}) = k\,\overrightarrow{AB},$$

woraus der zweite Strahlensatz folgt. $\qquad\qquad\square$

Der erste Strahlensatz ist unter einer bestimmten Bedingung (in der Version für Halbgeraden immer erfüllt!) umkehrbar:

Gilt $A' \in ZA^+$, $B' \in ZB^+$ und

$$\overline{ZA} : \overline{ZA'} = \overline{ZB} : \overline{ZB'},$$

dann kann man auf $AB \parallel A'B'$ schlie-
ßen. Aus $\overrightarrow{ZA'} = k\,\overrightarrow{ZA}$ und $\overrightarrow{ZB'} = k\,\overrightarrow{ZB}$
folgt nämlich $\overrightarrow{A'B'} = k\cdot\overrightarrow{AB}$, also ist
$A'B' \parallel AB$.
Der zweite Strahlensatz ist aber *nicht*
umkehrbar, wie man an Abb. 4.4.5 ablesen kann.

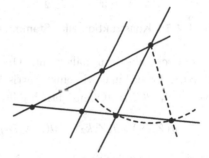

Abb. 4.4.5 Zweiter Strahlensatz:
nicht umkehrbar

Mithilfe des ersten Strahlensatzes kann man eine gegebene Strecke AB folgendermaßen in n gleich lange Stücke teilen:

Man trage auf einem von A ausgehenden Strahl eine Strecke (beliebiger
Länge) n-mal hintereinander ab, verbinde den Endpunkt E der letzten dieser
Strecken mit B und zeichne die Parallelen zu BE durch die Endpunkte
der auf dem Strahl gezeichneten Strecken (Abb. 4.4.6). Dann erhält man eine
gleichmäßige Partition der Strecke AB
in n Teilstrecken.

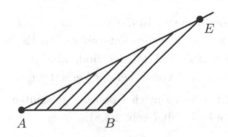

Abb. 4.4.6 Einteilung von AB in
n gleiche Teile

Abb. 4.4.7 enthält eine Konstruktion der Teilpunkte $\frac{1}{2}, \frac{1}{3}, \frac{1}{4}, \frac{1}{5}, \ldots$ einer Strecke der Länge 1. Man gewinnt den Teilpunkt $\frac{1}{n+1}$, indem man den Teilpunkt $\frac{1}{n}$ mit der linken oberen Ecke des Rechtecks verbindet und dann vom Schnittpunkt dieser Verbindung mit der Rechtecksdiagonalen das Lot auf die gegebene Strecke fällt; die Höhe des

Rechtecks ist dabei beliebig. Eine Begründung dieser Konstruktion (Aufgabe 4.28) liefert der Strahlensatz.

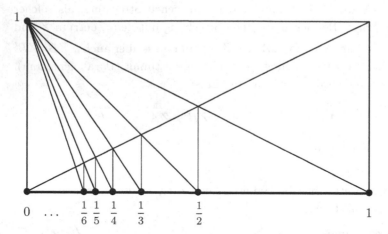

Abb. 4.4.7 Konstruktion aller Stammbruch-Streckenlängen

Wir befassen uns nun näher mit Operationen mit zentrischen Streckungen; zur Abkürzung bezeichnen wir eine zentrische Streckung mit dem Zentrum Z und dem Faktor k mit $\vartheta(Z, k)$. Offensichtlich gilt

$$\vartheta(Z, k_1) \circ \vartheta(Z, k_2) = \vartheta(Z, k_1 k_2) \qquad \text{und} \qquad \vartheta(Z, k)^{-1} = \vartheta(Z, \tfrac{1}{k}).$$

Die Verkettung zweier Streckungen mit gleichem Zentrum ist kommutativ, denn offenbar ist $\vartheta(Z, k_1) \circ \vartheta(Z, k_2) = \vartheta(Z, k_2) \circ \vartheta(Z, k_1)$. Ferner ist $\vartheta(Z,1) = \mathrm{id}$, und $\vartheta(Z, -1)$ ist die Punktspiegelung mit dem Zentrum Z. Eine zentrische Streckung mit negativem Streckfaktor kann man als Verkettung der zentrischen Streckung mit demselben Zentrum und dem entsprechenden positiven Faktor und einer Punktspiegelung verstehen: $\vartheta(Z, -k) = \vartheta(Z, k) \circ \vartheta(Z, -1)$.

Komplizierter ist die Verkettung von zentrischen Streckungen $\vartheta(Z_1, k_1)$ und $\vartheta(Z_2, k_2)$ mit *verschiedenen* Zentren Z_1, Z_2. Es sei P' der Bildpunkt von P bei der Abbildung $\vartheta(Z_2, k_2)$ und P'' der Bildpunkt von P' bei der Abbildung $\vartheta(Z_1, k_1)$, also P'' der Bildpunkt von P bei der Verkettung dieser beiden zentrischen Streckungen.

Mit einem zunächst beliebig gewählten Punkt Z gilt (Abb. 4.4.8):

$$\begin{aligned}
\overrightarrow{ZP''} &= \overrightarrow{ZZ_1} + k_1\, \overrightarrow{Z_1P'}\\
&= \overrightarrow{ZZ_1} + k_1(\overrightarrow{Z_1Z_2} + k_2\, \overrightarrow{Z_2P})\\
&= k_1 k_2\, \overrightarrow{Z_2P} + \overrightarrow{ZZ_1} + k_1\, \overrightarrow{Z_1Z_2}\\
&= k_1 k_2\, \overrightarrow{ZP} + (k_1 k_2\, \overrightarrow{Z_2Z}\\
&\quad + \overrightarrow{ZZ_1} + k_1\, \overrightarrow{Z_1Z_2}).
\end{aligned}$$

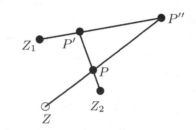

Abb. 4.4.8 $\vartheta(Z_1, k_1) \circ \vartheta(Z_2, k_2)$

Ist nun $k_1 k_2 = 1$, dann ist

$$\overrightarrow{ZP''} = \overrightarrow{ZP} + (\overrightarrow{Z_2 Z} + \overrightarrow{ZZ_1} + k_1 \overrightarrow{Z_1 Z_2})$$
$$= \overrightarrow{ZP} + (\overrightarrow{Z_2 Z_1} + k_1 \overrightarrow{Z_1 Z_2})$$
$$= \overrightarrow{ZP} + (k_1 - 1) \overrightarrow{Z_1 Z_2},$$

also $\overrightarrow{PP''} = \overrightarrow{ZP''} - \overrightarrow{ZP} = (k_1 - 1) \overrightarrow{Z_1 Z_2}$.

In diesem Fall ist demnach $\vartheta(Z_1, k_1) \circ \vartheta(Z_2, k_2)$ die Verschiebung mit dem Vektor $(k_1 - 1) \overrightarrow{Z_1 Z_2}$ (Abb. 4.4.9).

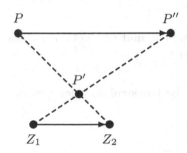

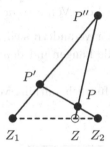

Abb. 4.4.9 Verschiebung   **Abb. 4.4.10** Zentrische Streckung

Ist aber $k_1 k_2 \neq 1$, dann kann man Z auf der Geraden durch Z_1, Z_2 so wählen, dass gilt:

$$k_1 k_2 \overrightarrow{Z_2 Z} + \overrightarrow{ZZ_1} + k_1 \overrightarrow{Z_1 Z_2} = \vec{o}.$$

(Mit dem Ansatz $\overrightarrow{Z_1 Z} = \mu \overrightarrow{Z_1 Z_2}$ liefert obige Gleichung

$$k_1 k_2 (\mu - 1) + \mu + k_1 = 0,$$

also $\mu = \frac{k_1 k_2 - k_1}{k_1 k_2 - 1}$ und somit $\overrightarrow{Z_1 Z} = \frac{k_1 - k_1 k_2}{1 - k_1 k_2} \overrightarrow{Z_1 Z_2}$.)

Dann ist aber

$$\overrightarrow{ZP''} = k_1 k_2 \overrightarrow{ZP} + (k_1 k_2 \overrightarrow{Z_2 Z} + \overrightarrow{ZZ_1} + k_1 \overrightarrow{Z_1 Z_2}) = k_1 k_2 \overrightarrow{ZP}.$$

In diesem Fall handelt es sich also bei $\vartheta(Z_1, k_1) \circ \vartheta(Z_2, k_2)$ um eine zentrische Streckung mit dem Zentrum Z und dem Faktor $k_1 k_2$ (Abb. 4.4.10).

Jede Ähnlichkeitsabbildung ist die Verkettung einer Kongruenzabbildung mit einer zentrischen Streckung. Jede solche Abbildung lässt sich als *Streckspiegelung* oder als *Streckdrehung* darstellen, also als Verkettung einer zentrischen Streckung mit einer Spiegelung oder einer Drehung, wobei das Streckzentrum auf der Spiegelachse liegt bzw. mit dem Drehzentrum zusammenfällt (Aufgabe 4.30 und 4.31).

Aufgaben

4.26 Zeige, dass eine Ähnlichkeitsabbildung eindeutig durch ein Dreieck ABC und sein Bilddreieck $A'B'C'$ festgelegt ist.

4.27 a) Die Kantenlänge eines Würfels werde mit dem Faktor k verkleinert oder vergrößert. Mit welchen Faktoren verkleinern oder vergrößern sich der Oberflächeninhalt und das Volumen?

b) Der Radius einer Kugel werde mit dem Faktor k verkleinert oder vergrößert. Mit welchen Faktoren verkleinern oder vergrößern sich die Länge eines Großkreises, der Oberflächeninhalt und das Volumen der Kugel?

c) Um welchen Faktor verändern sich der Oberflächeninhalt und das Volumen eines Kegels, wenn man alle Längen mit dem Faktor k ändert?

4.28 Begründe ausführlich mithilfe von Abb. 4.4.11 die Konstruktion der Stammbrüche in Abb. 4.4.7.

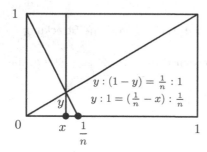

Abb. 4.4.11 Zu Aufgabe 4.28

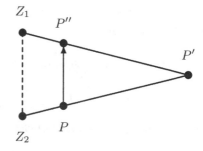

Abb. 4.4.12 Zu Aufgabe 4.29

4.29 Demonstriere anhand einer geeigneten Zeichnung (Abb. 4.4.12), dass gilt:

$$\vartheta(Z_1, k) \circ \vartheta(Z_2, \tfrac{1}{k}) = (k-1)\,\overrightarrow{Z_1 Z_2}\,.$$

4.30 Es sei $\vartheta(Z, k)$ eine zentrische Streckung mit $k \neq 1$ und τ eine Verschiebung. Ferner sei Z' das Bild von Z bei der Verschiebung $\dfrac{1}{1-k}\,\tau$. Zeige, dass

$$\tau \circ \vartheta(Z, k) = \vartheta(Z', k).$$

(Die Verkettung einer zentrischen Streckung mit einer Verschiebung ist also eine zentrische Streckung; Abb. 4.4.13.)

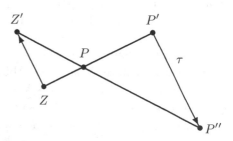

Abb. 4.4.13 Zu Aufgabe 4.30

4.31 Es sei σ_a die Spiegelung an der Achse a und $\vartheta(Z,k)$ eine zentrische Streckung. Zeige, dass eine Gerade f und ein Punkt $F \in f$ existieren, sodass

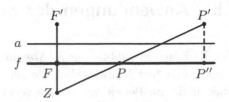

$$\sigma_a \circ \vartheta(Z,k) = \sigma_f \circ \vartheta(F,k)$$

gilt (Abb. 4.4.14).

Abb. 4.4.14 Zu Aufgabe 4.31

(Die Verkettung einer Spiegelung mit einer Streckung, deren Zentrum auf der Spiegelachse liegt, nennt man eine *Streckspiegelung* oder *Spiegelstreckung*. Bei einer solchen sind die Streckung und die Spiegelung vertauschbar.)

4.32 Es sei $\delta(D,\alpha)$ die Drehung um D mit dem Winkel α und $\vartheta(Z,k)$ die zentrische Streckung mit dem Zentrum Z und dem Faktor k. Zeige, dass ein Punkt F existiert, sodass $\delta(D,\alpha) \circ \vartheta(Z,k) = \delta(F,\alpha) \circ \vartheta(F,k)$ gilt (Abb. 4.4.15).

(Die Verkettung einer Drehung mit einer Streckung, deren Zentrum der Drehpunkt ist, nennt man eine *Streckdrehung* oder *Drehstreckung*. Bei einer solchen sind die Drehung und die Streckung vertauschbar.)

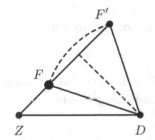

Abb. 4.4.15 Zu Aufgabe 4.32

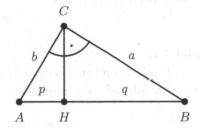

Abb. 4.4.16 Zu Aufgabe 4.33

4.33 a) Welche Drehstreckung bildet in Abb. 4.4.16 $\triangle AHC$ auf $\triangle CHB$ ab? Lies daran den Höhensatz ab.

b) Welche Verkettung einer Spiegelung mit einer Drehstreckung bildet in Abb. 4.4.16 $\triangle AHC$ auf $\triangle ACB$ ab? Lies daran den Kathetensatz ab.

4.34 Zwei Kreise k_1 und k_2 sind stets zentrisch ähnlich zueinander; ein Zentrum Z, von dem aus der eine Kreis auf den anderen Kreis gestreckt werden kann, heißt ein *Ähnlichkeitspunkt* der Kreise (Abb. 4.4.17).

Konstruiere die Ähnlichkeitspunkte zweier Kreise, beachte die dafür notwendige Fallunterscheidung.

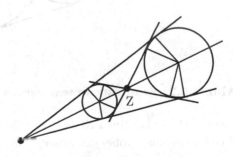

Abb. 4.4.17 Zu Aufgabe 4.34

4.5   Anwendungen der zentrischen Streckung

Wie die Kongruenzabbildungen (Abschn. 4.3) kann man auch die Ähnlichkeitsabbildungen, und hier hauptsächlich die zentrischen Streckungen, für Konstruktionsaufgaben und zum Beweis von Sätzen verwenden. Letzteres haben wir in Kap. 1 schon ausführlich getan, dort haben wir nämlich häufig mit der Ähnlichkeit von Dreiecken argumentiert. Wir betrachten hier noch einige weitere Beispiele.

Beispiel 4.11

In ein Dreieck ABC soll ein Quadrat $PQRS$ mit

$$P, Q \in AB, \quad R \in BC, \quad S \in AC$$

eingezeichnet werden. Wir zeichnen zunächst ein Quadrat $P'Q'R'S'$ mit $P', Q' \in AB$ und $S' \in AC$. Dann führen wir eine Streckung mit dem Zentrum A so aus, dass das Bild von R' auf BC liegt (Abb.4.5.1). ■

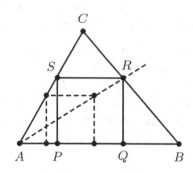

Abb. 4.5.1   Quadratkonstruktion

Beispiel 4.12

Es sei ein Punkt P im Inneren eines Winkelfeldes gegeben. Es sollen die beiden Kreise konstruiert werden, die die Schenkel des Winkels berühren und durch P gehen.

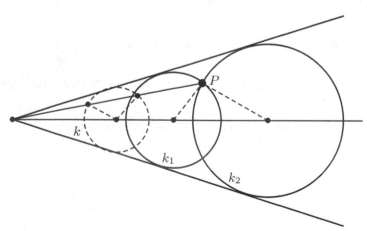

Abb. 4.5.2   Konstruktion zweier Berührkreise durch einen Punkt

Dazu zeichne man einen Kreis k, der die Schenkel berührt, und führe dann zentrische Streckungen aus, wobei der Scheitel des Winkelfeldes das Zentrum ist (Abb. 4.5.2). ■

Beispiel 4.13

Den Satz, dass eine Winkelhalbierende im Dreieck die dem Winkel gegenüberliegende Seite im Verhältnis der anliegenden Seiten teilt (Satz 1.5), kann man gemäß Abb. 4.5.3 mit einer zentrischen Streckung beweisen, wobei das Streckzentrum Z der Punkt ist, in dem die Winkelhalbierende die gegenüberliegende Seite schneidet. ■

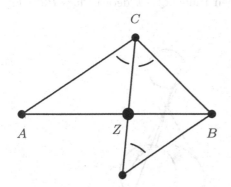

Abb. 4.5.3 Beweisfigur zu Satz 1.5   **Abb. 4.5.4** $h_b : h_a = a : b$

Beispiel 4.14

In einem Dreieck verhalten sich die Höhen umgekehrt wie die Längen der zugehörigen Seiten.

Diesen Satz kann man folgendermaßen mit einer Ähnlichkeitsabbildung beweisen (Abb. 4.5.4): Das Dreieck ΔAH_aC kann man auf das Dreieck ΔBH_bC abbilden, indem man an der Winkelhalbierenden in C spiegelt und dann die Streckung mit dem Zentrum C und dem Faktor $\frac{a}{b}$ ausführt. Aufgrund der Streckenverhältnistreue von Ähnlichkeitsabbildungen ergibt sich $h_b : h_a = a : b$. ■

Aufgaben

4.35 Konstruiere ein Dreieck mit den Winkeln $\alpha = 50°$, $\beta = 80°$ und

a) dem Umkreisradius $r = 5\,\text{cm}$;   b) dem Inkreisradius $\varrho = 3\,\text{cm}$.

4.36 Konstruiere einen Kreis, der eine gegebene Gerade berührt und durch zwei gegebene Punkte geht.

4.37 Es seien ein Kreis k, eine Gerade a im Äußeren von k und ein Punkt P gegeben. Konstruiere eine Gerade g durch P, die k in K und a in A so schneidet, dass gilt: $\overline{KP} \cdot \overline{AP} = 2$.

4.38 Es seien ein Winkelfeld mit den Schenkeln a, b und ein Punkt P gegeben. Konstruiere eine Gerade durch P, die a in A und b in B so schneidet, dass gilt: $\overline{AP} : \overline{BP} = 3$.

4.39 Es sei ein Kreis k mit dem Mittelpunkt M und dem Radius r gegeben, ferner ein Punkt P mit $r < \overline{PM} < 3r$. Konstruiere einen Punkt $Q \in k$ derart, dass PQ von k halbiert wird (Abb. 4.5.5).

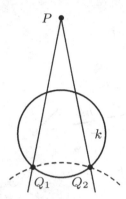
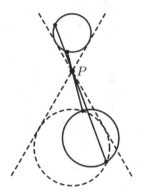

Abb. 4.5.5 Zu Aufgabe 4.39   **Abb. 4.5.6** Zu Aufgabe 4.40

4.40 Es seien Kreise k_1, k_2 und ein Punkt P gegeben. Konstruiere eine Gerade g durch P, die k_1 in A und k_2 in B so schneidet, dass gilt: $\overline{BP} : \overline{AB} = 2$ (Abb. 4.5.6).

4.41 Konstruiere ein Dreieck mit den Höhen $h_a = 8$, $h_b = 9$, $h_c = 10$.

4.6 Affine Abbildungen

Beim Übergang von den Kongruenzabbildungen zu den Ähnlichkeitsabbildungen haben wir auf die Längentreue verzichtet und nur die Winkeltreue verlangt. Jetzt verzichten wir auch auf die Winkeltreue und verlangen nur noch die Geradentreue: Eine geradentreue Bijektion der Ebene auf sich heißt eine *affine Abbildung* oder *Affinität*. Zwei Figuren heißen *affin*, wenn die eine durch eine affine Abbildung auf die andere abgebildet werden kann.

Eine affine Abbildung ist *parallelentreu*, d.h., zwei parallele Geraden werden wieder auf zwei parallele Geraden abgebildet. Haben nämlich die Bildgeraden g' und h' zweier Geraden g und h einen gemeinsamen Punkt P' (Abb. 4.6.1), so

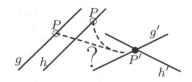

Abb. 4.6.1 Parallelentreue

liegt der Urbildpunkt P von P' sowohl auf g als auch auf h. Das ist aber nicht möglich, wenn g und h parallel sind.

Eine weitere wichtige Eigenschaft affiner Abbildungen ist deren *Teilverhältnistreue*; der Begriff des *Teilverhältnisses* ist dabei folgendermaßen erklärt: Für drei kollineare Punkte A, B, T existiert eine reelle Zahl r mit

$$\overrightarrow{AT} = r\,\overrightarrow{TB}\ .$$

Die Zahl r nennt man das *Teilverhältnis* von A, B, T und schreibt $r = \text{TV}(ABT)$, wie es in Abb. 4.6.2 veranschaulicht wird.

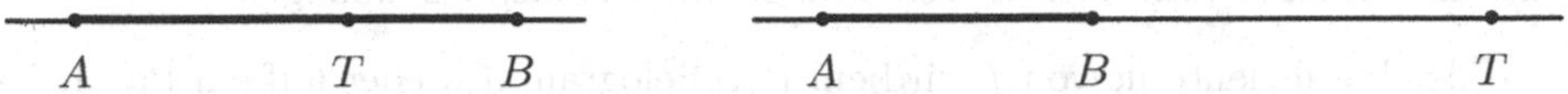

$$\overrightarrow{AT} = \tfrac{8}{5}\,\overrightarrow{TB} \qquad\qquad \overrightarrow{AT} = -\tfrac{3}{2}\,\overrightarrow{TB}$$

$$\text{TV}(ABT) = \tfrac{8}{5} \qquad\qquad \text{TV}(ABT) = -\tfrac{3}{2}$$

Abb. 4.6.2 Teilverhältnis; innerer Teilpunkt; äußerer Teilpunkt

Ist $T \subset AB$, dann heißt T ein *innerer* Teilpunkt; ist $T \not\subset AB$, so heißt T ein *äußerer* Teilpunkt der Strecke AB. Offensichtliche Eigenschaften des Teilverhältnisses sind:

- Ist T ein innerer Teilpunkt von AB, dann ist $\text{TV}(ABT) > 0$.
- Ist T ein äußerer Teilpunkt von AB, dann ist $\text{TV}(ABT) < 0$.
- Ist $T = A$, dann ist $\text{TV}(ABT) = 0$.
- Ist $T = B$, dann ist $\text{TV}(ABT)$ nicht definiert.
- Ist $\text{TV}(ABT) = 1$, dann ist T der Mittelpunkt der Strecke AB.

Da alle Geraden der Ebene „vollständig" sind (in dem Sinne, dass zu allen Geraden $g = g_{AB}$ und zu *jeder* reellen Zahl r immer genau ein Punkt $T \in g$ mit $\overrightarrow{AT} = r\,\overrightarrow{TB}$ existiert), lassen sich alle Geraden im Wesentlichen mit der reellen Zahlengeraden identifizieren, was für den Nachweis der Teilverhältnistreue affiner Abbildungen wichtig ist.

Diese bedeutet nun, dass für je drei kollineare Punkte A, B, T und ihre Bildpunkte A', B', T' unter einen affinen Abbildung f gilt:

$$\text{Ist}\quad \overrightarrow{AT} = r\,\overrightarrow{TB}, \quad\text{dann ist auch}\quad \overrightarrow{A'T'} = r\,\overrightarrow{T'B'}\ .$$

Es ist also $\text{TV}(A'B'T') = \text{TV}(ABT)$. Dies kann man folgendermaßen einsehen:

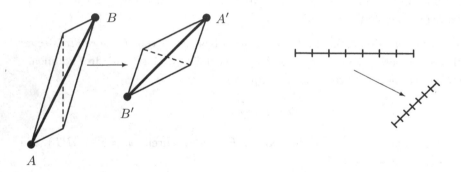

Abb. 4.6.3 Invarianz rationaler Teilverhältnisse unter affinen Abbildungen

Aufgrund der Parallelentreue von f wird ein Parallelogramm wieder auf ein Parallelogramm abgebildet, also der Mittelpunkt einer Strecke wieder auf den Mittelpunkt der Bildstrecke. Folglich wird eine gleichmäßige (gleichabständige) Unterteilung einer Strecke wieder auf eine gleichmäßige Unterteilung der Bildstrecke abgebildet, denn jeder Teilpunkt ist der Mittelpunkt der aus seinen Nachbarpunkten gebildeten Bildstrecke (Abb. 4.6.3). Daher gilt $\mathrm{TV}(A'B'T') = \mathrm{TV}(ABT)$, falls $\mathrm{TV}(ABT)$ eine *rationale* Zahl (Bruchzahl) ist.

Handelt es sich nun bei $r = \mathrm{TV}(ABT)$ um eine *irrationale* Zahl, so kann man eine *rationale Intervallschachtelung* $([r_i, s_i])_{i \in \mathbb{N}}$ mit dem Kern r wählen, sodass die Punkte $R_i, S_i \in g_{AB}$ mit $r_i = \mathrm{TV}(ABR_i)$ und $s_i = \mathrm{TV}(ABS_i)$ eine Folge von Strecken $R_i S_i$ auf der Geraden g_{AB} bilden, von denen jede einzelne den Punkt T enthält. Damit müssen alle Bildstrecken $R_i' S_i'$ der Strecken $R_i S_i$ auf der Geraden $g_{A'B'}$ liegen und den Punkt T' enthalten; weil aber $r_i = \mathrm{TV}(A'B'R_i)$ und $s_i = \mathrm{TV}(A'B'S_i)$ für alle $i \in \mathbb{N}$ sowie $\lim\limits_{i \to \infty} r_i = \lim\limits_{i \to \infty} s_i = r$ gilt, muss T' der durch r vermöge $r = \mathrm{TV}(A'B'T')$ eindeutig bestimmte Punkt auf $g_{A'B'}$ sein.

Man beachte, dass dieses *Stetigkeitsargument* nur deswegen greift, weil wir Geometrie in der euklidischen Ebene betreiben, für die die ebene Koordinatengeometrie $G_2 \mathbb{R}$ ein Modell darstellt (Abschn. 9.1). Für *beliebige* Körper K und die zugehörige Koordinatengeometrie $G_2 K$ (Punkte sind die Paare $(a, b) \in K^2$; Geraden sind die Lösungsmengen linearer Gleichungen $ux + vy = w$ über K mit $u, v, w \in K$, wobei u und v nicht beide das Nullelement von K sein dürfen) wäre eine entsprechende Folgerung unzutreffend. Man betrachte etwa den Körper $K = \mathbb{Q}(\sqrt{2}) := \{a + b\sqrt{2} \mid a, b \in \mathbb{Q}\}$. Dieser Körper besitzt einen (genau einen!) von der identischen Abbildung verschiedenen Körperautomorphismus φ, d.h., eine bijektive Abbildung $\varphi : K \longrightarrow K$ mit den *Verträglichkeitseigenschaften*

$$(*) \quad \varphi(x + y) = \varphi(x) + \varphi(y) \quad \text{und} \quad \varphi(x \cdot y) = \varphi(x) \cdot \varphi(y)$$

für alle $x, y \in K$, wobei $+$ bzw. $\cdot$ die Körperaddition bzw. die Körpermultiplikation bezeichnen. Dieser Körperautomorphismus von K ist definiert durch die Abbildung

$$\varphi : K \longrightarrow K \quad \text{mit} \quad \varphi(a + b\sqrt{2}) = a - b\sqrt{2},$$

und man erkennt, dass φ *nicht stetig* ist: Wählt man nämlich eine Folge $(r_n)_n$ rationaler Zahlen aus K mit $\lim\limits_{n \to \infty} r_n = \sqrt{2}$, so gilt $\lim\limits_{n \to \infty} \varphi(r_n) = \sqrt{2}$, aber es ist $\varphi(\sqrt{2}) = -\sqrt{2} \neq \sqrt{2}$. Dieser unstetige Körperautomorphismus liefert nun bijektive und geradentreue (also affine!) Abbildungen der Ebene $G_2 K$ auf sich, die *nicht teilverhältnistreu* sind; dies zeigt die Affinität

$$f : G_2 K \longrightarrow G_2 K \quad \text{mit} \quad f : (x, y) \longmapsto (\varphi(x), \varphi(y)),$$

die zum Beispiel das Teilverhältnis $\mathrm{TV}(ABT)$ für $A = (0,0)$, $B = (1,0)$ und $T = (\sqrt{2},0)$ *nicht* erhält, weil A und B Fixpunkte von f sind, während $f(T) = (-\sqrt{2},0) \neq T$ gilt.

Die Vollständigkeit der Geraden in der euklidischen Ebene verhindert aber, dass im Körper $\mathbb{R}$ von der identischen Abbildung verschiedene Körperautomorphismen auftreten können; aus diesem Grund sind alle affinen Abbildungen der euklidischen Ebene auf sich teilverhältnistreu.

Somit können wir folgende Abstufung der Invarianzen von Kongruenzabbildungen, Ähnlichkeitsabbildungen und affinen Abbildungen vornehmen:

- Kongruenzabbildungen sind *längentreu*;
- Ähnlichkeitsabbildungen sind *längenverhältnistreu*;
- Affinitäten sind *teilverhältnistreu*.

Jede affine Abbildung ist durch ein nichtkollineares Punktetripel (A, B, C) und sein Bildtripel (A', B', C') eindeutig bestimmt, denn man kann den Bildpunkt jedes weiteren Punktes P eindeutig konstruieren (Abb. 4.6.4). Es sei T der Schnittpunkt der Geraden durch P und C mit der Geraden durch A und B. Man bestimme T' auf der Geraden durch A' und B' mit $\mathrm{TV}(A'B'T') = \mathrm{TV}(ABT)$ und dann P' auf der Geraden durch C' und T' mit $\mathrm{TV}(C'P'T') = \mathrm{TV}(CPT)$.

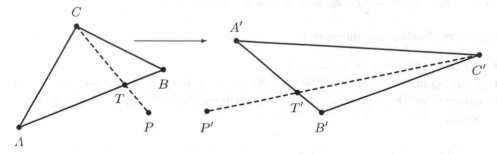

Abb. 4.6.4 Bildpunktkonstruktion aus Dreieck und Bilddreieck einer affinen Abbildung

Wir betrachten nun einem Typ von affinen Abbildungen, der eine Verallgemeinerung der Achsenspiegelung darstellt. Wir werden sehen, dass man alle affinen Abbildungen aus diesem Abbildungstyp durch Verketten darstellen kann, so wie man alle Kongruenzabbildungen als Verkettung von Spiegelungen gewinnen kann.

Es seien eine Gerade a (Achse), eine Gerade r (Richtung), die nicht parallel zu a ist, und eine reelle Zahl $k \neq 0$ gegeben. Die *Parallelstreckung* $\psi = \psi(a; r; k)$ an der Achse a in Richtung r mit dem Faktor k ist durch folgende Eigenschaften festgelegt:

Parallelstreckung $\psi(a; r; k)$ an der Achse a in Richtung r mit Faktor k

(1) Jeder Punkt der Achse a ist Fixpunkt; für $P \in a$ ist also $P' = P$.

(2) Für $P \notin a$ ist $P' := \psi(P) \neq P$, und es gilt:

    (i) $PP' \| r$ (ii) Ist $PP' \cap a = \{A\}$, dann ist $\overrightarrow{AP'} = k\, \overrightarrow{AP}$

Dabei haben wir zur Vereinfachung P' statt $\psi(a; r; k)(P)$ geschrieben; in Abb. 4.6.5 ist eine Parallelstreckung mit $k = -2$ dargestellt.

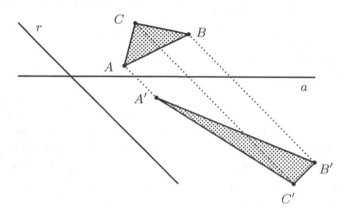

Abb. 4.6.5 Parallelstreckung an a in Richtung r mit Faktor $k = -2$

Besondere Parallelstreckungen sind:

- $\psi(a; r; k)$ mit $k = 1$, denn $\psi(a, r; 1) = \mathrm{id}$.
- $\psi(a; r; k)$ mit $k = -1$; die Abbildung $\psi(a, r; -1)$ nennt man eine *Schrägspiegelung*.
- $\psi(a; r; k)$ mit $k > 0$ und $a \perp r$; dann nennt man $\psi(a, r; k)$ eine *orthogonale Parallelstreckung*.
- $\psi(a; r; k)$ mit $k = -1$ und $a \perp r$, denn dann ist $\psi(a, r; -1) = \sigma_a$ die Achsenspiegelung an a.

Dass eine Parallelstreckung die Ebene
bijektiv auf sich abbildet, ist unmittelbar der Definition zu entnehmen.
Dass sie geradentreu ist, folgt aus den
Strahlensätzen (Abb. 4.6.6):
Sind P, Q Punkte und P', Q' ihre Bildpunkte, dann ist $PP' \parallel QQ' \parallel r$; aus
$\overrightarrow{AQ} = t\ \overrightarrow{AP}$ folgt somit $\overrightarrow{A'Q'} = t\ \overrightarrow{A'P'}$.
Liegen also $Q_1, Q_2, \ldots$ auf einer Gera-
den, dann liegen auch die Bildpunkte
$Q'_1, Q'_2, \ldots$ auf einer Geraden.

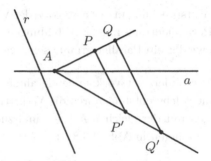

Abb. 4.6.6 Geradentreue von
Parallelstreckungen

Jedes nichtkollineare Punktetripel (A, B, C) (Dreieck ABC) lässt sich auf jedes andere
nichtkollineare Punktetripel (A', B', C') (Dreieck $A'B'C'$) mit höchstens drei aufein-
anderfolgenden Parallelstreckungen abbilden. Ist $A \neq A'$, dann spiegele man an der
Mittelsenkrechten von AA'. Dabei wird $\triangle ABC$ auf $\triangle A'B''C''$ abgebildet. Eine Parallelstreckung an einer Achse durch A' in Richtung $g_{B'B''}$ bildet dann A' auf sich selbst
und B'' auf B' ab, falls noch nicht $B'' = B'$ ist; dabei wird $\triangle A'B''C''$ auf $\triangle A'B'C'''$
abgebildet. Ist $C''' \neq C'$, dann muss man noch eine Parallelstreckung mit der Achse
$g_{A'B'}$ und der Richtung $g_{C'''C'}$ ausführen.

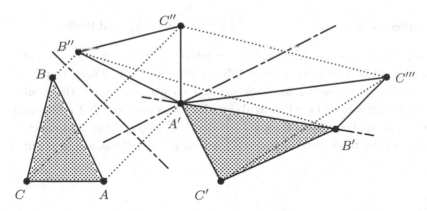

Abb. 4.6.7 $\triangle ABC \longrightarrow \triangle A'B'C'$ mit höchstens drei Parallelstreckungen

Die Folge der Abbildungen

$$\triangle ABC \longrightarrow \triangle A'B''C'' \longrightarrow \triangle A'B'C''' \longrightarrow \triangle A'B'C'$$

ist in Abb. 4.6.7 dargestellt.

Da affine Abbildungen durch ein Dreieck und sein Bilddreieck eindeutig bestimmt sind,
haben wir insgesamt Satz 4.6 bewiesen:

Satz 4.6
*Je zwei Dreiecke sind affin zueinander, und jede affine Abbildung lässt sich als Verket-
tung von höchstens drei Parallelstreckungen darstellen.*

Eine Entsprechung in der Kategorie der Vierecke hat Satz 4.6 natürlich nicht; aufgrund der Parallelentreue affiner Abbildungen muss das affine Bild eines Parallelogramms stets wieder ein Parallelogramm sein, wie wir schon festgestellt haben.

Eine besonders oft vorkommende affine Abbildung ist die *Scherung* an einer Achse a. Eine solche entsteht durch die Verkettung $\psi(a, r; \frac{1}{k}) \circ \psi(a, s; k)$ *zweier* Parallelstreckungen mit der gleichen Achse a und zueinander reziproken Streckfaktoren. Mit den Bezeichnungen in Abb. 4.6.8 ist

$$\overline{P_0A_1} : \overline{PA_1} = k = \overline{P_0A_2} : \overline{P'A_2};$$

mit der Umkehrung des ersten Strahlensatzes ergibt sich daraus, dass ein Punkt P und sein Bildpunkt P' stets auf einer Parallelen zur Achse liegen (Abb. 4.6.8).

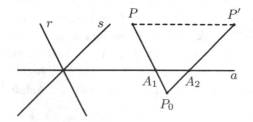

Abb. 4.6.8 Scherung an a **Abb. 4.6.9** Achse und Winkel

Eine zu a orthogonale Gerade g mit $g \cap a = \{A\}$ wird bei einer Scherung an a auf eine Gerade durch A abgebildet, die mit g einen Winkel φ bildet (Abb. 4.6.9). Durch die Achse a und den *Scherungswinkel* φ ist die Scherung eindeutig bestimmt: Alle Punkte der Achse a sind Fixpunkte, und zur Konstruktion des Bildpunkts von $P \notin a$ fälle man das Lot von P auf a und trage im Lotfußpunkt A den Winkel φ an. Der Bildpunkt P' ist der Schnittpunkt des freien Schenkels des Winkels φ mit der Parallelen zu a durch P.

Aufgaben

4.42 Welche affine Abbildung ist invers zur Parallelstreckung $\psi(a; r; k)$?

4.43 Es sei ein Koordinatensystem gegeben. Bei einer affinen Abbildung werde $O(0,0)$ auf $O'(1,2)$, $E_1(1,0)$ auf $E_1'(3,3)$ und $E_2(0,1)$ auf $E_2'(-1,3)$ abgebildet.

a) Konstruiere das Bilddreieck von ABC mit $A(-1,0)$, $B(2,1)$, $C(1,3)$.

b) Berechne die Koordinaten x_1', x_2' des Bildpunkts P' von P aus den Koordinaten x_1, x_2 von P.

4.44 Das Dreieck ABC mit $A(1,1), B(3,7)$ und $C(-1,5)$ werde von einer affinen Abbildung φ auf das Dreieck $A'B'C'$ mit $A'(-1,0), B'(2,1)$ und $C'(1,3)$ abgebildet. Konstruiere den Bildpunkt $P' = \varphi(P)$ des Punktes $P(6,6)$.

4.45 Um welchen Faktor ändert sich der Flächeninhalt eines Dreiecks bei der affinen Abbildung aus Aufgabe 4.43?

4.46 Eine besonders interessante affine Abbildung ist die *Euler-Affinität*. Dies ist eine affine Abbildung der Form

$$\psi(a, b; k) \circ \psi(b, a; s),$$

wobei die Achsen a, b nicht parallel sein sollen (Abb. 4.6.10).

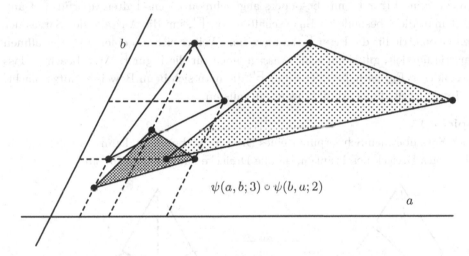

$$\psi(a, b; 3) \circ \psi(b, a; 2)$$

Abb. 4.6.10 Zu Aufgabe 4.46: Euler-Affinität

Zeichne in einem Koordinatensystem das Bild des Dreiecks mit den Ecken $A(1,1), B(3,7), C(-1,5)$ bei der Euler-Affinität mit den Achsen $a : x_1 - x_2 = 0$ und $b : x_1 + 2x_2 = 0$ und den Faktoren $r = -1$ und $s = 1,5$.

4.47 Bei einer Scherung an der Achse a gehe der Punkt P in den Punkt P' über.

a) Konstruiere den Bildpunkt eines Punktes Q. Unterscheide dabei die Fälle $PQ \parallel a$ und $PQ \not\parallel a$.

b) Stelle die Scherung als Verkettung einer Spiegelung mit einer Schrägspiegelung dar (Abb. 4.6.11).

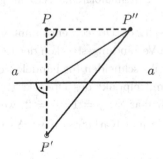

Abb. 4.6.11 Zu Aufgabe 4.47

4.7   Sätze der affinen Geometrie

Ein Satz über eine geometrische Figur, in dem außer von Punkten, Geraden und Inzidenzen („liegt auf", „geht durch") nur von Teilverhältnissen die Rede ist, bleibt wahr, wenn man eine affine Abbildung anwendet, denn das Teilverhältnis ist eine Invariante jeder affinen Abbildung. Einen solchen Satz nennt man einen *Satz der affinen Geometrie*. Der Satz des Pythagoras ist kein Satz der affinen Geometrie, da in ihm die Rechtwinkligkeit eine Rolle spielt, diese aber keine affine Invariante ist. (Der Satz des Pythagoras ist ein Satz der Ähnlichkeitsgeometrie.)

Um einen Satz der affinen Geometrie über eine Figur F zu beweisen, kann man häufig folgenden Trick anwenden: Man führt eine affine Abbildung aus, die die Figur F in eine dazu affine Figur F' mit besonders angenehmen Eigenschaften überführt. Dann benutzt man diese besonderen Eigenschaften von F', um die Aussage des Satzes der affinen Geometrie für die Figur F' zu beweisen. Weil es sich um einen Satz der affinen Geometrie handelt, gilt dann seine Aussage auch für die Figur F. Man beachte, dass die besonderen Eigenschaften der Figur F', die man sich beim Beweis zunutze macht, *keine* Invarianten affiner Abbildungen sein müssen.

Beispiel 4.15
Um den Satz über den Schwerpunkt eines Dreiecks zu beweisen, kann man sich auf ein gleichseitiges Dreieck beschränken, da alle Dreiecke zueinander affin sind.

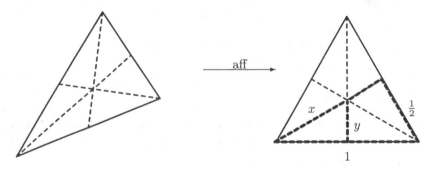

Abb. 4.7.1   Seitenhalbierendensatz im gleichseitigen Dreieck

Beim gleichseitigen Dreieck entnimmt man aber sofort den Symmetrieeigenschaften, dass sich die Verbindungsstrecken der Ecken mit den gegenüberliegenden Seitenmitten in einem Punkt schneiden (es handelt sich nämlich um die Mittelsenkrechten, die sich im Umkreismittelpunkt des Dreiecks treffen) und im Verhältnis 2 : 1 teilen: In Abb. 4.7.1 gilt offenbar $x : y = 1 : \frac{1}{2} = 2$, weil die beiden rechtwinkligen Dreiecke Δ_1 mit Hypotenuse x und Kathete y bzw. Δ_2 mit Hypotenuse 1 und Kathete $\frac{1}{2}$ zueinander ähnlich sind. ∎

Beispiel 4.16 (Satz von Ceva)

Der *Satz von Ceva* (nach GIOVANNI CEVA, 1648–1734) besagt: Ist S ein Punkt im Inneren des Dreiecks ABC und sind U, V, W die Schnittpunkte der Geraden g_{AS}, g_{BS}, g_{CS} mit der jeweils dem Eckpunkt gegenüberliegenden Seite, so gilt

$$TV(ABW) \cdot TV(BCU) \cdot TV(CAV) = 1.$$

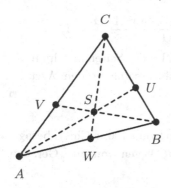

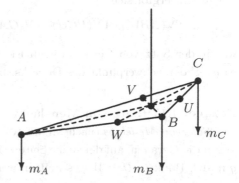

Abb. 4.7.2 Satz von Ceva   **Abb. 4.7.3** „Archimedischer" Beweis

Diesen in Abb. 4.7.2 visualisierten Satz kann man sehr schön mit physikalischen Mitteln einsichtig machen (Abb. 4.7.3). Eine Dreiecksfläche sei aus festem (aber gewichtslosem) Material ausgeschnitten, und an den Ecken seien Gewichte m_A, m_B, m_C aufgehängt. Ist S der Schwerpunkt in dieser Anordnung, dann sind AU, BV, CW die Schwerelinien. Nach dem archimedischen Hebelgesetz gilt dann:

$$m_A \cdot \overline{AW} = m_B \cdot \overline{BW}, \quad m_b \cdot \overline{BU} = m_C \cdot \overline{CU}, \quad m_C \cdot \overline{CV} = m_A \cdot \overline{AV}$$

Bildet man das Produkt dieser Gleichungen, dann kürzen sich die Faktoren m_A, m_B, m_C heraus, und man erhält

$$\overline{AW} \cdot \overline{BU} \cdot \overline{CV} = \overline{BW} \cdot \overline{CU} \cdot \overline{AV} \quad \text{bzw.} \quad \frac{\overline{AW}}{\overline{BW}} \cdot \frac{\overline{BU}}{\overline{CU}} \cdot \frac{\overline{CV}}{\overline{AV}} = 1.$$

Derartige „physikalische" Methoden zur Begründung geometrischer Aussagen hat Archimedes häufig angewendet.

Für einen strengen Beweis des Satzes von Ceva können wir ein beliebiges Dreieck mit besonderen Eigenschaften verwenden, z.B. dasjenige in Abb. 4.7.4. Dort ist

$$TV(ABW) = \frac{w}{1-w},$$

$$TV(CAV) = \frac{1-v}{v}.$$

Der Schnittpunkt $S(s_1, s_2)$ von g_{BV} und g_{CW} hat die Koordinaten

$$s_1 = \frac{w(1-v)}{1-vw}, \quad s_2 = \frac{v(1-w)}{1-vw}.$$

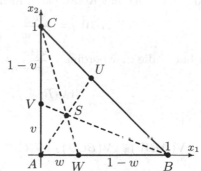

Abb. 4.7.4 Analytischer Beweis

Die Gerade g_{AS} schneidet die Gerade g_{BC} im Punkt U mit der x_1-Koordinate $u = \dfrac{w - vw}{v + w - 2vw}$, daher gilt

$$\mathrm{TV}(BCU) = \frac{1 - u}{u} = \frac{v(1 - w)}{w(1 - v)}.$$

Insgesamt ergibt sich

$$\mathrm{TV}(ABW) \cdot \mathrm{TV}(BCU) \cdot \mathrm{TV}(CAV) = \frac{w}{1 - w} \cdot \frac{v(1 - w)}{w(1 - v)} \cdot \frac{1 - v}{v} = 1,$$

womit der Satz von Ceva bewiesen ist. Sind dabei U, V, W die Seitenmittelpunkte, so ist S der Schwerpunkt des Dreiecks, und alle Teilverhältnisse haben den Wert 1.

■

Beispiel 4.17 (Satz von Menelaos)

Der *Satz von Menelaos* (nach Menelaos von Alexandria, um 100 n. Chr.) besagt: Wenn die Geraden, auf denen die Seiten eines Dreiecks ABC liegen, von einer Geraden g in den Punkten U, V, W geschnitten werden, dann gilt

$$\mathrm{TV}(ABW) \cdot \mathrm{TV}(BCU) \cdot \mathrm{TV}(CAV) = -1.$$

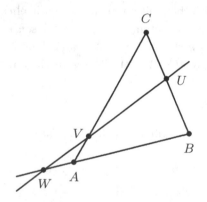

Abb. 4.7.5 Satz von Menelaos   **Abb. 4.7.6** Menelaos analytisch

Zum Beweis dieses in Abb. 4.7.5 veranschaulichten Satzes können wir uns wieder auf ein spezielles Dreieck beschränken; wir wählen das Dreieck in Abb. 4.7.6, in dem man besonders einfach mit Koordinaten rechnen kann. Ist

$$\mathrm{TV}(ABW) = \frac{w}{1 - w} \qquad \text{und} \qquad \mathrm{TV}(CAV) = \frac{1 - v}{v},$$

dann hat U die x_1-Koordinate $\dfrac{w(1 - v)}{w - v}$, woraus sich

$$\mathrm{TV}(BCU) = \frac{1 - u}{u} = -\frac{v(1 - w)}{w(1 - v)}$$

ergibt. Es folgt

$$\mathrm{TV}(ABW) \cdot \mathrm{TV}(BCU) \cdot \mathrm{TV}(CAV) = \frac{w}{1 - w} \cdot \left(-\frac{v(1 - w)}{w(1 - v)} \right) \cdot \frac{1 - v}{v} = -1.$$

■

Beispiel 4.18 (Satz von Desargues)
Wird ein Dreieck ABC bei einer Parallelstreckung auf das Dreieck $A'B'C'$ abgebildet, dann gilt $AA' \parallel BB' \parallel CC'$, und die Geraden durch die Seiten des Dreiecks schneiden ihre Bildgeraden auf der Achse der Parallelstreckung (Abb. 4.7.7). Sind andererseits zwei Dreiecke ABC und $A'B'C'$ mit $AA' \parallel BB' \parallel CC'$ gegeben, dann schneiden die Geraden durch die Seiten ihre Bildgeraden in Punkten, die auf einer Geraden liegen.

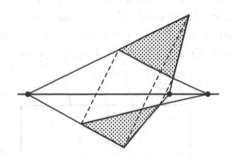

Abb. 4.7.7 Parallelstreckung eines Dreiecks

Die Dreiecke ABC und $A'B'C'$ gehen dann durch eine Parallelstreckung auseinander hervor, und man kann die Achse konstruieren. Zum Nachweis dieser Behauptung benutzen wir zentrische Streckungen (Abb. 4.7.8).

Es gibt eine zentrische Streckung ϑ_1 mit dem Zentrum Z_1, die die Strecke AA' auf die Strecke BB' abbildet. Es gibt ferner eine zentrische Streckung ϑ_2 mit dem Zentrum Z_2, die die Strecke BB' auf die Strecke CC' abbildet. Die Verkettung $\vartheta_2 \circ \vartheta_1$ ist eine Verschiebung oder eine zentrische Streckung (Abschn. 4.4); weil die Strecke AA' auf die zu ihr nicht kongruente Strecke CC' abgebildet wird, handelt es sich um eine zentrische Streckung, deren Zentrum Z_3 auf der Verbindungsgeraden von Z_1, Z_2 liegt.

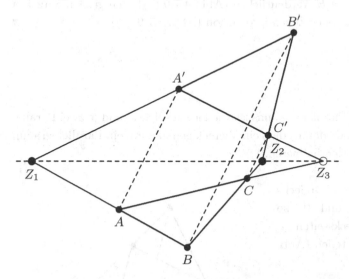

Abb. 4.7.8 Parallelstreckung mit $\triangle ABC \longmapsto \triangle A'B'C'$

Wir haben also folgenden Satz bewiesen:

Sind ABC und $A'B'C'$ zwei Dreiecke mit $AA' \parallel BB' \parallel CC'$, dann liegen die Schnittpunkte der Geraden $g_{AB}, g_{A'B'}$ und $g_{BC}, g_{B'C'}$ und $g_{CA}, g_{C'A'}$ auf einer Geraden.

Dies ist der so genannte *affine* oder *kleine Satz von Desargues* (nach GÉRARD DESAR-
GUES, 1593–1662). Es gibt auch einen *projektiven* oder *großen* Satz von Desargues,
bei dem statt der Parallelität der Geraden $g_{AA'}, g_{BB'}, g_{CC'}$ gefordert wird, dass sich
diese Geraden in einem Punkt S schneiden.

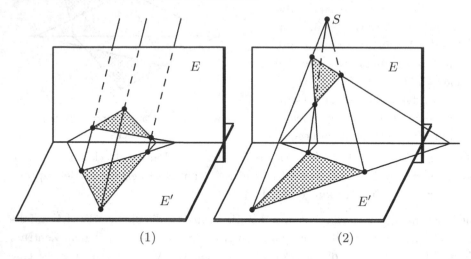

Abb. 4.7.9 Illustrationen der Sätze von Desargues mit Parallel- bzw. Zentralprojektionen

Den kleinen Satz von Desargues kann man sehr schön mithilfe einer Parallelprojektion
einer Ebene E auf eine Ebene E' verdeutlichen (Abb. 4.7.9 (1)), den großen Satz von
Desargues entsprechend mit einer Zentralprojektion (Abb. 4.7.9 (2)).   ∎

Aufgaben

4.48 Das affine Bild eines Parallelogramms ist wieder ein solches, und je zwei Parallelogramme sind affin. Begründe damit, dass ein Viereck genau dann ein Parallelogramm
ist, wenn sich seine Diagonalen halbieren.

4.49 Auf den Seiten eines Dreiecks
ABC seien Punkte U, V und W so
gewählt, dass sie ihre Dreiecksseiten alle im selben Teilverhältnis teilen (Abb.
4.7.10), dass also

$$\mathrm{TV}(ABU) = \mathrm{TV}(BCV) = \mathrm{TV}(CAW)$$

gilt . Zeige, dass die Schwerpunkte der
Dreiecke $\triangle ABC$ und $\triangle UVW$ gleich
sind.

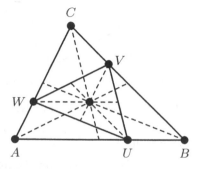

Abb. 4.7.10 Zu Aufgabe 4.49

4.50 Ein Sonderfall des Satzes von Menelaos liegt vor, wenn zwei der Punkte U, V, W die Mittelpunkte der Seiten sind, auf denen sie liegen. Wo liegt der dritte dieser Punkte?

4.51 Das Dreieck ABC mit

$$A(1,1), B(6,0), C(2,-4)$$

wird durch eine Parallelstreckung auf das Dreieck $A'B'C'$ mit

$$A'(5,3), B'(12,3), C'(8,0)$$

abgebildet. Konstruiere die Streckachse und den Streckfaktor.

4.52 Ein Sonderfall des projektiven Satzes von Desargues ist in Abb. 4.7.11 dargestellt. Formuliere diesen Sonderfall und beweise ihn mit Mitteln der Ähnlichkeitsgeometrie.

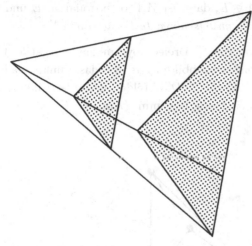

Abb. 4.7.11 Zu Aufgabe 4.52

4.53 Untersuche die Aussage des affinen Satzes von Desargues für den Fall, dass die Strecken AB und $A'B'$ parallel sind.

4.54 Zeige, dass für je drei kollineare Punkte A, B, C gilt:

$$\mathrm{TV}(ABC) \cdot \mathrm{TV}(BCA) \cdot \mathrm{TV}(CAB) = 1.$$

4.55 Für einen Punkt P der Geraden durch A und B sei $\overrightarrow{AP} = \lambda \overrightarrow{PB}$ und $\overrightarrow{AP} = \mu \overrightarrow{AB}$. Wie gewinnt man λ aus μ und μ aus λ, falls $\lambda \neq -1$ und $\mu \neq 1$?

4.56 Für einen Punkt P der Geraden durch A, B gelte $\mathrm{TV}(ABP) = \lambda$. Bestimme μ mit $\overrightarrow{BP} = \mu \overrightarrow{BA}$, falls $\lambda \neq -1$ und $\lambda \neq 0$.

4.8 Affine Abbildungen im Raum

Für Abbildungen im Raum gibt es eine ähnliche Systematik wie für Abbildungen in der Ebene. Affine Abbildungen sind hier wie in der Ebene als geradentreue Bijektionen des Raumes auf sich erklärt. Sie sind dann offensichtlich auch *ebenentreu*, eine Ebene wird stets wieder auf eine Ebene abgebildet. Parallele Geraden und Ebenen werden natürlich wieder auf parallele Geraden und Ebenen abgebildet. Ein Sonderfall der affinen Abbildungen sind die Ähnlichkeitsabbildungen im Raum, die sich aus zentrischen Streckungen und Kongruenzabbildungen zusammensetzen; die Kongruenzabbildungen sind also spezielle Ähnlichkeitsabbildungen. Da die Geradenspiegelungen in der Ebene die grundlegenden Kongruenzabbildungen waren, aus denen man die anderen durch Verkettung gewinnen konnte, betrachten wir im Raum die *Ebenenspiegelungen* als grundlegende Kongruenzabbildungen. Wird A bei der Spiegelung an einer Ebene E auf A' abgebildet und ist $A \notin E$, dann ist AA' orthogonal zu E und wird von E halbiert; die Ebene E ist also die *mittelsenkrechte Ebene* von AA'.

Sind $ABCD$ und $A'B'C'D'$ zwei kongruente Dreieckspyramiden, gilt also $\overline{AB} = \overline{A'B'}$ usw., so gibt es genau eine Kongruenzabbildung σ, die das Punktequadrupel (A, B, C, D) auf das Punktequadrupel A', B', C', D' abbildet, denn der Bildpunkt P' eines jeden weiteren Punktes ist dann eindeutig bestimmt (Abb. 4.8.1).

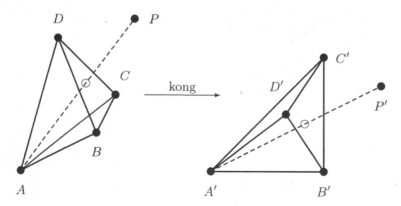

Abb. 4.8.1 Eindeutige Bestimmtheit von σ durch kongruente Dreieckspyramiden

Jede Kongruenzabbildung lässt sich daher durch eine Verkettung von *maximal vier Ebenenspiegelungen* schreiben:

- Die Spiegelung an der mittelsenkrechten Ebene von AA' führt $ABCD$ in $A'B_1C_1D_1$ über. Ist bereits $A = A'$, so ist diese Spiegelung überflüssig.
- Die Spiegelung an der mittelsenkrechten Ebene von B_1B' führt $A'B_1C_1D_1$ in $A'B'C_2D_2$ über. Ist bereits $B_1 = B'$, so ist diese Spiegelung überflüssig.
- Die Spiegelung an der mittelsenkrechten Ebene von C_2C' führt $A'B'C_2D_2$ in $A'B'C'D_3$ über. Ist bereits $C_2 = C'$, so ist diese Spiegelung überflüssig.

∎ Die Spiegelung an der mittelsenkrechten Ebene von $D_3 D'$ führt $A'B'C'D_3$ in $A'B'C'D'$ über. Ist bereits $D_3 = D'$, so ist diese Spiegelung überflüssig.

Eine *Doppelspiegelung an parallelen Ebenen* ist eine *Verschiebung* orthogonal zu diesen Ebenen; eine *Doppelspiegelung an zwei sich in einer Geraden schneidenden Ebenen* ist eine *Drehung* um diese Gerade; eine Dreifachspiegelung an parallelen Ebenen oder an sich in einer Gerade schneidenden Ebenen ist wieder eine einfache Ebenenspiegelung. Das kann man alles noch problemlos anhand der entsprechenden Eigenschaften von Geradenspiegelungen in der Ebene erkennen. Die weiteren Dreifachspiegelungen und die Vierfachspiegelungen an Ebenen im Raum sind aber nicht mehr so einfach zu beschreiben.

Beispiel 4.19
Der Würfel mit dem Mittelpunkt M in Abb. 4.8.2 wird bei jeder der folgenden Spiegelungen auf sich selbst abgebildet:

bei der Spiegelung σ_1 an der Ebene parallel zu $AFGD$ durch M (1);
bei der Spiegelung σ_2 an der Ebene parallel zu $ABGH$ durch M (2);
bei der Spiegelung σ_3 an der Ebene parallel zu $AEHD$ durch M (3).

Die Verkettung $\sigma_1 \circ \sigma_2 \circ \sigma_3$ bildet A, B, C, D, E, F, G, H der Reihe nach auf E, A, B, F, H, D, C, G ab.

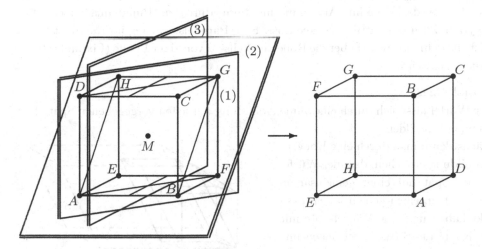

Abb. 4.8.2 Dreifache Ebenenspiegelung eines Würfels

Ein Würfel besitzt viele Symmetrien (Deckabbildungen), z.B. Spiegelungen an Ebenen durch einander gegenüberliegende Kantenmittelpunkte, durch einander gegenüberliegende Flächendiagonalen, durch einander gegenüberliegende Kanten, Drehungen um Geraden durch einander gegenüberliegende Flächenmittelpunkte, durch einander gegenüberliegende Kantenmittelpunkte, Drehungen um die Raumdiagonalen und alle möglichen Verkettungen dieser Abbildungen. ∎

Beispiel 4.20

Eine Vierfachspiegelung $\sigma_1 \circ \sigma_2 \circ \sigma_3 \circ \sigma_4$ an Ebenen E_1, E_2, E_3, E_4 mit $E_1 \parallel E_2$, $E_3 \cap E_4 = g$ und $g \perp E_1$ ist eine Drehung um die Achse g, verkettet mit einer Verschiebung in Richtung der Geraden g. Eine solche Abbildung heißt *Schraubung* (Abb. 4.8.3).

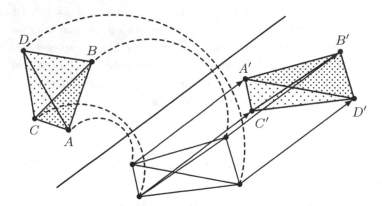

Abb. 4.8.3 Schraubung

Die affinen Abbildungen lassen sich wie in der Ebene aus *Parallelstreckungen* zusammensetzen, wobei man höchstens vier solche Parallelstreckungen zur Darstellung einer affinen Abbildung benötigt. Dies sieht man ebenso ein wie die entsprechende Aussage in der Ebene, da jede affine Abbildung im Raum durch ein Punktequadrupel (Dreieckspyramide) und sein Bild festgelegt ist. Eine Parallelstreckung im Raum ist wie in der Ebene definiert, wobei aber die Rolle der Achse a von einer Ebene (Fixpunktebene) übernommen wird.   ∎

Beispiel 4.21

Jeder Würfel lässt sich durch eine affine Abbildung auf jeden vorgegebenen Spat (Parallelepiped) abbilden.

Zunächst kann man durch eine Kongruenzabbildung erreichen, dass der Würfel und der Spat auf einer gemeinsamen Ebene stehen, einen gemeinsamen Eckpunkt haben und eine Würfelkante mit einer Kante des Spats eine gemeinsame Richtung hat (Abb. 4.8.4; der vorgegebene Spat ist schraffiert angedeutet).

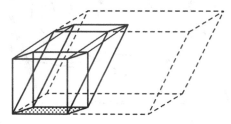

Abb. 4.8.4 Ausrichtung des Würfels

Eine Parallelstreckung an der Ebene durch die in Abb. 4.8.4 schattierte Fläche bildet eine Kante des Würfels auf eine Kante des Spats ab, wobei aus dem Würfel ein Spat wird. Eine zweite Parallelstreckung an der Ebene durch die in Abb. 4.8.5 schattierte Fläche liefert einen Spat, der mit dem gegebenen Spat eine Fläche gemeinsam hat. Eine dritte Parallelstreckung an der Ebene durch die in Abb. 4.8.6 schattierte Fläche liefert schließlich den vorgegebenen Spat.

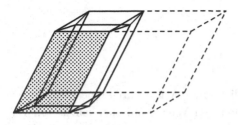

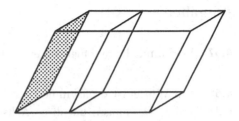

Abb. 4.8.5 Parallelstreckung 2   **Abb. 4.8.6** Parallelstreckung 3

∎

Beispiel 4.22
In einer Dreieckspyramide heißen die Verbindungsstrecken der Ecken mit den Schwerpunkten der gegenüberliegenden Flächen die *Schwerelinien* der Dreieckspyramide. Wir wollen beweisen, dass sich die Schwerelinien in einem Punkt schneiden und dort im Verhältnis 3 : 1 teilen; da alle Dreieckspyramiden zueinander affin sind und Teilverhältnisse bei affinen Abbildungen unverändert bleiben, genügt es, diese Aussage für eine regelmäßige Dreieckspyramide (Tetraeder) zu beweisen.

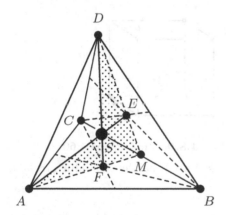

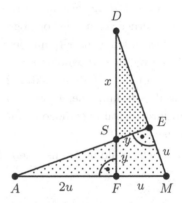

Abb. 4.8.7 Raumhöhen im Tetraeder   **Abb. 4.8.8** Ebene der Raumhöhen

In Abb. 4.8.7 sind zwei Raumhöhen eingezeichnet; da sie beide in der Ebene durch A, M, D liegen, schneiden sie sich in einem Punkt S. Aus Symmetriegründen gehen auch die anderen Raumhöhen durch S.

In Abb. 4.8.8 ist die Ebene, in der diese beiden Raumhöhen liegen, nochmals vergrößert gezeichnet. Man erkennt, dass die Dreiecke DSE und AME zueinander ähnlich sind. Da sich die Höhen im gleichseitigen Dreieck im Verhältnis 2 : 1 teilen, ergibt sich in den Bezeichnungen von Abb. 4.8.8 mit $x = \overline{DS}$, $y = \overline{SF}$ und $u = \overline{FM}$ die Verhältnisgleichung

$$x : y = (2u + u) : u = 3 : 1.$$

Damit ist die Aussage über das Teilverhältnis der Schwerelinien einer Dreieckspyramide bestätigt. ∎

Aufgaben

4.57 Bestimme die Symmetrien eines Tetraeders.

4.58 Ein Würfel ist drehsymmetrisch bezüglich einer Achse durch eine Raumdiagonale. Welche Drehungen um diese Achse bilden den Würfel auf sich selbst ab? Wie kann man diese Drehungen als Verkettung zweier Ebenenspiegelungen darstellen?

4.59 Bei einer affinen Abbildung werde die Dreieckspyramide mit den Ecken $O(0,0,0)$, $X_1(1,0,0)$, $X_2(0,1,0)$ und $X_3(0,0,1)$ auf die Dreieckspyramide mit den Ecken $O'(1,3,-1)$, $X_1'(2,1,2)$, $X_2'(0,3,10)$ und $X_3'(7,5,-3)$ abgebildet. Auf welchen Punkt wird dann $P(2,4,3)$ abgebildet? (Mit der Darstellung affiner Abbildungen in einem Koordinatensystem werden wir uns in Abschn. 5.5 noch ausführlicher beschäftigen.)

4.60 Es sei ein Würfel mit den in Abb. 4.8.9 gewählten Bezeichnungen gegeben.

Weiterhin sei E_1 die Ebene durch A, C, G, E und E_2 die Ebene durch B, D, H, F. Ferner sei σ_1 die orthogonale Parallelstreckung an E_1 mit dem Faktor 3 und σ_2 die orthogonale Parallelstreckung an E_2 mit dem Faktor 2. (Eine Parallelstreckung heißt orthogonal, wenn ihre Richtung orthogonal zur Fixebene ist.)

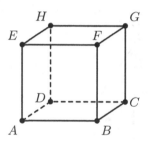

Abb. 4.8.9 Zu Aufgabe 4.60

Zeichne ein Schrägbild und konstruiere das Bild des Würfels bei der Abbildung $\sigma_1 \circ \sigma_2$.

4.9 Die Inversion am Kreis

Es sei ein Kreis k mit dem Mittelpunkt M und dem Radius r gegeben. Der Punkt $P \neq M$ werde folgendermaßen auf den Punkt P' abgebildet:

- P' liegt auf MP^+.
- $\overline{MP} \cdot \overline{MP'} = r^2$.

Das Bild von P' ist dann wieder P, die doppelte Anwendung dieser Abbildung ist also die identische Abbildung. Man nennt diese Abbildung die *Spiegelung am Kreis k* oder die *Inversion am Kreis k*. Wir bezeichnen sie mit $\kappa(k)$. In Abb. 4.9.1 sieht man, wie mithilfe des Kathetensatzes der Bildpunkt zu einem gegebenen Punkt bei einer Inversion am Kreis konstruiert werden kann.

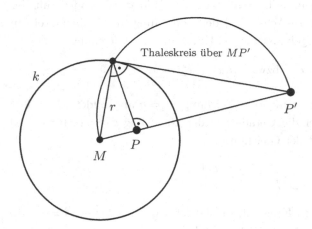

Abb. 4.9.1 Bildpunktkonstruktion bei der Inversion am Kreis

Die Abbildung $\kappa(k)$ ist eine bijektive Abbildung von $\mathbf{P} \setminus \{M\}$ auf sich; Fixpunkte sind genau die Punkte der Kreislinie k. Das Innere und das Äußere des Kreises werden miteinander vertauscht. Um dabei auch M einen Bildpunkt zuordnen zu können, sagt man, M werde auf den „unendlich fernen Punkt" abgebildet, wobei zunächst offen bleibt, was man unter diesem Punkt zu verstehen hat. (In Kap. 7 werden wir uns näher mit dieser Frage beschäftigen.)

Eigenschaften der Inversion am Kreis sind in manchen Fällen leicht zu erkennen, wenn man diese Abbildung in einem kartesischen Koordinatensystem darstellt; dazu kann man sich auf die Spiegelung am Einheitskreis k: $x_1^2 + x_2^2 = 1$ beschränken. Der Punkt $P(x_1, x_2)$ wird auf den Punkt $P'(x_1', x_2') = P'(\lambda x_1, \lambda x_2)$ mit $\lambda > 0$ abgebildet; dabei ist

$$\sqrt{x_1^2 + x_2^2} \cdot \sqrt{(\lambda x_1)^2 + (\lambda x_2)^2} = 1, \quad \text{also} \quad \lambda = \frac{1}{x_1^2 + x_2^2}.$$

Die Abbildungsgleichungen der Spiegelung am Einheitskreis lauten also

$$x_1' = \frac{x_1}{x_1^2 + x_2^2}, \qquad x_2' = \frac{x_2}{x_1^2 + x_2^2}.$$

Die Umkehrabbildung hat dieselben Abbildungsgleichungen, da sie ebenfalls die Inversion an k ist. Bei Beweisen greifen wir im Folgenden nur dann auf die Abbildungsgleichungen zurück, wenn die elementargeometrische (koordinatenfreie) Argumentation zu umständlich wäre.

Satz 4.7

Bei der Inversion am Kreis k mit dem Mittelpunkt M gilt:

a) *Jede Gerade durch M (ohne den Punkt M) wird auf sich abgebildet.*

b) *Jede Gerade, die nicht durch M geht, wird auf einen Kreis durch M (ohne den Punkt M) abgebildet und umgekehrt.*

c) *Jeder Kreis, der nicht durch M geht, wird auf einen ebensolchen Kreis abgebildet.*

Beweis 4.7 Zum Beweis von (a) und (b) genügt es, das Bild der Geraden mit der Gleichung $x_1 = a$ (Parallele zur x_2-Achse) bei der Spiegelung am Einheitskreis zu bestimmen. Diese Gerade wird abgebildet auf die Kurve mit der Gleichung

$$\frac{x_1}{x_1^2 + x_2^2} = a \quad \text{bzw.} \quad a(x_1^2 + x_2^2) = x_1$$

(die ihrerseits wieder auf die Gerade mit der Gleichung $x_1 = a$ abgebildet wird). Für $a = 0$ erhält man als Bild wieder die Gerade mit der Gleichung $x_1 = 0$, für $a \neq 0$ erhält man als Bild den Kreis mit der Gleichung

$$\left(x_1 - \frac{1}{2a}\right)^2 + x_2^2 = \left(\frac{1}{2a}\right)^2.$$

Zum Beweis von (c) bilden wir den Kreis mit der Gleichung $(x_1 - b)^2 + x_2^2 = r^2$ ab, wobei $b \neq \pm r$. Einsetzen der Abbildungsgleichungen liefert

$$\left(\frac{x_1}{x_1^2 + x_2^2} - b\right)^2 + \left(\frac{x_2}{x_1^2 + x_2^2}\right)^2 = r^2$$
$$(x_1 - b(x_1^2 + x_2^2))^2 + x_2^2 = r^2(x_1^2 + x_2^2)^2$$
$$x_1^2 + x_2^2 = (x_1^2 + x_2^2)^2(r^2 - b^2) + 2bx_1(x_1^2 + x_2^2)$$
$$1 = (x_1^2 + x_2^2)(r^2 - b^2) + 2bx_1$$
$$x_1^2 + \frac{2b}{r^2 - b^2}x_1 + x_2^2 = \frac{1}{r^2 - b^2}$$
$$\left(x_1 + \frac{b}{r^2 - b^2}\right)^2 + x_2^2 = \frac{1}{r^2 - b^2} + \left(\frac{b}{r^2 - b^2}\right)^2 = \left(\frac{r}{r^2 - b^2}\right)^2.$$

Dies ist die Gleichung eines Kreises, der nicht durch $O(0,0)$ geht. Ist $b = \pm r$, dann ergibt sich wieder ein Beweis von (b). In obiger Rechnung konnten wir den Faktor $x_1^2 + x_2^2$ aus der Gleichung kürzen, da $x_1^2 + x_2^2 \neq 0$.

Einen koordinatenfreien Beweis für (c) kann man mithilfe des Sekanten-Tangentensatzes (Satz 1.17) führen.

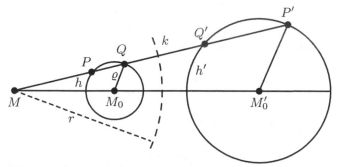

Abb. 4.9.2 Beweisfigur zu Satz 4.7c

Wir zeigen, dass ein Kreis h im Inneren des Inversionskreises, der nicht durch M geht, auf einen Kreis im Äußeren des Inversionskreises abgebildet wird (Abb. 4.9.2). Der

Inversionskreis habe den Mittelpunkt M und den Radius r, der Kreis h habe den Mittelpunkt M_0 und den Radius ϱ; ferner sei $P \in h$ und Q der zweite Schnittpunkt der Geraden durch M und P mit dem Kreis h. Der Kreis h' sei das Bild von h bei einer zentrischen Streckung mit dem Zentrum M und dem Faktor $\dfrac{r^2}{p}$ mit $p = \overline{MP} \cdot \overline{MQ} = \sqrt{\overline{MM_0}^2 - \varrho^2}$ (Sekanten-Tangentensatz). Dann gilt

$$\frac{\overline{MP'}}{\overline{MQ}} = \frac{r^2}{p} \quad \text{und daher} \quad \overline{MP} \cdot \overline{MP'} = \overline{MP} \cdot \overline{MQ} \cdot \frac{r^2}{p} = r^2.$$

Der Kreis h', der zunächst als Bild von h bei einer zentrischen Streckung mit dem Zentrum M gegeben war, ist also das Bild von h bei der betrachteten Inversion; denn jeder Punkt von h wird auf einen Punkt von h' abgebildet. $\qquad\square$

Die Argumentation beim koordinatenfreien Beweis von Satz 4.7c zeigt, dass das Bild eines Kreises bei einer Inversion auch durch eine zentrische Streckung gewonnen werden kann. Die Verwandtschaft der Inversion am Kreis mit der zentrischen Streckung kommt auch dadurch zum Ausdruck, dass die Verkettung von zwei Inversionen an Kreisen mit gleichem Mittelpunkt M und den Radien r_1, r_2 eine zentrische Streckung mit dem Zentrum M ergibt, wobei der Streckfaktor $\left(\dfrac{r_2}{r_1}\right)^2$ ist (Aufgabe 4.63).

Satz 4.8
Ein Kreis f wird bei der Inversion $\kappa(k)$ genau dann auf sich abgebildet (Fixkreis), wenn er den Inversionskreis k rechtwinklig schneidet (Abb. 4.9.3).

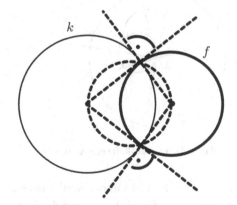

Abb. 4.9.3 Fixkreis f bei einer Inversion am Kreis k

Beweis 4.8 Der Kreis mit der Gleichung $(x_1 - b)^2 + x_2^2 = \varrho^2$ wird bei der Inversion am Einheitskreis auf den Kreis mit der Gleichung

$$\left(x_1 + \frac{b}{\varrho^2 - b^2}\right)^2 + x_2^2 = \left(\frac{r}{\varrho^2 - b^2}\right)^2$$

abgebildet, wie wir beim Beweis von Satz 4.7 gesehen haben. Dies ist genau dann identisch mit der Gleichung des gegebenen Kreises, wenn $b^2 = \varrho^2 + 1$, und dies bedeutet, dass der Kreis den Einheitskreis rechtwinklig schneidet (Abb. 4.9.4).

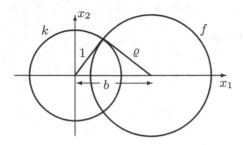

Abb. 4.9.4 Beweis rechnerisch   **Abb. 4.9.5** Beweis koordinatenfrei

Man kann den Beweis von Satz 4.8 auch koordinatenfrei führen. Die Tangenten in einem Schnittpunkt S eines Kreises, seines Bildkreises und des Inversionskreises stimmen genau dann überein, wenn sie rechtwinklig zum Inversionskreis sind (Abb. 4.9.5).

□

Satz 4.9
Die Inversion am Kreis ist winkeltreu.

Beweis 4.9 Der Schnittwinkel zweier Kreise oder eines Kreises und einer Geraden ist der Schnittwinkel der Tangenten in ihren Schnittpunkten; ebenso ist der Schnittwinkel beliebiger „glatter" Kurven erklärt. Zwei sich im Punkt S schneidende Geraden werden nun auf zwei Kreise durch das Inversionszentrum M abgebildet, und die Tangenten an diese Kreise in M sind parallel zu den gegebenen Geraden, haben also denselben Schnittwinkel (Abb. 4.9.6).   □

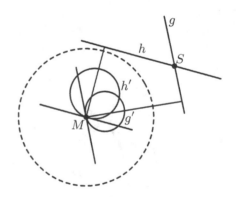

Abb. 4.9.6 Winkeltreue von $\kappa(k)$

Eine interessante Anwendung der Inversion am Kreis ist die Lösung der *apollonischen Berührungsaufgabe* (nach APOLLONIUS von Perge, um 200 v. Chr.). Diese besteht darin, zu drei gegebenen Kreisen alle Kreise zu konstruieren, welche diese gegebenen Kreise berühren. Im Allgemeinen hat diese Aufgabe acht Lösungen.

Sonderfälle dieser Aufgabe entstehen, wenn einer der gegebenen Kreise zu einer Geraden oder zu einem Punkt entartet; dazu studieren wir ein Beispiel.

Beispiel 4.23

Es seien zwei Kreise k_1, k_2 und ein Punkt P gegeben. Gesucht ist ein Kreis k durch P, der k_1 und k_2 berührt (Abb. 4.9.7).

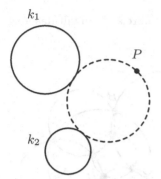

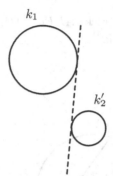

Abb. 4.9.7 Berührkreis durch P **Abb. 4.9.8** k_1 als Fixkreis

Wir führen eine Inversion an demjenigen Kreis um P aus, der k_1 rechtwinklig schneidet, so dass also k_1 ein Fixkreis ist. Es ergibt sich die Konstellation in Abb. 4.9.8.

Nun konstruieren wir eine Gerade t, die k_1 und das Bild k_2' von k_2 berührt; hierfür gibt es im Allgemeinen vier Möglichkeiten.

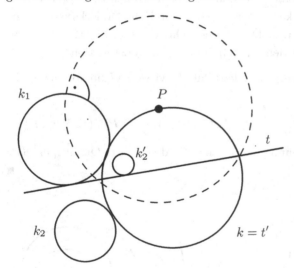

Abb. 4.9.9 Konstruktion eines Berührkreises von k_1 und k_2 durch P

Das Bild $k = t'$ von t bei der oben benutzten Inversion ist dann der gesuchte Kreis k; Abb. 4.9.9 zeigt ein Konstruktionsbeispiel.   ∎

In den folgenden Beispielen betrachten wir weitere Anwendungen der Inversion am Kreis.

Beispiel 4.24 (Satz von Miquel)

Wählt man in einem Dreieck ABC Punkte $\bar{A}, \bar{B}, \bar{C}$ auf den Seiten wie in Abb. 4.9.10 und einen Punkt P in Inneren der Dreiecks, dann folgt aus dem Satz vom Sehnenviereck (Aufgabe 1.36):

Besitzen zwei der Vierecke $A\bar{B}P\bar{C}$, $\bar{A}P\bar{B}C$, $\bar{A}B\bar{C}P$ einen Umkreis, dann gilt das auch für das dritte Viereck.

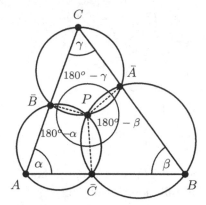

Abb. 4.9.10 Konstellation 1   **Abb. 4.9.11** Konstellation 2

Führt man nun in Konstellation 1 eine Inversion an einem Kreis aus, dessen Mittelpunkt $\bar{P}$ auf keinem der Kreise und keiner der Geraden durch die Dreiecksseiten liegt, dann ergibt sich Konstellation 2 in Abb. 4.9.11; umgekehrt entsteht aus Konstellation 2 bei Spiegelung an einem Kreis mit dem Mittelpunkt $\bar{P}$ die Konstellation 1.

Damit haben wir folgenden (keineswegs trivialen) Satz bewiesen: Wenn von den sechs Punktequadrupeln

$$(A, \bar{B}, \bar{C}, P), \ (\bar{A}, B, \bar{C}, P), \ (\bar{A}, \bar{B}, C, P), (\bar{A}, B, C, \bar{P}), \ (A, \bar{B}, C, \bar{P}), \ (A, B, \bar{C}, \bar{P})$$

fünf jeweils auf einem Kreis liegen, dann gilt dies auch für das sechste Quadrupel (*Satz von Miquel*).   ∎

Beispiel 4.25

In Abb. 4.9.12 wird ein Geradenbüschel mit dem Trägerpunkt P durch die Inversion am Kreis mit dem Mittelpunkt M auf ein so genanntes *koaxiales Kreisbüschel* abgebildet. Die Kreise des Büschels schneiden sich alle in M und dem Bildpunkt P' von P.

Die konzentrischen Kreise um P werden dabei auf Kreise abgebildet, in deren Innerem P' liegt und die (wegen der Winkeltreue) die Kreise des Kreisbüschels rechtwinklig schneiden.

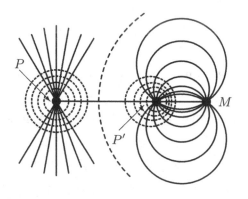

Abb. 4.9.12 Koaxiales Kreisbüschel

Die Kenntnis dieses Sachverhalts ermöglicht es, zwei Kreise, von denen der eine im Inneren des anderen liegt, mithilfe einer Inversion auf zwei *konzentrische* Kreise abzubilden. Dazu konstruiert man einen zu den gegebenen Kreisen orthogonalen Kreis und wählt einen Punkt M auf der gemeinsamen Achse dieser Kreise (Abb. 4.9.13).

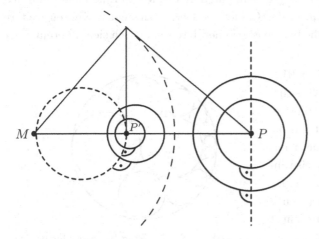

Abb. 4.9.13 Konzentrische Kreise als Bild zweier Kreise bei einer Inversion

Der orthogonale Kreis schneide die Achse in P'. Eine Inversion an einem Kreis um M bildet P' auf P und den Orthogonalkreis auf eine Gerade durch P ab. Die beiden gegebenen Kreise werden dann auf konzentrische Kreise mit dem Mittelpunkt P abgebildet, da sie zu der Geraden durch P orthogonal sein müssen.

Eine Möglichkeit, einen zu zwei gegebenen Kreisen k_1, k_2 orthogonalen Kreis zu finden, ist in Abb. 4.9.14 dargestellt, und zwar für den Fall, dass k_2 im Inneren von k_1 liegt.

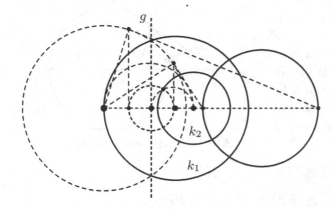

Abb. 4.9.14 Konstruktion eines zu zwei Kreisen k_1, k_2 orthogonalen Kreises

Man spiegele an einem zu k_2 orthogonalen Kreis durch einen Punkt von k_1. Dabei geht k_1 in eine Gerade g über und k_2 bleibt fest. Nun konstruiere man einen Kreis h, der zu g und k_2 orthogonal ist, dessen Mittelpunkt also auf g liegt. Nun führe man wieder die oben benutzte Inversion aus. Als Bild von h ergibt sich der gesuchte zu k_1 und k_2 orthogonale Kreis.   ∎

Beispiel 4.26

Sind zwei nicht-konzentrische Kreise gegeben, von denen einer im Inneren des anderen liegt, dann kann man versuchen, in das Gebiet zwischen den beiden Kreisen weitere Kreise zu zeichnen, die sowohl die beiden gegebenen Kreise als auch sich untereinander berühren (Abb. 4.9.15).

Gelingt dies, dann sagt man: „Der Ring der berührenden Kreise schließt sich". Interessant dabei ist, dass es für das Gelingen oder Nichtgelingen nicht auf die *Lage* des inneren Kreises, sondern nur auf die *Radien* der gegebenen Kreise ankommt. Zum Beweis führe man eine Inversion aus, die die beiden gegebenen Kreise in konzentrische Kreise überführt (Beispiel 4.25 und Aufgabe 4.62).

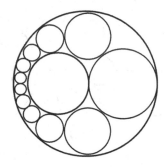

Abb. 4.9.15   Ring berührender Kreise
                                                                                                 ∎

Beispiel 4.27 (Kreis des Apollonius)

Zu einer vorgegebenen Strecke AB sollen alle Punkte P bestimmt werden, für die $\overline{AP} : \overline{BP} = \lambda$ gilt; dabei ist λ eine gegebene positive Zahl.

Ist $\lambda = 1$, so liegen die Punkte P auf der Mittelsenkrechten von AB. Für den allgemeinen Fall betrachte man Abb. 4.9.16; dort sind die Winkelhalbierenden der Winkel zwischen den Verbindungsgeraden g_{AP} und g_{BP} eingezeichnet. Diese sind orthogonal zueinander und schneiden die Gerade durch A, B in Punkten P_1 und P_2. Der Punkt P liegt auf dem Kreis mit dem Durchmesser $P_1 P_2$. Die Punkte E, F seien die Bildpunkte von B bei Spiegelung an den eingezeichneten Winkelhalbierenden. Aufgrund der Strahlensätze gilt:

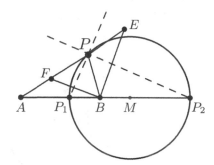

Abb. 4.9.16   Kreis des Apollonius

$$\overline{AP_1} : \overline{BP_1} = \overline{AP} : \overline{EP} = \overline{AP} : \overline{BP} = \lambda,$$

$$\overline{AP_2} : \overline{BP_2} = \overline{AP} : \overline{FP} = \overline{AP} : \overline{BP} = \lambda.$$

Die Punkte P_1, P_2 teilen also die Strecke innen bzw. außen im Verhältnis λ. Werden umgekehrt die Punkte P_1, P_2 durch diese Eigenschaft definiert und ist P ein Punkt des Kreises über dem Durchmesser $P_1 P_2$, dann gilt

$$\overline{AP} : \overline{EP} = \overline{AP_1} : \overline{BP_1} = \lambda \quad \text{und} \quad \overline{AP} : \overline{FP} = \overline{AP_2} : \overline{BP_2} = \lambda,$$

also $\overline{EP} = \overline{FP}$. Daher ist P der Mittelpunkt des Thaleskreises über EF, und es gilt $\overline{BP} = \overline{EP}$ sowie $\overline{AP} : \overline{BP} = \overline{AP} : \overline{EP} = \lambda$.

Die Punkte A, B liegen spiegelbildlich bezüglich des Kreises über dem Durchmesser $P_1 P_2$. Ist nämlich M der Mittelpunkt und r der Radius dieses Kreises, dann gilt

$$(\overline{AM} - r) : (r - \overline{BM}) = \overline{AP_1} : \overline{BP_1} = \overline{AP_2} : \overline{BP_2} = (\overline{AM} + r) : (\overline{BM} + r),$$

also

$$(\overline{AM} - r) \cdot (\overline{BM} + r) = (\overline{AM} + r) \cdot (r - \overline{BM})$$

und daher $\overline{AM} \cdot \overline{BM} = r^2$.

Der Kreis über $P_1 P_2$, auf dem sich alle Punkte P mit $\overline{AP} : \overline{BP} = \lambda$ befinden, heißt *Kreis des Apollonius* (zum Verhältnis λ).   ∎

Aufgaben

4.61   Konstruiere zu einem gegebenen Kreis und einer gegebenen Geraden die Inversion, die den Kreis auf die Gerade bzw. die Gerade auf den Kreis abbildet.

4.62   Es seien zwei verschiedene konzentrische Kreise gegeben. Unter welcher Voraussetzung über das Verhältnis der Radien kann man das Gebiet zwischen den Kreisen wie in Bsp. 4.26 mit einem sich schließenden Ring aus n sich berührenden Kreisen ausfüllen?

4.63   Beweise, dass die Verkettung zweier Inversionen an konzentrischen Kreisen eine zentrische Streckung ist.

4.64   Zeichne ein Quadrat und

a) seinen Umkreis;   b) seinen Inkreis.

Spiegele dann das Quadrat an dem Kreis.

4.65   Zu drei Kreisen durch einen Punkt P, die sich zu je zweien in drei weiteren verschiedenen Punkten A, B, C schneiden, gibt es genau vier Kreise, die alle drei gegebenen Kreise berühren (Abb. 4.9.17). Beweise dies und beschreibe eine Konstruktion der vier berührenden Kreise.

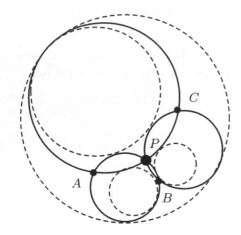

Abb. 4.9.17 Zu Aufgabe 4.65

4.66 Konstruiere alle Kreise, die die folgenden drei im Koordinatensystem gegebenen Kreise berühren:

$$k_1 : x_1^2 + x_2^2 = 1, \quad k_2 : (x_1 - 3)^2 + (x_2 - 3)^2 = 4, \quad k_3 : (x_1 - 5)^2 + (x_2 + 2)^2 = 9$$

(Hinweis: Man kann das Problem zurückführen auf die Konstruktion von Kreisen, die zwei gegebene Kreise berühren und durch einen gegebenen Punkt führen.)

4.67 Bei der Inversion an einem Kreis wird der Mittelpunkt eines Kreises in der Regel nicht auf den Mittelpunkt seines Bildkreises abgebildet. Berechne in dem in Abb. 4.9.18 gezeichneten Fall das Verhältnis $\overline{N_0 N'} : \overline{N_0 A'}$ in Abhängigkeit von $a = \overline{MA}$ und $b = \overline{MB}$. (N, N_0 sind die Mittelpunkte der Kreise mit dem Durchmesser AB bzw. $A'B'$.)

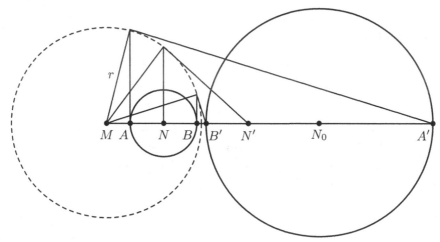

Abb. 4.9.18 Zu Aufgabe 4.67

5 Rechnerische Methoden

Übersicht

5.1 Trigonometrie... 195
5.2 Komplexe Zahlen... 204
5.3 Analytische Geometrie.. 210
5.4 Sphärische Trigonometrie....................................... 226
5.5 Darstellung affiner Abbildungen................................ 232

5.1 Trigonometrie

Im kartesischen x_1x_2-Koordinatensystem hat der Einheitskreis (Kreis um den Ursprung O mit dem Radius 1) die Gleichung

$$x_1^2 + x_2^2 = 1.$$

Einen Punkt P des Einheitskreises kann man durch den Winkel φ zwischen der positiven x_1-Achse und der Halbgeraden OP^+ (im Gegenuhrzeigersinn) beschreiben (Abb. 5.1.1). Gehört $P(x_1, x_2)$ zum Winkel φ, so definiert man

- $x_1 =: \cos\varphi$ („Kosinus von φ");
- $x_2 =: \sin\varphi$ („Sinus von φ").

Weil P ein Punkt des Einheitskreises ist, gilt

$$\sin^2\varphi + \cos^2\varphi = 1.$$

Der Winkel φ darf auch größer als $360°$ oder negativ sein; man setzt dazu für $k \in \mathbb{Z}$

$$\cos(\varphi + k \cdot 360°) = \cos\varphi;$$
$$\sin(\varphi + k \cdot 360°) = \sin\varphi.$$

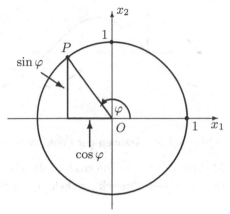

Abb. 5.1.1 Sinus und Kosinus am Einheitskreis

Aus geeigneten Zeichnungen analog zu Abb. 5.1.1 entnimmt man:

$$\cos\varphi \begin{cases} > 0 \\ = 0 \\ < 0 \end{cases} \text{für} \begin{cases} -90° < \varphi < 90° \\ \varphi = 90° \text{ oder } \varphi = 270° \\ 90° < \varphi < 270° \end{cases}$$

$$\sin\varphi \begin{cases} > 0 \\ = 0 \\ < 0 \end{cases} \text{für} \begin{cases} 0° < \varphi < 180° \\ \varphi = 0° \text{ oder } \varphi = 180° \\ 180° < \varphi < 360° \end{cases}$$

Ferner gilt $\cos(-\varphi) = \cos\varphi$ und $\sin(-\varphi) = -\sin\varphi$

sowie
$$\cos(\varphi + 180°) = -\cos\varphi, \quad \sin(\varphi + 180°) = -\sin\varphi,$$
$$\cos(\varphi \pm 90°) = \mp\sin\varphi, \quad \sin(\varphi \pm 90°) = \pm\cos\varphi.$$

Ordnet man dem Winkel φ sein Bogenmaß t aufgrund der Beziehung

$$\frac{\varphi}{360°} = \frac{t}{2\pi} \quad \text{bzw.} \quad t = \frac{\varphi}{360°} \cdot 2\pi$$

zu, so kann man cos und sin als Funktionen auf $\mathbb{R}$ auffassen. Diese haben die Periode 2π, denn für $k \in \mathbb{Z}$ gilt

$$\cos(t + k \cdot 2\pi) = \cos t, \quad \sin(t + k \cdot 2\pi) = \sin t.$$

Abb. 5.1.2 zeigt die Graphen (Schaubilder) der Kosinus- und der Sinusfunktion in einem kartesischen Koordinatensystem.

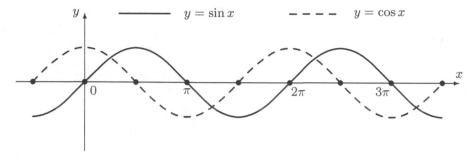

Abb. 5.1.2 Graphen der Funktionen $x \longmapsto \sin x$ und $x \longmapsto \cos x$

Mithilfe der Werte von cos und sin, die einem Taschenrechner zu entnehmen sind, kann man in einem Dreieck aus bekannten Stücken (Seitenlängen und Winkel) die übrigen

Stücke berechnen. Dazu muss man die Werte der Funktionen cos und sin für Winkel zwischen $0°$ und $90°$ am rechtwinkligen Dreieck definieren (Abb. 5.1.3).

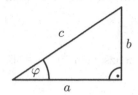

$$\cos\varphi = \frac{a}{c} = \frac{\text{Ankathete}}{\text{Hypotenuse}}$$

$$\sin\varphi = \frac{b}{c} = \frac{\text{Gegenkathete}}{\text{Hypotenuse}}$$

Abb. 5.1.3 Sinus und Kosinus am rechtwinkligen Dreieck

Für Berechnungen an Dreiecken sind der *Sinussatz* und der *Kosinussatz* hilfreich, deren Aussagen wir ins Satz 5.1 zusammenfassen.

Satz 5.1 (Kosinussatz u. Sinussatz)
In einem Dreieck ABC mit den Standardbezeichnungen (Abb. 5.1.4) gilt:

a) *Kosinussatz:*

$$c^2 = a^2 + b^2 - 2ab\cos\gamma;$$
$$b^2 = c^2 + a^2 - 2ca\cos\beta;$$
$$a^2 = b^2 + c^2 - 2bc\cos\alpha.$$

b) *Sinussatz:*

$$\frac{a}{\sin\alpha} = \frac{b}{\sin\beta} = \frac{c}{\sin\gamma}$$

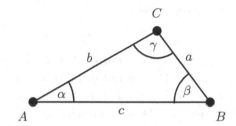

Abb. 5.1.4 Standardbezeichnungen am Dreieck

Beweis 5.1 a) Es genügt, den Nachweis für $c^2 = a^2 + b^2 - 2ab\cos\gamma$ zu führen; die anderen Beziehungen ergeben sich analog.
Für $\gamma < 90°$ erhält man die Aussage sofort aus dem Satz des Pythagoras (Abb. 5.1.5).

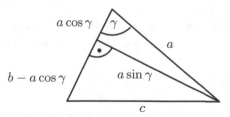

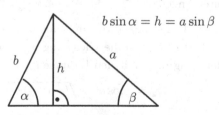

Abb. 5.1.5 Beweis Kosinussatz für $\gamma < 90°$

Abb. 5.1.6 Beweis Sinussatz für $\alpha, \beta < 90°$

Es ist nämlich

$$c^2 = (b - a\cos\gamma)^2 + (a\sin\gamma)^2$$
$$= b^2 - 2ab\cos\gamma + a^2\cos^2\gamma + a^2\sin^2\gamma = a^2 + b^2 - 2ab\cos\gamma.$$

Für $\gamma > 90°$ argumentiert man ähnlich (Aufgabe 5.3).

b) Der Sinussatz ergibt sich, wenn man die Höhen in einem Dreieck berechnet; Abb. 5.1.6 verdeutlicht die Argumentation für $\dfrac{a}{\sin\alpha} = \dfrac{b}{\sin\beta}$. Die restlichen Fälle zeigt man analog.   □

Nun wenden wir uns der Dreiecksberechnung gemäß den Kongruenzsätzen zu. In Abb. 5.1.7 sei nochmals an diese Kongruenzsätze erinnert.

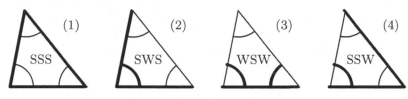

Abb. 5.1.7 Veranschaulichung der Bedingungen der Kongruenzsätze

(1) Sind die Seitenlängen a, b, c gegeben, so erhält man die Winkel mit dem Kosinussatz, beispielsweise

$$\cos\gamma = \frac{a^2 + b^2 - c^2}{2ab}.$$

Wegen $|\cos\gamma| < 1$ muss $-2ab < a^2 + b^2 - c^2 < 2ab$ bzw. $(a-b)^2 < c^2 < (a+b)^2$ gelten. Ein Dreieck mit den Seitenlängen a, b, c existiert also nur dann, wenn $|a - b| < c < a + b$, wenn also jede Seitenlänge kleiner ist als die Summe der beiden anderen Seitenlängen (Dreiecksungleichung). Ergibt sich für $\cos\gamma$ ein Wert zwischen 0 und 1, so erhält man γ ($\leq 90°$) auf dem Taschenrechner mit der Taste $\cos^{-1}$ oder arccos. Gilt aber $-1 < \cos\gamma < 0$, so ist $\gamma = 180° - \delta$ mit $\cos\delta = |\cos\gamma|$.

(2) Sind zwei Seitenlängen und der eingeschlossene Winkel gegeben, so liefert der Kosinussatz die dritte Seitenlänge.

(3) Sind eine Seitenlänge und alle Winkel gegeben, so liefert der Sinussatz die weiteren Seitenlängen.

(4) Sind die Längen a, c und der nicht-eingeschlossene Winkel α gegeben, so gilt für die dritte Länge b die Gleichung $a^2 = b^2 + c^2 - 2bc\cos\alpha$. Dies ist eine quadratische Gleichung für b mit den Lösungen

$$b_{1/2} = c\cos\alpha \pm \sqrt{(c\cos\alpha)^2 - c^2 + a^2} = c\cos\alpha \pm \sqrt{a^2 - c^2\sin^2\alpha}.$$

■ Für $a < c\sin\alpha$ gibt es keine (reelle) Lösung, es existiert also kein Dreieck mit den gegebenen Größen (Abb. 5.1.8)

■ Für $a = c\sin\alpha$ existiert genau eine Lösung, also genau ein Dreieck mit den gegebenen Stücken. Es ist in diesem Fall

$$a^2 + b^2 = (c\sin\alpha)^2 + (c\cos\alpha)^2 = c^2,$$

es handelt sich also um ein rechtwinkliges Dreieck (Abb. 5.1.9).

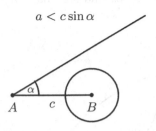

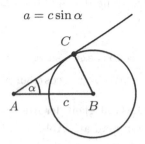

Abb. 5.1.8 Der Fall $a < c \sin \alpha$ **Abb. 5.1.9** Der Fall $a = c \sin \alpha$

■ Für $a > c \sin \alpha$ sind die Werte b_1, b_2 reell und verschieden, sie sind aber nur dann beide positiv, wenn $c^2 \cos^2 \alpha$ größer als $a^2 - c^2 \sin^2 \alpha$ ist, also wenn $c > a$ gilt. Für $c \sin \alpha < a < c$ gibt es also zwei Dreiecke mit den angegeben Daten (Abb. 5.1.10).

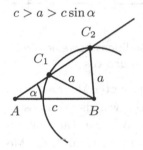

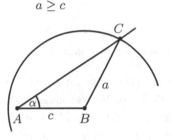

Abb. 5.1.10 Der Fall $c > a > c \sin \alpha$ **Abb. 5.1.11** Der Fall $a \geq c$

■ Ist aber $a \geq c$, dann gibt es genau ein solches Dreieck (Abb. 5.1.11).

Die Werte von cos und sin spielen auch eine Rolle, wenn man eine Drehung koordinatenmäßig beschreiben möchte; wir betrachten Drehungen um den Ursprung (Abb. 5.1.12).
Hat der Punkt P die Koordinaten

$$x_1 = r \cos \alpha, \quad x_2 = r \sin \alpha,$$

und wird eine Drehung um O mit dem Winkel φ ausgeführt, dann hat der Bildpunkt P' die Koordinaten

$$x_1' = r \cos(\alpha + \varphi), \quad x_2' = r \sin(\alpha + \varphi).$$

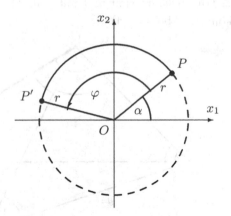

Abb. 5.1.12 Drehung um O

Wir wollen nun x_1', x_2' durch x_1, x_2 ausdrücken. Zu diesem Zweck stellen wir $\cos(\alpha + \varphi)$ und $\sin(\alpha + \varphi)$ durch die Werte $\cos \alpha$, $\sin \alpha$ und $\cos \varphi$, $\sin \varphi$ dar.

Dies geschieht mithilfe der *Additionstheoreme* der Funktionen cos und sin, die durch die Beziehungen

$$\cos(\alpha + \varphi) = \cos\alpha\cos\varphi - \sin\alpha\sin\varphi$$
$$\sin(\alpha + \varphi) = \sin\alpha\cos\varphi + \cos\alpha\sin\varphi$$

gegeben sind. Die Gültigkeit der Additionstheoreme kann man aus Abb. 5.1.13 zunächst nur für

$$0° < \alpha < \alpha + \varphi < 90°$$

ersehen, es ist aber einfach, ihre Gültigkeit für beliebige Winkel zu zeigen. Damit ergibt sich für die Koordinaten von P':

$$x_1' = \cos\varphi \cdot x_1 - \sin\varphi \cdot x_2,$$
$$x_2' = \sin\varphi \cdot x_1 + \cos\varphi \cdot x_2.$$

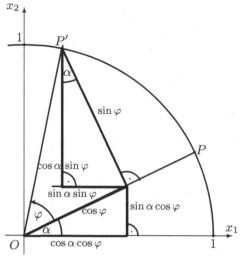

Abb. 5.1.13 Additionstheoreme für
sin und cos

Die Trigonometrie spielte im Zeitalter vor der Existenz GPS-basierter Messwerkzeuge eine große Rolle im Vermessungswesen. Eine wichtige Aufgabe war die Vermessung unzugänglicher Punkte mithilfe von gemessenen Strecken und Winkeln. Dies soll nun erläutert werden, wobei wir zwei verschiedene Methoden benutzen, nämlich die Methode des *Vorwärtseinschneidens* und die Methode des *Rückwärtseinschneidens*.

Vorwärtseinschneiden: Zur Vermessung eines unzugänglichen Punktes P benutzt man drei gegebene Punkte A, B, C, wobei die Längen b, c und der Winkel α im Dreieck $\triangle ABC$ bekannt sind und mit dem Theodolit die Winkel β und γ gemessen werden können (Abb. 5.1.14).

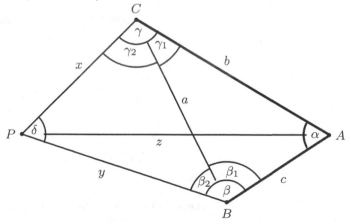

Abb. 5.1.14 Vorwärtseinschneiden

Der Reihe nach können dann a, β_1, β_2, γ_1, γ_2, δ, x, y, und z berechnet werden. Zunächst liefert der Kosinussatz

$$a = \sqrt{b^2 + c^2 - 2bc \cos \alpha},$$

und anschließend erhält man mit dem Sinussatz

$$\sin \beta_1 = \frac{b}{a} \sin \alpha \quad \text{und} \quad \sin \gamma_1 = \frac{c}{a} \sin \alpha\,;$$

zur Probe kann man noch prüfen, ob $\beta_1 + \gamma_1 + \alpha = 180°$ gilt. Weiter berechnet man $\beta_2 = \beta - \beta_1$, $\gamma_2 = \gamma - \gamma_1$ und schließlich $\delta = 180° - \beta_2 - \gamma_2$. Zur Berechnung von x und y wendet man wieder den Sinussatz an:

$$x = a\,\frac{\sin \beta_2}{\sin \delta} \quad \text{und} \quad y = a\,\frac{\sin \gamma_2}{\sin \delta}.$$

Abschließend kann man z in $\triangle PAB$ oder in $\triangle PAC$ mithilfe des Kosinussatzes bestimmen:

$$z = \sqrt{b^2 + x^2 - 2bx \cos \gamma} = \sqrt{c^2 + y^2 - 2cy \cos \beta}\,.$$

Rückwärtseinschneiden: Hat man in Abb. 5.1.15 die Strecken a, b und die Winkel α, β, γ gemessen, dann kann man die übrigen Größen φ, ψ und r, s, t berechnen. Man benötigt dabei neben der Sinus- und der Kosinusfunktion noch die Tangensfunktion tan, die durch

$$\tan \varphi := \frac{\sin \varphi}{\cos \varphi}$$

definiert ist.

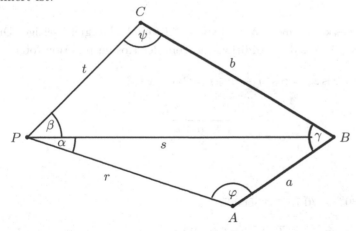

Abb. 5.1.15 Rückwärtseinschneiden

Nach dem Sinussatz gilt

$$\frac{s}{a} = \frac{\sin \varphi}{\sin \alpha} \quad \text{und} \quad \frac{s}{b} = \frac{\sin \psi}{\sin \beta}, \quad \text{also} \quad \frac{\sin \varphi}{\sin \psi} = \frac{b \sin \alpha}{a \sin \beta}.$$

Ferner ist $\varphi + \psi = 360° - (\alpha + \beta + \gamma)$. Setzt man $\delta = 360° - (\alpha + \beta + \gamma)$, so folgt

$$\frac{\sin \varphi}{\sin(\delta - \varphi)} = \frac{b \sin \alpha}{a \sin \beta}$$

bzw. mithilfe des Additionstheorems für die Sinusfunktion

$$\frac{\sin \varphi}{\sin \delta \cos \varphi - \cos \delta \sin \varphi} = \frac{b \sin \alpha}{a \sin \beta}.$$

Dies lässt sich umformen zu

$$(a \sin \beta + b \sin \alpha \cos \delta) \sin \varphi = (b \sin \alpha \sin \delta) \cos \varphi,$$

also

$$\tan \varphi = \frac{b \sin \alpha \sin \delta}{a \sin \beta + b \sin \alpha \cos \delta}.$$

Damit kann man φ und dann auch ψ bestimmen. Abschließend lassen sich mit dem Sinussatz die Längen r, s, t berechnen:

$$s = a \frac{\sin \varphi}{\sin \alpha}, \quad r = a \frac{\sin(180° - \alpha - \varphi)}{\sin \alpha}, \quad t = b \frac{\sin(180° - \beta - \psi)}{\sin \beta}.$$

Die Werte der trigonometrischen Funktionen liefert der Taschenrechner. Früher verwendete man dafür Tabellen. Die Berechnung genauer Tabellen geschieht mit Hilfsmitteln der Analysis. Einige Werte können wir aber mithilfe des Satzes von Pythagoras und mithilfe der Additionstheoreme berechnen, was wir an der Kosinusfunktion demonstrieren wollen.

Ein rechtwinkliges Dreieck mit einem Winkel von $60°$ ist ein halbes gleichseitiges Dreieck, also ist $\cos 60° = 0{,}5$. Aus dem Additionstheorem der Kosinusfunktion folgt

$$\cos 2x = \cos^2 x - \sin^2 x = 2 \cos^2 x - 1,$$

also gilt

$$\cos x = \sqrt{\frac{1 + \cos 2x}{2}}.$$

Damit ergibt sich

- $$\cos 30° = \sqrt{0{,}75} = 0{,}866025\ldots,$$

- $$\cos 15° = \sqrt{0{,}933012\ldots} = 0{,}965925\ldots,$$

- $$\cos 7{,}5° = \sqrt{0{,}982962\ldots} = 0{,}991444\ldots,$$

und es ist klar, wie man fortfahren kann.

Neue Werte liefert das Additionstheorem der Kosinusfunktion, wenn man die obigen Werte der Kosinusfunktion und die entsprechenden Werte für die Sinusfunktion (Aufgabe 5.8) bestimmt hat.

So ist etwa

$$\cos 22{,}5° = \cos 15° \cos 7{,}5° - \sin 15° \sin 7{,}5° = 0{,}923879\ldots$$

Um Kosinuswerte zu berechnen, muss man hier auch Wurzeln berechnen; obige Wurzelwerte sind mit dem Taschenrechner bestimmt worden. Es gibt jedoch zahlreiche Algorithmen zur näherungsweisen Berechnung von Wurzeln allein mithilfe der Grundrechenarten.

Aufgaben

5.1 Berechne die Werte von cos und sin für $30°$, $45°$, $60°$.

5.2 Stelle $|\tan \varphi|$ in Abb. 5.1.1 zeichnerisch dar.

5.3 Begründe anhand einer Skizze den Kosinussatz für $\gamma > 90°$.

5.4 Berechne die Längen der Höhen, der Seiten- und der Winkelhalbierenden in einem Dreieck mit den Seitenlängen $a = 4$, $b = 5$, $c = 6$.

5.5 Berechne den Inkreisradius des Dreiecks aus Aufgabe 5.4 mithilfe des Flächeninhalts des Dreiecks.

5.6 Berechne mit der Methode des Vorwärtseinschneidens die Länge a in Abb. 5.1.14, wenn

$$b = 220\,\mathrm{m}, \quad c = 100\,\mathrm{m}, \quad \alpha = 153°, \quad \beta = 76°, \quad \gamma = 49°.$$

5.7 Berechne mit der Methode des Rückwärtseinschneidens die Länge s in Abb. 5.1.15, wenn

$$a = 80\,\mathrm{m}, \quad b = 117\,\mathrm{m}, \quad \alpha = 42°, \quad \beta = 57°, \quad \gamma = 131°.$$

5.8 Berechne mithilfe der Additionstheoreme ausgehend vom Wert $\sin 30° = 0{,}5$ die Werte $\sin 15°$ und $\sin 7{,}5°$. Berechne dann $\sin 22{,}5°$ mithilfe dieser und der im Text angegebenen Werte der Kosinusfunktion. Gib dabei alle Werte mit drei Nachkommastellen an.

5.2   Komplexe Zahlen

In der Ebene sei ein kartesisches Koordinatensystem gegeben, sodass man Punkte durch Zahlenpaare (a_1, a_2) (kartesische Koordinaten) oder (r, φ) (Polarkoordinaten) darstellen kann (Abb. 5.2.1).

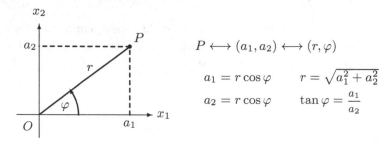

$$P \longleftrightarrow (a_1, a_2) \longleftrightarrow (r, \varphi)$$

$$a_1 = r \cos \varphi \qquad r = \sqrt{a_1^2 + a_2^2}$$

$$a_2 = r \cos \varphi \qquad \tan \varphi = \frac{a_1}{a_2}$$

Abb. 5.2.1   Kartesische Koordinaten und Polarkoordinaten

Jedem Punkt der Ebene kann man nun einerseits eine *Verschiebung* und andererseits eine *Drehstreckung* zuordnen:

$$P \longleftrightarrow (a_1, a_2) \longleftrightarrow \text{Verschiebung mit dem Vektor } \binom{a_1}{a_2}$$

$$P \longleftrightarrow (r, \varphi) \longleftrightarrow \text{Drehstreckung um } O \text{ mit Winkel } \varphi \text{ und Faktor } r$$

Nun können wir eine Addition $(+)$ und eine Multiplikation $(\cdot)$ für die Punkte der Ebene als Verkettung von Abbildungen definieren, und zwar die Addition als Verkettung der den Punkten zugeordneten Verschiebungen und die Multiplikation als Verkettung der den Punkten zugeordneten Drehstreckungen.

Die Verkettung zweier Verschiebungen ist trivialerweise wieder eine solche:

$$\binom{a_1}{a_2} + \binom{b_1}{b_2} = \binom{a_1 + b_1}{a_2 + b_2}$$

Die Verkettung zweier Drehstreckungen mit dem Zentrum O ist ebenfalls wieder eine solche: Ist allgemein δ_φ die Drehung um O mit dem Winkel φ und ϑ_k die Streckung mit dem Zentrum O und dem Faktor k, dann ist $\vartheta_k \circ \delta_\varphi$ die Drehstreckung mit den entsprechenden Daten, und es gilt $\delta_\varphi \circ \vartheta_k = \vartheta_k \circ \delta_\varphi$. Daher gilt für zwei Drehstreckungen $\delta_\alpha \circ \vartheta_r$ und $\delta_\beta \circ \vartheta_s$ mit dem Zentrum O:

$$(\delta_\alpha \circ \vartheta_r) \circ (\delta_\beta \circ \vartheta_s) = (\delta_\alpha \circ \delta_\beta) \circ (\vartheta_r \circ \vartheta_s) = \delta_{\alpha + \beta} \circ \vartheta_{rs}.$$

Im vorliegenden Zusammenhang wollen wir die Menge aller Punkte der Ebene mit $\mathbb{C}$ bezeichnen. Dann ist $(\mathbb{C}, +, \cdot)$ eine algebraische Struktur mit den folgenden Eigenschaften:

(1) $(\mathbb{C}, +)$ ist eine kommutative Gruppe.

(2) $(\mathbb{C} \setminus \{O\}, \cdot)$ ist eine kommutative Gruppe.

(3) Es gilt das Distributivgesetz: $u \cdot (v + w) = u \cdot v + u \cdot w$ für alle $u, v, w \in \mathbb{C}$.

Die Behauptung (1) bedarf keines Beweises, denn $(\mathbb{C}, +)$ ist die bereits bekannte Gruppe der Verschiebungen der Ebene.

Behauptung (2) ist fast unmittelbar klar; neutrales Element ist die Drehstreckung mit dem Winkel $0°$ und dem Faktor 1, und für $k \neq 0$ gilt

$$(\delta_\varphi \circ \vartheta_k)^{-1} = \delta_{-\varphi} \circ \vartheta_{\frac{1}{k}}.$$

Aussage (3) ist in Abb. 5.2.2 verdeutlicht.

Die algebraische Struktur $(\mathbb{C}, +, \cdot)$ ist also ein Körper, und zwar der *Körper der komplexen Zahlen*.

Der Körper der komplexen Zahlen enthält ein isomorphes Bild des Körpers der reellen Zahlen, nämlich die aus den Punkten der x_1-Achse gebildete Struktur.

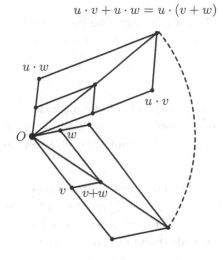

Abb. 5.2.2 Distributivgesetz in $\mathbb{C}$

Die Multiplikation komplexer Zahlen lässt sich auch in kartesischen Koordinaten darstellen, wenn man die Additionstheoreme für cos und sin benutzt. Es gilt

$$(a_1, a_2) \cdot (b_1, b_2) = (r\cos\varphi, r\sin\varphi) \cdot (s\cos\psi, s\sin\psi)$$

$$= (rs\cos(\varphi + \psi), rs\sin(\varphi + \psi))$$

$$= (rs(\cos\varphi\cos\psi - \sin\varphi\sin\psi), rs(\sin\varphi\cos\psi + \cos\varphi\sin\psi))$$

$$= ((r\cos\varphi)(s\cos\psi) - (r\sin\varphi)(s\sin\psi), (s\sin\varphi)(s\cos\psi) + (r\cos\varphi)(s\sin\psi))$$

$$= (a_1 b_1 - a_2 b_2, a_2 b_1 + a_1 b_2).$$

Man kann sich diese Multiplikationsformel besonders einfach merken, wenn man die komplexen Zahlen (a_1, a_2) in der Form $a_1 + a_2 i$ schreibt und festlegt, mit diesen Termen wie mit reellen Zahlen zu rechnen, wobei aber $i^2 = -1$ gelten soll:

$$(a_1 + a_2 i) \cdot (b_1 + b_2 i) = a_1 b_1 + a_2 b_1 i + a_1 b_2 i + a_2 b_2 i^2$$

$$= (a_1 b_1 - a_2 b_2) + (a_2 b_1 + a_1 b_2)i$$

In der komplexen Zahl $x = x_1 + x_2 i$ $(x_1, x_2 \in \mathbb{R})$ nennt man

$$x_1 = \text{Re}(x) \text{ den } \textit{Realteil} \text{ von } x,$$

$$x_2 = \text{Im}(x) \text{ den } \textit{Imaginärteil} \text{ von } x.$$

Ferner nennt man

$$|x| = \sqrt{x_1^2 + x_2^2} \quad \text{den } \textit{Betrag} \text{ von } x$$

und den Winkel φ mit

$$\tan \varphi = \frac{x_2}{x_1} \quad \text{das } \textit{Argument} \text{ von } x,$$

bezeichnet mit $\arg x$. Die komplexe Zahl $\overline{x} = x_1 - x_2 i$ nennt man die zu $x = x_1 + x_2 i$ *konjugierte* Zahl; es ist $\overline{(\overline{x})} = x$ und $x\overline{x} = |x|^2 = x_1^2 + x_2^2$. Für $x, y \in \mathbb{C}$ gilt offensichtlich

$$\overline{x + y} = \overline{x} + \overline{y} \quad \text{und} \quad \overline{x \cdot y} = \overline{x} \cdot \overline{y}.$$

Ebene geometrische Probleme kann man nun statt in einem kartesischen Koordinatensystem in der komplexen Zahlenebene formulieren. Der Vorteil besteht darin, dass in $\mathbb{C}$ anders als für Punkte im üblichen Koordinatensystem eine Multiplikation definiert ist.

Wir wollen nun Geraden und Kreise in der komplexen Zahlenebene beschreiben. Dazu sei $z = z_1 + z_2 i$ eine komplexe Variable. Eine Gerade wird zunächst durch eine Gleichung der Form $az_1 + bz_2 + c = 0$ $(a, b, c \in \mathbb{R})$ gegeben, wobei die reellen Zahlen a, b nicht beide 0 sein dürfen. Mit $z_1 = \frac{\overline{z} + z}{2}$ und $z_2 = \frac{\overline{z} - z}{2} i$ entsteht daraus

$$a(\overline{z} + z) + bi(\overline{z} - z) + 2c = 0.$$

Ein Kreis in der komplexen Zahlenebene wird durch eine Gleichung der Form $|z - z_0| = r$ bzw. $(z - z_0)(\overline{z} - \overline{z}_0) = r^2$ beschrieben. Dies lässt sich umformen zu $z\overline{z} - \overline{z}_0 z - z_0 \overline{z} + z_0 \overline{z}_0 - r^2 = 0$, wegen $\overline{z}_0 z + z_0 \overline{z} = \text{Re}(z_0)(\overline{z} + z) + \text{Im}(z_0)i(\overline{z} - z)$ dann auch zu

$$z\overline{z} - \text{Re}(z_0)(\overline{z} + z) - \text{Im}(z_0)i(\overline{z} - z) + |z_0|^2 - r^2 = 0.$$

Kreise und Geraden haben also Gleichungen, welche sich als Spezialfälle einer Gleichung der Form

$$A(\overline{z} + z) + Bi(\overline{z} - z) + C(z\overline{z} - 1) + D(z\overline{z} + 1) = 0 \qquad (A, B, C, D \in \mathbb{R})$$

ergeben. Für $C + D = 0$ und $A^2 + B^2 \neq 0$ ist dies die Gleichung einer Geraden. Für $C + D \neq 0$ lässt sich diese Gleichung umformen zu

$$z\overline{z} + \frac{A}{C + D}(\overline{z} + z) + \frac{B}{C + D} i(\overline{z} - z) - \frac{C - D}{C + D} = 0.$$

Dies ist die Gleichung eines Kreises

mit dem Mittelpunkt $\quad z_0 = -\left(\frac{A}{C + D} + \frac{B}{C + D} i\right)$

und dem Radius $\quad r = \sqrt{z_0^2 + \frac{C - D}{C + D}} = \sqrt{\frac{A^2 + B^2 + C^2 - D^2}{(C + D)^2}}.$

Dabei muss $A^2 + B^2 + C^2 > D^2$ sein; andernfalls besteht die Lösungsmenge der Gleichung nur aus dem Punkt z_0 oder ist leer.

Nun wollen wir bijektive Abbildungen von $\mathbb{C}$ auf sich betrachten, bei denen eine Gleichung obiger Form in eine ebensolche Gleichung übergeht, bei denen also eine Gerade oder ein Kreis wieder auf eine Gerade oder einen Kreis abgebildet werden. Solche Abbildungen sind

- die Verschiebungen $z \mapsto z + a$ $(a \in \mathbb{C})$;
- die Drehstreckungen mit dem Zentrum O: $z \mapsto az$ $(a \in \mathbb{C})$;
- die Verkettung solcher Abbildungen: $z \mapsto az + b$ $(a, b \in \mathbb{C})$;
- die Spiegelung an der reellen Achse: $z \mapsto \overline{z}$;
- die Kehrwertbildung: $z \mapsto \dfrac{1}{z}$, wobei aber O nicht zur Definitionsmenge der Abbildung gehört.

Dass die letztgenannte Abbildung Geraden oder Kreise wieder auf Geraden oder Kreise abbildet, erkennt man an der allgemeinen Gleichung dieser Punktmengen, wenn man dort z durch $\dfrac{1}{z}$ ersetzt. Aus

$$A\left(\frac{1}{\overline{z}} + \frac{1}{z}\right) + Bi\left(\frac{1}{\overline{z}} - \frac{1}{z}\right) + C\left(\frac{1}{z\overline{z}} - 1\right) + D\left(\frac{1}{z\overline{z}} + 1\right) = 0$$

ergibt sich nämlich durch Multiplikation mit $z\overline{z}$

$$A(z + \overline{z}) + Bi(z - \overline{z}) + C(1 - z\overline{z}) + D(1 + z\overline{z}) = 0.$$

Die Verkettung der Spiegelung an der reellen Achse mit der Kehrwertbildung, also die Abbildung

$$z \mapsto \frac{1}{\overline{z}},$$

ist die Inversion am Einheitskreis (Abschn. 4.8), denn es gilt

$$\arg \frac{1}{\overline{z}} = \arg z \quad \text{und} \quad \left|\frac{1}{\overline{z}}\right| \cdot |z| = 1,$$

wie man Abb. 5.2.3 entnehmen kann.

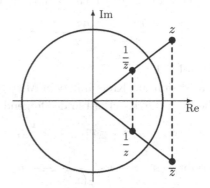

Abb. 5.2.3 Inversion am Kreis

Damit lässt sich Satz 4.7 sehr leicht beweisen. Bei der Inversion am Einheitskreis gilt:

a) Jede Gerade durch O (ohne den Punkt O) wird auf sich selbst abgebildet, denn ersetzt man in der Gleichung $a(\overline{z} + z) + bi(\overline{z} - z) = 0$ die Variable z durch $\dfrac{1}{z}$ und multipliziert dann mit $\overline{z}z$, dann erhält man dieselbe Gleichung.

b) Jede Gerade, die nicht durch O geht, wird auf einen Kreis durch O (ohne den Punkt O) abgebildet. Jeder Kreis durch O (ohne den Punkt O) wird auf eine Gerade abgebildet, die nicht durch O geht. Denn ersetzt man in der Gleichung $a(\overline{z}+z)+bi(\overline{z}-z)+c = 0$ mit $c \neq 0$ die Variable z durch $\dfrac{1}{z}$ und multipliziert dann mit $\overline{z}z$, dann erhält man die

Gleichung $a(\overline{z} + z) + bi(\overline{z} - z) + cz\overline{z} = 0$, was mit $A = a, B = b, C = D = \frac{c}{2}$ die allgemeine Kreisgleichung ergibt. Weil die Inversion am Einheitskreis mit ihrer Umkehrung übereinstimmt (zweimalige Anwendung ergibt die identische Abbildung), entsteht umgekehrt aus einem Kreis durch O eine Gerade, die nicht durch O geht.

c) Ebenso einfach sieht man, dass ein Kreis, der nicht durch O geht, auf einen ebensolchen Kreis abgebildet wird.

Alle Abbildungen, die durch Verketten der genannten Abbildungen (Verschieben, Drehen, Strecken, Konjugieren, Kehrwertbilden) entstehen, sind winkeltreu und lassen sich durch

$$z \mapsto \frac{az + b}{cz + d} \quad \text{oder} \quad z \mapsto \frac{a\overline{z} + b}{c\overline{z} + d}$$

mit $a, b, c, d \in \mathbb{C}$ und $ad - bc \neq 0$ darstellen. Man nennt sie *Kreisverwandtschaften*, weil Kreise (wozu als Sonderfall jetzt auch die Geraden zählen sollen) stets wieder auf Kreise abgebildet werden. Die Definitionsmenge und die Wertemenge der ersten Abbildung sind

$$\mathbb{C} \quad \text{bzw.} \quad \mathbb{C} \setminus \left\{ -\frac{d}{c} \right\} \quad (\text{im Fall } c \neq 0)$$

sowie

$$\mathbb{C} \quad \text{bzw.} \quad \mathbb{C} \setminus \left\{ \frac{a}{c} \right\} \quad (\text{im Fall } c \neq 0).$$

Entsprechendes gilt für die zweite Abbildung.

Die Bedingung $ad - bc \neq 0$ garantiert, dass eine Bijektion vorliegt. Ist etwa im Fall $c \neq 0$ diese Bedingung nicht erfüllt, dann gilt

$$\frac{az + b}{cz + d} = \frac{az + \frac{ad}{c}}{cz + d} = \frac{a}{c} \cdot \frac{z + \frac{d}{c}}{z + \frac{d}{c}} = \frac{a}{c} \quad \text{für alle } z \neq -\frac{d}{c}.$$

Beispiel 5.1

Die Inversion am Kreis mit dem Mittelpunkt $m \in \mathbb{C}$ und dem Radius $r > 0$ ist der Reihe nach durch Verketten der folgenden Abbildungen darzustellen:

$$z \mapsto z - m, \quad z \mapsto \frac{1}{r}z, \quad z \mapsto \frac{1}{\overline{z}}, \quad z \mapsto rz, \quad z \mapsto z + m$$

Es ergibt sich $\quad z \mapsto r \cdot \dfrac{1}{\frac{1}{r}\overline{(z - m)}} + m = \dfrac{m\overline{z} - m\overline{m} + r^2}{\overline{z} - \overline{m}} .$

$\blacksquare$

Aufgaben

5.9 Berechne in $\mathbb{C}$:

a) $(2 + 3i) \cdot (5 - 9i)$ b) $(1 + i)^2 + (1 - i)^2$ c) $(2 + i)^4$

d) $(1 + i)^{-1}$ e) $(3 + 5i)^{-1}$ f) $(-7i)^{-1}$

g) $|1 + i|$ h) $|17 + 4i|$ i) $|(3 - 2i)^{-1}|$

5.10 Bestimme den Mittelpunkt und den Radius des Kreises, der durch folgende Gleichung gegeben ist:

a) $z\overline{z} - 2(z + \overline{z}) - 4i(z - \overline{z}) = 5$

b) $6(\overline{z} + z) + 8i(\overline{z} - z) + 7(z\overline{z} - 1) - 5(z\overline{z} + 1) = 0$

5.11 Für $p, u \in \mathbb{C}$ mit $u \neq 0$ ist $z = p + tu$ ($t \in \mathbb{R}$) eine Gleichung der Geraden durch die Punkte p und $p + u$. Berechne die Schnittpunkte der Geraden mit dem Kreis um z_0 mit dem Radius r für folgende Werte:

$$p = 1 + 2i, \ u = 3 - i, \ z_0 = 5 + 3i, \ r = 7$$

5.12 Durch $z \mapsto \dfrac{2z + i}{iz - 1}$ ist eine Kreisverwandtschaft gegeben.

a) Stelle die Abbildung als Verkettung einer Inversion am Einheitskreis mit Ähnlichkeitsabbildungen dar.

b) Bestimme die Bilder der Geraden g durch 0 und i und der Geraden h durch $-i$ und $2 + 3i$.

c) Es sei k der Einheitskreis. Bestimme den Mittelpunkt und den Radius des Bildkreises.

d) Welche Kreise werden auf Geraden und welche Geraden werden auf Kreise abgebildet?

5.13 Es sei $m \in \mathbb{C}$ und $r \in \mathbb{R}$. Bestimme die Fixpunkte der Kreisverwandtschaft

$$z \mapsto \frac{m\overline{z} - m\overline{m} + r^2}{\overline{z} - \overline{m}} \ .$$

5.14 Bestimme eine Kreisverwandtschaft, die die reelle Achse auf den Einheitskreis abbildet.

5.15 Das Produkt der komplexen Zahlen mit den Polarkoordinaten (r, φ) und (s, ψ) ist die Zahl $(rs, \varphi + \psi)$. Für komplexe Zahlen a, b gilt also $|a \cdot b| = |a| \cdot |b|$.

a) Beweise damit: Das Produkt zweier Summen ganzzahliger Quadrate ist wieder eine Summe von zwei ganzzahligen Quadraten.
(Die herzuleitende Identität ist unter dem Namen *Formel von Fibonacci* bekannt, da sie in dessen *Liber quadratorum* aufgeführt ist.)

b) Es ist $5 = 1^2 + 2^2$ und $13 = 2^2 + 3^2$. Berechne damit zwei verschiedene Darstellungen von 65 als Summe von zwei Quadratzahlen.

5.3   Analytische Geometrie

Allgemein versteht man unter *Analytische Geometrie* die Methode, geometrische Probleme in algebraische Probleme zu übersetzen und dann mit algebraischen Mitteln zu lösen. Zur „Übersetzung" dient ein Koordinatensystem. Von dieser Methode haben wir schon in Abschn. 5.2 Gebrauch gemacht, also bei Fragestellungen der *ebenen* Geometrie. Wir wollen uns in diesem Abschnitt mit der analytischen Geometrie des *Raumes* befassen und weisen darauf hin, dass sich Konzepte wie die Identifikation von Punkten des Raumes mit ihren Ortsvektoren, Vektorgleichungen von Geraden oder das Skalarprodukt von Vektoren leicht in die ebene Geometrie übertragen lassen.

Wir denken uns im Raum einen Punkt O (Ursprung, Origo) gegeben, ferner drei Geraden g_1, g_2, g_3 durch O, die *nicht* in einer Ebene liegen. Auf g_i sei ein Punkt $E_i \neq O$ festgelegt, sodass man jeden Punkt X_i von g_i eindeutig durch die reelle Zahl x_i mit $\overrightarrow{OX_i} = x_i \overrightarrow{OE_i}$ beschreiben kann ($i = 1, 2, 3$). Durch diese Festlegungen ist ein *affines Koordinatensystem* im Raum gegeben. Jeder Punkt X des Raumes bestimmt umkehrbar eindeutig ein Parallelepiped (Spat) mit der Raumdiagonalen OX, dessen Kanten parallel zu den *Koordinatenachsen* g_1, g_2, g_3 sind (Abb. 5.3.1).

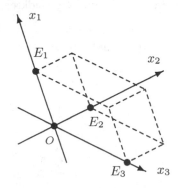   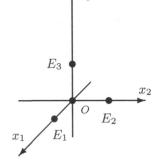

Abb. 5.3.1 Affines Koordinatensystem   **Abb. 5.3.2**   Kartesisches
                                                                Koordinatensystem

Die zu den Eckpunkten auf den Achsen gehörenden Zahlen x_1, x_2, x_3 sind dann die *Koordinaten* von X, und man schreibt $X = (x_1, x_2, x_3)$ oder $X(x_1, x_2, x_3)$. Dabei verwendet man in den Zahlentripeln manchmal auch die Zeichen ; oder |. Sind eine oder mehrere Koordinaten von X gleich 0, dann entartet das Parallelepiped zu einem Parallelogramm, zu einer Strecke oder gar zu einem Punkt (nämlich O).

Ein affines Koordinatensystem heißt *kartesisch* (nach RENÉ DESCARTES, 1586–1650), wenn gilt (Abb. 5.3.2):

■ Die Koordinatenachsen sind paarweise orthogonal.

■ Die Strecken OE_i haben alle die gleiche Länge.

■ Das aus $\overrightarrow{OE_1}, \overrightarrow{OE_2}, \overrightarrow{OE_3}$ gebildete „Dreibein" ist positiv orientiert.

Die letzte Bedingung bedeutet: Führt man eine Drehung um die x_3-Achse so aus, dass die Halbgerade OE_1^+ bei einem Drehwinkel von 90° mit der Halbgeraden OE_2^+ zur Deckung kommt, und schreitet man gleichzeitig in Richtung der x_3-Achse voran, dann entsteht eine Rechtsschraubung (Korkenzieherregel).

Die Eigenschaft eine Koordinatensystems, kartesisch zu sein, spielt vor allem dann eine Rolle, wenn die zu behandelnden geometrischen Aussagen Längen und Winkel enthalten.

In einem affinen Koordinatensystem ist durch $X(x_1, x_2, x_3)$ die Verschiebung $\overrightarrow{OX}$ festgelegt; man schreibt dann

$$\overrightarrow{OX} = \vec{x} = \begin{pmatrix} x_1 \\ x_2 \\ x_3 \end{pmatrix}$$

und nennt diesen Vektor den *Ortsvektor* des Punktes X. Der Ortsvektor des Ursprungs ist somit $\vec{o} = \begin{pmatrix} 0 \\ 0 \\ 0 \end{pmatrix}$. Für $\overrightarrow{UV}$ mit $U(u_1, u_2, u_3)$, $V(v_1, v_2, v_3)$ gilt

$$\overrightarrow{UV} = \begin{pmatrix} v_1 - u_1 \\ v_2 - u_2 \\ v_3 - u_3 \end{pmatrix}.$$

Wir haben also einen Verschiebungsvektor des Raumes mit einem Tripel aus $\mathbb{R}^3$ identifiziert, was sich natürlich stets nur auf ein vorgegebenes Koordinatensystem beziehen kann. Soll ein Zahlentripel als Vektor verstanden werden, so schreiben wir es stets, wie oben schon geschehen, als eine Zahlen*spalte*.

Für das Rechnen mit Verschiebungsvektoren des Raumes gelten dieselben Regeln wie für Verschiebungsvektoren der Ebene (Abschn. 4.3). Dem Addieren (Verketten) und Vervielfachen von Verschiebungen entsprechen die folgenden Operationen für Elemente von $\mathbb{R}^3$:

$$\begin{pmatrix} a_1 \\ a_2 \\ a_3 \end{pmatrix} + \begin{pmatrix} b_1 \\ b_2 \\ b_3 \end{pmatrix} = \begin{pmatrix} a_1 + b_1 \\ a_2 + b_2 \\ a_3 + b_3 \end{pmatrix}, \qquad r \begin{pmatrix} a_1 \\ a_2 \\ a_3 \end{pmatrix} = \begin{pmatrix} ra_1 \\ ra_2 \\ ra_3 \end{pmatrix}$$

Je vier Vektoren $\vec{a}, \vec{b}, \vec{c}, \vec{d}$ im Raum sind *linear abhängig*, d.h., es existieren reelle Zahlen α, β, γ und δ, die nicht alle gleichzeitig 0 sind, sodass

$$\alpha\vec{a} + \beta\vec{b} + \gamma\vec{c} + \delta\vec{d} = \vec{o}$$

gilt, wobei $\vec{o}$ der Nullvektor ist. Man kann dann mindestens einen der vier Vektoren als Linearkombination der übrigen ausdrücken. Vektoren, die *nicht* linear abhängig sind, nennt man *linear unabhängig*. Drei Vektoren im Raum können linear unabhängig sein; beispielsweise gilt das für die Vektoren $\overrightarrow{OE_1}, \overrightarrow{OE_2}, \overrightarrow{OE_3}$. Statt „die Vektoren $\vec{a}, \vec{b}, \ldots$, sind linear abhängig (unabhängig)" sagt man etwas genauer, „die Menge $\{\vec{a}, \vec{b}, \ldots\}$ ist linear abhängig (unabhängig)".

Wir wollen nun Punktmengen im Raum mithilfe eines gegebenen Koordinatensystems beschreiben, wobei man beachte, dass sich ein Punkt und sein Ortsvektor umkehrbar eindeutig bestimmen.

Es sei $\vec{u} \neq \vec{o}$ und $\vec{p}$ ein weiterer Vektor. Dann bildet die Menge g aller Punkte X, für deren Ortsvektoren $\vec{x}$ die Gleichung

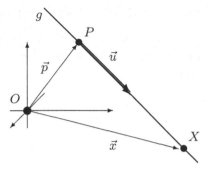

$$g : \vec{x} = \vec{p} + r\vec{u} \quad (r \in \mathbb{R})$$

gilt, eine Gerade (Abb. 5.3.3). Die Gleichung heißt *Vektorgleichung* der Geraden g. Der Parameter r durchläuft dabei die Menge aller reellen Zahlen.

Abb. 5.3.3 Vektorgleichung von g

Manchmal spricht man auch von einer Geradengleichung in *Parameterform*. Beschränkt man den Parameter auf ein Intervall aus $\mathbb{R}$, so beschreibt obige Gleichung eine Strecke. In der Vektorgleichung der Geraden g heißt $\vec{p}$ der *Stützvektor* und $\vec{u}$ der *Richtungsvektor*.

Die Vektoren $\vec{u}, \vec{v}$ seien linear unabhängig und $\vec{p}$ sei ein weiterer Vektor. Dann bildet die Menge E aller Punkte X, für deren Ortsvektoren $\vec{x}$ die Gleichung

$$E : \vec{x} = \vec{p} + r\vec{u} + s\vec{v} \quad (r, s \in \mathbb{R})$$

gilt, eine Ebene (Abb. 5.3.4).

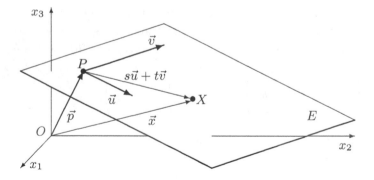

Abb. 5.3.4 Vektorgleichung von E

Die Gleichung heißt *Vektorgleichung* der Ebene E. Die Parameter r, s durchlaufen dabei die Menge aller reellen Zahlen. Beschränkt man beide Parameter jeweils auf ein Intervall aus $\mathbb{R}$, dann beschreibt obige Gleichung eine Parallelogrammfläche.

Durch Elimination der Parameter r, s aus der Vektorgleichung erhält man eine sog. *Koordinatengleichung* der Ebene. Die Vektorgleichung bedeutet dasselbe wie das lineare Gleichungssystem

$$u_1 r + v_1 s = x_1 - p_1$$
$$u_2 r + v_2 s = x_2 - p_2$$
$$u_3 r + v_3 s = x_3 - p_3$$

mit den Variablen r, s. Wegen der linearen Unabhängigkeit von $\vec{u}, \vec{v}$ kann man aus zwei der Gleichungen r, s bestimmen und dies in die dritte Gleichung einsetzen. Es ergibt sich eine Gleichung der Form

$$a_1 x_1 + a_2 x_2 + a_3 x_3 = a,$$

wobei die Koeffizienten a_1, a_2, a_3 nicht alle 0 sind. Die Ebene besteht also aus allen Punkten, deren Koordinaten dieser Gleichung genügen.

Im Folgenden setzen wir eine gewisse Vertrautheit mit dem Lösen linearer Gleichungssysteme mit zwei oder drei Variablen voraus.

Beispiel 5.2
Zur Ebene durch die Punkte $A(4, -1,7), B(5,5,6), C(-9,11,8)$ gehört mit dem Stützpunkt A und den Spannvektoren $\overrightarrow{AB}$ und $\overrightarrow{AC}$ folgende Vektorgleichung bzw. folgendes lineare Gleichungssystem:

$$\vec{x} = \begin{pmatrix} 4 \\ -1 \\ 7 \end{pmatrix} + r \begin{pmatrix} 1 \\ 6 \\ -1 \end{pmatrix} + s \begin{pmatrix} -13 \\ 12 \\ 1 \end{pmatrix} \quad \text{bzw.} \quad \begin{cases} r - 13s = x_1 - 4 \\ 6r + 12s = x_2 + 1 \\ -r + s = x_3 - 7 \end{cases}$$

Addition der ersten und dritten Gleichung des Gleichungssystems führt auf

$$-12s = x_1 + x_3 - 11, \quad \text{also} \quad s = -\frac{1}{12}(x_1 + x_3 - 11);$$

Addition aller drei Gleichungen führt auf

$$6r = x_1 + x_2 + x_3 - 10, \quad \text{also} \quad r = \frac{1}{6}(x_1 + x_2 + x_3 - 10).$$

Aus der dritten Gleichung folgt damit

$$-\frac{1}{6}(x_1 + x_2 + x_3 - 10) - \frac{1}{12}(x_1 + x_3 - 11) = x_3 - 7.$$

Multiplikation mit -12 liefert

$$2x_1 + 2x_2 + 2x_3 - 20 + x_1 + x_3 - 11 = -12x_3 + 84,$$

also

$$3x_1 + 2x_2 + 15x_3 = 115.$$

Dies ist eine Koordinatengleichung der Ebene durch A, B, C.   ∎

Die obige Vektorgleichung einer Geraden bedeutet dasselbe wie das lineare Gleichungssystem

$$u_1 r = x_1 - p_1$$
$$u_2 r = x_2 - p_2$$
$$u_3 r = x_3 - p_3$$

mit der Variablen r. Wegen $\vec{u} \neq \vec{o}$ kann man aus einer der Gleichungen r bestimmen und dies in die beiden anderen Gleichungen einsetzen. Es ergibt sich ein Gleichungssystem der Form

$$a_1 x_1 + a_2 x_2 + a_3 x_3 = a,$$
$$b_1 x_1 + b_2 x_2 + b_3 x_3 = b,$$

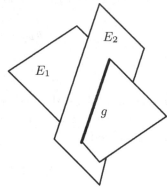

Abb. 5.3.5 g als Schnittgerade der Ebenen E_1 und E_2

wobei die Koeffizienten a_1, a_2, a_3 sowie die Koeffizienten b_1, b_2, b_3 nicht alle 0 sind. Die Gerade besteht also aus allen Punkten, deren Koordinaten diesem Gleichungssystem genügen. Die Gerade ist damit als Schnittgerade zweier Ebenen dargestellt (Abb. 5.3.5).

Beispiel 5.3
Zur Geraden g durch die Punkte $A(1,3,-7)$ und $B(2,5,0)$ gehört die Vektorgleichung bzw. das Gleichungssystem

$$\vec{x} = \begin{pmatrix} 1 \\ 3 \\ -7 \end{pmatrix} + r \begin{pmatrix} 1 \\ 2 \\ 7 \end{pmatrix} \qquad \text{bzw.} \qquad \begin{cases} r = x_1 - 1 \\ 2r = x_2 - 3 \\ 7r = x_3 + 7 \end{cases}.$$

Setzt man $r = x_1 - 1$ (erste Gleichung des Systems) in die zweite und dritte Gleichung ein, so ergibt sich

$$\begin{aligned} 2(x_1 - 1) &= x_2 - 3 \\ 7(x_1 - 1) &= x_3 + 7 \end{aligned} \qquad \text{bzw.} \qquad \begin{aligned} 2x_1 - x_2 &= -1 \\ 7x_1 - x_3 &= 14 \end{aligned}.$$

Damit ist g als Schnittgerade zweier Ebenen dargestellt.   ■

Beispiel 5.4
Durch das lineare Gleichungssystem

$$\begin{cases} x_1 + 3x_2 - x_3 = 17 \\ 3x_1 + 2x_2 - x_3 = 16 \end{cases}$$

ist eine Gerade g als Schnittmenge zweier Ebenen festgelegt. Ersetzt man eine Variable durch einen Parameter r, etwa $x_3 = r$, dann kann man die beiden anderen Variablen ebenfalls durch r ausdrücken:

$$\begin{cases} x_1 + 3x_2 = r + 17 \\ 3x_1 + 2x_2 = r + 16 \end{cases} \Longleftrightarrow \begin{cases} x_1 + 3x_2 = r + 17 \\ -7x_2 = -2r - 35 \end{cases}$$

Es ergibt sich daraus $x_2 = 5 + \dfrac{2}{7} r$ und damit $x_1 = 2 + \dfrac{1}{7} r$. Mit r durchläuft auch $t = 7r$ die Menge der reellen Zahlen. Damit lautet die gefundene Geradengleichung

$$g : \vec{x} = \begin{pmatrix} 2 \\ 5 \\ 0 \end{pmatrix} + t \begin{pmatrix} 1 \\ 2 \\ 7 \end{pmatrix} \qquad (t \in \mathbb{R}).$$

Ersetzt man darin den Stützvektor durch den Ortsvektor für $t = -1$, dann ergibt sich die Geradengleichung aus Beispiel 5.3. In Beispiel 5.3 und 5.4 haben wir also die gleiche Gerade betrachtet. ∎

Bisher lag ein beliebiges affines Koordinatensystem zugrunde. Im Folgenden soll das Koordinatensystem kartesisch sein, da wir Längen und Winkel untersuchen wollen. Dann kann man mithilfe des Satzes von Pythagoras die Länge einer Strecke AB bzw. den Betrag eines Vektors $\overrightarrow{AB}$ bestimmen, wenn die Koordinatentripel $(a_1, a_2, a_3), (b_1, b_2, b_3)$ der Punkte A, B gegeben sind; es gilt

$$\overline{AB} = |\overrightarrow{AB}| = \sqrt{(b_1 - a_1)^2 + (b_2 - a_2)^2 + (b_3 - a_3)^2}.$$

Ferner kann man den Winkel $\varphi = \sphericalangle(\vec{u}, \vec{v})$ berechnen, den zwei Vektoren $\vec{u}, \vec{v} \neq \vec{o}$ bilden (Abb. 5.3.6). Der Kosinussatz (Abschn. 5.1) liefert

$$|\vec{u} - \vec{v}|^2 = |\vec{u}|^2 + |\vec{v}|^2 - 2|\vec{u}||\vec{v}| \cos \varphi,$$

und daraus lässt sich zunächst $\cos \varphi$ und anschließend auch der Winkel φ bestimmen. Setzt man in dieser Gleichung die Koordinaten ein, so kann man sie umformen zu

$$u_1 v_1 + u_2 v_2 + u_3 v_3 = |\vec{u}||\vec{v}| \cos \varphi.$$

Mit der Abkürzung

$$\vec{u} \bullet \vec{v} = u_1 v_1 + u_2 v_2 + u_3 v_3$$

ergibt sich

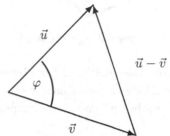

Abb. 5.3.6 Winkel zwischen $\vec{u}$ und $\vec{v}$

$$\cos \varphi = \frac{\vec{u} \bullet \vec{v}}{|\vec{u}||\vec{v}|}.$$

Man nennt $\vec{u} \bullet \vec{v}$ das *Skalarprodukt* der Vektoren $\vec{u}, \vec{v}$.

Für den Betrag eines Vektors $\vec{a}$ gilt $|\vec{a}|^2 = \vec{a} \bullet \vec{a}$. Schreibt man nun $\vec{a}^{\,2}$ für $\vec{a} \bullet \vec{a}$, so ist $|\vec{a}|^2 = \vec{a}^{\,2}$.

Wegen $\cos 90° = 0$ gilt:

> *Genau dann sind zwei von $\vec{o}$ verschiedene Vektoren orthogonal, wenn ihr Skalarprodukt den Wert 0 hat.*

Für das Rechnen mit dem Skalarprodukt gelten offensichtlich folgende Regeln:

(1) $\vec{a} \bullet \vec{b} = \vec{b} \bullet \vec{a}$ für alle $\vec{a}, \vec{b} \in \mathbb{R}^3$

(2) $(r\vec{a}) \bullet \vec{b} = r(\vec{a} \bullet \vec{b})$ für alle $\vec{a}, \vec{b} \in \mathbb{R}^3$ und alle $r \in \mathbb{R}$

(3) $(\vec{a} + \vec{b}) \bullet \vec{c} = \vec{a} \bullet \vec{c} + \vec{b} \bullet \vec{c}$ für alle $\vec{a}, \vec{b}, \vec{c} \in \mathbb{R}^3$

(4) $\vec{a} \bullet \vec{a} \geq 0$ für alle $\vec{a} \in \mathbb{R}^3$; $\vec{a} \bullet \vec{a} = 0$ nur für $\vec{a} = \vec{o}$

Ist $\vec{x}$ der Variablenvektor und $\vec{a}$ der Koeffizientenvektor in einer Koordinatengleichung einer Ebene, dann hat die Gleichung die Form $\vec{a} \bullet \vec{x} = a$. Ist $\vec{x}_0$ der Ortsvektor eines festen Punktes der Ebene, gilt also $\vec{a} \bullet \vec{x}_0 = a$, dann ergibt sich aufgrund von Regel (3)

$$\vec{a} \bullet (\vec{x} - \vec{x}_0) = 0.$$

Der Vektor $\vec{a}$ ist demnach orthogonal zum Verbindungsvektor von je zwei Punkten der Ebene, er ist also ein *Normalenvektor* der Ebene (Abb. 5.3.7). Daher nennt man die letzte Gleichung eine *Normalengleichung* der Ebene.

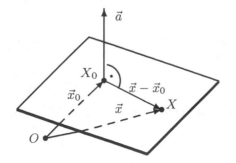   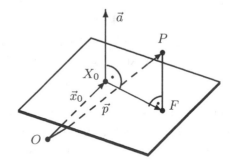

Abb. 5.3.7 Normalengleichung Ebene   **Abb. 5.3.8** Abstand Punkt – Ebene

Ist eine Normalengleichung der Ebene gegeben, also $\vec{a} \bullet (\vec{x} - \vec{x}_0) = 0$, dann kann man leicht den Abstand eines Punktes P (mit dem Ortsvektor $\vec{p}$) von der Ebene berechnen. Ist d dieser Abstand und F der Fußpunkt des Lotes von P auf die Ebene (Abb. 5.3.8), dann gilt

$$\vec{p} = \vec{x}_0 + \overrightarrow{X_0 F} \pm \frac{d}{|\vec{a}|}\, \vec{a}.$$

Bildet man das Skalarprodukt mit $\vec{a}$, dann folgt wegen $\vec{a} \bullet \overrightarrow{X_0 F} = 0$:

$$\vec{a} \bullet \vec{p} = \vec{a} \bullet \vec{x}_0 \pm d|\vec{a}|, \quad \text{also} \quad d = \left| \frac{\vec{a} \bullet (\vec{p} - \vec{x}_0)}{|\vec{a}|} \right|.$$

Die Zahl $\vec{a} \bullet (\vec{p} - \vec{x}_0)$ ergibt sich dabei als positiv, wenn $\vec{a}$ und $\overrightarrow{FP}$ gleichgerichtet sind, andernfalls als negativ.

Beispiel 5.5

Die vier Punkte $A(1,0,0), B(4,3,-1), C(-1,4,2), D(0,2,5)$ bilden eine Dreieckspyramide; ihre Ortsvektoren bezeichnen wir der Reihe nach mit $\vec{a}, \vec{b}, \vec{c}, \vec{d}$ (Abb. 5.3.9).

Wir wollen die Länge der Seite AB, die Höhe h_c in $\triangle ABC$ sowie die Höhe der Pyramide über der Grundfläche ABC berechnen. Aus diesen Daten können wir dann das Volumen der Pyramide gewinnen.

Zunächst ist

$$\overline{AB}$$
$$= \sqrt{(4-1)^2 + (3-0)^2 + (-1-0)^2}$$
$$= \sqrt{19}.$$

Zur Bestimmung der Höhe h_c bestimmen wir zuerst den Durchstoßpunkt F der Geraden g_{AB} durch diejenige Ebene durch C, die orthogonal zu g_{AB} ist. Diese Ebene hat die Normalengleichung

$$(\vec{b} - \vec{a}) \bullet (\vec{x} - \vec{c}) = 0.$$

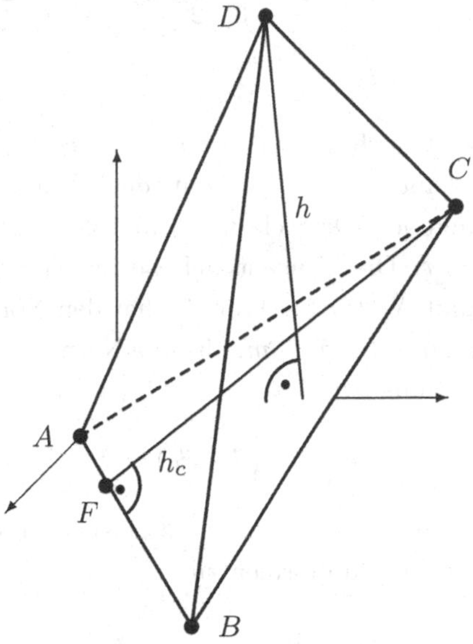

Abb. 5.3.9 Dreieckspyramide

Setzen wir hier die Gleichung $\vec{x} = \vec{a} + t(\vec{b} - \vec{a})$ ein, so ergibt sich

$$t = \frac{(\vec{b} - \vec{a}) \bullet (\vec{c} - \vec{a})}{|\vec{b} - \vec{a}|^2} = \frac{4}{19}.$$

Der Lotfußpunkt F hat daher den Ortsvektor

$$\vec{a} + \frac{4}{19}(\vec{b} - \vec{a}) = \frac{1}{19} \begin{pmatrix} 31 \\ 12 \\ -4 \end{pmatrix}.$$

Es ergibt sich

$$h_c = \overline{CF} = \frac{1}{19}\sqrt{50^2 + 64^2 + 42^2} = \frac{2}{19}\sqrt{2090}.$$

Nun beschaffen wir uns eine Normalenform der Ebene durch A, B, C, um den Abstand des Punktes D von dieser Ebene berechnen zu können. Ein Normalenvektor $\vec{n}$ der Ebene muss den Bedingungen $(\vec{b} - \vec{a}) \bullet \vec{n} = 0$ und $(\vec{c} - \vec{a}) \bullet \vec{n} = 0$ genügen, also das lineare Gleichungssytem

$$3n_1 + 3n_2 - n_3 = 0$$
$$-n_1 + 2n_2 + n_3 = 0$$

lösen. Eine Lösung ist beispielsweise $(n_1, n_2, n_3) = (5, -2, 9)$; folglich ist

$$h = \frac{|\vec{n} \bullet (\vec{d} - \vec{a})|}{|\vec{n}|} = \frac{5 \cdot (-1) + (-2) \cdot 2 + 9 \cdot 5}{\sqrt{25 + 4 + 81}} = \frac{36}{\sqrt{110}}.$$

Abschließend können wir das Volumen V der Pyramide berechnen:

$$V = \frac{1}{3} \cdot \frac{1}{2} \cdot \overline{AB} \cdot h_c \cdot h = \frac{1}{6} \cdot \sqrt{19} \cdot \frac{1}{19} \sqrt{2090} \cdot \frac{36}{\sqrt{110}} = 12.$$

∎

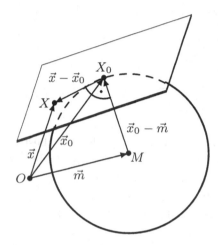

Die Gleichung $(\vec{x} - \vec{m})^2 = r^2$ beschreibt eine *Kugel* mit dem Mittelpunkt M (Ortsvektor $\vec{m}$) und dem Radius r. Die Tangentialebene im Kugelpunkt X_0 (Ortsvektor $\vec{x}_0$) hat den Normalenvektor $\vec{x}_0 - \vec{m}$, also die Normalengleichung

$$(\vec{x}_0 - \vec{m}) \bullet (\vec{x} - \vec{x}_0) = 0.$$

Wegen $(\vec{x}_0 - \vec{m})^2 = r^2$ lässt sich diese Gleichung umformen zu

$$(\vec{x}_0 - \vec{m}) \bullet (\vec{x} - \vec{m}) = r^2,$$

denn

Abb. 5.3.10 Tangentialebene Kugel

$$\begin{aligned}(\vec{x}_0 - \vec{m}) \bullet (\vec{x} - \vec{m}) &= (\vec{x}_0 - \vec{m}) \bullet ((\vec{x} - \vec{x}_0) + (\vec{x}_0 - \vec{m})) \\ &= (\vec{x}_0 - \vec{m}) \bullet (\vec{x} - \vec{x}_0) + (\vec{x}_0 - \vec{m})^2 = r^2.\end{aligned}$$

Ist nun X_0 ein Punkt *außerhalb* der Kugel, dann beschreibt die Gleichung $(\vec{x}_0 - \vec{m}) \bullet (\vec{x} - \vec{m}) = r^2$ ebenfalls eine Ebene. Sie enthält den Berührkreis des *Tangentialkegels* mit der Spitze X_0 an die Kugel, also die Berührpunkte aller Kugeltangenten, die durch X_0 gehen (Abb. 5.3.11).

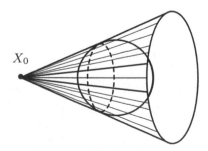

Abb. 5.3.11 Tangentialkegel

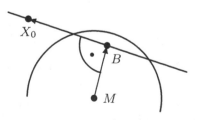

Abb. 5.3.12 Gleichung Berührkreis

Ist nämlich der Kugelpunkt B (Ortsvektor $\vec{b}$) Berührpunkt einer Tangente durch X_0, dann gilt

$$
\begin{aligned}
0 &= (\vec{b} - \vec{m}) \bullet (\vec{x}_0 - \vec{b}) \\
&= (\vec{b} - \vec{m}) \bullet ((\vec{x}_0 - \vec{m}) - (\vec{b} - \vec{m})) \\
&= (\vec{b} - \vec{m}) \bullet (\vec{x}_0 - \vec{m}) - (\vec{b} - \vec{m}) \bullet (\vec{b} - \vec{m}) \\
&= (\vec{b} - \vec{m}) \bullet (\vec{x}_0 - \vec{m}) - r^2,
\end{aligned}
$$

wie Abb. 5.3.12 deutlich macht.

Nun zeigen wir, wie man den Mittelpunkt und den Radius des Berührkreises eines Tangentialkegels bestimmt, wenn die Kugel und die Spitze des Tangentialkegels gegeben sind.

Beispiel 5.6

Es soll der Berührkreis des Tangentialkegels mit der Spitze $X_0(7,3,4)$ an die Kugel mit dem Mittelpunkt $M(4,5,3)$ und dem Radius 3 bestimmt werden. Der Berührkreis liegt in der Ebene E mit der Gleichung

$$
\left(\begin{pmatrix} x_1 \\ x_2 \\ x_3 \end{pmatrix} - \begin{pmatrix} 4 \\ 5 \\ 3 \end{pmatrix} \right) \bullet \left(\begin{pmatrix} 7 \\ 3 \\ 4 \end{pmatrix} - \begin{pmatrix} 4 \\ 5 \\ 3 \end{pmatrix} \right) = 9 \quad \text{bzw.} \quad 3x_1 - 2x_2 + x_3 = 14.
$$

Mithilfe des Normalenvektors dieser Ebene ergibt sich der Mittelpunkt M' des Berührkreises als Durchstoßpunkt der Geraden mit der Gleichung

$$
\vec{x} = \begin{pmatrix} 4 \\ 5 \\ 3 \end{pmatrix} + s \begin{pmatrix} 3 \\ -2 \\ 1 \end{pmatrix}
$$

durch die Ebene E (Abb. 5.3.13). Die Gleichung

$$
3(4 + 3s) - 2(5 - 2s) + (3 + s) = 14
$$

hat die Lösung $s = \dfrac{9}{14}$; damit erhält man

$$
M'\left(\frac{83}{14}, \frac{52}{14}, \frac{51}{14} \right).
$$

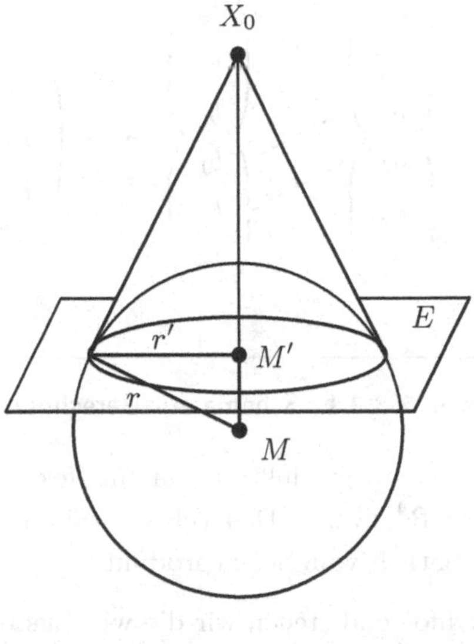

Abb. 5.3.13 Mittelpunkt Berührkreis

Der Radius des Berührkreises ist

$$
r' = \sqrt{3^2 - \overline{MM'}^2} = \sqrt{9 - \left(\frac{9}{14}\sqrt{14} \right)^2} = \sqrt{\frac{45}{14}}.
$$

Zu zwei linear unabhängigen Vektoren $\vec{a}, \vec{b}$ aus $\mathbb{R}^3$ kann man einen zu $\vec{a}$ und zu $\vec{b}$ orthogonalen Vektor $\vec{x}$ bestimmen, indem man das homogene lineare Gleichungssystem

$$\left. \begin{array}{l} a_1 x_1 + a_2 x_2 + a_3 x_3 = 0 \\ b_1 x_1 + b_2 x_2 + b_3 x_3 = 0 \end{array} \right\} \text{ löst:}$$

$$\left. \begin{array}{l} a_1 x_1 + a_2 x_2 = -a_3 x_3 \mid \cdot b_2 \\ b_1 x_1 + b_2 x_2 = -b_3 x_3 \mid \cdot (-a_2) \end{array} \right\} + \qquad \left. \begin{array}{l} a_1 x_1 + a_2 x_2 = -a_3 x_3 \mid \cdot (-b_1) \\ b_1 x_1 + b_2 x_2 = -b_3 x_3 \mid \cdot a_1 \end{array} \right\} +$$

$$(a_1 b_2 - a_2 b_1) x_1 = (a_2 b_3 - a_3 b_2) x_3 \qquad (a_1 b_2 - a_2 b_1) x_2 = (a_3 b_1 - a_1 b_3) x_3$$

Eine Lösung ist $(x_1, x_2, x_3) = (a_2 b_3 - a_3 b_2, \; a_3 b_1 - a_1 b_3, \; a_1 b_2 - a_2 b_1)$.

Für $\vec{a} = \begin{pmatrix} a_1 \\ a_2 \\ a_3 \end{pmatrix}, \; \vec{b} = \begin{pmatrix} b_1 \\ b_2 \\ b_3 \end{pmatrix} \in \mathbb{R}^3$ nennt man den Vektor $\begin{pmatrix} a_2 b_3 - a_3 b_2 \\ a_3 b_1 - a_1 b_3 \\ a_1 b_2 - a_2 b_1 \end{pmatrix}$ das

Vektorprodukt von $\vec{a}$ und $\vec{b}$; man schreibt dafür $\vec{a} \times \vec{b}$ (lies: „$\vec{a}$ kreuz $\vec{b}$"). Zur Berechnung des Vektorprodukts kann man das Schema in Abb. 5.3.14 benutzen.

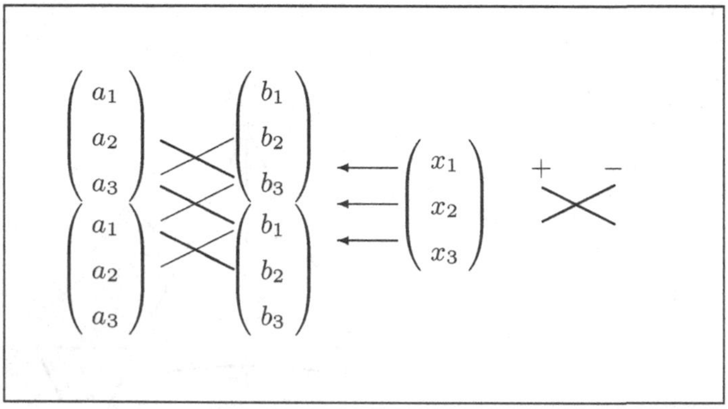

Abb. 5.3.14   Schema zur Berechnung des Vektorprodukts

Das Vektorprodukt ist nur für Vektoren aus $\mathbb{R}^3$ definiert, nicht für Vektoren aus $\mathbb{R}^2$ oder $\mathbb{R}^4, \mathbb{R}^5, \ldots$ Das Vektorprodukt ist wieder ein Vektor; darin unterscheidet es sich wesentlich vom Skalarprodukt.

Nachfolgend stellen wir die wichtigsten *Eigenschaften des Vektorprodukts* zusammen:

(1) Genau dann ist $\vec{a} \times \vec{b} = \vec{o}$, wenn $\{\vec{a}, \vec{b}\}$ linear abhängig ist.

(2) $\vec{b} \times \vec{a} = -\vec{a} \times \vec{b}$ für alle $\vec{a}, \vec{b} \in \mathbb{R}^3$.

(3) $\vec{a} \times (\vec{b} + \vec{c}) = (\vec{a} \times \vec{b}) + (\vec{a} \times \vec{c})$ für alle $\vec{a}, \vec{b}, \vec{c} \in \mathbb{R}^3$.

(4) $\vec{a} \times (r\vec{b}) = r(\vec{a} \times \vec{b})$ für alle $\vec{a}, \vec{b} \in \mathbb{R}^3$ und alle $r \in \mathbb{R}$.

(5) $(\vec{a} \times \vec{b}) \bullet \vec{a} = 0$ und $(\vec{a} \times \vec{b}) \bullet \vec{b} = 0$ für alle $\vec{a}, \vec{b} \in \mathbb{R}^3$.

Das Vektorprodukt ist nicht kommutativ, stattdessen gilt Regel (2). Es gilt auch nicht das Assoziativgesetz; im Allgemeinen ist

$$\vec{a} \times (\vec{b} \times \vec{c}) \neq (\vec{a} \times \vec{b}) \times \vec{c}.$$

Schließen $\vec{a}, \vec{b} \in \mathbb{R}^3$ den Winkel φ $(0° \leq \varphi \leq 180°)$ ein, dann gilt:

$$|\vec{a} \times \vec{b}| = \sqrt{\vec{a}^2 \vec{b}^2 - (\vec{a} \bullet \vec{b})^2} = |\vec{a}| \cdot |\vec{b}| \cdot \sin \varphi$$

Es ist nämlich

$$
\begin{aligned}
(\vec{a} \times \vec{b})^2 &= (a_2 b_3 - a_3 b_2)^2 + (a_1 b_3 - a_3 b_1)^2 + (a_1 b_2 - a_2 b_1)^2 \\
&= (a_1^2 + a_2^2 + a_3^2)(b_1^2 + b_2^2 + b_3^2) - (a_1 b_1 + a_2 b_2 + a_3 b_3)^2 \\
&= \vec{a}^2 \cdot \vec{b}^2 - (\vec{a} \bullet \vec{b})^2 = \vec{a}^2 \cdot \vec{b}^2 \cdot (1 - \cos^2 \varphi) = \vec{a}^2 \cdot \vec{b}^2 \cdot \sin^2 \varphi
\end{aligned}
$$

Wegen $|\vec{a} \times \vec{b}| = |\vec{a}| \cdot |\vec{b}| \cdot \sin \sphericalangle(\vec{a}, \vec{b})$ ist $|\vec{a} \times \vec{b}|$ der Flächeninhalt des von $\vec{a}$ und $\vec{b}$ aufgespannten Parallelogramms (Abb. 5.3.15).

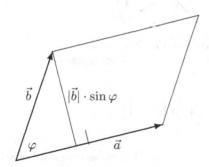

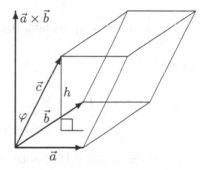

Abb. 5.3.15 Vektorprodukt und Flächeninhalt

Abb. 5.3.16 Vektorprodukt und Volumen

Sind die Vektoren $\vec{a}, \vec{b}, \vec{c}$ paarweise orthogonal, dann ist $|(\vec{a} \times \vec{b}) \bullet \vec{c}| = |\vec{a}| \cdot |\vec{b}| \cdot |\vec{c}|$. Dies ist das Volumen des von $\vec{a}, \vec{b}, \vec{c}$ aufgespannten Quaders. Der von den Vektoren $\vec{a}, \vec{b}, \vec{c}$ im Raum aufgespannte Spat (Abb. 5.3.16) hat das Volumen $V = |(\vec{a} \times \vec{b}) \bullet \vec{c}|$. Denn ist φ der Winkel zwischen $\vec{a} \times \vec{b}$ und $\vec{c}$, dann hat der Spat den Grundflächeninhalt $|\vec{a} \times \vec{b}|$ und die Höhe $||\vec{c}| \cdot \cos \varphi|$. Es ist also

$$V = |\vec{a} \times \vec{b}| \cdot |\vec{c}| \cdot |\cos \varphi| = |(\vec{a} \times \vec{b}) \bullet \vec{c}|.$$

Für drei Vektoren $\vec{a}, \vec{b}, \vec{c} \in \mathbb{R}^3$ nennt man $(\vec{a} \times \vec{b}) \bullet \vec{c}$ das *Spatprodukt* dieser Vektoren. Ist $\{\vec{a}, \vec{b}, \vec{c}\}$ linear abhängig, dann ist $(\vec{a} \times \vec{b}) \bullet \vec{c} = 0$.

Ist $\{\vec{a}, \vec{b}, \vec{c}\}$ linear unabhängig und $(\vec{a} \times \vec{b}) \bullet \vec{c} > 0$, dann nennt man das Vektortripel $(\vec{a}, \vec{b}, \vec{c})$ positiv orientiert, andernfalls negativ orientiert.

Ist $(\vec{a}, \vec{b}, \vec{c})$ positiv orientiert, dann bildet dieses Tripel eine „Rechtsschraube": Dreht man eine von $\vec{a}, \vec{b}$ aufgespannte Ebene im Gegenuhrzeigersinn so, dass die Richtung von $\vec{a}$ auf die Richtung von $\vec{b}$ fällt, und schreitet gleichzeitig in Richtung von $\vec{c}$ fort, dann führt man eine Rechtsschraubung aus.

Sofern $\{\vec{a}, \vec{b}\}$ linear unabhängig ist, ist das Tripel $(\vec{a}, \vec{b}, \vec{a} \times \vec{b})$ stets positiv orientiert, denn $(\vec{a} \times \vec{b}) \bullet (\vec{a} \times \vec{b}) = |\vec{a} \times \vec{b}|^2 > 0$.

Beispiel 5.7

In Beispiel 5.5 sollte das Volumen der Dreieckspyramide mit den Ecken $A(1,0,0), B(4,3,-1), C(-1,4,2), D(0,2,5)$ berechnet werden.

Dieses ergibt sich als der sechste Teil des Volumens des von $\overrightarrow{AB}$, $\overrightarrow{AC}$ und $\overrightarrow{AD}$ aufgespannten Spats (Abb. 5.3.17).

Mit $\overrightarrow{AB} = \begin{pmatrix} 3 \\ 3 \\ -1 \end{pmatrix}$, $\overrightarrow{AC} = \begin{pmatrix} -2 \\ 4 \\ 2 \end{pmatrix}$ und

$\overrightarrow{AD} = \begin{pmatrix} -1 \\ 2 \\ 5 \end{pmatrix}$ erhält man mithilfe des

Spatprodukts:

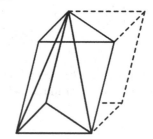

Abb. 5.3.17 Spat und Dreieckspyramide

$$
V = \frac{1}{6} \left| \left(\begin{pmatrix} 3 \\ 3 \\ -1 \end{pmatrix} \times \begin{pmatrix} -2 \\ 4 \\ 2 \end{pmatrix} \right) \bullet \begin{pmatrix} -1 \\ 2 \\ 5 \end{pmatrix} \right| = \frac{1}{6} \left| \begin{pmatrix} 10 \\ -4 \\ 18 \end{pmatrix} \bullet \begin{pmatrix} -1 \\ 2 \\ 5 \end{pmatrix} \right| = 12.
$$

Dies mussten wir in Beispiel 5.5 noch mühsam mit anderen Mitteln berechnen. Insbesondere ergibt sich, dass das Volumen eines Spats mit ganzzahligen Eckenkoordinaten eine ganze Zahl ist.   ∎

Bei Vertauschung der Vektoren ändert ein Spatprodukt höchstens sein Vorzeichen, nicht aber seinen Betrag. Es gilt

$$
(\vec{a} \times \vec{b}) \bullet \vec{c} = (\vec{b} \times \vec{c}) \bullet \vec{a} = (\vec{c} \times \vec{a}) \bullet \vec{b} \quad \text{für alle} \quad \vec{a}, \vec{b}, \vec{c} \in \mathbb{R}^3;
$$

bei *zyklischer* Vertauschung der Vektoren ändert sich also das Vorzeichen nicht.

Dieser Sachverhalt wird sofort offensichtlich, wenn man die Darstellung

$$
(\vec{a} \times \vec{b}) \bullet \vec{c} = a_1 b_2 c_3 + a_2 b_3 c_1 + a_3 b_1 c_2 - a_3 b_2 c_1 - a_1 b_3 c_2 - a_2 b_1 c_3
$$

des Spatprodukts verwendet.

Man schreibt diesen Term auch in der Form

$$\begin{vmatrix} a_1 & b_1 & c_1 \\ a_2 & b_2 & c_2 \\ a_3 & b_3 & c_3 \end{vmatrix}$$

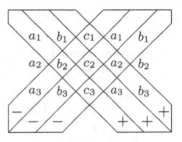

Abb. 5.3.18 Berechnungsschema für die Determinante

und nennt ihn die *Determinante* der Vektoren $\vec{a}, \vec{b}, \vec{c}$. Zur Berechnung der Determinante dient das Schema in Abb. 5.3.18.

Determinanten kann man zum Lösen eines linearen Gleichungssystems mit drei Variablen und drei Gleichungen verwenden, was wir nun untersuchen wollen.

Das lineare Gleichungssystem $\left\{ \begin{array}{l} a_1 x_1 + b_1 x_2 + c_1 x_3 = d_1 \\ a_2 x_1 + b_2 x_2 + c_2 x_3 = d_2 \\ a_3 x_1 + b_3 x_2 + c_3 x_3 = d_3 \end{array} \right\}$ kann man mit

$$\vec{a} = \begin{pmatrix} a_1 \\ a_2 \\ a_3 \end{pmatrix}, \vec{b} = \begin{pmatrix} b_1 \\ b_2 \\ b_3 \end{pmatrix}, \vec{c} = \begin{pmatrix} c_1 \\ c_2 \\ c_3 \end{pmatrix}, \vec{d} = \begin{pmatrix} d_1 \\ d_2 \\ d_3 \end{pmatrix}$$

in der Form $x_1 \vec{a} + x_2 \vec{b} + x_3 \vec{c} = \vec{d}$ schreiben. Das lineare Gleichungssystem und damit diese Vektorgleichung sind eindeutig lösbar, wenn $\{\vec{a}, \vec{b}, \vec{c}\}$ linear unabhängig ist, wenn also $(\vec{a} \times \vec{b}) \bullet \vec{c} \neq 0$ gilt. Bildet man in der Vektorgleichung der Reihe nach das Skalarprodukt mit $\vec{b} \times \vec{c}, \vec{c} \times \vec{a}, \vec{a} \times \vec{b}$, dann ergeben sich die Gleichungen

$$x_1 \cdot (\vec{b} \times \vec{c}) \bullet \vec{a} = (\vec{b} \times \vec{c}) \bullet \vec{d},$$

$$x_2 \cdot (\vec{c} \times \vec{a}) \bullet \vec{b} = (\vec{c} \times \vec{a}) \bullet \vec{d},$$

$$x_3 \cdot (\vec{a} \times \vec{b}) \bullet \vec{c} = (\vec{a} \times \vec{b}) \bullet \vec{d}.$$

Wegen der zyklischen Vertauschbarkeit der Vektoren im Spatprodukt folgt

$$x_1 = \frac{(\vec{d} \times \vec{b}) \bullet \vec{c}}{(\vec{a} \times \vec{b}) \bullet \vec{c}}, \qquad x_2 = \frac{(\vec{a} \times \vec{d}) \bullet \vec{c}}{(\vec{a} \times \vec{b}) \bullet \vec{c}}, \qquad x_3 = \frac{(\vec{a} \times \vec{b}) \bullet \vec{d}}{(\vec{a} \times \vec{b}) \bullet \vec{c}}$$

Schreibt man die Spatprodukte als Determinanten, so ergibt sich die übliche Form der *Cramer'schen Regel* (nach GABRIEL CRAMER, 1704–1752): Ist das obige lineare Gleichungssystem eindeutig lösbar, dann lautet seine Lösung

$$x_1 = \frac{\begin{vmatrix} d_1 & b_1 & c_1 \\ d_2 & b_2 & c_2 \\ d_3 & b_3 & c_3 \end{vmatrix}}{\begin{vmatrix} a_1 & b_1 & c_1 \\ a_2 & b_2 & c_2 \\ a_3 & b_3 & c_3 \end{vmatrix}}, \quad x_2 = \frac{\begin{vmatrix} a_1 & d_1 & c_1 \\ a_2 & d_2 & c_2 \\ a_3 & d_3 & c_3 \end{vmatrix}}{\begin{vmatrix} a_1 & b_1 & c_1 \\ a_2 & b_2 & c_2 \\ a_3 & b_3 & c_3 \end{vmatrix}}, \quad x_3 = \frac{\begin{vmatrix} a_1 & b_1 & d_1 \\ a_2 & b_2 & d_2 \\ a_3 & b_3 & d_3 \end{vmatrix}}{\begin{vmatrix} a_1 & b_1 & c_1 \\ a_2 & b_2 & c_2 \\ a_3 & b_3 & c_3 \end{vmatrix}}.$$

Ist $c_1 = c_2 = a_3 = b_3 = d_3 = 0$ und $c_3 = 1$, so ergibt sich die Cramer'sche Regel für ein lineares Gleichungssystem mit zwei Gleichungen und zwei Variablen. Ist $a_1 b_2 - a_2 b_1 \neq 0$, dann ist $\left\{ \begin{array}{l} a_1 x_1 + b_1 x_1 = d_1 \\ a_2 x_1 + b_2 x_2 = d_2 \end{array} \right\}$ eindeutig lösbar und hat die Lösung

$$x_1 = \frac{\begin{vmatrix} \mathbf{d_1} & b_1 \\ \mathbf{d_2} & b_2 \end{vmatrix}}{\begin{vmatrix} a_1 & b_1 \\ a_2 & b_2 \end{vmatrix}}, \; x_2 = \frac{\begin{vmatrix} a_1 & \mathbf{d_1} \\ a_2 & \mathbf{d_2} \end{vmatrix}}{\begin{vmatrix} a_1 & b_1 \\ a_2 & b_2 \end{vmatrix}} \; \text{mit} \; \begin{vmatrix} a_1 & b_1 \\ a_2 & b_2 \end{vmatrix} = a_1 b_2 - a_2 b_1 \; \text{usw.}$$

Die hier für die Vektoren aus $\mathbb{R}^3$ eingeführten Begriffe lassen sich fast alle in gleicher Weise für Vektoren $\vec{a}, \vec{b}, \vec{c}, \ldots \in \mathbb{R}^2$ definieren (Aufgabe 5.16 bis 5.18):

- $\vec{x} = \vec{p} + t\vec{u}$ bzw. $a_1 x_1 + a_2 x_2 = a$ sind Geradengleichungen.
- Das Skalarprodukt von $\vec{a}, \vec{b}$ ist $\vec{a} \bullet \vec{b} = a_1 b_1 + a_2 b_2$.
- Der Abstand des Punktes A von der Geraden mit der Normalengleichung $\vec{n} \bullet (\vec{x} - \vec{p}) = 0$ ist $|\vec{n} \bullet (\vec{a} - \vec{p})|$, falls $|\vec{n}| = 1$.
- Die Gleichung eines Kreises um M mit dem Radius r ist $(\vec{x} - \vec{m})^2 = r^2$.
- Die Tangente an obigen Kreis im Punkt B hat die Gleichung $(\vec{b} - \vec{m}) \bullet (\vec{x} - \vec{m}) = 0$.

Aufgaben

5.16 Die Länge der Höhe h_c im Dreieck ABC mit $A(1,1), B(5,2), C(3,7)$ ist der Abstand des Punktes C von der Geraden durch A und B. Berechne diesen.

5.17 Bestimme eine Gleichung für die (innere) Winkelhalbierende im Punkt A des Dreiecks ABC aus Aufgabe 5.16.

5.18 Bestimme eine Koordinatengleichung der Tangente an den Kreis um $M(7,8)$ mit dem Radius 5 in $B(3,11)$.

5.19 Gib für die Ebene E: $\vec{x} = \begin{pmatrix} 3 \\ 1 \\ 0 \end{pmatrix} + r \begin{pmatrix} 1 \\ 0 \\ 1 \end{pmatrix} + s \begin{pmatrix} 1 \\ 2 \\ 3 \end{pmatrix}$ eine Koordinatengleichung an. Gib für E: $2x_1 - x_2 + 5x_3 = 1$ eine Vektorgleichung an.

5.20 a) Stelle die Gerade g: $\vec{x} = \begin{pmatrix} 3 \\ 4 \\ 1 \end{pmatrix} + r \begin{pmatrix} 2 \\ 1 \\ -1 \end{pmatrix}$ durch ein Gleichungssystem dar.

(Stelle also g als Schnittmenge zweier Ebenen dar.)

b) Bestimme eine Vektorgleichung der Schnittgeraden der beiden Ebenen E_1: $2x_1 + x_2 - x_3 = 5$ und E_2: $x_1 - 3x_2 + x_3 = 1$.

5.21 Bestimme die beiden Tangentialebenen an die Kugel um $M(2,0,1)$ mit dem Radius 2, die parallel zur Ebene mit der Gleichung $x_1 + 2x_2 + 3x_3 = 0$ sind. Bestimme auch die beiden Berührpunkte.

5.22 Bestimme zum Tangentialkegel mit der Spitze $S(2,-7,3)$ an die Kugel mit dem Mittelpunkt $M(5,-4,1)$ und dem Radius 4 den Mittelpunkt M' und den Radius r' des Berührkreises.

5.23 Berechne die Schnittpunkte der Geraden durch $A(1,0,1)$ und $B(2,2,0)$ mit der Kugel um $M(3,-2,7)$ mit dem Radius 8. (Im Allgemeinen entstehen bei solchen Aufgaben hässliche Wurzelausdrücke! In speziellen Situationen aber nicht (Aufgabe 5.24).)

5.24 a) Bestimme die Schnittpunkte der Geraden durch $P(0,0,-1)$ mit dem Richtungsvektor $\begin{pmatrix} u \\ v \\ w \end{pmatrix}$ mit der Einheitskugel (Gleichung $x_1^2 + x_2^2 + x_3^2 = 1$).

Unter welcher Bedingung für die Koordinaten u, v, w des Richtungsvektors ist man sicher, dass sich nur Schnittpunkte mit rationalen Koordinaten ergeben (Abb. 5.3.19)?

Gilt $a^2 + b^2 + c^2 = r^2$ für ganze Zahlen a, b, c, r, so ist $P(a,b,c)$ ein Punkt mit ganzzahligen Koordinaten auf der Kugel um O mit dem ganzzahligen Radius r. Man nennt dann (a,b,c,r) ein *pythagoreisches Quadrupel*. Bestimme mithilfe der in a) gewonnenen Schnittpunkte derartige Quadrupel.

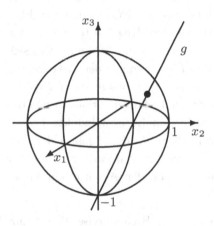

Abb. 5.3.19 Zu Aufgabe 5.24

5.25 Addiert man zu einem der Vektoren $\vec{a}, \vec{b}, \vec{c}$ eine Linearkombination der beiden anderen, so ändert der Term $(\vec{a} \times \vec{b}) \bullet \vec{c}$ nicht seinen Wert. Zeige dies. Berechne mithilfe dieser Aussage die Determinante $\begin{vmatrix} 6 & 9 & 1 \\ 31 & 52 & 5 \\ 13 & 29 & 2 \end{vmatrix}$.

5.26 Zeige, dass man die Berechnung dreireihiger Determinanten folgendermaßen auf die Berechnung zweireihiger Determinanten zurückführen kann:

$$\begin{vmatrix} a_1 & b_1 & c_1 \\ a_2 & b_2 & c_2 \\ a_3 & b_3 & c_3 \end{vmatrix} = a_1 \begin{vmatrix} b_2 & c_2 \\ b_3 & c_3 \end{vmatrix} - a_2 \begin{vmatrix} b_1 & c_1 \\ b_3 & c_3 \end{vmatrix} + a_3 \begin{vmatrix} b_1 & c_1 \\ b_2 & c_2 \end{vmatrix}$$

5.27 Für welche Werte von a ist $\left\{ \begin{pmatrix} 1 \\ a \\ a^2 \end{pmatrix}, \begin{pmatrix} 4 \\ 1 \\ a \end{pmatrix}, \begin{pmatrix} 2 \\ 7 \\ a \end{pmatrix} \right\}$ linear unabhängig?

5.28 Unter welcher Voraussetzung über a, b, c hat das homogene lineare Gleichungssystem $\left\{ \begin{array}{l} x_1 + ax_2 + a^2x_3 = 0 \\ x_1 + bx_2 + b^2x_3 = 0 \\ x_1 + cx_2 + c^2x_3 = 0 \end{array} \right\}$ nur die triviale Lösung (0,0,0)?

5.4   Sphärische Trigonometrie

Ein *Großkreis* einer Kugel ist der Schnittkreis der Kugel mit einer Ebene durch den Kugelmittelpunkt. Wie Abb. 5.4.1 verdeutlicht, handelt es sich bei den *Längenkreisen* der Erdkugel um Großkreise. Das Innere eines *Breitenkreises* der Erdkugel enthält in der Regel *nicht* den Erdmittelpunkt; dies ist ausschließlich für den Äquator der Fall. Folglich ist von den Breitenkreisen der Erdkugel nur der Äquator ein Großkreis.

Abb. 5.4.1 Längen- und Breitenkreise

Längen- und Breitenkreise dienen zur Angabe der geografischen Koordinaten eines Punktes auf der Erdoberfläche (Abb. 5.4.2 und 5.4.3).

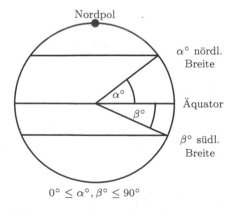

Abb. 5.4.2 Geografische Breiten

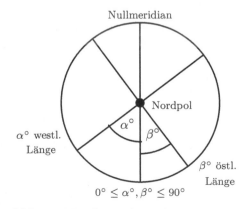

Abb. 5.4.3 Geografische Längen

Beispielsweise hat Mainz die geografischen Koordinaten ($8°$ östliche Länge, $50°$ nördliche Breite).

Auf einer Kugel vom Radius r um den Ursprung O eines kartesischen Koordinatensystems kann man jeden Punkt durch zwei Winkel beschreiben (Abb. 5.4.4, Abb. 5.4.5). Wir bezeichnen diese Winkel mit λ und β, weil es sich dabei auf der Erdkugel um die geografische Länge und und die geografische Breite handelt.

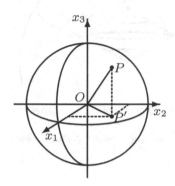

Abb. 5.4.4 Kugelkoordinaten I   **Abb. 5.4.5** Kugelkoordinaten II

Es sei P' die Projektion von P auf die x_1x_2-Ebene, ferner λ der Winkel zwischen der x_1-Achse und OP' (positiv, falls $x_2 > 0$), β der Winkel zwischen der x_1x_2-Ebene und OP (positiv, falls $x_3 > 0$). Wegen $\overline{OP'} = r\cos\beta$ hat dann P die Koordinaten

$$(r\cos\beta\cos\lambda, \ r\cos\beta\sin\lambda, \ r\sin\beta).$$

Winkel sind hier und im Folgenden stets in Grad zu messen.

Der kürzeste Weg zwischen zwei Punkten P_1, P_2 auf der Kugel ist der kürzere der beiden Bogen des Schnittkreises der Ebene durch die Punkte O, P_1, P_2 zwischen P_1 und P_2, also ein Großkreisbogen (Beispiel 5.8). Dieser Bogen hat die Länge $r\,\dfrac{\varphi}{360}$, wenn φ der Winkel zwischen den Ortsvektoren von P_1 und P_2 ist. Es gilt

$$\cos\varphi = \frac{\overrightarrow{OP_1}}{|\,\overrightarrow{OP_1}\,|} \bullet \frac{\overrightarrow{OP_2}}{|\,\overrightarrow{OP_2}\,|}$$

$$= \cos\beta_1\cos\lambda_1\cos\beta_2\cos\lambda_2 + \cos\beta_1\sin\lambda_1\cos\beta_2\sin\lambda_2 + \sin\beta_1\sin\beta_2$$

$$= \cos\beta_1\cos\beta_2(\cos\lambda_1\cos\lambda_2 + \sin\lambda_1\sin\lambda_2) + \sin\beta_1\sin\beta_2$$

$$= \cos\beta_1\cos\beta_2\cos(\lambda_1 - \lambda_2) + \sin\beta_1\sin\beta_2.$$

Der kürzeste Weg zwischen zwei einander diametral gegenüberliegenden Punkten ist nicht eindeutig definiert, da unendlich viele Großkreise durch solche Punkte gehen. Seine Länge ist aber stets gleich dem halben Kugelumfang.

Beispiel 5.8

Neapel und New York City liegen beide auf dem 41. nördlichen Breitenkreis; Neapel liegt auf dem 14. östlichen, New York City auf dem 74. westlichen Längenkreis (Abb. 5.4.6).

Die Entfernung der beiden Städte (längs eines Großkreises!) ist also

$$\frac{\varphi}{360} \cdot 40\,000\,\text{km}$$

mit

$$\cos\varphi = \cos^2 41° \cos 88° + \sin^2 41°.$$

Es ist $\cos\varphi = 0{,}4503$, also $\varphi = 63{,}24°$.
Die Entfernung ist damit 7 030 km.

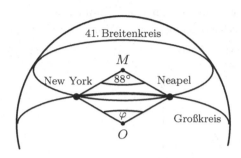

Abb. 5.4.6 Distanz NYC – Neapel

Der Weg längs des 41. Breitenkreises ist etwas länger: Der Umfang dieses Breitenkreises ist $\cos 41° \cdot 40\,000\,\text{km}$, der Weg hat also die Länge

$$\frac{88}{360} \cdot \cos 41° \cdot 40\,000\,\text{km} = 7\,380\,\text{km}.$$

∎

Ein Dreieck auf einer Kugel heißt ein *sphärisches Dreieck* (Abb. 5.4.7). Seine Seiten sind Großkreisbögen. Die Winkel in einem solchen Dreieck sind die Winkel zwischen den Normalenvektoren der Großkreisebenen, in denen die Seiten liegen. Zur Berechnung dieser Winkel benötigen wir das in Abschn. 5.3 behandelte Vektorprodukt.

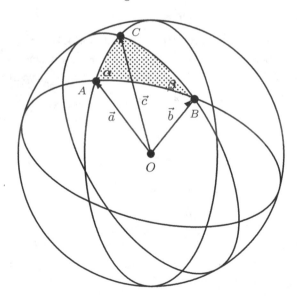

Abb. 5.4.7 Sphärisches Dreieck

Sind $\vec{a}, \vec{b}, \vec{c}$ die Ortsvektoren der Ecken des sphärischen Dreiecks ABC, dann ist der Winkel α bei A der Winkel, den die Normalenvektoren $\vec{a} \times \vec{b}$ und $\vec{a} \times \vec{c}$ der Ebenen durch O, A, B bzw. O, A, C einschließen. Es gilt also

$$\cos\alpha = \frac{(\vec{a} \times \vec{b}) \bullet (\vec{a} \times \vec{c})}{|\vec{a} \times \vec{b}| \cdot |\vec{a} \times \vec{c}|}.$$

Beispiel 5.9

Die Punkte $A(4,4,7)$, $B(4,7,4)$ und $C(7,4,4)$ mit den Ortsvektoren $\vec{a}, \vec{b}, \vec{c}$ sind die Ecken eines sphärischen Dreiecks auf der Kugel um O mit dem Radius 9, denn es gilt $4^2 + 4^2 + 7^2 = 9^2$.

Für die Berechnung der Länge von AB beachten wir

$$\frac{\varphi}{360} \cdot 2\pi \cdot 9 = \frac{\varphi \cdot \pi}{20} \text{ mit } \cos\varphi = \frac{\vec{a} \bullet \vec{b}}{|\vec{a}| \cdot |\vec{b}|} = \frac{72}{81} = \frac{8}{9}, \text{ also } \varphi = 27{,}27°.$$

Daraus ergibt sich 4,28 für die Länge von AB. Dieselbe Länge haben die Seiten AC und BC, es handelt sich also um ein gleichseitiges sphärisches Dreieck.

Für den Winkel bei A gilt $\quad \cos\alpha = \dfrac{(\vec{a} \times \vec{b}) \bullet (\vec{a} \times \vec{c})}{|\vec{a} \times \vec{b}| \cdot |\vec{a} \times \vec{c}|}.$

Mit $\vec{a} \times \vec{b} = \begin{pmatrix} -33 \\ 12 \\ 12 \end{pmatrix}$ und $\vec{a} \times \vec{c} = \begin{pmatrix} -12 \\ 33 \\ -12 \end{pmatrix}$ findet man $(\vec{a} \times \vec{b}) \bullet (\vec{a} \times \vec{c}) = 648$

und $|\vec{a} \times \vec{b}| = |\vec{a} \times \vec{c}| = \sqrt{12^2 + 12^2 + 33^2} = 3\sqrt{153} = 9\sqrt{17}$, also

$$\cos\alpha = \frac{648}{9\sqrt{17} \cdot 9\sqrt{17}} = \frac{8}{17} \quad \text{und damit} \quad \alpha = 61{,}93°.$$

Derselbe Wert ergibt sich für die Winkel bei B und bei C. ∎

Die Winkelsumme im untersuchten sphärischen Dreieck ABC ist um etwa 6° größer als 180°. Der Satz von der Winkelsumme im Dreieck gilt also nur in der *ebenen* Geometrie, nicht in der *sphärischen* Geometrie.

Beispiel 5.10

Die Winkel des sphärischen Dreiecks auf der Einheitskugel mit den Ecken $A(1,0,0), B(0,1,0), C(0,0,1)$ betragen offensichtlich alle 90°, es hat also lauter rechte Winkel. Der Satz von Pythagoras gilt aber in diesem rechtwinkligen sphärischen Dreieck nicht, denn die Summe der Quadrate zweier Seitenlängen ist hier das Doppelte des Quadrats der dritten Seitenlänge. ∎

In dem sphärischen Dreieck ABC in
Abb. 5.4.8 lässt sich die Länge des Lotes
AF von A auf die Ebene durch O, B, C
auf zwei verschiedene Arten berechnen:

$$\overline{AF} = (r \sin \chi) \cdot \sin \beta,$$

$$\overline{AF} = (r \sin \psi) \cdot \sin \gamma.$$

Also ist $\sin \chi \sin \beta = \sin \psi \sin \gamma$ bzw.
$\dfrac{\sin \beta}{\sin \psi} = \dfrac{\sin \gamma}{\sin \chi}$.
Dieselbe Beziehung gilt zwischen α, φ
und β, ψ, es ist also

$$\frac{\sin \alpha}{\sin \varphi} = \frac{\sin \beta}{\sin \psi} = \frac{\sin \gamma}{\sin \chi} \ .$$

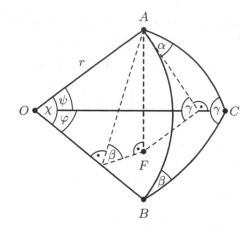

Abb. 5.4.8 Sinussatz für
sphärische Dreiecke

Bezeichnet man mit a, b, c (wie bei ebenen Dreiecken) die Länge des den Punkten
A bzw. B bzw. C gegenüberliegenden Bogens, dann ist $a = \dfrac{\varphi}{360} 2\pi r$, $b = \dfrac{\psi}{360} 2\pi r$,
$c = \dfrac{\chi}{360} 2\pi r$. Ist $r = 1$ (Einheitskugel) und misst man die Winkel im Bogenmaß, dann
ist $a = \varphi, b = \psi, c = \chi$. Damit ergibt sich

$$\frac{\sin \alpha}{\sin a} = \frac{\sin \beta}{\sin b} = \frac{\sin \gamma}{\sin c} \ .$$

Dies ist der *Sinussatz* für sphärische Dreiecke. Für sehr kleine Dreiecke (also kleine
Werte von a, b, c) ergibt sich wegen $\sin a \approx a, \sin b \approx b, \sin c \approx c$ näherungsweise der
Sinussatz für ebene Dreiecke.

Für sphärische Dreiecke gibt es *zwei Kosinussätze*, was wir hier aber nicht beweisen
wollen (Aufgabe 5.33). Demnach gilt:

(1) $\cos \gamma = - \cos \alpha \cos \beta + \sin \alpha \sin \beta \cos c$

(2) $\cos c = \cos a \cos b + \sin a \sin b \cos \gamma$

Für sehr kleine Werte von c ist $\cos c \approx 1$, sodass Aussage (1) in die Aussage $\cos \gamma =$
$\cos(\pi - (\alpha + \beta))$ übergeht (Winkelsummensatz der ebenen Geometrie!).

Für kleine Werte von x gilt $\cos x \approx 1 - \dfrac{x^2}{2}$ und $\sin x \approx x$. Damit entsteht aus (2)
zunächst näherungsweise

$$1 - \frac{c^2}{2} = \left(1 - \frac{a^2}{2}\right)\left(1 - \frac{b^2}{2}\right) + ab \cos \gamma$$

und daraus bei Vernachlässigung des Terms $\dfrac{a^2 b^2}{4}$ der Kosinussatz der ebenen Geometrie: $c^2 = a^2 + b^2 - 2ab \cos \gamma$.

Es sei noch angemerkt, dass obige Sätze nur für solche sphärische Dreiecke gelten, bei denen sämtliche Seiten und Winkel kleiner als π sind.

Beispiel 5.11

Es sollen die Winkel eines sphärischen Dreiecks auf der Einheitskugel berechnet werden, dessen Seitenlängen $a = 25°$, $b = 33{,}6°$, $c = 39{,}5°$ betragen. (Bei diesen Seitenlängen ist natürlich das Bogenmaß der angegebenen Winkel gemeint.) Der Kosinussatz (2) liefert

$$\cos\alpha = \frac{\cos a - \cos b \cos c}{\sin b \sin c} = 0{,}643, \quad \text{also} \quad \alpha = 50{,}0°.$$

Mit $\sin\alpha = 0{,}766$ liefert der Sinussatz

$$\sin\beta = \frac{\sin b \sin\alpha}{\sin a} = 0{,}904, \quad \text{also} \quad \beta = 64{,}7°,$$

$$\sin\gamma = \frac{\sin c \sin\alpha}{\sin a} = 0{,}997, \quad \text{also} \quad \gamma = 85{,}8°.$$

Die Winkelsumme ist $\alpha + \beta + \gamma = 200{,}5°$.   ∎

Aufgaben

5.29 Vom Punkt der nördlichen Breite β und der Länge $0°$ soll der gegenüberliegende Punkt auf dem gleichen Breitenkreis und auf dem gleichen Längenkreis (also Länge $180° \sim 0°$) erreicht werden. Vergleiche den Weg längs des Breitenkreises mit dem Weg über den Nordpol längs des Längenkreises.

5.30 Die Punkte $P(3,4,12)$ und $Q(12,-3,4)$ liegen auf einer Kugel um den Ursprung. Wie groß ist ihre Entfernung auf der Kugel?

5.31 Gib auf der Einheitskugel ein sphärisches Dreieck mit der Winkelsumme $270°$ und eines mit der Winkelsumme $330°$ an.

5.32 Die erste Kabelverbindung zwischen Europa und Amerika wurde im Jahr 1874 von der Insel Valentia ($10{,}4°$ westl. Länge, $51{,}5°$ nördl. Breite) nach Neufundland ($53{,}4°$ westl. Länge, $47{,}7°$ nördl. Breite) verlegt. Es war etwa 3426 km lang. Wie lang ist die kürzeste Verbindung der beiden Endpunkte des Kabels auf der Erdkugel?

5.33 Leite den Kosinussatz (1) für sphärische Dreiecke an einem Dreieck $P_1 N P_2$ auf der Einheitskugel mit $N(0,0,1)$ her.
(Hinweis: Berechne zunächst die Länge c des Bogens von P_1 nach P_2 wie im Text und beachte, dass $\cos(90° - \varphi) = \sin\varphi$ und $\sin(90° - \varphi) = \cos\varphi$ gilt.)

5.5   Darstellung affiner Abbildungen

Wir betrachten im Folgenden affine Abbildungen der Ebene auf sich (Abschn. 4.6). Ein affines Koordinatensystem wird von einer affinen Abbildung wieder auf ein solches abgebildet, da die Abbildung parallelentreu und teilverhältnistreu ist.

Werden bei einer solchen Abbildung der Ursprung O und die Einheitspunkte E_1, E_2 eines affinen Koordinatensystems auf O' und E_1', E_2' abgebildet, dann wird der Punkt mit dem Ortsvektor

$$\vec{x} = x_1\, \overrightarrow{OE_1} + x_2\, \overrightarrow{OE_2}$$

auf den Punkt mit dem Ortsvektor

$$\vec{x}\,' = \overrightarrow{OO'} + x_1\, \overrightarrow{O'E_1'} + x_2\, \overrightarrow{O'E_2'}$$

bezüglich des ursprünglichen Koordinatensystems abgebildet (Abb. 5.5.1).

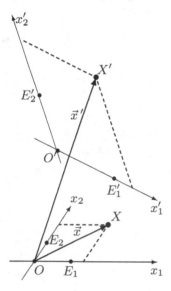

Abb. 5.5.1 Affine Abbildung   **Abb. 5.5.2** Bild–Koordinatensystem

Ein kartesisches Koordinatensystem geht dabei im Allgemeinen in ein schiefwinkliges Koordinatensystem über (Abb. 5.5.2). Mit

$$\vec{a} = \overrightarrow{O'E_1'},\ \vec{b} = \overrightarrow{O'E_2'}\ \ \text{und}\ \ \vec{c} = \overrightarrow{OO'}$$

ist dann $\vec{x}' = x_1\vec{a} + x_2\vec{b} + \vec{c}$ bzw. $\begin{cases} x_1' = a_1 x_1 + b_1 x_2 + c_1 \\ x_2' = a_2 x_1 + b_2 x_2 + c_2 \end{cases}$.

Mithilfe der Matrix $A = \begin{pmatrix} a_1 & b_1 \\ a_2 & b_2 \end{pmatrix}$ schreibt man dies kürzer in der Form

$$\vec{x}\,' = A\vec{x} + \vec{c}.$$

Eine affine Abbildung ist umkehrbar; das obige lineare Gleichungssystem muss also nach x_1, x_2 eindeutig auflösbar sein. Dies ist genau dann der Fall, wenn die Vektoren $\vec{a}, \vec{b}$ linear unabhängig sind, wenn also

$$a_1 b_2 - a_2 b_1 \neq 0$$

gilt. Die Zahl $a_1 b_2 - a_2 b_1$ nennt man die *Determinante* der Matrix A und schreibt dafür $\det A$ (Abschn. 5.3). Das Parallelogramm, auf das das Einheitsquadrat bei der affinen Abbildung mit der Matrix A abgebildet wird, hat den Flächeninhalt $|\det A|$, denn das von $\vec{a}$ und $\vec{b}$ aufgespannte Parallelogramm (Abb. 5.5.3) hat den Inhalt

$$|\vec{a}| \cdot |\vec{b}| \cdot |\sin \varphi|$$
$$= |\vec{a}||\vec{b}| \cdot \sqrt{1 - \cos^2 \varphi}$$
$$= \sqrt{\vec{a}^2 \vec{b}^2 - (\vec{a} \cdot \vec{b})^2}$$
$$= \sqrt{(a_1^2 + a_2^2)(b_1^2 + b_2^2) - (a_1 b_1 + a_2 b_2)^2}$$
$$= \sqrt{(a_1 b_2 - a_2 b_1)^2}.$$

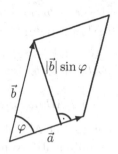

Abb. 5.5.3 Inhalt Parallelogramm

Zur Berechnung der Umkehrabbildung von $\vec{x} \mapsto A\vec{x}$ muss man das LGS

$$\left. \begin{array}{l} a_1 x_1 + b_1 x_2 = x_1' \\ a_2 x_1 + b_2 x_2 = x_2' \end{array} \right\} \text{ nach } x_1, x_2 \text{ auflösen:}$$

$$\left. \begin{array}{l} a_1 x_1 + b_1 x_2 = x_1' \mid \cdot \quad b_2 \\ a_2 x_1 + b_2 x_2 = x_2' \mid \cdot (-b_1) \end{array} \right\}+ \qquad \left. \begin{array}{l} a_1 x_1 + b_1 x_2 = x_1' \mid \cdot (-a_2) \\ a_2 x_1 + b_2 x_2 = x_2' \mid \cdot \quad a_1 \end{array} \right\}+$$

$$\overline{(a_1 b_2 - a_2 b_1) x_1 = b_2 x_1' - b_1 x_2'} \qquad \overline{(a_1 b_2 - a_2 b_1) x_2 = -a_2 x_1' + a_1 x_2'}$$

$$x_1 = \frac{b_2}{D} x_1' - \frac{b_1}{D} x_2', \qquad x_2 = -\frac{a_2}{D} x_1' + \frac{a_1}{D} x_2'$$

mit $D = \det A = a_1 b_2 - a_2 b_1$. Die Matrix der Umkehrabbildung bezeichnet man mit A^{-1} und nennt sie die zu A *inverse Matrix*. Es ist

$$\begin{pmatrix} a_1 & b_1 \\ a_2 & b_2 \end{pmatrix}^{-1} = \frac{1}{a_1 b_2 - a_2 b_1} \begin{pmatrix} b_2 & -b_1 \\ -a_2 & a_1 \end{pmatrix}.$$

Die Umkehrabbildung von $\quad \vec{x} \mapsto A\vec{x} + \vec{c}\quad$ ist $\quad \vec{x} \mapsto A^{-1}\vec{x} - A^{-1}\vec{c}.$

Denn aus $\vec{x}' = A\vec{x} + \vec{c}$ folgt $A\vec{x} = \vec{x}' - \vec{c}$, also

$$\vec{x} = A^{-1}(\vec{x}' - \vec{c}) = A^{-1}\vec{x}' - A^{-1}\vec{c}.$$

Für die Verkettung $\alpha \circ \beta$ (α nach β) der affinen Abbildungen

$$\alpha : \vec{x} \mapsto A\vec{x} \text{ mit } A = \begin{pmatrix} a_{11} & a_{12} \\ a_{21} & a_{22} \end{pmatrix}, \quad \beta : \vec{x} \mapsto B\vec{x} \text{ mit } B = \begin{pmatrix} b_{11} & b_{12} \\ b_{21} & b_{22} \end{pmatrix}$$

ergibt sich $\alpha \circ \beta: \vec{x} \mapsto (AB)\vec{x}$ mit

$$AB = \begin{pmatrix} a_{11}b_{11} + a_{12}b_{21} & a_{11}b_{12} + a_{12}b_{22} \\ a_{21}b_{11} + a_{22}b_{21} & a_{21}b_{12} + a_{22}b_{22} \end{pmatrix},$$

wie folgende Rechnung zeigt:

$$\begin{array}{rl} x_1'' = a_{11}x_1' + a_{12}x_2' & x_1' = b_{11}x_1 + b_{12}x_2 \\ x_2'' = a_{21}x_1' + a_{22}x_2' & x_2' = b_{21}x_1 + b_{22}x_2 \end{array}$$

$$\Rightarrow \quad x_1'' = a_{11}(b_{11}x_1 + b_{12}x_2) + a_{12}(b_{21}x_1 + b_{22}x_2)$$
$$= (a_{11}b_{11} + a_{12}b_{21})x_1 + (a_{11}b_{12} + a_{12}b_{22})x_2$$
$$x_2'' = a_{21}(b_{11}x_1 + b_{12}x_2) + a_{22}(b_{21}x_1 + b_{22}x_2)$$
$$= (a_{21}b_{11} + a_{22}b_{21})x_1 + (a_{21}b_{12} + a_{22}b_{22})x_2$$

Man nennt $A \cdot B$ bzw. kurz AB das *Produkt* der Matrizen A und B.

Die Abbildung $\alpha \circ \beta$ hat also die Abbildungsmatrix AB, wenn A die Abbildungsmatrix von α und B die Abbildungsmatrix von β ist. Im Allgemeinen ist bekanntlich $\alpha \circ \beta \neq \beta \circ \alpha$, also auch in der Regel $AB \neq BA$.

Ist α die Umkehrabbildung von β (und dann auch β die Umkehrabbildung von α), so gilt $AB = E = BA$ mit $E = \begin{pmatrix} 1 & 0 \\ 0 & 1 \end{pmatrix}$ (Einheitsmatrix), also $A^{-1} = B$ und $B^{-1} = A$.

Für $\alpha: \vec{x} \mapsto A\vec{x} + \vec{c}$ und $\beta: \vec{x} \mapsto B\vec{x} + \vec{d}$ ist

$$\alpha \circ \beta: \vec{x} \mapsto (AB)\vec{x} + A\vec{d} + \vec{c}.$$

Genau dann ist dabei α die Umkehrung von β (oder umgekehrt), wenn $AB = E$ und $A\vec{d} + \vec{c} = \vec{o}$ (bzw. gleichbedeutend damit $B\vec{c} + \vec{d} = \vec{o}$) gilt.

Beispiel 5.12

Eine Gleichung der Geraden g durch O mit dem Steigungswinkel φ ist

$$x_2 = (\tan \varphi)\, x_1.$$

Bei der Spiegelung an g gilt

$$E_1(1,0) \mapsto E_1'(\cos 2\varphi,\ \sin 2\varphi),$$

$$E_2(0,1) \mapsto E_2'(\sin 2\varphi,\ -\cos 2\varphi)$$

Die Matrix der Spiegelung an g (Abb. 5.5.4) ist daher

$$A = \begin{pmatrix} \cos 2\varphi & \sin 2\varphi \\ \sin 2\varphi & -\cos 2\varphi \end{pmatrix}.$$

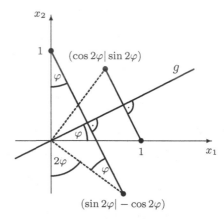

Abb. 5.5.4 Spiegelung an g

Insbesondere ist die Matrix der Spiegelung an der x_1-Achse bzw. an der x_2-Achse

$$\begin{pmatrix} 1 & 0 \\ 0 & -1 \end{pmatrix} \quad \text{bzw.} \quad \begin{pmatrix} -1 & 0 \\ 0 & 1 \end{pmatrix}.$$

Die Spiegelung an einer Geraden ist offensichtlich zu sich selbst invers, stimmt also mit ihrer Umkehrabbildung überein. In der Tat ist

$$\begin{pmatrix} \cos 2\varphi & \sin 2\varphi \\ \sin 2\varphi & -\cos 2\varphi \end{pmatrix} \begin{pmatrix} \cos 2\varphi & \sin 2\varphi \\ \sin 2\varphi & -\cos 2\varphi \end{pmatrix}$$

$$= \begin{pmatrix} \cos^2 2\varphi + \sin^2 2\varphi & 0 \\ 0 & \sin^2 2\varphi + \cos^2 2\varphi \end{pmatrix} = \begin{pmatrix} 1 & 0 \\ 0 & 1 \end{pmatrix}.$$

Beispiel 5.13

Eine Drehstreckung mit dem Zentrum O, dem Streckfaktor $k \neq 0$ und dem Drehwinkel φ bildet P auf P' ab, wobei der Winkel

zwischen $\overrightarrow{OP}$ und $\overrightarrow{OP'}$ (im Gegenuhrzeigersinn gemessen) φ beträgt und
$\overrightarrow{OP'} = k \overrightarrow{OP}$ gilt. Die Bildpunkte von
E_1, E_2 und O sind $E_1'(k\cos\varphi | k\sin\varphi)$,
$E_2'(-k\sin\varphi | k\cos\varphi)$ und $O'(0|0)$ (Abb.
5.5.5).
Die Abbildungsmatrix ist folglich

$$k \begin{pmatrix} \cos\varphi & -\sin\varphi \\ \sin\varphi & \cos\varphi \end{pmatrix}.$$

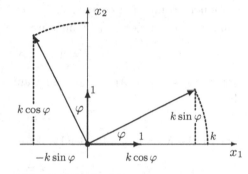

Abb. 5.5.5 Drehstreckung

■

Drehstreckungen mit dem Zentrum O haben also Matrizen der Form $\begin{pmatrix} a_1 & -a_2 \\ a_2 & a_1 \end{pmatrix}$; das

Verketten solcher Drehstreckungen entspricht dem Multiplizieren komplexer Zahlen (Abschn. 5.2):

$$\begin{pmatrix} a_1 & -a_2 \\ a_2 & a_1 \end{pmatrix} \begin{pmatrix} b_1 & -b_2 \\ b_2 & b_1 \end{pmatrix} = \begin{pmatrix} a_1 b_1 - a_2 b_2 & -(a_1 b_2 + a_2 b_1) \\ a_1 b_2 + a_2 b_1 & a_1 b_1 - a_2 b_2 \end{pmatrix}$$

Jede affine Abbildung ist als Verkettung einer Abbildung der Form $\vec{x}' = A\vec{x}$ mit einer Verschiebung darzustellen. Die Abbildung $\vec{x}' = A\vec{x}$ hat den Fixpunkt O. Sie bildet die Verschiebung $\overrightarrow{UV}$ auf die Verschiebung $A(\overrightarrow{UV})$ ab, denn mit den Ortsvektoren $\vec{u}, \vec{v}$ gilt

$$\vec{v}' - \vec{u}' = A\vec{v} - A\vec{u} = A(\vec{v} - \vec{u}).$$

Diese affine Abbildung bildet demnach die Gerade mit der Gleichung $\vec{x} = \vec{p} + r\vec{u}$ auf die Gerade mit der Gleichung $\vec{x} = A\vec{p} + rA\vec{u}$ ab. Wir untersuchen, wann Geraden auf parallele Geraden abgebildet werden, ob die Abbildung also „Fixrichtungen" besitzt. Dazu müssen wir feststellen, ob es Vektoren $\vec{u}$ mit

$$A\vec{u} = \lambda\vec{u} \quad \text{mit} \quad \vec{u} \neq \vec{o}$$

mit einer geeigneten reellen Zahl λ gibt. Das homogene Gleichungssystem

$$\begin{cases} a_1u_1 + b_1u_2 = \lambda u_1 \\ a_2u_1 + b_2u_2 = \lambda u_2 \end{cases} \quad \text{bzw.} \quad \begin{cases} (a_1 - \lambda)u_1 + \qquad\ b_1u_2 = 0 \\ \qquad\ a_2u_1 + (b_2 - \lambda)u_2 = 0 \end{cases}$$

besitzt genau dann eine nicht-triviale Lösung, wenn

$$(a_1 - \lambda)(b_2 - \lambda) - a_2b_1 = 0 \quad \text{bzw.} \quad \lambda^2 - (a_1 + b_2)\lambda + (a_1b_2 - a_2b_1) = 0$$

gilt. Diese quadratische Gleichung für λ hat entweder zwei verschiedene, genau eine oder keine reelle Lösung.

1. FALL: Es gibt zwei verschiedene reelle Lösungen λ_1, λ_2. Ist $\vec{u}_1$ ($\neq \vec{o}$) eine Lösung von $A\vec{u} = \lambda_1\vec{u}$, dann gilt das auch für jedes Vielfache von $\vec{u}_1$. Ebenso verhält es sich mit einer Lösung $\vec{u}_2$ ($\neq \vec{o}$) von $A\vec{u} = \lambda_2\vec{u}$. Die Vektoren $\vec{u}_1, \vec{u}_2$ sind linear unabhängig, denn wäre etwa $\vec{u}_2 = t\vec{u}_1$, dann wäre

$$\lambda_2\vec{u}_2 = A\vec{u}_2 = A(t\vec{u}_1) = \lambda_1(t\vec{u}_1) = \lambda_1\vec{u}_2,$$

wegen $\vec{u}_2 \neq \vec{o}$ also $\lambda_1 = \lambda_2$. Nun wählen wir unser (affines) Koordinatensystem so, dass

$$\overrightarrow{OE_1} = \vec{u}_1 \quad \text{und} \quad \overrightarrow{OE_2} = \vec{u}_2.$$

Der Punkt $X(x_1, x_2)$, also der Punkt mit dem Ortsvektor

$$\vec{x} = x_1\vec{u}_1 + x_2\vec{u}_2,$$

wird dann auf den Punkt mit dem Ortsvektor

$$\vec{x}' = x_1 A\vec{u}_1 + x_2 A\vec{u}_2 = \lambda_1 x_1\vec{u}_1 + \lambda_2 x_2\vec{u}_2$$

abgebildet. In diesem Koordinatensystem hat die Abbildungsmatrix die Form

$$\begin{pmatrix} \lambda_1 & 0 \\ 0 & \lambda_2 \end{pmatrix}.$$

Der Bildpunkt entsteht, indem man seine erste Koordinate mit λ_1 und seine zweite Koordinate mit λ_2 multipliziert. Im ursprünglichen Koordinatensystem handelt es sich also um die Verkettung folgender Abbildungen (Abb. 5.5.6):

- Parallelstreckung an der Geraden g_2: $\vec{x} = r\vec{u}_2$ in Richtung der Geraden g_1: $\vec{x} = s\vec{u}_1$ mit dem Faktor λ_1
- Parallelstreckung an der Geraden g_1: $\vec{x} = s\vec{u}_1$ in Richtung der Geraden g_2: $\vec{x} = r\vec{u}_2$ mit dem Faktor λ_2

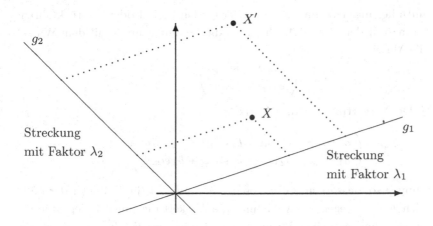

Abb. 5.5.6 Euler-Affinität

Eine solche affine Abbildung haben wir in Aufgabe 4.46 eine *Euler-Affinität* genannt.

2. FALL: Es gibt genau eine reelle Lösung λ. Wir bestimmen einen Vektor $\vec{u}$ ($\neq \vec{o}$) mit $A\vec{u} = \lambda\vec{u}$ und wählen das Koordinatensystem so, dass $\overrightarrow{OE_1} = \vec{u}$.

Aus $A\vec{u} = \lambda\vec{u}$ bzw.

$$\begin{pmatrix} a_1 & b_1 \\ a_2 & b_2 \end{pmatrix} \begin{pmatrix} 1 \\ 0 \end{pmatrix} = \begin{pmatrix} a_1 \\ a_2 \end{pmatrix} = \begin{pmatrix} \lambda \\ 0 \end{pmatrix}$$

folgt $a_1 = \lambda$ und $a_2 = 0$. Da obige quadratische Gleichung nur eine einzige Lösung haben soll, ist dann auch $b_2 = \lambda$. Damit hat die Abbildungsmatrix die Gestalt

$$A = \begin{pmatrix} \lambda & b_1 \\ 0 & \lambda \end{pmatrix} = \lambda \begin{pmatrix} 1 & r \\ 0 & 1 \end{pmatrix}$$

mit $r = \dfrac{b_1}{\lambda}$.

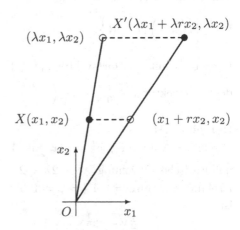

Abb. 5.5.7 Streckscherung

Im gewählten Koordinatensystem ist die vorliegende affine Abbildung also die Verkettung einer zentrischen Streckung mit dem Zentrum O und dem Faktor λ und einer Scherung an der x_1-Achse (Abb. 5.5.7). Ist $r = 0$, dann liegt lediglich eine zentrische Streckung vor. Im ursprünglich gegebenen Koordinatensystem ist die Gerade mit der Gleichung $\vec{x} = t\vec{u}$ die Scherungsachse. Allgemein nennt man die Verkettung einer Scherung mit einer zentrischen Streckung, wobei das Streckzentrum auf der Scherungsachse liegt, eine *Streckscherung*.

3. FALL: Es gibt keine reelle Lösung der obigen quadratischen Gleichung. In diesem Fall muss $a_2b_1 \neq 0$ sein, da andernfalls a_1 und b_2 Lösungen wären. Man kann nun den vor-

liegenden Fall mithilfe einer Drehung auf einen der beiden Fälle 1 oder 2 zurückführen: Nach der Abbildung mit der Matrix A führe man die Drehung um O mit dem Winkel φ aus, welche die Matrix

$$D = \begin{pmatrix} \cos\varphi & -\sin\varphi \\ \sin\varphi & \cos\varphi \end{pmatrix}$$

hat (Bsp. 5.13). Die Verkettung hat die Matrix

$$DA = \begin{pmatrix} a_1\cos\varphi - a_2\sin\varphi & b_1\cos\varphi - b_2\sin\varphi \\ a_1\sin\varphi + a_2\cos\varphi & b_1\sin\varphi + b_2\cos\varphi \end{pmatrix}.$$

Bestimmt man nun φ so, dass $a_1\sin\varphi + a_2\cos\varphi = 0$, dann gilt für DA einer der Fälle 1 oder 2. Folglich ist die gegebene Abbildung die Verkettung einer Euler-Affinität oder einer Streckscherung mit einer Drehung um O mit dem Winkel $-\varphi$ (in dieser Reihenfolge).

Beispiel 5.14

Die Abbildungsgleichung $\vec{x}\,' = A\vec{x}$ mit $A = \begin{pmatrix} 1 & 3 \\ 0 & -4 \end{pmatrix}$ beschreibt eine Euler-Affinität, denn die Gleichung $(1-\lambda)(-4-\lambda) = 0$ hat die beiden Lösungen 1 und -4. Die linearen Gleichungssysteme $A\vec{x} = \vec{x}$ und $A\vec{x} = -4\vec{x}$ haben die Lösungsmengen $\left\{ t\begin{pmatrix} 1 \\ 0 \end{pmatrix} \mid t \in \mathbb{R} \right\}$ bzw. $\left\{ t\begin{pmatrix} 3 \\ -5 \end{pmatrix} \mid t \in \mathbb{R} \right\}$.

Der Punkt mit dem Ortsvektor $x_1\begin{pmatrix} 1 \\ 0 \end{pmatrix} + x_2\begin{pmatrix} 3 \\ -5 \end{pmatrix}$ wird abgebildet auf den Punkt mit dem Ortsvektor $x_1\begin{pmatrix} 1 \\ 0 \end{pmatrix} - 4x_2\begin{pmatrix} 3 \\ -5 \end{pmatrix}$.   ∎

Beispiel 5.15

Die affine Abbildung $\vec{x}\,' = A\vec{x}$ mit $A = \begin{pmatrix} 1 & -1 \\ 1 & 1 \end{pmatrix}$ hat keine Fixrichtung, denn die quadratische Gleichung $\lambda^2 - 2\lambda + 2 = 0$ hat keine reelle Lösung. Die Matrix der Drehung mit $\tan\varphi = -1$ ($\Rightarrow \varphi = 135°$) ist

$$D = \begin{pmatrix} -\frac{1}{2}\sqrt{2} & -\frac{1}{2}\sqrt{2} \\ \frac{1}{2}\sqrt{2} & -\frac{1}{2}\sqrt{2} \end{pmatrix},$$

daher gilt

$$DA = \begin{pmatrix} -\sqrt{2} & 0 \\ 0 & -\sqrt{2} \end{pmatrix}.$$

Dies ist die Matrix einer zentrischen Streckung. Die Abbildung

$$\vec{x} \mapsto A\vec{x} = D^{-1}(DA)\vec{x}$$

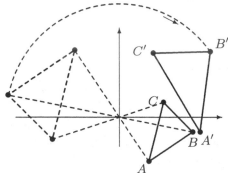

Abb. 5.5.8 Streckdrehung

besteht also aus einer zentrischen Streckung mit dem Streckfaktor $-\sqrt{2}$, gefolgt von einer Drehung um O mit dem Winkel $-135°$ (Abb. 5.5.8). ■

Die Matrix $A = \begin{pmatrix} a_1 & b_1 \\ a_2 & b_2 \end{pmatrix}$ stellt eine *Ähnlichkeitsabbildung* dar, wenn sie die orthogonalen und gleichlangen Vektoren $\begin{pmatrix} 1 \\ 0 \end{pmatrix}$ und $\begin{pmatrix} 0 \\ 1 \end{pmatrix}$ wieder auf orthogonale gleichlange Vektoren abbildet, d.h., wenn gilt:

$$a_1 b_1 + a_2 b_2 = 0 \quad \text{und} \quad a_1^2 + a_2^2 = b_1^2 + b_2^2.$$

Setzt man $k^2 = a_1^2 + a_2^2$ und definiert den Winkel φ durch $\frac{a_1}{k} = \cos\varphi$, dann ist

$$a_2 = k\sqrt{1 - \cos^2\varphi} = k\sin\varphi.$$

Aus $a_1 b_1 + a_2 b_2 = k(b_1\cos\varphi + b_2\sin\varphi) = 0$ folgt

$$b_1 = -c\sin\varphi \quad \text{und} \quad b_2 = c\cos\varphi,$$

wobei $c^2 = k^2$ sein muss. Es ergeben sich dann die Matrizen

$$k\begin{pmatrix} \cos\varphi & -\sin\varphi \\ \sin\varphi & \cos\varphi \end{pmatrix} \quad \text{und} \quad k\begin{pmatrix} \cos\varphi & \sin\varphi \\ \sin\varphi & -\cos\varphi \end{pmatrix}.$$

Für $k = 1$ stellen diese Matrizen Kongruenzabbildungen dar, ansonsten die Verkettung einer zentrischen Streckung mit einer Kongruenzabbildung.
(Solche Abbildungen haben wir in Bsp. 5.12 und 5.13 untersucht.)

Aufgaben

5.34 Bestimme die Umkehrabbildung der affinen Abbildung mit den Abbildungsgleichungen $\left\{ \begin{array}{l} x_1' = 3x_1 + 2x_2 - 2 \\ x_2' = 5x_1 + 4x_2 + 6 \end{array} \right\}$.

5.35 Bei einer Scherung an der Winkelhalbierenden des 1. und 3. Quadranten (also an der Geraden mit der Gleichung $x_1 = x_2$) wird der Punkt $P(1,5)$ auf den Punkt $P'(4,8)$ abgebildet. Wie lauten die Abbildungsgleichungen der dadurch definierten affinen Abbildung?

5.36 Bei einer axialen Streckung seien die Punkte der x_1-Achse Fixpunkte, und der Punkt $A(2,-3)$ werde auf den Punkt $A'(5,6)$ abgebildet. Bestimme die Abbildungsgleichungen.

5.37 a) Wie lautet die Abbildungsmatrix einer Streckdrehung mit dem Zentrum O, dem Streckfaktor 2 und dem Drehwinkel $60°$?

b) Durch welche komplexe Zahl kann man diese Abbildung beschreiben?

5.38 a) Unter welcher Bedingung für t ist durch α_t: $\vec{x}' = \begin{pmatrix} 2t+1 & 2t \\ t & t+1 \end{pmatrix} \vec{x}$ eine affine

Abbildung gegeben? Wie lautet in diesem Fall die Gleichung von α_t^{-1}?

b) Für welche Werte von t ist $\alpha_t^{-1} = \alpha_t$?

c) Zeige, dass für $t \neq 0$ genau eine Gerade existiert, welche punktweise auf sich selbst abgebildet wird (Fixpunktgerade).

d) Zeichne die Bilder des Dreiecks OE_1E_2 für $t = 0, \frac{1}{4}, \frac{1}{2}, \frac{3}{4}, 1$.

5.39 Bestimme für die affinen Abbildungen

$$\alpha : \begin{cases} x_1' = 2x_1 - 3x_3 + 5 \\ x_2' = -x_1 + 7x_2 - 6 \end{cases} \quad \text{und} \quad \beta : \begin{cases} x_1'' = 3x_1' + 5x_2' - 11 \\ x_2'' = 4x_1' + 3x_2' - 9 \end{cases}$$

die Abbildungsgleichungen von $\beta \circ \alpha$ (β nach α).

5.40 Bestimme die Abbildungsmatrizen der Spiegelungen an der Geraden g: $x_2 = 3x_1$ und der Spiegelung an der Geraden h: $x_2 = -2x_1$. Bestimme dann die Matrix der Vekettung (erst an g, dann an h spiegeln). Berechne damit den Schnittwinkel der Geraden g und h.

5.41 Die Abbildung α: $\vec{x}' = \begin{pmatrix} 1 & 1 \\ 2 & 0 \end{pmatrix} \vec{x} + \begin{pmatrix} -3 \\ 5 \end{pmatrix}$ ist eine Euler-Affinität. Bestimme deren Fixgeraden.

5.42 Zeige: Sind F_1 und F_2 zwei verschiedene Fixpunkte von α: $\vec{x}' = A\vec{x} + \vec{c}$, dann ist die Gerade durch F_1, F_2 eine Fixpunktgerade der Abbildung α.

5.43 Durch α_t: $\vec{x}' = \begin{pmatrix} 2t+1 & 2t \\ t & t+1 \end{pmatrix} \vec{x}$ ist für $t \neq -\frac{1}{3}$ eine affine Abbildung gegeben (Aufgabe 5.38). Zeige, dass es sich um eine Parallelstreckung handelt.

5.44 Es sei α_c: $\vec{x}' = \begin{pmatrix} 1+c & 8 \\ -2 & 1-c \end{pmatrix} \vec{x} + \begin{pmatrix} -2 \\ 1 \end{pmatrix}$.

Untersuche diese Abbildung auf Fixpunkte.

6 Kegelschnitte

Übersicht

6.1 Definition der Kegelschnitte 241

6.2 Ellipsen 243

6.3 Hyperbeln 251

6.4 Parabeln 256

6.5 Flächen zweiter Ordnung 261

6.6 Pole und Polaren 264

6.1   Definition der Kegelschnitte

Schneidet man einen Kegel mit einer Ebene, so entsteht je nach Neigung der Ebene gegen die Kegelachse als Schnittkurve eine *Ellipse*, eine *Parabel* oder eine *Hyperbel* (Abb. 6.1.1).

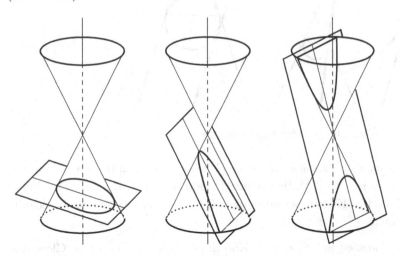

Abb. 6.1.1   Kegelschnittkurven: Ellipse, Parabel und Hyperbel

Diese Kurven treten in technischen und naturwissenschaftlichen Zusammenhängen häufig auf; beispielsweise ist die Bahnkurve eines Massepunkts, der sich in einem

Schwerefeld bewegt, stets eine Kegelschnittskurve. Ein Geschoss bewegt sich in der Nähe der Erdoberfläche auf einer Parabel; die Planeten bewegen sich im Schwerefeld der Sonne auf Ellipsenbahnen. Der Querschnitt eines Scheinwerferspiegels ist eine Parabel; die von der Lichtquelle (Birnchen) ausgehenden Lichtstrahlen werden so reflektiert, dass sie den Scheinwerfer parallel zueinander verlassen. Bei einer Parabolantenne werden elektromagnetische Strahlen („Wellen") so reflektiert, dass sie sich im Empfänger treffen und damit verstärken. In jeder Ellipse gibt es zwei Punkte („Brennpunkte") mit der Eigenschaft, dass alle von dem einen Punkt ausgehenden Strahlen so reflektiert werden, dass sie sich im anderen Punkt treffen (Prinzip des Flüstergewölbes, Zertrümmerung von Nierensteinen mit Ultraschall). Brücken sind häufig parabelförmig gebogen, weil die Parabelform optimale statische Bedingungen garantiert. Gewisse gekrümmte Flächen mit hyperbelförmigen Querschnitten (Hyperboloide) enthalten zwei Geradenscharen, von denen jede Gerade der einen Schar alle Geraden der anderen schneidet. Dies verspricht optimale Konstruktionsbedingungen mithilfe von Eisenträgern (Dächer von Musikhallen, Fußballstadien, Kühltürme).

Im Fall der Parabel gibt es *eine* und im Fall der Ellipse und der Hyperbel *zwei* Kugeln, die die Schnittebene und den Kegelmantel berühren; in Abb. 6.1.2 ist dies in einem Achsenschnitt angedeutet.

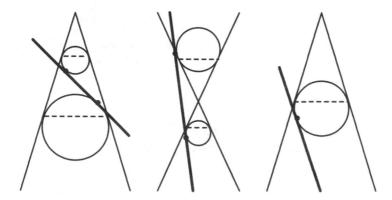

Abb. 6.1.2 Dandelin'sche Kugeln der Kegelschnitte

Diese Kugeln nennt man die *Dandelin'schen Kugeln* des Kegelschnitts (nach dem belgischen Festungsbaumeister und Mathematiker PIERRE GERMINAL DANDELIN, 1794–1847). Die Dandelin'schen Kugeln berühren den Kegel in einem Kreis und die Schnittebene in einem Punkt.

Kegelschnittskurven werden in einem x_1x_2-Koordinatensystem durch eine Gleichung dargestellt, die die Variablen x_1, x_2 in der zweiten Potenz enthält:

$$ax_1^2 + bx_1x_2 + cx_2^2 + dx_1 + ex_2 + f = 0.$$

Bekannte Sonderfälle sind:

- die *Kreisgleichung* $x_1^2 + x_2^2 = r^2$;
- die Hyperbelgleichung $x_1 x_2 = a$;
- die Parabelgleichung $x_2 = a x_1^2$.

Daher nennt man Kegelschnittskurven auch *Kurven zweiter Ordnung*. Eine *Fläche zweiter Ordnung* hat im $x_1 x_2 x_3$-Koordinatensystem eine Gleichung der Gestalt

$$a x_1^2 + b x_2^2 + c x_3^2 + d x_1 x_2 + e x_1 x_3 + f x_2 x_3 + g x_1 + h x_2 + i x_3 + j = 0.$$

Ein bekannter Sonderfall ist die *Kugelgleichung*

$$x_1^2 + x_2^2 + x_3^2 = r^2.$$

Die Schnittkurve einer Fläche zweiter Ordnung mit einer Ebene ist stets eine Kurve zweiter Ordnung, denn nach geeigneter Drehung des Koordinatensystems kann man die Schnittebene stets als die $x_1 x_2$-Ebene auffassen, deren Gleichung $x_3 = 0$ ist.

6.2 Ellipsen

Schneidet eine Ebene einen Kreiskegel in einer Ellipse, dann seien F_1 und F_2 die Berührpunkte der Dandelin'schen Kugeln. In Abb. 6.2.1 ist ein Querschnitt und in Abb. 6.2.2 ein Schrägbild hierzu gezeichnet.

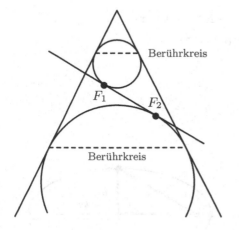

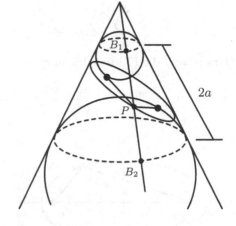

Abb. 6.2.1 F_1 und F_2 (Querschnitt)   **Abb. 6.2.2** F_1 und F_2 (Schrägbild)

Die Entfernung der Berührkreise längs der Mantellinien bezeichne man mit $2a$. Schneidet die Mantellinie durch den Ellipsenpunkt P die Berührkreise der Kugeln in den Punkten B_1 und B_2, dann ist also

$$\overline{B_1 B_2} = \overline{B_1 P} + \overline{B_2 P} = 2a.$$

Andererseits ist

$$\overline{B_1P} = \overline{F_1P} \quad \text{und} \quad \overline{B_2P} = \overline{F_2P},$$

weil alle Tangentenabschnitte an eine Kugel von einem Punkt außerhalb der Kugel aus gleich lang sind.

Also gilt für jeden Punkt P der Ellipse

$$\overline{F_1P} + \overline{F_2P} = 2a.$$

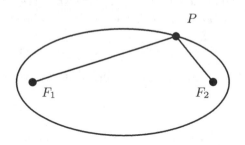

Darauf beruht die folgende Definition der Ellipse als eine Ortskurve:

Eine *Ellipse* ist der geometrische Ort aller Punkte, deren Abstandssumme von zwei gegebenen Punkten F_1, F_2 konstant ist (Abb. 6.2.3).

Abb. 6.2.3   Ellipse als Ortskurve

Sind die Punkte $F_1(-e,0), F_2(e,0)$ in einem kartesischen Koordinatensystem gegeben und soll die Abstandssumme $2a$ betragen, dann ergibt sich die *Ellipsengleichung* folgendermaßen (Abb. 6.2.4):

$$\sqrt{(x_1 + e)^2 + x_2^2} = 2a - \sqrt{(x_1 - e)^2 + x_2^2}$$
$$(x_1 + e)^2 + x_2^2 = 4a^2 - 4a\sqrt{(x_1 - e)^2 + x_2^2}$$
$$+(x_1 - e)^2 + x_2^2$$
$$a\sqrt{(x_1 - e)^2 + x_2^2} = a^2 - ex_1$$
$$a^2((x_1 - e)^2 + x_2^2) = a^4 - 2a^2ex_1 + e^2x_1^2$$
$$(a^2 - e^2)x_1^2 + a^2x_2^2 = a^2(a^2 - e^2)$$

Daraus folgt die Ellipsengleichung

$$\frac{x_1^2}{a^2} + \frac{x_2^2}{b^2} = 1 \quad \text{mit} \quad b^2 = a^2 - e^2.$$

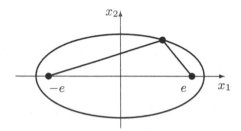

Abb. 6.2.4   Herleitung der
           Ellipsengleichung

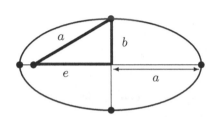

Abb. 6.2.5   Parameter der
           Ellipsengleichung

Abb. 6.2.5 zeigt den Zusammenhang zwischen den Parametern a, b und e.

Beispiel 6.1

Ein Gärtner soll ein ellipsenförmiges Beet von 10 m Länge und 6 m Breite anlegen. Wegen $e = \sqrt{5^2 - 3^3} = 4$ schlägt er Pflöcke im Abstand 8 m ein und befestigt an ihnen ein Seil der Länge 10 m. Dann führt er in dem straff gespannten Seil einen Markierungsstab um die Pflöcke herum Es entsteht die „Gärtnerellipse" (Abb. 6.2.6). ∎

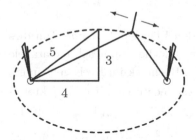

Abb. 6.2.6 Gärtnerellipse

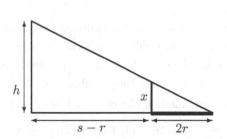

Abb. 6.2.7 Zentralprojektion Kreis als Ellipse

Beispiel 6.2

Ein auf den Boden gemalter Kreis wird von einem Punkt aus fotografiert, der die Entfernung s vom Kreismittelpunkt und die Höhe h über dem Boden hat. Das Bild ist (näherungsweise) eine Ellipse. Das Achsenverhältnis der Ellipse (Abb. 6.2.7) ist $\frac{x}{2r} = \frac{h}{s+r}$. ∎

Die Punkte $S_1(-a,0), S_2(a,0), S_3(0,-b), S_4(0,b)$ heißen die *Scheitel* der Ellipse, die zueinander rechtwinkligen Strecken S_1S_2 und S_3S_4 ihre *Achsen*. Der Schnittpunkt der Achsen ist der *Mittelpunkt*, die Punkte F_1, F_2 sind die *Brennpunkte* der Ellipse. Eine Ellipse mit dem Mittelpunkt $M(m_1, m_2)$, deren Achsen parallel zu den Koordinatenachsen sind, hat die Gleichung

$$\frac{(x_1 - m_1)^2}{a^2} + \frac{(x_2 - m_2)^2}{b^2} = 1.$$

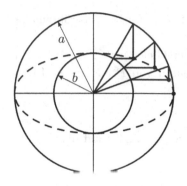

Abb. 6.2.8 Ellipsenkonstruktion

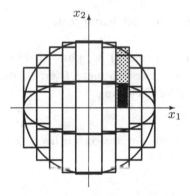

Abb. 6.2.9 Flächeninhalt Ellipse

Die Ellipse mit den Halbachsenlängen a, b entsteht aus einem Kreis mit dem Radius a durch eine orthogonale Parallelstreckung an der x_1-Achse mit dem Faktor $\frac{b}{a}$. Dieselbe Ellipse entsteht aus einem Kreis mit dem Radius b durch orthogonale Parallelstreckung an der x_2-Achse mit dem Faktor $\frac{a}{b}$. Eine Ellipse ist demnach ein affines Bild eines Kreises; daraus ergibt sich die Möglichkeit der Konstruktion von Ellipsenpunkten (Abb. 6.2.8).

Eine Ellipse mit den Halbachsenlängen a und b hat den Flächeninhalt πab. Um dies einzusehen, denke man sich die Kreis- und die Ellipsenfläche durch achsenparallele Rechtecke der Breite Δ approximiert (Abb. 6.2.9). Ein Rechteck im Kreis geht in ein Rechteck in der Ellipse über, wobei sich der Inhalt des Rechtecks mit dem Faktor $\frac{b}{a}$ ändert; folglich gilt dies auch für den Übergang vom Kreisinhalt zum Ellipseninhalt.

Die Tangente t im Punkt $B(b_1, b_2)$ des Kreises $k: x_1^2 + x_2^2 = a^2$ hat die Gleichung $b_1 x_1 + b_2 x_2 = a^2$ (Abschn. 5.3). Die Abbildung $(x_1, x_2) \mapsto \left(x_1, \frac{b}{a} x_2 \right)$ bildet k auf die Ellipse mit der Gleichung $\frac{x_1^2}{a^2} + \frac{x_2^2}{b^2} = 1$ ab, wobei t in die Ellipsentangente im Bildpunkt von B übergeht (Abb. 6.2.10). Ersetzt man also x_2 durch $\frac{a}{b} x_2$ und b_2 durch $\frac{a}{b} b_2$ in der Gleichung von t, dann erhält man die Gleichung der Ellipsentangente in einem Ellipsenpunkt $B(b_1, b_2)$:

$$\frac{b_1 x_1}{a^2} + \frac{b_2 x_2}{b^2} = 1$$

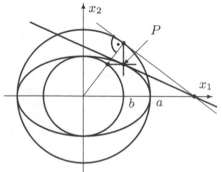

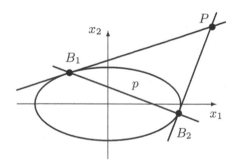

Abb. 6.2.10 Ellipsentangente   **Abb. 6.2.11** Tangentenberührpunkte

Der Punkt $P(p_1, p_2)$ liege außerhalb der Ellipse mit der Gleichung $\frac{x_1^2}{a^2} + \frac{x_2^2}{b^2} = 1$ (Abb. 6.2.11). Die Berührpunkte $B(b_1, b_2)$ der beiden Tangenten von P aus an die Ellipse genügen der Gleichung

$$\frac{b_1 p_1}{a^2} + \frac{b_2 p_2}{b^2} = 1,$$

weil P auf diesen Tangenten liegt. Die Berührpunkte liegen folglich auf der Geraden mit der Gleichung

$$\frac{p_1 x_1}{a^2} + \frac{p_2 x_2}{b^2} = 1.$$

Ist P ein Punkt einer Ellipse mit den Brennpunkten F_1, F_2, so halbiert die Ellipsennormale in P den Winkel $\sphericalangle F_1 P F_2$. Ein von F_1 ausgehender Strahl wird also so an der Ellipse reflektiert, dass er durch F_2 geht. Dies erklärt die Bezeichung „Brennpunkte" für die Punkte F_1, F_2.

Zum Beweis dieser Brennpunkteigenschaft der Ellipse betrachte man die Verlängerung von $F_1 P$ über P hinaus um die Länge $\overline{PF_2}$ bis zum Punkt F_2' (Abb. 6.2.12). Die Mittelsenkrechte von $F_2 F_2'$ muss dann die Tangente in P sein, denn für jeden weiteren Punkt Q dieser Geraden gilt

$$\overline{QF_1} + \overline{QF_2} = \overline{QF_1} + \overline{QF_2'} > \overline{PF_1} + \overline{PF_2'} = 2a.$$

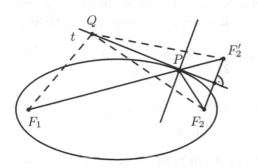

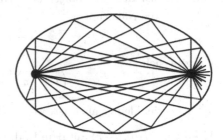

Abb. 6.2.12 Brennpunkteigenschaft　　　**Abb. 6.2.13** Flüstergewölbe

Beispiel 6.3

Ein *Flüstergewölbe* ist ein Raum, dessen Decke die Gestalt eines Rotationsellipsoids hat. Ein solches entsteht, wenn eine Ellipse um ihre Hauptachse rotiert. Die in einem Brennpunkt erzeugten Schallwellen werden so an der Decke reflektiert, dass sie im anderen Brennpunkt wieder zusammentreffen (Abb. 6.2.13). ∎

Die Brennpunkteigenschaft der Ellipse kann man auch mithilfe von Vektoren beweisen. Dazu muss man sich zunächst einen Richtungsvektor der Winkelhalbierenden des Winkels $\sphericalangle F_1 P F_2$ besorgen. Es gilt

$$| \overrightarrow{F_1 P} | = \sqrt{(p_1 + e)^2 + b^2 - \frac{b^2}{a^2} p_1^2} = \sqrt{a^2 + 2ep_1 + \frac{e^2}{a^2} p_1^2} = a + d \quad \text{mit} \quad d = \frac{e}{a} p_1.$$

Ebenso findet man $| \overrightarrow{F_2 P} | = a - d$. Also ist ein Richtungsvektor der Winkelhalbierenden durch

$$\vec{w} = \frac{\overrightarrow{F_1 P}}{|\overrightarrow{F_1 P}|} + \frac{\overrightarrow{F_2 P}}{|\overrightarrow{F_2 P}|} = \frac{2a}{a^2 - d^2} \begin{pmatrix} p_1 \\ p_2 \end{pmatrix} - \frac{2d}{a^2 - d^2} \begin{pmatrix} e \\ 0 \end{pmatrix}$$

gegeben (Abb. 6.2.14). Dieser ist orthogonal zum Richtungsvektor

$$\begin{pmatrix} a^2 p_2 \\ -b^2 p_1 \end{pmatrix}$$

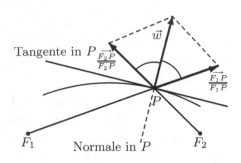

der Tangente in P, denn das Skalarprodukt ist (bis auf den Faktor $a^2 - d^2$)

$$2a^3 p_1 p_2 - 2a^2 dep_2 - 2ab^2 p_1 p_2$$

$$= 2aep_2(ep_1 - ad) = 0.$$

Abb. 6.2.14 Richtungsvektor $\vec{w}$

Wir wollen nun eine Ellipse in ihren Scheiteln möglicht gut durch Kreise annähern, die
sogenannten *Scheitelkrümmungskreise*. Dazu benutzen wir für Werte von u, die klein
gegen 1 sind, die Näherung

$$\sqrt{1 + u} \approx 1 + \frac{1}{2}\,u.$$

Diese ergibt sich aus

$$\left(1 + \frac{1}{2}u\right)^2 = 1 + u + \frac{1}{4}u^2,$$

weil u^2 sehr viel kleiner als u ist, wenn u klein gegenüber 1 ist.

Der Kreis um $M_4(0, b - r)$ mit dem Radius r geht durch $S_4(0, b)$ und hat die Gleichung
$x_1^2 + (x_2 - (b - r))^2 = r^2$. Der obere Kreisbogen hat also die Gleichung

$$x_2 = b - r + \sqrt{r^2 - x_1^2}.$$

Für Werte von x_1, die klein gegen r sind, gilt folglich

$$x_2 = b - r + r\sqrt{1 - \left(\frac{x_1}{r}\right)^2} \approx b - r + r\left(1 - \frac{1}{2}\left(\frac{x_1}{r}\right)^2\right) = b - \frac{x_1^2}{2r}.$$

Der obere Bogen der Ellipse mit der Gleichung $\frac{x_1^2}{a^2} + \frac{x_2^2}{b^2} = 1$ hat die Gleichung

$$x_2 = b\sqrt{1 - \left(\frac{x_1}{a}\right)^2}.$$

Für Werte von x_1, die klein gegen a sind, gilt daher

$$x_2 \approx b\left(1 - \frac{1}{2}\left(\frac{x_1}{a}\right)^2\right) = b - \frac{bx_1^2}{2a^2}.$$

Optimale Übereinstimmung zwischen dem Kreis und der Ellipse in der Umgebung des
Scheitels S_4 erhält man für $\frac{1}{2r} = \frac{b}{2a^2}$, also $r = \frac{a^2}{b}$. Der Scheitelkrümmungskreis im
Scheitel S_4 hat demnach den Mittelpunkt $M_4\left(0,\ b - \frac{a^2}{b}\right)$ und den Radius $\frac{a^2}{b}$.

Mit ähnlichen Überlegungen erhält man für den Scheitel $S_1(-a,0)$ den Mittelpunkt $M_1\left(-a+\dfrac{b^2}{a},\,0\right)$ und den Radius $\dfrac{b^2}{a}$ des Scheitelkrümmungskreises.

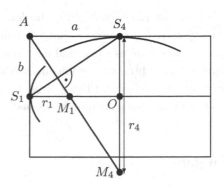

In Abb. 6.2.15 sind die Mittelpunkte M_1 und M_4 konstruiert. Man beachte dabei die Ähnlichkeit der rechtwinkligen Dreiecke AS_4M_4 und S_4OS_1 bzw. AS_1M_1 und S_1OS_4, aus der folgt:

$$r_4 : a = a : b \text{ bzw. } r_1 : b = b : a.$$

Abb. 6.2.15 Mittelpunktkonstruktion

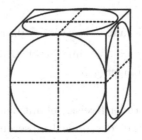

Zur Konstruktion von Ellipsenpunkten und -tangenten sowie zur Skizzierung einer Ellipse mithilfe ihrer Scheitelkrümmungskreise muss man ihre Symmetrieachsen (Hauptachsen) kennen. Oft kennt man aber nur die Bilder zweier orthogonaler Kreisdurchmesser, z.B. dann, wenn die Ellipse als Schrägbild eines Kreises gegeben ist (Abb. 6.2.16).

Abb. 6.2.16 Konjugierte Durchmesser

Die Bilder zweier orthogonaler Kreisdurchmesser nennt man *konjugierte Durchmesser* der Ellipse. Um aus diesen die Hauptachsen zu gewinnen, bestimmt man zwei orthogonale Kreisdurchmesser, deren Bilder ebenfalls orthogonal sind. Man kann zeigen, dass für jede affine Abbildung ein solches *invariantes Rechtwinkelpaar* existiert.

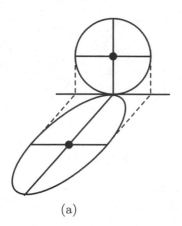

(a)

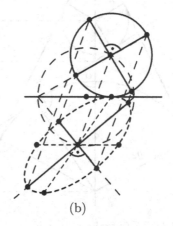

(b)

Abb. 6.2.17 Hauptachsenkonstruktion einer Ellipse

Eine Konstruktion ist in Abb. 6.2.17 angegeben. Man konstruiert zunächst einen Kreis, dessen Bild bei einer Parallelstreckung die gegebene Ellipse ist (a). Dabei ist zu beachten, dass die Ellipsentangenten in den Endpunkten eines Durchmessers parallel zum konjugierten Durchmesser sind, weil dies bei den zugehörigen orthogonalen Durchmessern des Kreises so ist und eine affine Abbildung parallelentreu ist. Dann gewinnt man die gesuchten orthogonalen Durchmesser mithilfe des Kreises durch die Mittelpunkte von Kreis und Ellipse, dessen Mittelpunkt auf der Streckachse liegt (b). Diese Konstruktion heißt *Hauptachsenkonstruktion* der Ellipse.

Aufgaben

6.1   Eine Ellipse habe die Gleichung $16x_1^2 + 9x_2^2 - 32x_1 - 90x_2 + 97 = 0$. Bestimme ihren Mittelpunkt und ihre Halbachsenlängen.

6.2   Die Gerade $t: x_2 = -0{,}3x_1 + 2{,}5$ berührt die Ellipse mit der Gleichung $b^2x_1^2 + a^2x_2^2 = a^2b^2$ im Punkt $B(3, \frac{8}{5})$. Bestimme zeichnerisch und rechnerisch die Halbachsenlängen a, b.

6.3   Ein gerader Kreiskegel mit dem halben Öffnungswinkel φ werde von einer Ebene so geschnitten, dass eine Ellipse entsteht. Der Winkel zwischen der Ebene und der Kegelachse sei α, die Kegelachse werde in der Entfernung d von der Spitze geschnitten. Berechne die Radien ϱ_1, ϱ_2 der beiden Dandelin'schen Kugeln (Abb. 6.2.18).

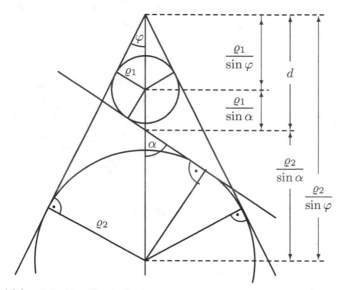

Abb. 6.2.18   Zu Aufgabe 6.3

6.4   a) Beweise: Der Fußpunkt des Lotes eines Brennpunktes einer Ellipse auf eine Tangente liegt auf einem Kreis um den Mittelpunkt der Ellipse mit dem Radius a.

b) Von einer Ellipse kennt man den Mittelpunkt M, einen Scheitelpunkt S mit $\overline{MS} = a$

und eine Tangente. Wie kann man mithilfe dieser Daten die kleinere Halbachsenlänge b konstruieren?

6.5 Beweise: Die Ellipse mit den Brennpunkten F_1, F_2 und der großen Halbachsenlänge a besteht aus allen Punkten, deren Entfernung von F_2 gleich ihrer Entferneung von dem Kreis um F_1 mit dem Radius $2a$ ist.

6.6 a) Eine Ellipse hat die Tangente $t: x_1 - 2x_2 + 6 = 0$ und die Brennpunkte $F_1(-2,0), F_2(2,0)$. Konstruiere die Länge der Halbachsen.

b) Von einer Ellipse mit bekannten Brennpunkten sei eine Tangente bekannt. Wie konstruiert man den Berührpunkt?

c) Von einer Ellipse kennt man einen Brennpunkt, die Länge der großen Halbachse und eine Tangente. Ist der zweite Brennpunkt eindeutig bestimmt?

6.7 Sei $\vec{x}' = A\vec{x}$ mit $A = \begin{pmatrix} 2 & 3 \\ 0 & 2 \end{pmatrix}$. Prüfe, ob orthogonale Vektoren $\vec{u}, \vec{v} \neq \vec{o}$ existieren, sodass auch $A\vec{u}, A\vec{v}$ orthogonal sind. Gib ein „invariantes Rechtwinkelpaar" an.

6.8 Konstruiere im Schrägbild eines Würfels (Kantenlänge 10 cm, Projektionswinkel 45°, Verkürzungsfaktor 0,5) die Bilder der Inkreise der sichtbaren Würfelflächen.

6.3 Hyperbeln

Schneidet eine Ebene einen (doppelten!) Kreiskegel in einer Hyperbel, dann gibt es zwei Dandelin'sche Kugeln; die Berührpunkte der Kugeln mit der Ebene seien F_1 und F_2. In Abb. 6.3.1 ist ein Querschnitt hierzu gezeichnet. Die Entfernung der Berührkreise längs der Mantellinien bezeichne man mit $2a$. Schneidet die Mantellinie durch den Hyperbelpunkt P die Berührkreise der Kugeln in den Punkten B_1 und B_2, dann ist demnach

$$\overline{B_1B_2} = |\overline{B_1P} - \overline{B_2P}| = 2a.$$

Andererseits ist

$$\overline{B_1P} = \overline{F_1P} \text{ und } \overline{B_2P} = \overline{F_2P},$$

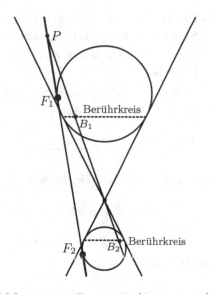

Abb. 6.3.1 F_1 und F_2 (Querschnitt)

weil alle Tangentenabschnitte an eine Kugel von einem Punkt außerhalb der Kugel aus gleich lang sind. Also gilt für jeden Punkt P der Hyperbel: $|\overline{F_1P} - \overline{F_2P}| = 2a$. Darauf beruht die folgende Definition der Hyperbel als eine Ortskurve:

Eine *Hyperbel* ist der geometrische Ort aller Punkte, deren Abstandsdifferenz von zwei gegebenen Punkten F_1, F_2 konstant ist (Abb. 6.3.2).

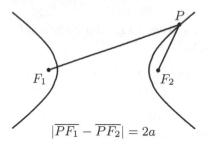

Abb. 6.3.2 Hyperbel als Ortskurve

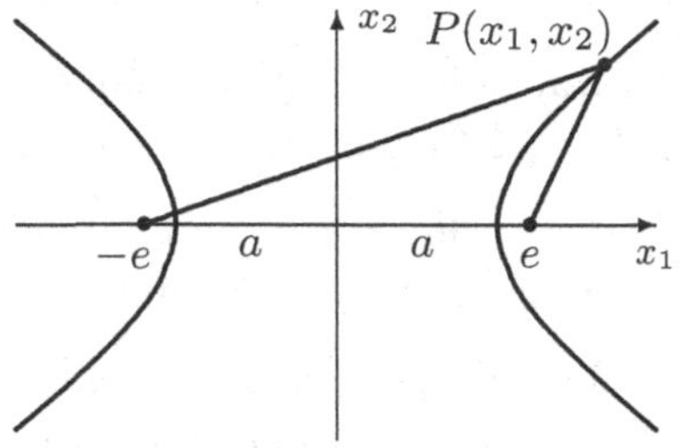

Abb. 6.3.3 Herleitung der Hyperbelgleichung

Sind die Punkte $F_1(-e,0), F_2(e,0)$ in einem Koordinatensystem gegeben und soll die Abstandsdifferenz $2a$ betragen, dann ergibt sich die *Hyperbelgleichung*

$$\frac{x_1^2}{a^2} - \frac{x_2^2}{b^2} = 1 \quad \text{mit} \quad b^2 = e^2 - a^2$$

(Abb. 6.3.3). Die Rechnung verläuft analog zu der für die Ellipse durch Umformen der Gleichung

$$\sqrt{(x_1 + e)^2 + x_2^2} - \sqrt{(x_1 - e)^2 + x_2^2} = 2a.$$

Die Punkte $S_1(-a,0), S_2(a,0), S_3(0,-b), S_4(0,b)$ heißen die *Scheitel* der Hyperbel, wobei S_3, S_4 aber keine Hyperbelpunkte sind. Die zueinander rechtwinkligen Strecken S_1S_2 und S_3S_4 heißen ihre *Achsen*. Der Schnittpunkt der Achsen ist der *Mittelpunkt* der Hyperbel.

Eine Hyperbel mit dem Mittelpunkt $M(m_1, m_2)$ hat die Gleichung

$$\frac{(x_1 - m_1)^2}{a^2} - \frac{(x_2 - m_2)^2}{b^2} = 1.$$

Die Geraden mit den Gleichungen

$$bx_1 \pm ax_2 = 0$$

sind die *Asymptoten* der Hyperbel mit dem Mittelpunkt O (Abb. 6.3.4).

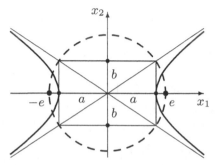

Abb. 6.3.4 Asymptoten der Hyperbel

Das erkennt man daran, dass für $x_1 \to \infty$ der Term

$$\frac{bx_1}{a} - \sqrt{\left(\frac{bx_1}{a}\right)^2 - b^2} = \frac{ab}{x_1 + \sqrt{x_1^2 - 1}}$$

gegen 0 konvergiert.

Beispiel 6.4

Die Gleichung $x_1 x_2 = 1$ beschreibt eine Hyperbel im Koordinatensystem mit rechtwinkligen Asymptoten (*rechtwinklige Hyperbel*) (Abb. 6.3.5). Diese entsteht aus der Hyperbel mit der Gleichung $x_1^2 - x_2^2 = 2$ bei einer Drehung um $45°$.   ■

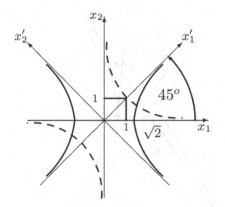

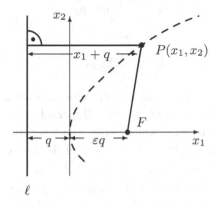

Abb. 6.3.5 Rechtwinklige Hyperbel   **Abb. 6.3.6** Leitgerade u. Brennpunkt

Beispiel 6.5

Gesucht ist eine Kurve durch den Ursprung, für deren Punkte das ε-fache des Abstands von der Geraden ℓ mit der Gleichung $x_1 = -q$ gleich der Entfernung vom Punkt $F(\varepsilon q, 0)$ ist (Abb. 6.3.6). Dabei sei $q > 0$ und $\varepsilon > 0$. Aus

$$\sqrt{(x_1 - \varepsilon q)^2 + x_2^2} = \varepsilon(x_1 + q)$$

folgt

$$x_2^2 = 2\varepsilon(1 + \varepsilon)q x_1 - (1 - \varepsilon^2)x_1^2.$$

Dies ist für $\varepsilon < 1$ die Gleichung einer Ellipse und für $\varepsilon > 1$ die Gleichung einer Hyperbel (Aufgabe 6.10) mit Brennpunkt F; für $\varepsilon = 1$ erhält man die Gleichung einer Parabel mit Brennpunkt F (Abschn. 6.4).

Man kann demnach alle Kegelschnittskurven mithilfe einer Geraden ℓ („Leitgerade")
und eines Brennpunkts F definieren.   ■

Die Gleichung der Tangente an eine Hyperbel mit einem gegebenen Berührpunkt $B(b_1, b_2)$ ergibt sich ähnlich wie bei der Ellipse aus der Gleichung der betreffenden Kurve, die Tangente an die Hyperbel $\frac{x_1^2}{a^2} - \frac{x_2^2}{b^2} = 1$ im Punkt $B(b_1, b_2)$ hat die Gleichung

$$\frac{b_1 x_1}{a^2} - \frac{b_2 x_2}{b^2} = 1.$$

Zur Begründung dieser Gleichung betrachte man einen Hyperbelpunkt $B(b_1, b_2)$ und einen benachbarten Hyperbelpunkt $P(p_1, p_2)$ sowie die Sekante durch diese beiden Punkte.

Aus $\dfrac{p_1^2 - b_1^2}{a^2} - \dfrac{p_2^2 - b_2^2}{b^2} = 0$ folgt $\dfrac{p_2 - b_2}{p_1 - b_1} = \dfrac{b^2(p_1 + b_1)}{a^2(p_2 + b_2)}$.

Für den Grenzübergang $p_1 \to b_1$ ergibt sich die Tangentensteigung $\dfrac{b^2 \cdot b_1}{a^2 \cdot b_2}$.

Also ist die Tangentengleichung

$$\frac{x_2 - b_2}{x_1 - b_1} = \frac{b^2 \cdot b_1}{a^2 \cdot b_2}.$$

Diese lässt sich umformen zu

$$\frac{b_1 x_1}{a^2} - \frac{b_2 x_2}{b^2} = 1.$$

Zwei Tangenten von einem Punkt $P(p_1, p_2)$ aus an die Hyperbel existieren nur, wenn $a|p_2| < b|p_1|$ gilt (Abb. 6.3.7). Für die Berührpunkte $B(b_1, b_2)$ gilt $\dfrac{b_1 p_1}{a^2} - \dfrac{b_2 p_2}{b^2} = 1$, da P auf den Tangenten liegt. Die Berührpunkte liegen also auf der Geraden p mit der Gleichung

$$\frac{p_1 x_1}{a^2} - \frac{p_2 x_2}{b^2} = 1.$$

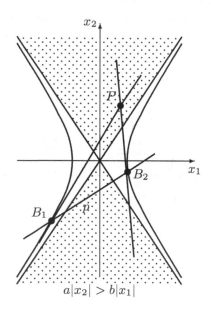

Abb. 6.3.7 Zwei Hyperbeltangenten

Die Tangente an eine Hyperbel im Punkt P halbiert den Winkel zwischen den „Brennstrahlen" PF_1 und PF_2. Ein von F_2 ausgehender Strahl wird folglich an der Hyperbel so reflektiert, dass seine rückwärtige Verlängerung durch F_1 geht.

Zum Beweis sei $F_2' \in PF_1$ mit

$$\overline{PF_2'} = \overline{PF_2}$$

und t die Mittelsenkrechte von $F_2 F_2'$ (Abb. 6.3.8). Dann ist t die Tangente in P, denn für jeden weiteren Punkt $Q \in t$ gilt

$$\overline{QF_1} - \overline{QF_2} = \overline{QF_1} - \overline{QF_2'} < \overline{F_1 F_2'} = 2a.$$

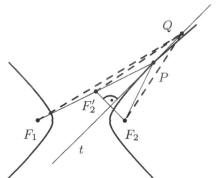

Abb. 6.3.8 Brennstrahlen

Aufgaben

6.9 Die Gleichung $9x_1^2 - 16x_2^2 - 54x_1 - 160x_2 - 463 = 0$ ist die Gleichung einer Hyperbel. Bestimme ihren Mittelpunkt und ihre Halbachsenlängen sowie die Gleichungen der beiden Tangenten an diese Hyperbel an der Stelle $x_1 = 9$.

6.10 Bestimme den Mittelpunkt und die Halbachsenlängen der Ellipse bzw. Hyperbel in Beispiel 6.5.

6.11 Der Kreis mit der Gleichung $x_1^2 + x_2^2 = 4$ und die Hyperbel mit der Gleichung $9x_1^2 - 16x_2^2 = 144$ haben offensichtlich vier gemeinsame Tangenten. Es sollen die Berührpunkte dieser Tangenten an die Hyperbel bestimmt werden, wobei man sich aus Symmetriegründen auf $x_1, x_2 > 0$ beschränken kann.

6.12 Unter welcher Bedingung schneidet die Gerade mit der Gleichung $x_2 = mx_1 + n$ die Hyperbel mit der Gleichung $b^2x_1^2 - a^2x_2^2 = a^2b^2$ in genau zwei Punkten? Zeige, dass im Fall $n^2 + b^2 = a^2m^2$ eine Tangente vorliegt (Tangentenbedingung).

6.13 Die Gerade $g : x_1 - x_2 = 2$ schneidet die Hyperbel $h : 25x_1^2 - 9x_2^2 = 225$ in zwei Punkten. Bestimme den Schnittpunkt der Tangenten in diesen beiden Punkten.

6.14 Beweise: Der Lotfußpunkt eines Hyperbelbrennpunkts auf eine Tangente liegt auf dem Kreis mit Radius a (Halbachsenlänge) um den Mittelpunkt der Hyperbel.

6.15 Ein *Hyperboloid H* wird durch

$$\frac{x_1^2}{a^2} + \frac{x_2^2}{b^2} - \frac{x_3^2}{c^2} = 1$$

beschrieben (Abb. 6.3.9). Sein Schnitt mit der x_1x_2-Ebene (Gleichung $x_3 = 0$) ist eine Ellipse, die Schnitte von H mit der x_1x_3-Ebene und der x_2x_3-Ebene sind Hyperbeln. Trotz seiner Krümmung enthält das Hyperboloid (unendlich viele) Geraden. Zeige, dass

$$g_{1/2}: \vec{x} = \begin{pmatrix} a \\ 0 \\ 0 \end{pmatrix} + t \begin{pmatrix} 0 \\ \pm b \\ c \end{pmatrix},$$

$$h_{1/2}: \vec{x} = \begin{pmatrix} 0 \\ b \\ 0 \end{pmatrix} + t \begin{pmatrix} a \\ 0 \\ \pm c \end{pmatrix}$$

auf dem Hyperboloid liegen.

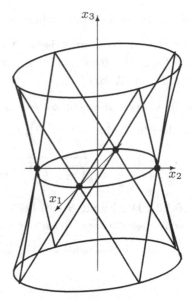

Abb. 6.3.9 Hyperboloid

6.4 Parabeln

Eine Ebene schneide einen Kreiskegel in einer Parabel. Der Berührpunkt der Dandelin'schen Kugel auf dieser Ebene sei F. Die Parabelebene und die Ebene des Berührkreises der Dandelin'schen Kugel schneiden sich in einer Geraden l. In Abb. 6.4.1 ist ein Querschnitt hierzu gezeichnet, in dem die Parabelebene nur als Gerade und die Gerade l nur als Punkt (L_0) zu sehen sind; Abb. 6.4.2 zeigt die Parabelebene.

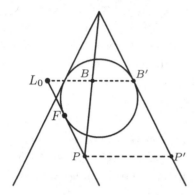

Abb. 6.4.1 F und l (Querschnitt)   **Abb. 6.4.2** Parabel als Ortskurve

Es sei nun P ein Parabelpunkt, und L sei der Fußpunkt des Lotes von P auf die Gerade l. Die Mantellinie des Kegels durch P schneide den Berührkreis der Dandelin'schen Kugel im Punkt B. In Abb. 6.4.1 ist dann

$$\overline{PF} = \overline{PB} = \overline{P'B'} = \overline{PL}.$$

Darauf beruht die folgende Definition der Parabel als eine Ortskurve:

Eine *Parabel* ist der geometrische Ort aller Punkte, deren Entfernung von einem gegebenen Punkt F (*Brennpunkt*) gleich ihrem Abstand von einer gegebenen Geraden l (*Leitgerade*) ist (Abb. 6.4.2).

Wenn die Gerade in einem kartesischen Koordinatensystem durch $x_1 = -\frac{p}{2}$ gegeben ist und der Punkt durch $F\left(\frac{p}{2}, 0\right)$, dann ergibt sich aus

$$x_1 + \frac{p}{2} = \sqrt{\left(x_1 - \frac{p}{2}\right)^2 + x_2^2} \quad \text{die } \textit{Parabelgleichung} \quad x_2^2 = 2px_1$$

(Abb. 6.4.3). Der Punkt $S(0,0)$ heißt *Scheitel* der Parabel; die x_1-Achse ist die Symmetrieachse der Parabel (*Achse* der Parabel).

Eine Parabel mit dem Scheitel $S(s_1, s_2)$, deren Achse parallel zur x_1-Achse ist, hat die Gleichung

$$(x_2 - s_2)^2 = 2p(x_1 - s_1)$$

(Abb. 6.4.4). Für $p > 0$ ist die Parabel nach rechts geöffnet, für $p < 0$ nach links.

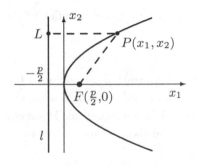

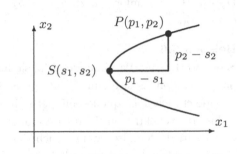

Abb. 6.4.3 Parabelgleichung I   **Abb. 6.4.4** Parabelgleichung II

Die Tangente im Punkt $B(b_1, b_2)$ der Parabel in Abb. 6.4.5 hat die Gleichung

$$b_2 x_2 = p(x_1 + b_1).$$

Ist nämlich $Q(q_1, q_2)$ ein benachbarter Parabelpunkt, dann hat die Sekante durch P und Q die Gleichung $\dfrac{x_2 - b_2}{x_1 - b_1} = \dfrac{q_2 - b_2}{q_1 - b_1} = 2p \cdot \dfrac{q_2 - b_2}{q_2^2 - b_2^2} = \dfrac{2p}{q_2 + b_2}.$

Strebt Q gegen B, dann ergibt sich die Tangentengleichung

$$\frac{x_2 - b_2}{x_1 - b_1} = \frac{p}{b_2} \quad \text{bzw.} \quad b_2 x_2 = px_1 + b_2^2 - pb_1 = px_1 + pb_1 = p(x_1 + b_1).$$

Die Tangente an eine Parabel im Punkt B halbiert den Winkel zwischen dem „Brenn-strahl" BF und dem Lot BL auf die Leitgerade. Ein vom Brennpunkt F ausgehender Strahl wird also an der Parabel so reflektiert, dass er parallel zur Parabelachse verläuft. Die Winkelhalbierende von $\sphericalangle FBL$ ist nämlich die Tangente in B (Abb. 6.4.5), weil für jeden anderen Punkt Q dieser Geraden gilt: $\overline{QF} = \overline{QL} > \overline{QL'}$.

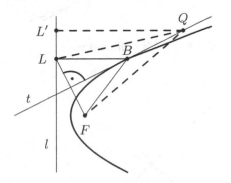

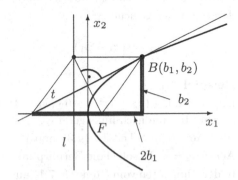

Abb. 6.4.5 Brennpunkteigenschaft   **Abb. 6.4.6** Tangentengleichung

Daraus ergibt sich auch die schon oben angegebene Gleichung der Tangente im Para-belpunkt $B(b_1 | b_2)$. Wie Abb. 6.4.6 verdeutlicht, erfüllt die Tangente die Gleichung

$$\frac{x_2 - b_2}{x_1 - b_1} = \frac{b_2}{2b_1} = \frac{p}{b_2}.$$

Dies lässt sich umformen zu $b_2 x_2 - b_2^2 = px_1 - pb_1$, wegen $b_2^2 = 2pb_1$ schließlich zu $b_2 x_2 = p(x_1 + b_1)$.

Beispiel 6.6

Scheinwerfer sind Paraboloide, d.h., sie haben einen parabelförmigen Querschnitt. Genauer handelt es sich um *Rotations*paraboloide, die Querschnittsparabeln sind also alle gleich. Die Lichtquelle befindet sich im (gemeinsamen) Brennpunkt der Parabeln, sodass die reflektierten Strahlen parallel verlaufen. Eine Parabolantenne ist ein Paraboloid, in dessen Brennpunkt sich der Empfänger befindet; die parallel einfallenden Radiostrahlen treffen dann alle auf den Empfänger.

Einen Parabolspiegel kann man auch als Brennofen benutzen. Dabei wird das Sonnenlicht im Brennpunkt gesammelt und dient dort z.B. zum Schmelzen von Metallen (Abb. 6.4.7).

Abb. 6.4.7 Parabolspiegel

Von einem Punkt $P(p_1, p_2)$ außerhalb der Parabel (also $p_2^2 > 2pp_1$) aus an die Parabel gibt es zwei Tangenten (Abb. 6.4.8). Für die Berührpunkte $B(b_1, b_2)$ gilt

$$p_2 b_2 = p(b_1 + p_1),$$

da P auf den Tangenten liegt. Die Berührpunkte liegen also auf der Geraden p mit der Gleichung

$$p_2 x_2 = p(x_1 + p_1).$$

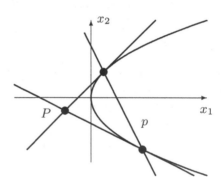

Abb. 6.4.8 Berührpunkte

Beispiel 6.7

Die Gleichung $(x_2 - 3)^2 = -6 \cdot (x_1 - 4)$ beschreibt eine nach links geöffnete Parabel mit dem Scheitel $S(4,3)$ und der Achse $x_2 = 3$. Es sollen die Berührpunkte der Tangenten vom Punkt $P(7,1)$ aus an diese Parabel bestimmt werden.

Dazu überführen wir durch Anwendung einer geeigneten Schubspiegelung die Parabel in eine derart positionierte Parabel, wie sie in Abb. 6.4.8 veranschaulicht wird (Abb. 6.4.9).

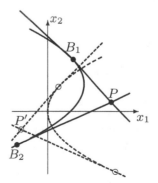

Abb. 6.4.9 Parabel u. Bildparabel

Mit der Abbildung

$$\tau : \left\{ \begin{array}{rcl} x_1' &=& -x_1 + 4 \\ x_2' &=& x_2 - 3 \end{array} \right\} \quad \text{(Verschiebung und Spiegelung an der } x_2\text{-Achse)}$$

erhalten wir als Bildparabel die mit der Gleichung $(x_2')^2 = 6x_1'$, und der Punkt P wird auf $P'(-3, -2)$ abgebildet. Die Berührpunkte der Tangenten von P' aus an die Bildparabel liegen auf der Geraden mit der Gleichung $-2x_2' = 3(x_1' - 3)$; diese schneidet die Bildparabel in den Punkten

$$B_{1/2}' \left(\frac{13}{3} \mp \frac{2}{3}\sqrt{22}, -2 \pm \sqrt{22} \right).$$

Die entsprechenden Punkte auf der ursprünglichen Parabel sind dann durch

$$B_{1/2} \left(-\frac{1}{3} \pm \frac{2}{3}\sqrt{22}, 1 \pm \sqrt{22} \right).$$

gegeben, wie man durch Anwendung der Abbildung τ^{-1} errechnen kann.   ∎

Zum Abschluss wollen wir noch den *Scheitelkrümmungskreis* einer Parabel bestimmen. Die Stellen der Schnittpunkte des Kreises $k : (x_1 - r)^2 + x_2^2 = r^2$ und der Parabel mit der Gleichung $x_2^2 = 2px_1$ ergeben sich aus der Gleichung

$$x_1 \cdot (x_1 - 2(r - p)) = 0.$$

Genau dann gibt es außer $S - O$ keine weiteren gemeinsamen Punkte, wenn $r \leq p$. Der größtmögliche Radius ist $r = p$, der Mittelpunkt des Scheitelkrümmungskreises ist daher $M(p|0)$. Die Strecke SP hat die Steigung $\frac{x_2}{x_1}$ und die Strecke AA' hat die Steigung $-\frac{x_2}{2p}$. Das Produkt der Steigungen ist -1: Es gilt $\frac{x_2}{x_1} \cdot \left(-\frac{x_2}{2p} \right) = -1$ wegen $x_2^2 = 2px_1$ (Abb. 6.4.10).

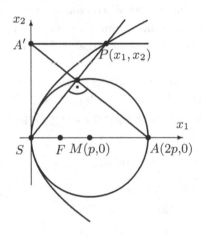

Abb. 6.4.10 Scheitelkrümmungskreis

Aufgaben

6.16 Welche Gleichung hat die Parabel mit dem Brennpunkt $F(2,5)$ und der Leitgeraden $l : 3x_1 + 4x_2 = 10$?

6.17 In welchem Punkt hat die Parabel mit der Gleichung $x_2^2 = 10x_1$ die Steigung $\frac{1}{3}$? Wie lautet die Gleichung der Tangente in diesem Punkt?

6.18 Zeige, dass je zwei Parabeln zueinander ähnlich sind, dass also die eine das Bild der anderen bei einer geeigneten Ähnlichkeitsabbildung ist.

6.19 Zeige, dass die Tangenten von einem Punkt der Leitgerade aus an die Parabel orthogonal sind.

6.20 a) Eine zur x_1-Achse symmetrische Parabel hat den Brennpunkt $F(3,0)$ und die Tangente t: $x_2 = x_1 + 3$. Konstruiere den Berührpunkt.

b) Die Leitgerade einer Parabel habe die Gleichung $x_1 = -2$ und $P\left(\frac{7}{2}, 3\right)$ sei ein Parabelpunkt. Die Tangente in P habe die Gleichung $2x_1 - 6x_2 + 11 = 0$. Konstruiere den Scheitel und den Brennpunkt der Parabel.

c) Die Gerade t_1: $x_1 = 3$ sei Scheiteltangente einer Parabel, und die Geraden t_2: $x_1 - 2x_2 + 2 = 0$ und t_3: $x_1 + 4x_2 + 8 = 0$ seien weitere Tangenten dieser Parabel. Konstruiere den Brennpunkt.

d) Eine Parabel habe die Leitgerade l: $x_1 + 4 = 0$ und gehe durch die Punkte $A(1,4)$ und $B(0,-3)$. Konstruiere den Scheitelpunkt und den Brennpunkt.

6.21 Für welche Werte von c beschreibt die Gleichung $x_2^2 = cx_1 - (8 - c^2)x_1^2$ einen Kreis, eine Ellipse, eine Parabel, eine Hyperbel, eine rechtwinklige Hyperbel? Für welche Werte von c erhält man keinen Kegelschnitt?

6.22 Bestimme die Art des Kegelschnitts. Gib den Mittelpunkt an, falls es sich um eine Ellipse oder eine Hyperbel handelt.

a) $x_2^2 = 3{,}6x_1 - 0{,}36x_1^2$

b) $x_2^2 = 4x_1 - x_1^2$

c) $x_2^2 = 12x_1$

d) $9x_2^2 = 8x_1 + 4x_1^2$

e) $100x_2^2 = 360x_1 + 36x_1^2$

f) $4x_2^2 = 12x_1 - x_1^2$

6.23 Erläutere die in Abb. 6.4.11 dargestellte *Hüllkonstruktion* einer Parabel, von der der Brennpunkt F und die Leitgerade l gegeben sind.

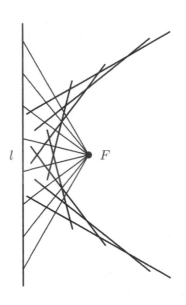

Abb. 6.4.11 Hüllkonstruktion Parabel

6.5 Flächen zweiter Ordnung

Die Gleichung

$$\frac{x_1^2}{a^2} + \frac{x_2^2}{b^2} + \frac{x_3^2}{c^2} = 1$$

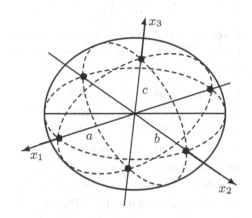

beschreibt ein *Ellipsoid* mit den Halbachsenlängen a, b, c; seine Schnittkur-
ven mit Ebenen, insbesondere mit den
Koordinatenebenen, sind Ellipsen (Abb.
6.5.1).
Sind zwei der Halbachsenlängen gleich,
dann handelt es sich um ein *Rotationsellipsoid*, das durch die Rotation einer
Ellipse um eine ihrer Achsen entsteht.

Abb. 6.5.1 Ellipsoid

Ist etwa $c = b$, so entsteht das Ellipsoid durch Rotation der Ellipse mit der Gleichung
$\frac{x_1^2}{a^2} + \frac{x_2^2}{b^2} = 1$ um die Hauptachse.

Die Gleichung

$$\frac{x_1^2}{a^2} + \frac{x_2^2}{b^2} - \frac{x_3^2}{c^2} = 1$$

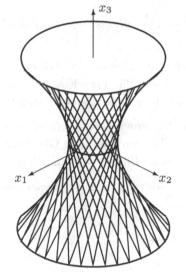

beschreibt ein *einschaliges Hyperboloid*
mit den Halbachsenlängen a, b, c (Abb.
6.5.2).

Es schneidet die x_1x_2-Ebene (Gleichung
$x_3 = 0$) und jede dazu parallele Ebene in einer Ellipse und die x_1x_3-Ebene
(Gleichung $x_2 = 0$) sowie die x_2x_3-
Ebene (Gleichung $x_1 = 0$) und jede dazu parallele Ebene in einer Hyperbel.

Ist $a = b$, dann handelt es sich um ein
Rotationshyperboloid.

Abb. 6.5.2 Einschaliges Hyperboloid

Das einschalige Hyperboloid enthält zwei Scharen von Geraden, nämlich:

$$g_t\colon \vec{x} = \begin{pmatrix} at \\ b\sqrt{1-t^2} \\ 0 \end{pmatrix} + r \begin{pmatrix} -a\sqrt{1-t^2} \\ bt \\ c \end{pmatrix}, \quad h_t\colon \vec{x} = \begin{pmatrix} at \\ -b\sqrt{1-t^2} \\ 0 \end{pmatrix} + r \begin{pmatrix} a\sqrt{1-t^2} \\ bt \\ c \end{pmatrix}$$

$(r \in \mathbb{R})$ mit $-1 \leq t \leq 1$ (Aufgabe 6.24).

Die Gleichung

$$\frac{x_1^2}{a^2} - \frac{x_2^2}{b^2} - \frac{x_2^2}{c^2} = 1$$

beschreibt ein *zweischaliges Hyperboloid* mit den Halbachsenlängen a, b, c (Abb. 6.5.3).

Es schneidet die x_1x_2-Ebene (Gleichung $x_3 = 0$) sowie die x_1x_3-Ebene (Gleichung $x_2 = 0$) jeweils in einer Hyperbel. Es schneidet die x_2x_3-Ebene nicht, jedoch schneidet es die zur x_2x_3-Ebene parallelen Ebenen mit der Gleichung $x_1 = d$ für $|d| > a$ in einer Ellipse.

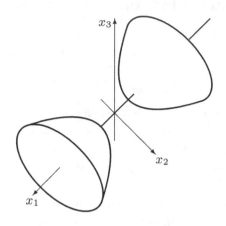

Abb. 6.5.3 Zweischaliges Hyperboloid

Die Gleichung

$$\frac{x_1^2}{a^2} + \frac{x_2^2}{b^2} - x_3 = 0$$

beschreibt ein *elliptisches Paraboloid* (Abb. 6.5.4).

Es schneidet die x_2x_3-Ebene (Gleichung $x_1 = 0$) sowie die x_1x_3-Ebene (Gleichung $x_2 = 0$) jeweils in einer Parabel.

Es schneidet ferner die zur x_1x_2-Ebene parallelen Ebenen mit der Gleichung $x_3 = d$ in einer Ellipse, wenn $d > 0$ gilt.

Ist $a = b$, dann liegt ein *Rotationsparaboloid* vor.

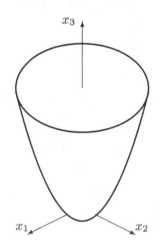

Abb. 6.5.4 Elliptisches Paraboloid

Die Gleichung

$$\frac{x_1^2}{a^2} - \frac{x_2^2}{b^2} - x_3 = 0$$

beschreibt ein *hyperbolisches Paraboloid*; man bezeichnet dies auch als eine *Sattelfläche* (Abb. 6.5.5).

Es schneidet die x_2x_3-Ebene (Gleichung $x_1 = 0$) sowie die x_1x_3-Ebene (Gleichung $x_2 = 0$) jeweils in einer Parabel.

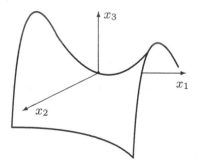

Abb. 6.5.5 Hyperbolisches Paraboloid

Es schneidet die x_1x_2-Ebene in einem Geradenpaar (Gleichungen $bx_1 \pm ax_2 = 0$) und die zur x_1x_2-Ebene parallelen Ebenen $E_d : x_3 = d \ (d \neq 0)$ in einer Hyperbel.

Aufgaben

6.24 Beweise, dass die im Text angegebenen Geradenscharen auf dem einschaligen Hyperboloid liegen.

6.25 Es sei $P(p_1, p_2, p_3)$ ein Punkt der im Text angegebenen Sattelfläche. Beweise, dass die Gerade durch P mit dem Richtungsvektor mit den Koordinaten $(a^2 b, \; ab^2, \; 2(bp_1 - ap_2))$ auf dieser Sattelfläche liegt.

6.26 Die Tangentialebene an das Ellipsoid mit der Gleichung $\frac{x_1^2}{a^2} + \frac{x_2^2}{b^2} + \frac{x_3^2}{c^2} = 1$ im Punkt $B(b_1, b_2, b_3)$ hat die Gleichung $\frac{b_1 x_1}{a^2} + \frac{b_2 x_2}{b^2} + \frac{b_3 x_3}{c^2} = 1$. Beweise dies mithilfe einer geeigneten affinen Abbildung des Raumes.

6.27 Die Gleichung

$$\frac{x_1^2}{a^2} + \frac{x_2^2}{b^2} - \frac{x_3^2}{c^2} = 0$$

beschreibt einen Kegel; im Fall $a = b$ handelt es sich um einen Rotationskegel (Kreiskegel).
(Die Kegelgleichung unterscheidet sich von der Gleichung des einschaligen Hyperboloids dadurch, dass rechts vom Gleichheitszeichen 0 statt 1 steht.)
Welche Geraden liegen auf der Kegelfläche?

6.28 Beschreibe die Flächen im Raum, die durch folgende Gleichungen gegeben sind:

a) $\frac{x_1^2}{a^2} + \frac{x_2^2}{b^2} = 1$ b) $\frac{x_1^2}{a^2} - \frac{x_2^2}{b^2} = 1$ c) $\frac{x_1^2}{a^2} + \frac{x_2^2}{b^2} = 0$

d) $\frac{x_1^2}{a^2} - \frac{x_2^2}{b^2} = 0$ e) $x_2^2 - cx_1 = 0$ f) $x_1^2 = a^2$

6.29 In der Gleichung

$$\frac{x_1^2}{a^2} + \frac{x_2^2}{b^2} + \frac{x_3^2}{c^2} = 1$$

eines Ellipsoids sei $c < a < b$. Dann schneidet die Kugel um O mit dem Radius a aus dem Ellipsoid zwei Kreise mit dem Mittelpunkt O und dem Radius a aus (Abb. 6.5.6).

Bestimme die Gleichungen der Ebenen, in denen diese Kreise liegen.

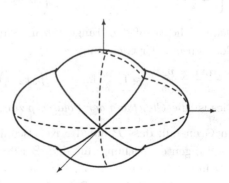

Abb. 6.5.6 Zu Aufgabe 6.29

6.6   Pole und Polaren

Von einem Punkt außerhalb einer Ellipse aus kann man zwei Tangenten an die Ellipse legen; dasselbe gilt bei entsprechender Definition des „Äußeren" bei Parabeln und Hyperbeln (Abb. 6.6.1). Die Verbindungsgerade p der Berührungspunkte der beiden Tangenten nennt man die *Polare* zum gegebenen *Pol* P bezüglich des gegebenen Kegelschnitts; für den speziellen Fall eines Kreises haben wir diesen Begriff schon in Abschn. 1.6 eingeführt und untersucht.

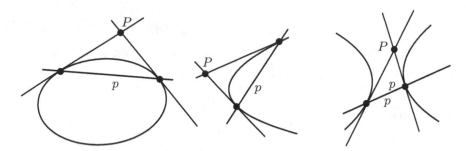

Abb. 6.6.1   Polaren zum Pol P bezüglich eines Kegelschnitts

Im Folgenden betrachten wir die Kegelschnitte in einem kartesischen Koordinatensystem in Normallage, also mit den Gleichungen

$$\frac{x_1^2}{a^2} + \frac{x_2^2}{b^2} = 1 \quad \text{bzw.} \quad x_2^2 = 2cx_1 \quad \text{bzw.} \quad \frac{x_1^2}{a^2} - \frac{x_2^2}{b^2} = 1.$$

Wir wollen die Gleichung der Polaren zu einem gegebenen Pol $P(p_1, p_2)$ bestimmen. Sind $A(a_1, a_2)$ und $B(b_1, b_2)$ die Berührpunkte der Tangenten von P aus, dann gilt

$$\begin{cases} \dfrac{a_1 p_1}{a^2} + \dfrac{a_2 p_2}{b^2} = 1 \\[2mm] \dfrac{b_1 p_1}{a^2} + \dfrac{b_2 p_2}{b^2} = 1 \end{cases} \text{bzw.} \quad \begin{cases} a_2 p_2 = c(a_1 + p_1) \\[2mm] b_2 p_2 = c(b_1 + p_1) \end{cases} \text{bzw.} \quad \begin{cases} \dfrac{a_1 p_1}{a^2} - \dfrac{a_2 p_2}{b^2} = 1 \\[2mm] \dfrac{b_1 p_1}{a^2} - \dfrac{b_2 p_2}{b^2} = 1 \end{cases}$$

Denn P liegt auf den Tangenten in A und B. Die Punkte A, B liegen also auf der Geraden mit der Gleichung

$$\frac{p_1 x_1}{a^2} + \frac{p_2 x_2}{b^2} = 1 \quad \text{bzw.} \quad p_2 x_2 = c(p_1 + x_1) \quad \text{bzw.} \quad \frac{p_1 x_1}{a^2} - \frac{p_2 x_2}{b^2} = 1.$$

Dies ist die *Gleichung der Polaren* p zum Pol P.

Im Grenzfall, dass P auf der Kegelschnittskurve liegt, geht die Polarengleichung in die Tangentengleichung mit dem Berührpunkt P über. Liegt P im Inneren des Kegelschnitts, kann man also keine Tangenten durch P zeichnen, dann wird durch obige Gleichung trotzdem eine Polare p zum Pol P definiert; die einzige Ausnahme bildet dabei der Mittelpunkt der Ellipse bzw. der Hyperbel. Satz 6.1 erlaubt es, auch zu einem Punkt innerhalb des Kegelschnitts die Polare zu konstruieren.

Satz 6.1

Bezüglich eines gegebenen Kegelschnitts sei p die Polare zum Pol P. Dann gilt:

■ *Ist Q ∈ p, dann geht die Polare q zum Pol Q durch P.*

■ *Ist P ∈ q, dann liegt der Pol Q zur Polaren q auf p.*

Beweis 6.1 Die Aussagen „$P \in q$" und „$q \in P$" sind äquivalent, denn beide besagen gemäß der Polarengleichungen, dass gilt:

$$\frac{p_1 q_1}{a^2} + \frac{p_2 q_2}{b^2} = 1 \qquad \text{bzw.} \qquad p_2 q_2 = c(p_1 + q_1) \qquad \text{bzw.} \qquad \frac{p_1 q_1}{a^2} - \frac{p_2 q_2}{b^2} = 1.$$

□

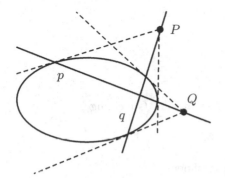

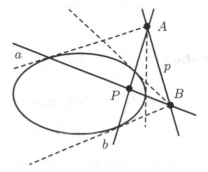

Abb. 6.6.2 Pole außerhalb der Ellipse   **Abb. 6.6.3** Pol innerhalb der Ellipse

In Abb. 6.6.2 ist Satz 6.1 für Pole außerhalb einer Ellipse veranschaulicht; Abb. 6.6.3 zeigt am Beispiel einer Ellipse, wie man mithilfe von Satz 6.1

a) zu einem Punkt *P innerhalb* der Ellipse die Polare konstruiert;

b) zu einer Geraden *p außerhalb* der Ellipse den Pol konstruiert.

Zu a). Man wählt zwei Geraden a, b durch P und fasst diese als Polaren zweier Punkte A, B auf. Die Gerade durch A, B ist dann die Polare zu P.

Zu b). Man wählt zwei Punkte A, B auf p und fasst diese als Pole zweier Geraden a, b auf. Der Schnittpunkt von a, b ist dann der Pol von p.

Abb. 6.6.4 verdeutlicht eine gewisse Unvollständigkeit der Zuordnung Pol ⟶ Polare.

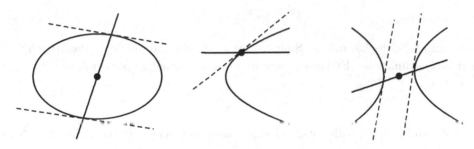

Abb. 6.6.4 Unvollständigkeit der Zuordnungen Pol ⟼ Polare

Bei einer Ellipse und einer Hyperbel tritt offenbar der Mittelpunkt *nicht* als Pol einer Geraden auf, und eine Gerade durch den Mittelpunkt kann *nicht* als Polare eines Punktes auftreten. Bei einer Parabel können die zur Achse parallelen Geraden *nicht* als Polaren auftreten. Die Zuordnung Pol ⟼ Polare definiert also *keine* bijektive Abbildung der Menge der Punkte auf die Menge der Geraden der euklidischen Ebene; will man Bijektivität erreichen, muss man die Menge der Punkte und die Menge der Geraden geeignet vergrößern und dabei das Konzept der Parallelität von Geraden aufgeben. Wie eine solche „erweiterte Ebene" einer nichteuklidischen Geometrie aussehen kann, werden wir in Kap. 7 untersuchen.

Aufgaben

6.30 Der Punkt $P(e,1)$ liegt im Inneren der Ellipse mit der Gleichung

$$9x_1^2 + 25x_2^2 = 225.$$

Konstruiere die Polare zu P, ohne die Ellipse zu zeichnen.

6.31 Erläutere die in Abb. 6.6.5 ausgeführte Konstruktion der Polaren bezüglich einer Parabel zum Punkt P innerhalb der Parabel.

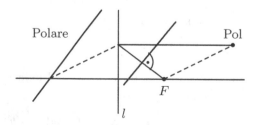

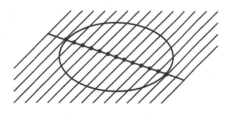

Abb. 6.6.5 Zu Aufgabe 6.31   **Abb. 6.6.6** Zu Aufgabe 6.32

6.32 Beweise: Wird die Ellipse mit der Gleichung

$$b^2 x_1^2 + a^2 x_2^2 = a^2 b^2$$

von einer Parallelenschar mit der Steigung m_1 geschnitten, dann liegen die Mittelpunkte der ausgeschnittenen Ellipsensehnen auf einer Ursprungsgeraden mit der Steigung m_2, wobei

$$m_1 m_2 = -\left(\frac{b}{a}\right)^2$$

gilt (Abb. 6.6.6). Beweise die entsprechende Aussage auch für Hyperbeln und Parabeln.

7 Projektive Geometrie

Übersicht

7.1   Fernelemente 267
7.2   Doppelverhältnis, perspektive und projektive Grundgebilde 271
7.3   Sätze von Pascal und Brianchon 281
7.4   Harmonische Punkte und Geraden, vollständiges Viereck und Vierseit 286

7.1   Fernelemente

In der euklidischen Ebene gibt es zu zwei verschiedenen *Punkten A* und *B* immer genau eine Verbindungsgerade g_{AB}. Im Unterschied dazu sind aber für zwei verschiedene *Geraden g* und *h* zwei Fälle möglich: Sie haben entweder *genau einen* gemeinsamen Punkt (g und h schneiden sich), oder sie haben *keinen* gemeinsamen Punkt (g und h sind parallel).

Eine alternative Beschreibung der Situation bei parallelen Geraden ergibt sich aus folgendem Gedankenexperiment:

Wir betrachten eine Gerade g, einen Punkt $Q \notin g$ und die Parallele p zu g durch Q. Die durch Q verlaufenden Geraden g_1, g_2, g_3 schneiden die Gerade g jeweils in einem Punkt P_1, P_2, P_3 (Abb. 7.1.1).
Dreht sich nun eine Gerade h durch Q so um den Punkt Q, dass sie nacheinander mit g_1, g_2, g_3 zusammenfällt, wandert gleichzeitig der Schnittpunkt H von h mit g von P_1 über P_2 nach P_3.

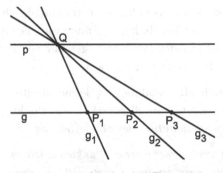

Abb. 7.1.1   Motivation Fernpunkt

Setzt man die Drehung von h über g_3 hinaus fort, wandert H über P_3 weiter nach rechts. Wenn h mit p zusammenfällt, existiert nach unserer bisherigen Vorstellung kein Schnittpunkt von h mit g, der Punkt H verschwindet. Dreht sich h allerdings weiter, kehrt H von links zurück.

Da in nahezu allen Lagen von h jeweils genau ein Schnittpunkt H von g und h existiert und dessen Bewegung auf g kontinuierlich verläuft, erscheint es sinnvoll, auch für den Fall der Parallelität von g und h die Existenz eines Schnittpunkts H von g und h anzunehmen. Da sich der Punkt H bei Annäherung von h an p immer weiter von seiner Ausgangslage entfernt und damit bei Parallelität von g und h in unendlicher Entfernung liegt (gewissermaßen im „Unendlichen"), spricht man davon, dass sich parallele Geraden in *Fernpunkten* (oder *uneigentlichen Punkten*) schneiden.

Diese anschauliche Beschreibung lässt sich folgendermaßen formalisieren: Das Gemeinsame zweier nichtparalleler Geraden ist ihr Schnittpunkt, das Gemeinsame zweier paralleler Geraden ist ihre „Richtung". Daher setzen wir fest: Jeder Richtung (Äquivalenzklasse paralleler Geraden; Parallelenschar) entspricht genau ein Fernpunkt, und umgekehrt ist jedem Fernpunkt genau eine Richtung zugeordnet, sodass man in diesem Zusammenhang auch von der *Richtung des Fernpunkts* sprechen kann.

Jede Gerade verläuft durch den Fernpunkt, der zu ihrer Richtung gehört. Da Fernpunkte im Unendlichen liegen, kann man sie nicht zeichnen. Zur Kennzeichnung verwendet man einen Doppelpfeil, der die Richtung des Fernpunktes angibt. Die Bezeichnung des Punktes erhält im Index das Zeichen ∞ (Abb. 7.1.2).

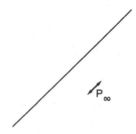

Abb. 7.1.2   Gerade durch Fernpunkt

Die Menge aller Fernpunkte bildet die so genannte *Ferngerade* oder *uneigentliche Gerade*, die mit u_∞ bezeichnet wird. Mit den neu eingeführten Fernelementen kann man genauso arbeiten wie mit gewöhnlichen Punkten und Geraden. Hat man einen gewöhnlichen Punkt P und einen Fernpunkt Q_∞ gegeben, existiert dazu genau eine Verbindungsgerade. Diese verläuft durch P in Richtung von Q_∞. Die (eindeutig bestimmte) Verbindungsgerade zweier Fernpunkte ist stets u_∞. Jede gewöhnliche Gerade g hat mit der Ferngerade genau einen Punkt gemeinsam, nämlich den Fernpunkt, der zur Richtung von g gehört.

Durch Hinzunahme der Fernelemente wird aus der *euklidischen Ebene* die *projektive Ebene*; in dieser sind die Punkte und Geraden vollständig gleichberechtigte *Grundelemente*, der Sonderfall der Parallelität existiert nicht mehr.

Zu zwei verschiedenen Punkten existiert stets eine eindeutig bestimmte Verbindungsgerade.

Zu zwei verschiedenen Geraden existiert stets ein eindeutig bestimmter Schnittpunkt.

Diese Erweiterung der euklidischen Ebene zur projektiven Ebene erlaubt es nun, die durch einen Kegelschnitt vermittelte Pol-Polaren-Beziehung (Abschn. 6.6) zu vervollständigen. Wir hatten für die euklidische Ebene festgestellt, dass bei einer Ellipse und einer Hyperbel der Mittelpunkt nicht als Pol einer Geraden auftritt und dass umgekehrt Geraden durch den Mittelpunkt nicht als Polaren von Punkten auftreten; bei einer Parabel können die zur Parabelachse parallelen Geraden keine Polaren sein.

In der projektiven Ebene kann nunmehr Abb. 6.6.4 durch die Hinzunahme von Fernelementen variiert werden, und es ergibt sich die in Abb. 7.1.3 dargestellte Situation.

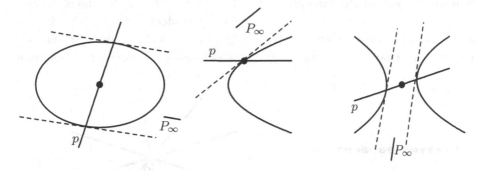

Abb. 7.1.3 Pole und Polaren in der projektiven Ebene

Der Mittelpunkt der Ellipse bzw. der Hyperbel hat die uneigentliche Gerade u_∞ als Polare, und Geraden p durch den Mittelpunkt treten als Polaren zu Fernpunkten P_∞ auf, deren Richtungen durch die Tangenten in den Schnittpunkten von p mit den Kegelschnitten definiert werden. Auch eine zur Achse einer Parabel parallele Gerade p ist Polare zu einem Fernpunkt P_∞ mit Richtung der Tangente im Schnittpunkt von p mit der Parabel an die Parabel. In der projektiven Ebene ist die Zuordnung Pol $\longrightarrow$ Polare eine *bijektive* Abbildung der Menge aller Punkte in die Menge aller Geraden.

Genau dann geht eine Polare durch ihren Pol, wenn sie eine Tangente des Kegelschnitts ist. Bei der Zuordnung Pol $\longleftrightarrow$ Polare ist der Kegelschnitt in folgenden Sinn ein Fixelement: Die Punkte des Kegelschnitts gehen in die Tangenten des Kegelschnitts über. Dies ist in Abb. 7.1.4 am Beispiel einer Ellipse verdeutlicht.

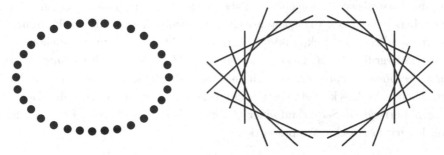

Abb. 7.1.4 Ellipse als Punktmenge und als Menge von Geraden

Man kann einen Kegelschnitt also nicht nur als eine Punktmenge, sondern auch als eine Geradenmenge ansehen. Diese Idee (Austausch der völlig gleichberechtigten Grundelemente der projektiven Geometrie) werden wir nun weiter verfolgen.

Mithilfe der Inzidenzbeziehung („Punkt liegt auf Gerade" bzw. „Gerade geht durch Punkt") definiert man Paare neuer Objekte, die so genannten *Grundgebilde*.

Alle Punkte, die auf einer Geraden g liegen, bilden eine *Punktreihe*; die Gerade g heißt dann *Träger* der Punktreihe.

Alle Geraden, die durch einen Punkt P gehen, bilden ein *Geradenbüschel*; der Punkt P heißt dann *Träger* des Geradenbüschels. Durch die Angabe zweier Geraden ist das Geradenbüschel eindeutig bestimmt.

Durch die Angabe zweier Punkte ist die Punktreihe eindeutig bestimmt.

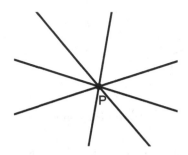

Abb. 7.1.5 Punktreihe

Abb. 7.1.6 Geradenbüschel

Offensichtlich erhält man die Aussagen der rechten Spalte, indem man in den Aussagen der linken Spalte die Begriffe „Punkt" und „Gerade" bzw. „liegen auf" und „gehen durch" austauscht; der entsprechende Austausch der Begriffe in der rechten Spalte liefert die Aussagen der linken Spalte. Diese Entsprechung von Aussagen, die sich allein auf die Inzidenz beziehen, bezeichnet man als „Dualität"; der Übergang von der Aussage zur dualen Aussage wird als das *Dualisieren* bezeichnet. Es wird sich im Folgenden zeigen, dass die Dualität nicht nur auf die Grundgebilde beschränkt ist, sondern dass man aus jeder wahren Aussage durch Dualisieren eine wahre Aussage erhält.

Man kann beispielsweise folgenden Satz beweisen: In einem einem Kreis **um**beschriebenen Sechseck (Tangentensechseck) schneiden sich die Verbindungsgeraden gegenüberliegender Eckpunkte in einem Punkt (Satz von Brianchon). Ersetzt man die Begriffe *Punkt, Gerade, verbinden, schneiden* durch *Gerade, Punkt, schneiden, verbinden*, dann ergibt sich der folgende Satz: In einem einem Kreis **ein**beschriebenen Sechseck (Sehnensechseck) liegen die Schnittpunkte der Geraden durch gegenüberliegende Seiten auf einer Geraden (Satz von Pascal). Beweise dieser Sätze werden wir in Abschn. 7.3 präsentieren.

Aufgaben

7.1   Finde weitere Beispiele dualer Aussagen.

7.2 Zeige, dass man (bei Beschränkung auf Inzidenzbeziehungen) mit Fernelementen genauso arbeiten kann wie mit gewöhnlichen Punkten und Geraden.

7.3 Die Geometrie in der um die uneigentlichen Punkte und die uneigentliche Gerade erweiterten Ebene (projektive Ebene) kann man mithilfe von Tripeln reeller Zahlen beschreiben.

Das Tripel $(u_1, u_2, u_3) \neq (0,0,0)$ bestimme den eigentlichen Punkt $\left(\dfrac{u_1}{u_3}, \dfrac{u_2}{u_3} \right)$, falls $u_3 \neq 0$, und den durch die Parallelenschar $u_2 x_1 - u_1 x_2 = c$ $(c \in \mathbb{R})$ gegebenen uneigentlichen Punkt, wenn $u_3 = 0$. Das Tripel $(0,0,0)$ bestimmt keinen Punkt.

Das Tripel $(v_1, v_2, v_3) \neq (0,0,0)$ bestimmt die Gerade, die aus allen Punkten (u_1, u_2, u_3) mit $v_1 u_1 + v_2 u_2 + v_3 u_3 = 0$ besteht. Sind die Zahlen v_1, v_2 nicht beide 0, dann ist dies die eigentliche Gerade mit der Gleichung $v_1 x_1 + v_2 x_2 + v_3 = 0$, einschließlich des uneigentlichen Punktes $(v_2, -v_1, 0)$. Ist $v_1 = v_2 = 0$ (und damit $v_3 \neq 0$), dann handelt es sich um die uneigentliche Gerade, die ja die Gleichung $u_3 = 0$ hat.

a) Welche Punktmenge wird durch die Gleichung $a_1 u_1^2 + a_2 u_2^2 + a_3 u_3^2 = 0$ $(a_1, a_2, a_3 \in \mathbb{R})$ beschrieben?

b) Berechne den Schnittpunkt der Geraden g und h:

(1) $\begin{cases} g \colon 2u_1 - 3u_2 + 7u_3 = 0 \\ h \colon 5u_1 + 6u_2 - 2u_3 = 0 \end{cases}$ (2) $\begin{cases} g \colon 2u_1 + 3u_2 + 4u_3 = 0 \\ h \colon 4u_1 + 6u_2 + 7u_3 = 0 \end{cases}$

c) Bestimme die Gleichung der Verbindungsgeraden von P und Q:

(1) $P(1,2,1)$, $Q(3,-4,2)$ (2) $P(1,2,1)$, $Q(3,-5,0)$

7.2   Doppelverhältnis, perspektive und projektive Grundgebilde

Sind zwei Punkte A und B sowie ihre Verbindungsgerade $g = g_{AB}$ gegeben, dann hat man zwei Möglichkeiten, einen „Durchlaufsinn" $<_g$ auf g festzulegen (Abschn. 1.1; Abschn. 9.1); auf g_{AB} existieren zwei „Orientierungen". Ist dies geschehen, so definiert man den *gerichteten Abstand* $\mathrm{d}(A,B)$ der Punkte A und B durch

$$\mathrm{d}(A, B) = \pm \overline{AB}$$

und wählt das positive Vorzeichen, wenn $A <_g B$ gilt, jedoch das negative Vorzeichen, wenn $B <_g A$ gilt; für $A = B$ ist $\mathrm{d}(A,B) = \pm 0 = 0$.

Abb. 7.2.1 verdeutlicht die Situation für
$A <_g B$:
d(A,B) ist positiv, weil man sich von A
nach B bewegt und B *hinter* A auf g_{AB}
liegt (Orientierung 1); d(B,A) ist negativ, weil man sich von B nach A bewegt
und A *vor* B auf g_{AB} liegt (Orientierung 2).

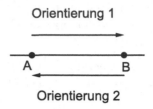

Abb. 7.2.1 Gerichteter Abstand

Unabhängig von der Wahl des Durchlaufsinns gilt immer d(B,A) = - d(A,B).

Man kann den gerichteten Abstand benutzen, um das in Abschn. 4.6 eingeführte Teilverhältnis dreier kollinearer Punkte P_1, P_2, P_3 vektorfrei zu beschreiben. Es ist

$$\mid TV(P_1, P_2, P_3) \mid = \frac{\overline{P_1 P_3}}{\overline{P_2 P_3}},$$

und es ist $TV(P_1, P_2, P_3) > 0$ genau dann, wenn P_3 ein innerer Teilpunkt von
$P_1 P_2$ ist. Liegt nun P_3 *zwischen* P_1 und P_2, so haben die gerichteten Abstände
d(P_1,P_3) und d(P_2,P_3) verschiedene Vorzeichen; anderenfalls stimmen die Vorzeichen
von d(P_1,P_3) und d(P_2,P_3) überein. Deshalb ist das Teilverhältnis dreier kollinearer
Punkte P_1, P_2, P_3 gegeben durch

$$TV(P_1, P_2, P_3) = - \frac{\mathrm{d}(P_1, P_3)}{\mathrm{d}(P_2, P_3)},$$

unabhängig von der Wahl des Durchlaufsinns und der Wahl der Längeneinheit.

Sind zwei Punkte A und B sowie ein bestimmtes Verhältnis x:y gegeben, kann man
durch die in Abb. 7.2.2 veranschaulichte Konstruktion denjenigen Punkt C bestimmen,
für den $TV(A, B, C) = x$:y gilt.

Man zeichnet durch A eine beliebige Gerade $g \neq g_{AB}$ und trägt auf ihr eine
Strecke der Länge $|x|$ von A aus ab; auf
der Parallelen zu g durch B trägt man
eine Strecke der Länge $|y|$ von B aus
ab. Ist $x : y > 0$, müssen die beiden
Strecken bezüglich g_{AB} in unterschiedlichen Halbebenen liegen, ansonsten in
der gleichen Halbebene.

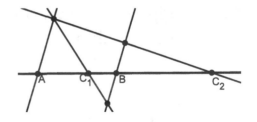

Abb. 7.2.2 Teilungspunkt

Aus dem zweiten Strahlensatz ergibt sich, dass die Verbindungsgerade der beiden Endpunkte der Strecken die Gerade g_{AB} in dem gesuchten Punkt C schneidet.

Hat man nun vier kollineare Punkte A, B, C, D, dann wird die Strecke AB von C und
D jeweils in einem bestimmten Verhältnis $TV(A, B, C)$ bzw. $TV(A, B, D)$ geteilt. Das
Verhältnis dieser Verhältnisse nennt man das *Doppelverhältnis* der vier Punkte:

$$DV(A, B, C, D) = TV(A, B, C) : TV(A, B, D) = \frac{d(A, C)}{d(B, C)} : \frac{d(A, D)}{d(B, D)}$$

Das Doppelverhältnis ist in folgender Situation von großer Bedeutung: Hat man eine Punktreihe $A, B, C, \dots$ mit Träger g und ein Geradenbüschel $a, b, c, \dots$ mit Träger G, die so liegen, dass A auf a liegt, B auf b liegt usw., so nennt man die Punktreihe und das Geradenbüschel *perspektiv* (vgl. Abb. 7.2.3). Man sagt dann, A und a, B und b, $\dots$ sind einander *zugeordnet* und schreibt $A, B, C, \dots \bar{\bar{\wedge}} \, a, b, c, \dots$

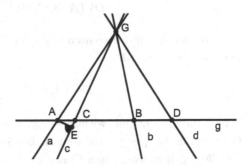

In dieser Situation entspricht der Betrag des Teilverhältnisses $TV(A, B, C)$ dem Verhältnis $|\Delta ACG| : |\Delta BGC|$ der Inhalte der Dreiecke ACG und BGC, denn beide Dreiecke haben dieselbe Höhe:

$$|TV(A, B, C)| = \frac{\overline{AC}}{\overline{BC}} = \frac{|\Delta(ACG)|}{|\Delta(BGC)|}$$

Weiterhin gilt mit der Grundseite CG:

$$|\Delta(ACG)| = \frac{1}{2} \cdot \overline{CG} \cdot \overline{AE} .$$

Abb. 7.2.3 Perspektive Grundgebilde

Schließlich ergibt sich wegen $\overline{AE} = \overline{AG} \cdot |\sin(a, c)|$ der Zusammenhang:

$$|\Delta(ACG)| = \frac{1}{2} \cdot \overline{CG} \cdot \overline{AG} \cdot |\sin(a, c)|.$$

Eine analoge Überlegung für das zweite Dreieck führt zu folgendem Ausdruck für den Betrag des Teilverhältnisses:

$$(*) \quad |TV(A, B, C)| = \frac{\frac{1}{2} \cdot \overline{CG} \cdot \overline{AG} \cdot |\sin(a, c)|}{\frac{1}{2} \cdot \overline{BG} \cdot \overline{CG} \cdot |\sin(c, b)|} = \frac{\overline{AG} \cdot |\sin(a, c)|}{\overline{BG} \cdot |\sin(c, b)|} .$$

Allgemein ist hier mit $|\sin(g, h)|$ der Sinus des Winkels bezeichnet, den zwei Geraden g und h in ihrem Schnittpunkt S miteinander bilden; man beachte, dass es nicht darauf ankommt, welcher der vier Winkel bei S gemeint ist, denn es handelt sich um zwei Scheitelwinkelpaare, und wegen $\sin \varphi = \sin(180° - \varphi)$ ist es egal, ob man einen Winkel oder seinen Nebenwinkel meint. Anders verhält es sich, wenn man analog zum gerichteten Abstand auch *gerichtete Winkel* betrachtet. Ist ein bestimmtes Winkelfeld $\alpha = (g, h)$ zwischen g und h mit dem Scheitel S ausgezeichnet und überstreicht g bei der Drehung um S auf h das Winkelfeld α im Gegenuhrzeigersinn, so ordnet man der Größe des Winkels (g, h) ein anderes Vorzeichen zu als für den Fall, dass die Drehung von g um S über das Winkelfeld α auf h im Uhrzeigersinn erfolgt. Üblicherweise normiert man Drehungen im Gegenuhrzeigersinn als *positiv* und Drehungen im Uhrzeigersinn als *negativ*. Unabhängig von der Normierung gilt aber für orientierte Winkel stets $(g, h) = -(h, g)$.

Da nun die Werte der Sinusfunktion die Symmetriebedingung $\sin(\varphi) = -\sin(-\varphi)$ erfüllen, ergibt sich aus $(*)$ bei Verwendung des orientierten Winkels für die Berechnung des Teilverhältnisses:

$$TV(A, B, C) = \frac{\overline{AG} \cdot \sin(a, c)}{\overline{BG} \cdot \sin(b, c)} .$$

Die Winkel (a,c) und (b,c) haben nämlich genau dann verschiedene Orientierungen, wenn der Punkt C zwischen A und B liegt.

Analog ergibt sich $TV(A, B, D) = \dfrac{\overline{AG} \cdot \sin(a,d)}{\overline{BG} \cdot \sin(b,d)}$ und damit insgesamt für das Doppelverhältnis der Punkte A, B, C, D:

$$DV(A, B, C, D) = \frac{\sin(a,c)}{\sin(b,c)} : \frac{\sin(a,d)}{\sin(b,d)}.$$

Den Ausdruck auf der rechten Seite der Gleichung definiert man als *Doppelverhältnis der Geraden* a, b, c, d:

$$DV(a, b, c, d) = \frac{\sin(a,c)}{\sin(b,c)} : \frac{\sin(a,d)}{\sin(b,d)}.$$

Damit haben wir eine wichtige Eigenschaft bewiesen: Sind eine Punktreihe und ein Geradenbüschel perspektiv, dann haben jeweils vier Punkte dasselbe Doppelverhältnis wie die ihnen zugeordneten Geraden. Diese Aussage lässt sich noch allgemeiner fassen, wie die folgende Betrachtung zeigen wird.

Hat man zwei Punktreihen $A, B, C, \ldots$ und $A', B', C', \ldots$ mit Trägern g und g' und existiert ein Geradenbüschel $a, b, c, \ldots$ mit Träger P, sodass $A, B, C, \ldots \ \bar{\bar{\wedge}} \ a, b, c, \ldots$ und $A', B', C', \ldots \ \bar{\bar{\wedge}} \ a, b, c, \ldots$, dann nennt man die Punktreihen perspektiv und schreibt $A, B, C, \ldots \ \bar{\bar{\wedge}} \ A', B', C', \ldots$ Man sagt: A und A' sind zugeordnet, B und B' sind zugeordnet usw. Die Verbindungsgeraden zugeordneter Punkte verlaufen also alle durch einen Punkt.

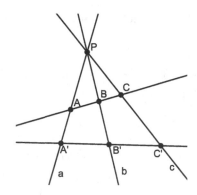

Abb. 7.2.4 Perspektive Punktreihen

Für perspektive Punktreihen gilt offenbar, dass vier Punkte der einen dasselbe Doppelverhältnis haben wie die ihnen zugeordneten Punkte der anderen Punktreihe – beide Doppelverhältnisse entsprechen dem der zugeordneten Geraden.

Hat man zwei Geradenbüschel $a, b, c, \ldots$ und $a', b', c', \ldots$ mit Trägern P und P' und existiert eine Punktreihe $A, B, C, \ldots$ mit Träger g, sodass $a, b, c, \ldots \ \bar{\bar{\wedge}} \ A, B, C, \ldots$ und $a', b', c', \ldots \ \bar{\bar{\wedge}} \ A, B, C, \ldots$, dann nennt man die Geradenbüschel perspektiv und schreibt $a, b, c, \ldots \ \bar{\bar{\wedge}} \ a', b', c', \ldots$ Man sagt: a und a' sind zugeordnet, b und b' sind zugeordnet usw. Die Schnittpunkte zugeordneter Geraden liegen also alle auf einer Geraden.

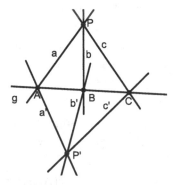

Abb. 7.2.5 Perspektive Geradenbüschel

Auch für perspektive Geradenbüschel gilt, dass vier Geraden des einen dasselbe Doppelverhältnis haben wie die ihnen zugeordneten Geraden des anderen Geradenbüschels – beide entsprechen dem Doppelverhältnis der zugeordneten Punkte. Insgesamt haben wir den folgenden Sachverhalt begründet:

Satz 7.1
Bei zwei perspektiven Grundgebilden haben jeweils vier Grundelemente des einen dasselbe Doppelverhältnis wie die ihnen zugeordneten Grundelemente des anderen Grundgebildes.

Es stellt sich nun die Frage, wie viele Paare zugeordneter Elemente zweier perspektiver Grundgebilde man angeben muss, um zu allen weiteren Elementen jeweils das zugeordnete finden zu können. Wir betrachten zunächst zwei Punktreihen $A, B, C, \dots$ und $A', B', C', \dots$ mit Trägern g und g'. Das Ziel besteht dann darin, das Geradenbüschel zu bestimmen, dessen Geraden je zwei zugeordnete Punkte verbinden.

Die Angabe der Punkte A und A', d.h. eines Paares, reicht offenbar nicht aus, denn dadurch ist der Träger des gesuchten Geradenbüschels auf $g_{AA'}$ nicht eindeutig festgelegt. Nimmt man noch ein zweites Paar zugeordneter Punkte hinzu, ist die Zuordnung für alle Punkte eindeutig festgelegt, da sich der Träger P als Schnittpunkt von $g_{AA'}$ und $g_{BB'}$ ergibt. Beachtet man zusätzlich, dass die Träger g und g' ebenfalls jeweils durch zwei Punkte der Punktreihen festgelegt sind, genügt die Angabe *zweier Paare zugeordneter Punkte*: $A, B, \dots \;\overline{\overline{\wedge}}\; A', B', \dots$

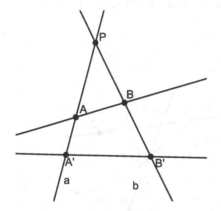

Abb. 7.2.6 Perspektive Zuordnung I

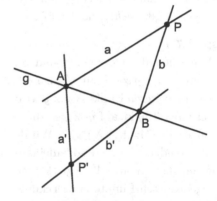

Abb. 7.2.7 Perspektive Zuordnung II

Eine analoge Betrachtung kann man auch für zwei Geradenbüschel $a, b, c, \dots$ und $a', b', c', \dots$ mit Trägern P und P' anstellen. Hier besteht das Ziel darin, die Punktreihe zu bestimmen, in deren Punkten sich je zwei zugeordnete Geraden schneiden (Abb. 7.2.7).

Die Angabe der Geraden a und a', d.h. eines Paares, reicht auch hier offenbar nicht aus, denn dadurch ist der Träger der gesuchten Punktreihe durch $S_{aa'}$ nicht eindeutig festgelegt. Nimmt man noch ein zweites Paar zugeordneter Geraden hinzu, ist die

Zuordnung für alle Geraden eindeutig festgelegt, da sich der Träger g als Verbindungsgerade von $A = S_{aa'}$ und $B = S_{bb'}$ ergibt. Beachtet man zusätzlich, dass die Träger P und P' ebenfalls jeweils durch zwei Geraden der Geradenbüschel festgelegt sind, genügt die Angabe zweier Paare zugeordneter Geraden: $a, b, \ldots \overline{\overline{\wedge}} \ a', b', \ldots$

Zuletzt betrachten wir noch eine Punktreihe und ein Geradenbüschel mit Trägern g und P, für die $A, B, C, \ldots \overline{\overline{\wedge}} \ a, b, c, \ldots$ gilt.

Hier ist durch die Angabe der Träger die Zuordnung für alle Elemente festgelegt, da jeder Punkt der Punktreihe auf der ihm zugeordneten Gerade liegt. Beachtet man wiederum, die Festlegung einer Geraden durch zwei Punkte bzw. eines Punktes durch zwei Geraden, genügt es auch hier zu schreiben: $A, B, \ldots \overline{\overline{\wedge}} \ a, b, \ldots$

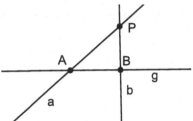

Abb. 7.2.8 Perspektive Zuordnung III

Wir fassen unsere Beobachtungen in Satz 7.2 zusammen.

Satz 7.2
Die Zuordnung aller Elemente zweier perspektiver Grundgebilde ist durch Angabe von zwei Paaren zugeordneter Elemente eindeutig festgelegt.

In Satz 7.1 hatten wir gezeigt, dass bei zwei perspektiven Grundgebilden die Doppelverhältnisse einander zugeordneter Grundelemente übereinstimmen; die Umkehrung dieses Satzes gilt *nicht*, wie das folgende Beispiel zeigt.

Beispiel 7.1
Gegeben seien die Geraden g und g', dem Punkt A auf g sei A' auf g' zugeordnet. Jedem weiteren Punkt X auf g wird nun derjenige Punkt auf g' zugeordnet, für den d(A',X')=d(A,X) gilt. Würde man die beiden Geraden so aufeinander legen, dass A auf A' liegt, kämen alle zugeordneten Punkte zur Deckung. Offenbar haben dann jeweils vier Punkte dasselbe Doppelverhältnis wie die ihnen zugeordneten Punkte, ihre Verbindungsgeraden verlaufen aber nicht alle durch einen Punkt. ∎

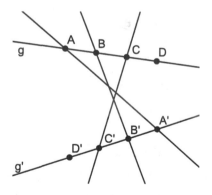

Abb. 7.2.9 Satz 7.1 nicht umkehrbar

Diese Beobachtung veranlasst uns dazu, von perspektiven zu *projektiven* Grundgebilden überzugehen.

Zwei Punktreihen $A, B, C, \ldots$ und $A'', B'', C'', \ldots$ heißen *projektiv*, wenn es eine dritte Punktreihe $A', B', C', \ldots$ gibt, sodass

$$A, B, \ldots \bar{\bar{\wedge}} \, A', B', \ldots$$

und

$$A', B', \ldots \bar{\bar{\wedge}} \, A'', B'', \ldots$$

gilt. Auch hier nennt man A und A'' zugeordnet, B und B'' zugeordnet usw., und man schreibt:

$$A, B, C, \ldots \bar{\wedge} A'', B'', C'', \ldots$$

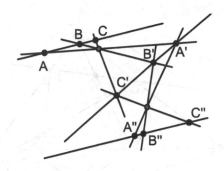

Abb. 7.2.10 Projektive Punktreihen

Für Doppelverhältnisse bei projektiven Punktreihen gilt nun offenbar derselbe Zusammenhang wie bei Doppelverhältnissen für perspektive Punktreihen.

Satz 7.3
Bei zwei projektiven Punktreihen stimmen die Doppelverhältnisse von je vier Punkten einer Punktreihe und den ihnen zugeordneten Punkten überein.

Beweis 7.3 Die Behauptung folgt sofort aus der per definitionem gesicherten Existenz einer dritten Punktreihe, die mit jeder der beiden projektiven Punktreihen ein Paar perspektiver Punktreihen bildet.
Seien A, B, C, D vier Punkte der ersten und A'', B'', C'', D'' die ihnen zugeordneten Punkte der zweiten Punktreihe. Für eine geeignete dritte Punktreihe $A', B', C', \ldots$ ist dann

$$A, B, \ldots \bar{\bar{\wedge}} \, A', B', \ldots, \quad \text{also} \quad DV(A, B, C, D) = DV(A', B', C', D').$$

Wegen $A', B', \ldots \bar{\bar{\wedge}} \, A'', B'', \ldots$ ergibt sich analog:

$$DV(A', B', C', D') = DV(A'', B'', C'', D'').$$

Also folgt insgesamt: $DV(A, B, C, D) = DV(A'', B'', C'', D'')$. $\qquad\qquad\square$

Wie schon bei den perspektiven Punktreihen wollen wir nun der Frage nachgehen, wie viele Paare zugeordneter Punkte man angeben muss, um für alle Punkte zweier projektiver Punktreihen den einem Punkt zugeordneten Punkt jeweils eindeutig konstruieren zu können. *Zwei* Punktepaare genügen dafür nicht, wie die in Abb. 7.2.11 dargestellte Situation verdeutlicht: Dort sind A und A'' sowie B und B'' sowohl vermöge der

Strahlenbüschel S und S' als auch vermöge der Strahlenbüschel T und T' zugeordnet, aber $C_1'' \neq C_2''$.

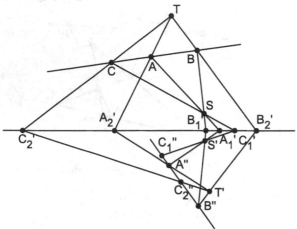

Abb. 7.2.11   Zwei Paare zugeordneter Punkte: unterbestimmte Situation

Hat man hingegen *drei* Paare zugeordneter Punkte, ist folgende Konstruktion möglich (Abb. 7.2.12): S und S' können auf $g_{AA''}$ beliebig gewählt werden. g_{SB} und $g_{S'B''}$ schneiden sich in B', g_{SC} und $g_{S'C''}$ schneiden sich in C'. $g_{B'C'}$ ist Träger der „zwischengeschalteten" Punktreihe. Der D zugeordnete Punkt D'' ist dann leicht konstruierbar.

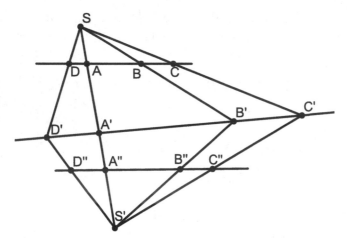

Abb. 7.2.12   Drei Paare zugeordneter Punkte: eindeutig bestimmte Situation

Die eindeutige Bestimmtheit von D'' ergibt sich aus der Tatsache, dass jedes Teilverhältnis r auf einer vorgegebenen Geraden g_{PQ} genau einen Punkt T festlegt, der PQ im Verhältnis r teilt. Erhielte man nämlich bei Variation von S, S'' oder der Punktreihe $A', B', C', \ldots$ einen anderen Punkt $\tilde{D}''$, dann müsste

$$DV(A'', B'', C'', D'') = DV(A, B, C, D) = DV(A'', B'', C'', \tilde{D}'')$$

gelten, es wäre also $DV(A'', B'', C'', D'') = DV(A'', B'', C'', \tilde{D}'')$. Die Beschreibung der Doppelverhältnisse als Verhältnisse von Teilverhältnissen ergibt

$$\frac{d(A'', C'')}{d(B'', C'')} : \frac{d(A'', D'')}{d(B'', D'')} = \frac{d(A'', C'')}{d(B'', C'')} : \frac{d(A'', \tilde{D}'')}{d(B'', \tilde{D}'')},$$

woraus

$$\frac{d(A'', D'')}{d(B'', D'')} = \frac{d(A'', \tilde{D}'')}{d(B'', \tilde{D}'')} \quad \text{bzw.} \quad TV(A'', B'', D'') = TV(A'', B'', \tilde{D}'') =: r$$

folgt. Da durch r genau ein Punkt auf $g_{A''B''}$ festgelegt ist, erhält man $D'' = \tilde{D}''$.

Bewiesen haben wir damit einen wichtigen Satz, der auch als *Hauptsatz der projektiven Geometrie* bezeichnet wird, hier in der Version für Punktreihen.

Satz 7.4
Durch die Angabe dreier Paare zugeordneter Punkte ist die Zuordnung aller Punkte zweier projektiver Punktreihen eindeutig festgelegt.

Des Weiteren sind auch zwei Punktreihen, deren Punkte so aufeinander bezogen sind, dass das Doppelverhältnis von jeweils vier Punkten der einen mit dem Doppelverhältnis der entsprechenden Punkte der anderen Punktreihe übereinstimmt, projektiv.

Sind nämlich A, B, C, D vier Punkte der einen Punktreihe und A'', B'', C'', D'' die ihnen über die Forderung $DV(A, B, C, D) = DV(A'', B'', C'', D'')$ entsprechenden Punkte der anderen Punktreihe, dann sind nach Satz 7.4 die Punktreihen projektiv, wenn man A und A'', B und B'', C und C'' einander zuordnet und alle weiteren Paare konstruktiv ermittelt. Sei $\bar{D}$ der konstruktiv ermittelte Punkt zu D, dann gilt: $DV(A, B, C, D) = DV(A'', B'', C'', \bar{D})$. Also gilt auch $DV(A'', B'', C'', D'') = DV(A'', B'', C'', \bar{D})$ und damit $D'' = \bar{D}$.

Sämtliche Erkenntnisse, die wir hier für Punktreihen gewonnen haben, lassen sich auch für Geradenbüschel gewinnen.

Analog zu den Punktreihen heißen zwei Geradenbüschel $a, b, c, \dots$ und $a'', b'', c'', \dots$ *projektiv*, wenn es ein weiteres Geradenbüschel $a', b', c', \dots$ gibt, sodass $a, b, \dots \bar{\wedge} a', b', \dots$ und $a', b', \dots \bar{\wedge} a'', b'', \dots$ gilt. Man nennt a und a'', b und b'' usw. zugeordnet und schreibt $a, b, c, \dots \bar{\wedge} a'', b'', c'', \dots$

Auch hier stimmt das Doppelverhältnis von jeweils vier Geraden eines Geradenbüschels mit dem Doppelverhältnis der ihnen zugeordneten Geraden überein (Aufgabe 7.5). Dies ergibt sich sofort aus den Doppelverhältnissen der Punkte, die den Geraden über das „zwischengeschaltete" Geradenbüschel $a', b', c', \dots$ zugeordnet sind.

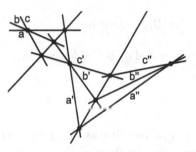

Abb. 7.2.13 Projektive Geradenbüschel

Wie bei den projektiven Punktreihen gilt: Sind zwei projektive Geradenbüschel gegeben, so benötigt man *drei Paare* zugeordneter Geraden, um für *alle* Geraden die jeweils zugeordnete Gerade eindeutig bestimmen zu können; die Konstruktion wird in Abb. 7.2.14 beschrieben.

Sind a und a'', b und b'', c und c'' zugeordnet, kann man zwei beliebige Geraden g und g' durch den Schnittpunkt von a und a'' wählen. Die Schnittpunkte von b und g sowie b'' und g' werden durch b' verbunden, ebenso werden die Schnittpunkte von c und g sowie c'' und g' durch c' verbunden. Der Schnittpunkt von b' und c' ist Träger des „zwischengeschalteten" Geradenbüschels. Damit ist zu jeder weiteren Gerade des Büschels $a, b, c, ...$ die zugeordnete Gerade konstruierbar.

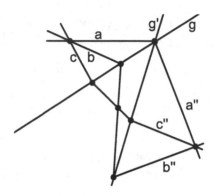

Abb. 7.2.14 Konstruktion zugeordneter Geraden

Des Weiteren sind zwei Geradenbüschel, deren Geraden so aufeinander bezogen sind, dass das Doppelverhältnis von jeweils vier Geraden des einen mit dem Doppelverhältnis der ihnen entsprechenden Geraden übereinstimmt, projektiv.

Eine Punktreihe $A, B, C, ...$ und ein Geradenbüschel $a, b, c, ...$ heißen projektiv, falls eine der beiden folgenden Bedingungen erfüllt sind:

(1) Es exitsiert eine Punktreihe $A', B', C', ...$ mit $A, B, ... \stackrel{=}{\overline{\wedge}} A', B', ... \stackrel{=}{\overline{\wedge}} a, b, ...$

(2) Es existiert ein Geradenbüschel $a', b', c', ...$ mit $a, b, ... \stackrel{=}{\overline{\wedge}} a', b', ... \stackrel{=}{\overline{\wedge}} A, B, ...$

Die Aussagen (1) und (2) sind äquivalent, denn:

Aus $A, B, ... \stackrel{=}{\overline{\wedge}} A', B', ...$ folgt die Existenz des Geradenbüschels $a', b', c', ...$; umgekehrt folgt aus $a, b, ... \stackrel{=}{\overline{\wedge}} a', b', ...$ die Existenz der Punktreihe $A', B', C', ...$ Man schreibt

$$A, B, C, ... \overline{\wedge} a, b, c, ...$$

und nennt A und a, B und b usw. zugeordnet.

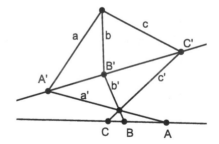

Abb. 7.2.15 Projektive Punktreihe und Geradenbüschel

Wie schon bei projektiven Punktreihen bzw. Geradenbüscheln gilt:

- Die Doppelverhältnisse von jeweils vier Punkten und der ihnen zugeordneten Geraden stimmen überein.

- Die Angabe von drei Paaren zugeordneter Elemente genügt, um die Zuordnung eindeutig festzulegen.
- Ein Geradenbüschel und eine Punktreihe, die so aufeinander bezogen sind, dass jeweils vier Geraden dasselbe Doppelverhältnis haben wie die ihnen entsprechenden Punkte, sind projektiv.

Aufgaben

7.4   Bestimme vier Punkte, sodass ihr Doppelverhältnis den Wert -2 hat.

7.5   Zeige, dass bei projektiven Geradenbüscheln jeweils vier Geraden dasselbe Doppelverhältnis haben wie die ihnen zugeordneten Geraden.

7.3   Sätze von Pascal und Brianchon

Mithilfe der bisherigen Ergebnisse können wir die Sätze von Pascal und von Brianchon (Abschn. 7.1) beweisen. Unter einem *Sechseck* verstehen wir im Folgenden sechs Punkte in geordneter Reihenfolge, von denen je drei aufeinderfolgende Punkte nicht kollinear sind, zusammen mit den sechs Verbindungsgeraden benachbarter Punkte.

Die Punkte nennt man *Ecken*, die Verbindungsgeraden *Seiten* des Sechsecks; die Ecken A und D, B und E, C und F in Abb. 7.3.1 nennt man *gegenüberliegende Ecken*. Von *gegenüberliegenden Seiten* spricht man, wenn zwei Paare gegenüberliegender Ecken auf ihnen liegen (wie z.B. bei g_{FA} und g_{CD}).

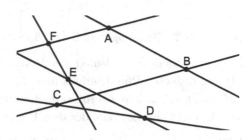

Abb. 7.3.1   Sechseck ABCDEF

Ein Sechseck, bei dem die Schnittpunkte gegenüberliegender Seiten auf einer Geraden liegen, nennt man *Pascal'sches Sechseck* (benannt nach BLAISE PASCAL (1623–1662), der im Alter von 16 Jahren entdeckt hat, dass *Sehnensechsecke* von Kreisen diese Eigenschaft haben). Die fragliche Gerade wird dann als die *Pascal-Gerade* bezeichnet.

Eine Möglichkeit, Pascal'sche Sechsecke zu finden, liefert Satz 7.5.

Satz 7.5 (Satz von Pappos)
Liegen die Ecken eines Sechsecks abwechselnd auf zwei Geraden, dann ist das Sechseck ein Pascal'sches Sechseck.

Beweis 7.5 Zum Beweis betrachte man die in Abb. 7.3.2 veranschaulichte Situation, in der die Punkte A, C, E und B, D, F jeweils kollinear sind. Für die Geradenbüschel mit den Trägern A und D gilt:

(1) $g_{AF}, g_{AB}, \ldots \doublebarwedge g_{DC}, g_{DE}, \ldots$

Wir bezeichnen mit g diejenige Gerade, die die Schnittpunkte der einander gemäß (1) zugeordneten Geraden der perspektiven Geradenbüschel enthält. Weiter gilt:

(2) $g_{AF}, g_{AB}, \ldots \doublebarwedge F, B, \ldots$

(3) $g_{DC}, g_{DE}, \ldots \doublebarwedge C, E, \ldots$

Da nun der Punkt A in (3) g_{DA} zugeordnet ist, in (1) der Geraden g_{DA} die Gerade g_{AD} zugeordnet ist und in (2) der Geraden g_{AD} der Punkt D zugeordnet ist, erhält man

(4) $F, B, D, \ldots \barwedge C, E, A, \ldots$

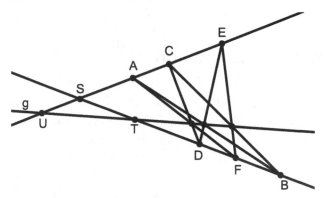

Abb. 7.3.2 Beweisfigur zu Satz 7.5 (Satz von Pappos)

Betrachtet man S als Punkt der Punktreihe $C, E, A, \ldots$ und konstruiert den gemäß (4) zugeordneten Punkt, erhält man T. Wird S als Punkt der Punktreihe $F, B, D, \ldots$ aufgefasst, erhält man als zugeordneten Punkt U. Somit ist die Gerade g nichts anderes als die Verbindungsgerade der dem Punkt S zugeordneten Punkte.

Wählt man nun anstatt A und D die Punkte C und F als Träger der perspektiven Geradenbüschel in (1), ergibt sich in (4) $D, B, F, \ldots \barwedge A, E, C, \ldots$ Dies ist offenbar dieselbe projektive Zuordnung wie oben, da sie nach Satz 7.4 durch drei Punktepaare eindeutig festgelegt ist. Also sind auch hier T bzw. U dem Punkt S zugeordnet, sodass man erneut die Gerade g als Träger der Schnittpunkte zugeordneter Geraden erhält. Daher schneiden sich auch g_{BC} und g_{EF} in einem Punkt von g. $\square$

Die beim Beweis des Satzes von Pappos verwendete Argumentation greift auch in dem Fall, dass man für zwei projektive Punktreihen untersucht, wo sich die Verbindungsgeradenpaare von je zwei *nicht* zugeordneten Punkten schneiden. Dies stellt der sog. *Kreuzliniensatz* fest.

Satz 7.6 (Kreuzliniensatz)

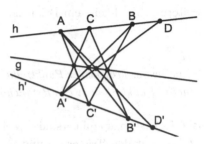

Hat man zwei projektive Punktreihen $A, B, C, \ldots$ und $A', B', C', \ldots$ und verbindet zwei nicht zugeordnete Punkte, erhält man eine Kreuzlinie (z.B. $g_{AB'}$). Einander entsprechende Kreuzlinien (z.B. $g_{AB'}$ und $g_{A'B}$) schneiden sich in den Punkten einer festen Geraden g (Abb. 7.3.3).

Abb. 7.3.3 Kreuzliniensatz

Wie im Beweis des Satzes von Pappos gesehen, ist die Gerade g die Verbindungsgerade der dem Schnittpunkt S von h und h' zugeordneten Punkte.

Dual zum Kreuzliniensatz ist der so genannte Kreuzpunktsatz, der hier nicht bewiesen werden soll; Abb. 7.3.4 veranschaulicht die Aussage.

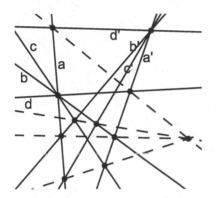

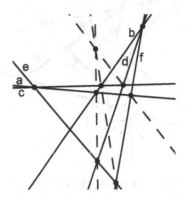

Abb. 7.3.4 Kreuzpunktsatz   **Abb. 7.3.5** Satz von Pappos - dual

Ein Spezialfall des Kreuzpunktsatzes ist die duale Entsprechung zum Satz von Pappos (Abb. 7.3.5). Dieser beschreibt *eine* Möglichkeit, ein sog. *Brianchon'sches Sechsseit* zu erhalten. Allgemein handelt es sich bei einem *Sechsseit* um sechs Geraden in geordneter Reihenfolge, von denen jeweils drei aufeinanderfolgende Geraden nicht kopunktal sind, zusammen mit den sechs Schnittpunkten benachbarter Geraden. Die Geraden nennt man *Seiten*, die Schnittpunkte *Ecken* des Sechsseits.

Bei einem *Brianchon'schen Sechsseit* verlaufen die drei Verbindungsgeraden gegenüberliegender Ecken durch einen Punkt; man nennt diesen Punkt den *Brianchon-Punkt*, benannt nach CHARLES JULIEN BRIANCHON (1785–1864), der als 21-jähriger Student der École Polytechnique entdeckte, dass *Tangentensechsecke* eines Kreises die betreffende Eigenschaft haben.

Mit diesen Begrifflichkeiten kann man den zum Satz von Pappos dualen Satz folgendermaßen formulieren:

Verlaufen die Seiten eines Sechsseits abwechselnd durch zwei Punkte, dann ist das Sechsseit ein Brianchon'sches Sechsseit (Abb. 7.3.5).

Eine weitere Möglichkeit, ein Brianchon'sches Sechsseit zu erzeugen, beschreibt Satz 7.7.

Satz 7.7
Die Träger zweier projektiver Punktreihen und die Verbindungsgeraden von vier Paaren zugeordneter Punkte bilden ein Brianchon'sches Sechsseit.

Beweis 7.7 Ausgangspunkt sind zwei projektive Punktreihen $A, B, C, \ldots$ und $A', B', C', \ldots$ mit den Trägern g und g'. Wir bezeichnen den Schnittpunkt von $g_{AA'}$ und $g_{CC'}$ mit S, den Schnittpunkt von $g_{AA'}$ und $g_{BB'}$ mit S'. Dann lassen sich die Geradenbüschel mit den Trägern S und S' so aufeinander beziehen, dass $g_{SB}, g_{SC}, \ldots$ $\overline{\overline{\wedge}}\ g_{S'B'}, g_{S'C'}, \ldots$ bzw. (in den Bezeichnungen von Abb. 7.3.6) $b, c, \ldots \overline{\overline{\wedge}}\ b', c', \ldots$ gilt.

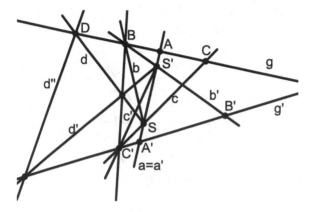

Abb. 7.3.6   Brianchon'sches Sechsseit

Zugeordnete Geraden schneiden sich also in den Punkten von $g_{BC'}$; g_{SA} und $g_{S'A'}$ sind einander zugeordnet. Will man nun zu einem Punkt D auf g den projektiv zugeordneten Punkt auf g' finden, zeichnet man $d = g_{DS}$ und verbindet den Schnittpunkt von d und $g_{BC'}$ mit S', um d' zu erhalten; d' schneidet g' in D'. Das Sechsseit $ab'gd''g'c$ mit den Ecken S', B, D, D', C', S ist ein Brianchon'sches Sechsseit. $\square$

Die zu Satz 7.7 duale Aussage lässt sich folgendermaßen formulieren:

Die Träger zweier projektiver Geradenbüschel und die Schnittpunkte von vier Paaren zugeordneter Geraden bilden ein Pascal'sches Sechseck.

Mithilfe von Satz 7.7 und der dualen Aussage für Pascal'sche Sechsecke können wir nun die Sätze von Pascal und Brianchon beweisen, die wir in Abschn. 7.1 für Sehnensechsecke bzw. Tangentensechsecke von Kreisen formuliert haben. Die nun erfolgende Neuformulierung der Sätze benutzt die zuvor erarbeiteten Begrifflichkeiten und hebt ihren dualen Charakter hervor; wir beginnen mit dem Satz von Pascal.

Satz 7.8 (Satz von Pascal)
Sechs Punkte eines Kreises bilden ein Pascal'sches Sechseck.

Beweis 7.8 Zum Beweis verwenden wir die oben notierte, zu Satz 7.7 duale Aussage.

Ordnet man die Geraden zweier Geradenbüschel, deren Träger S und S' auf einem Kreis liegen, so einander zu, dass die Schnittpunkte der zugeordneten Geraden alle auf dem Kreis liegen, sind die Geradenbüschel projektiv, denn die Winkel zwischen zwei zugeordneten Geraden sind immer gleich groß (Peripheriewinkelsatz) und gleich orientiert. Daher bilden S und S' zusammen mit vier Schnittpunkten zugeordneter Geraden, d.h. mit vier weiteren Kreispunkten, ein Pascal'sches Sechseck.

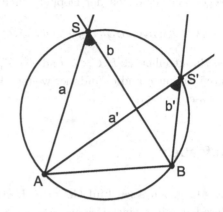

Abb. 7.3.7 Beweisfigur zu Satz 7.8

□

Satz 7.9 (Satz von Brianchon)
Sechs Geraden eines Kreises bilden ein Brianchon'sches Sechsseit.
(In dieser Formulierung ist der Kreis als Geradenmenge zu sehen, so wie es in Abb. 7.1.4 verdeutlicht wurde; insofern sind „sechs Geraden eines Kreises" nichts anderes als „sechs Tangenten an den Kreis", wenn man den Kreis als Punktmenge versteht.)

Beweis 7.9 Hat man zwei Tangenten g und g' an den Kreis, die diesen in X und Y' berühren und von weiteren Tangenten in A und A', B und B' usw. geschnitten werden, so gilt für die Geradenbüschel mit den Trägern X und Y' (Abb. 7.3.8):

$$g_{XA''}, g_{XB''}, g_{XC''}, \ldots \barwedge g_{Y'A''}, g_{Y'B''}, g_{Y'C''}, \ldots$$

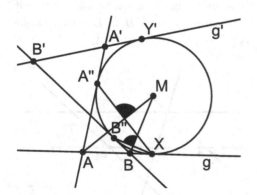

Abb. 7.3.8 Beweisfigur zu Satz 7.9

Für den Punkt A auf g gilt $g_{MA} \perp g_{XA''}$; für B gilt entsprechend $g_{MB} \perp g_{XB''}$. Daher sind die Winkel zwischen g_{MA} und g_{MB} bzw. $g_{XA''}$ und $g_{XB''}$ gleich groß, außerdem stimmen auch die Orientierungen der Winkel stets überein. Daher gilt:

$$g_{XA''}, g_{XB''}, g_{XC''}, \ldots \barwedge g_{MA}, g_{MB}, g_{MC}, \ldots$$

Analog findet man: $g_{Y'A''}, g_{Y'B''}, g_{Y'C''}, \ldots \barwedge g_{MA'}, g_{MB'}, g_{MC'}, \ldots$

Wegen der Gleichheit der Doppelverhältnisse folgt daraus

$$g_{MA}, g_{MB}, g_{MC}, \ldots \barwedge g_{MA'}, g_{MB'}, g_{MC'}, \ldots \quad \text{bzw.} \quad A, B, C, \ldots \barwedge A', B', C', \ldots,$$

die Punktreihen $A; B, C, \ldots$ und $A', B', C', \ldots$ sind demnach projektiv. Also bilden deren Träger g und g' und vier weitere Tangenten gemäß Satz 7.7 ein Brianchon'sches Sechsseit.   □

Aufgaben

7.6 Gegeben seien fünf Geraden. Bestimme eine weitere Gerade so, dass die sechs Geraden Seiten eines Brianchon'schen Sechsseits sind.

7.7 Markiere sechs Punkte auf einem Kreis und bilde daraus drei verschiedene Pascal'sche Sechsecke. Bestimme jeweils die Gerade, auf der die drei Schnittpunkte gegenüberliegender Seiten liegen. Wie viele solcher Geraden gibt es?

7.4   Harmonische Punkte und Geraden, vollständiges Viereck und Vierseit

Wird eine Strecke AB von zwei Punkten C, D betragsmäßig im selben Verhältnis geteilt (d.h. TV(A, B, C)=m, TV(A, B, D)=-m), dann nennt man A, B, C, D *harmonische Punkte*; für das Doppelverhältnis gilt dann DV(A, B, C, D)=m:(-m)=-1.

Zu drei kollinearen Punkten A, B, C existiert immer genau ein weiterer Punkt D, sodass A, B, C, D harmonische Punkte sind. (Zur Konstrukion vgl. Abb. 7.2.2.)
Ein besonderer Fall tritt ein, wenn C in der Mitte von A und B liegt; der dann noch fehlende vierte harmonische Punkt ergibt sich hier als der Fernpunkt von g_{AB} (Abb. 7.4.1).

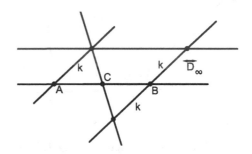

Abb. 7.4.1 Harmonische Punkte

Vier Geraden a, b, c, d eines Geradenbüschels heißen *harmonische Geraden*, falls DV(a, b, c, d)=-1. Da bei einer Punktreihe und einem Geradenbüschel, die perspektiv sind, jeweils vier Punkte dasselbe Doppelverhältnis wie ihre zugeordneten Geraden haben, gilt:

Vier harmonische Geraden werden von jeder weiteren, nicht durch den Träger des Geradenbüschels verlaufenden Gerade in harmonischen Punkten geschnitten.

Außerdem entstehen durch Verbinden von vier harmonischen Punkten mit einem weiteren Punkt harmonische Geraden; somit existiert zu drei kopunktalen Geraden auch genau eine weitere Gerade, sodass die vier Geraden harmonisch sind.

Harmonische Punkte und Geraden treten vor allem am *vollständigen Viereck* und am *vollständigen Vierseit* auf; das eine ist dual zum anderen, wie wir durch passende Notation unterstreichen wollen.

Ein vollständiges Viereck besteht aus vier Punkten S, T, U, V (den Ecken) und ihren sechs Verbindungsgeraden (den Seiten). Zusätzlich zu den Ecken existieren drei weitere Schnittpunkte der Seiten, die *Nebenecken* P, Q, R. Die drei Verbindungsgeraden der Nebenecken heißen *Diagonalen* des vollständigen Vierecks.

Ein vollständiges Vierseit besteht aus vier Geraden s, t, u, v (den Seiten) und ihren sechs Schnittpunkten (den Ecken). Zusätzlich zu den Seiten existieren drei weitere Verbindungsgeraden der Ecken, die *Nebenseiten* p, q, r. Die drei Schnittpunkte der Nebenseiten heißen *Diagonalpunkte* des vollständigen Vierseits.

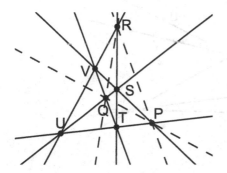

Abb. 7.4.2 Vollständiges Viereck

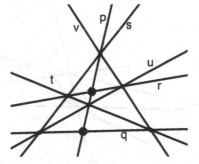

Abb. 7.4.3 Vollständiges Vierseit

Für das vollständige Viereck bzw. das vollständige Vierseit gelten nun einige Zusammenhänge bezüglich harmonischer Punkte und harmonischer Geraden, die wir nachfolgend auflisten und die wieder dual zueinander sind.

(1) Die durch eine Nebenecke eines vollständigen Vierecks verlaufenden Seiten und Diagonalen sind harmonische Geraden.

(1') Die auf einer Nebenseite eines vollständigen Vierseits liegenden Ecken und Diagonalpunkte sind harmonische Punkte.

(2) Auf jeder Seite eines vollständigen Vierecks sind die auf ihr liegenden Ecken zusammen mit der auf ihr liegenden Nebenecke und dem Schnittpunkt mit der nicht durch diese verlaufenden Diagonale harmonische Punkte.

(2') In jeder Ecke eines vollständigen Vierseits sind die durch sie verlaufenden Seiten zusammen mit der durch sie verlaufenden Nebenseite und der Verbindungsgerade mit dem nicht auf dieser liegenden Diagonalpunkt harmonische Geraden.

(3) Auf jeder Diagonalen sind die auf ihr liegenden Nebenecken und die Schnittpunkte mit den durch die dritte Nebenecke verlaufenden Seiten harmonische Punkte.

(3') In jedem Diagonalpunkt sind die durch ihn verlaufenden Nebenseiten und die Verbindungsgeraden mit den auf der dritten Nebenseite liegenden Ecken harmonische Geraden.

Wir führen hier die Beweise für das vollständige Vierseit; durch Dualisieren erhält man die entsprechenden Beweise für das vollständige Viereck.

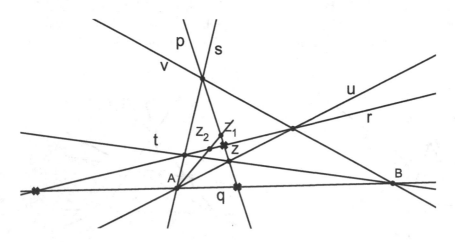

Abb. 7.4.4   Beweisfigur zu (1'), (2') und (3')

Zu (1'). Wir zeigen für die Nebenseite r, dass ihre Schnittpunkte mit s, u, p und q harmonische Punkte sind. Dazu nehmen wir an, es wäre nicht so, sodass man zu den Schnittpunkten von r mit s, u und q den vierten harmonischen Punkt Z_2 konstruieren kann. Sei A der Schnittpunkt von s und u, dann gilt: s, u, q, g_{AZ_2} sind harmonische Geraden. Damit sind aber auch die Schnittpunkte von p mit s, u, q, g_{AZ_2} harmonische Punkte, wobei wir Letzteren mit Z_1 bezeichnen wollen. Ist B der Schnittpunkt von v und t, dann gilt: t, v, g_{BZ_2}, q sind harmonische Geraden. Allerdings sind auch v, t, q, g_{BZ_1} harmonische Geraden, deshalb ist $\mathrm{DV}(t, v, g_{BZ_2}, q) = \mathrm{DV}(v, t, q, g_{BZ_1}) = \mathrm{DV}(t, v, g_{BZ_1}, q)$. Also folgt $g_{BZ_1} = g_{BZ_2} = g_{BZ}$.

Zu (2'). Die genannten Geraden sind die Verbindungsgeraden mit den harmonischen Punkten, die auf den nicht durch die Ecke verlaufenden Nebenseiten liegen.

Zu (3'). Die genannten Geraden sind die Verbindungsgeraden mit den auf der dritten Nebenseite liegenden harmonischen Punkten.

Mit dieser Auswahl von Sätzen steht eine Vielzahl von Möglichkeiten zur Verfügung, zu drei gegebenen Elementen (Punkte oder Geraden) das vierte harmonische Element zu konstruieren (Abb. 7.4.5).

Sind beispielsweise die kollinearen Punkte A, B, C gegeben, konstruiert man ein vollständiges Vierseit mit A und B als Ecken und C als Diagonalpunkt. Dazu zeichnet man durch A und B jeweils eine beliebige Gerade (Seite). Eine beliebige Gerade durch C wird eine Nebenseite, durch deren Schnittpunkte mit den bereits vorhandenen Seiten die noch fehlenden Seiten verlaufen. Eine davon schneidet die Gerade g_{AB} im vierten zu A, B, C gehörenden harmonischen Punkt D.

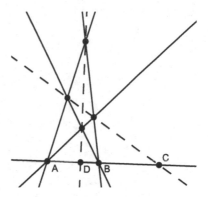

Abb. 7.4.5 Konstruktion des vierten harmonischen Punkts

Aufgaben

7.8 Der Schnittpunkt S zweier Geraden liege außerhalb des Zeichenblatts. Zeichne die Verbindungsgerade von S mit einem gegebenen Punkt T.

7.9 Gegeben seien ein Dreieck und sein Mittendreieck. Zeige: Je zwei Seiten des Mittendreiecks, die durch ihren Schnittpunkt verlaufende Dreiecksseite und deren Seitenhalbierende sind vier harmonische Geraden.

8 Inzidenzstrukturen

Übersicht
8.1 Begriff der Inzidenzstruktur... 291
8.2 Affine Ebenen.. 296
8.3 Graphen 300
8.4 Planare Graphen 307

8.1 Begriff der Inzidenzstruktur

Das Wort *Geometrie* lässt sich mit „Erdmessung" übersetzen; man könnte also zunächst darunter die Lehre vom Messen und Berechnen von Längen, Winkeln, Flächeninhalten und Rauminhalten verstehen. Nun spielt in Lehrsätzen der Geometrie die wahre Länge einer Strecke nie eine Rolle; misst man sie in Stadien, Ellen oder Metern, dann erhält man jedesmal eine andere Maßzahl. Es spielt aber oft das *Verhältnis von Streckenlängen* eine Rolle. Winkelgrößen in einer geometrischen Figur sind meistens durch die Streckenverhältnisse in dieser Figur festgelegt. In vielen bedeutsamen geometrischen Sätzen spielt aber noch nicht einmal die Größe von Winkeln eine Rolle; ein Beispiel hierfür ist der Satz, dass sich die Seitenhalbierenden eines Dreiecks in einem Punkt schneiden. Dieser Satz gilt in *jedem* Dreieck, unabhängig von seinen Seitenverhältnissen und Winkelgrößen. Hier kommt aber der Begriff des Mittelpunkts einer Strecke vor, man muss also den Begriff des Teilverhältnisses kennen.

In der Aussage „*Zwei verschiedene Geraden haben entweder keinen oder genau einen gemeinsamen Punkt*" kommen aber nur noch die grundlegenden Begriffe *Punkt* und *Gerade* vor. Es handelt sich um eine relevante geometrische Aussage, in der aber weder von Längen und Teilverhältnissen noch von Winkeln die Rede ist. Man könnte „Gerade" auch durch „Verein" und „Punkt" durch „Bürger" ersetzen, müsste dann aber vielleicht an der Wahrheit obiger Aussage zweifeln.

Grundlegend für die Geometrie sind die Begriffe *Punkt*, *Gerade* und *Inzidenz*, wobei „Inzidenz" eines Punktes P und einer Geraden g besagt, dass P auf der Geraden g liegt bzw. die Gerade g durch den Punkt P geht. Wir betrachten zunächst solche „Inzidenzstrukturen", ohne uns darum zu kümmern, welche inhaltliche Bedeutung die Begriffe „Punkt" und „Gerade" haben.

Es seien eine Menge **P** und eine Menge **G** gegeben, ferner eine Relation **I** zwischen **P** und **G**, also eine Teilmenge der Produktmenge $\mathbf{P} \times \mathbf{G}$. Dann nennt man das Tripel $(\mathbf{P}, \mathbf{G}, \mathbf{I})$ eine *Inzidenzstruktur*. Statt $(P, g) \in \mathbf{I}$ schreiben wir kürzer $P\,\mathbf{I}\,g$ und sagen „P inzidiert mit g" oder „g inzidiert mit P". Der Begriff der Inzidenzstruktur ist sehr allgemein, man kann also keine übermäßig interessanten Aussagen über Inzidenzstrukturen erwarten.

Sind **P** und **G** endliche Mengen, dann spricht man von einer *endlichen* Inzidenzstruktur. In diesem Fall bezeichnen wir

- für $P \in \mathbf{P}$ mit (P) die Anzahl der $g \in \mathbf{G}$ mit $P\,\mathbf{I}\,g$,
- für $g \in \mathbf{G}$ mit (g) die Anzahl der $P \in \mathbf{P}$ mit $P\,\mathbf{I}\,g$.

Demnach ist (P) die Anzahl der Elemente aus **G**, die mit P inzidieren, und (g) die Anzahl der Elemente aus **P**, die mit g inzidieren. Der folgende Satz 8.1 ist einerseits leicht einzusehen, andererseits aber von grundlegender Bedeutung für die weiteren Betrachtungen.

Satz 8.1
Ist $(\mathbf{P}, \mathbf{G}, \mathbf{I})$ eine endliche Inzidenzstruktur mit $\mathbf{P} = \{P_1, P_2, \ldots, P_n\}$ und $\mathbf{G} = \{g_1, g_2, \ldots, g_m\}$, dann gilt

$$(P_1) + (P_2) + \ldots + (P_n) = |\mathbf{I}| = (g_1) + (g_2) + \ldots + (g_m).$$

Beweis 8.1 Die Anzahl $|\mathbf{I}|$ der Inzidenzen, also die Anzahl der Paare (P, g) mit $P\,\mathbf{I}\,g$, kann man auf zwei Arten zählen: Jedes Element P_i liefert (P_i) Inzidenzen, jedes Element g_j liefert (g_j) Inzidenzen. □

Beispiel 8.1
Wir wollen Satz 8.1 auf Binomialkoeffizienten anwenden. Dazu erinnern wir an die Definition dieser Zahlen: Für $k, n \in \mathbb{N}_0$ ist

$$\binom{n}{k} := \text{Anzahl der } k\text{-elementigen Teilmengen einer } n\text{-Menge}.$$

Diese Zahl liest man „n über „k". Sie spielt in der gesamten Mathematik eine äußerst wichtige Rolle. Es sei nun **P** eine n-elementige Menge und **G** die Menge aller k-elementigen Teilmengen von **P**. Für $P \in \mathbf{P}$ und $g \in \mathbf{G}$ sei $P\,\mathbf{I}\,g$ durch $P \in g$ definiert. Dann ist

$$(P) = \binom{n-1}{k-1},$$

denn dies ist die Anzahl der k-elementigen Teilmengen der n-elementigen Menge **P**, die P enthalten. Ferner ist $(g) = k$ für alle $g \in \mathbf{G}$. Mit $|\mathbf{G}| = \binom{n}{k}$ ergibt sich aus Satz 8.1

$$n \cdot \binom{n-1}{k-1} = \binom{n}{k} \cdot k \quad \text{und damit} \quad \binom{n}{k} = \frac{n}{k}\binom{n-1}{k-1}.$$

Man erhält die bekannte Rekursionsformel zur Berechnung der Binomialkoeffizienten.

■

Beispiel 8.2

Als Punkte betrachten wir alle n-Tupel aus 0 und 1, also ist $\mathbf{P} = \{0,1\}^n$. Denkt man sich je zwei Punkte bzw. n-Tupel, die sich an genau einer Stelle unterscheiden, durch eine Kante verbunden, dann entsteht ein n-*dimensionaler Würfel*. Abb. 8.1.1 zeigt den noch anschaulich darstellbaren Fall $n = 3$. Ein k-dimensionaler Begrenzungswürfel des n-dimensionalen Würfels ist festgelegt durch einen Punkt und k Kanten, die von diesem Punkt ausgehen; dabei sei $k \le n$. Die Anzahl $w(n,k)$ der k-dimensionalen Begrenzungswürfel eines n-dimensionalen Würfels soll bestimmt werden. Es sei $\mathbf{G}$ die Menge dieser k-dimensionalen Begrenzungswürfel. Für $P \in \mathbf{P}$ und $g \in \mathbf{G}$ sei $P\mathbf{I}g$ genau dann, wenn P eine Ecke von g ist. Dann ist $(P) = \binom{n}{k}$, weil von den n von P ausgehenden Kanten jeweils k zu einem k-dimensionalen Begrenzungswürfel gehören. Ferner ist $(g) = 2^k$, weil ein k-dimensionaler Würfel 2^k Ecken hat. Gemäß Satz 8.1 ergibt sich dann

$$2^n \cdot \binom{n}{k} = w(n,k) \cdot 2^k \qquad \text{und damit} \qquad w(n,k) = 2^{n-k} \binom{n}{k}.$$

Für $n = 3$ erhält man folgende unmittelbar einsichtige Aussage:

Ein 3-dimensionaler Würfel hat

■ $w(3,3) = 1$ Begrenzungswürfel;

■ $w(3,2) = 6$ Begrenzungsquadrate;

■ $w(3,1) = 12$ Begrenzungskanten;

■ $w(3,0) = 8$ Begrenzungspunkte.

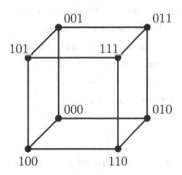

Abb. 8.1.1 Dreidimensionaler Würfel

■

Beispiel 8.3

In Abb. 8.1.2 sind endliche Inzidenzstrukturen mit $(g) = 2$ für alle $g \in \mathbf{G}$ dargestellt. Es handelt sich um sog. *Graphen* (Abschn. 8.3). Die Elemente von $\mathbf{P}$ heißen hier *Ecken* und sind durch dicke Punkte dargestellt, die Elemente von $\mathbf{G}$ heißen hier *Kanten* und sind durch Verbindungslinien zweier Ecken veranschaulicht. An den Ecken stehen die Zahlen (P), welche man hier die *Ordnungen* der Ecken nennt.

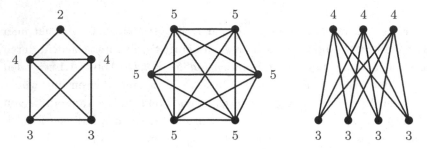

Abb. 8.1.2 Graphen mit Ordnungen der Ecken

In einem solchen Graph ist die Anzahl der Ecken mit ungerader Ordung stets gerade, denn die Summe der Ordnungen ist gemäß Satz 8.1 die gerade Zahl $2|\mathbf{G}|$.

Auch den Würfel in Abb. 8.1.1 kann man als Graph interpretieren und diesen etwa wie in Abb. 8.1.3 „kreuzungsfrei" zeichnen; man spricht in diesem Zusammenhang von einem *Netz* des Würfels. Es kommt dabei nicht auf Längen und Winkel an, sondern nur auf Inzidenzen. Man muss am Graph nur erkennen können, welche Ecken durch Kanten miteinander verbunden sind.

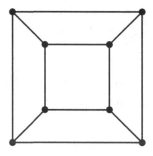

Abb. 8.1.3 Würfelnetz

Beispiel 8.4

In Abb. 8.1.4 ist eine Inzidenzstruktur mit $\mathbf{P} = \{A, B, C, D\}$ und

$$\mathbf{G} = \{\{A, B\},\ \{A, C\},\ \{A, D\},\ \{B, C\},\ \{B, D\},\ \{C, D\}\}$$

dargestellt. Da $\mathbf{G}$ aus Teilmengen von $\mathbf{P}$ besteht, ist die Inzidenz durch die Elementbeziehung „$\in$" gegeben. Die Elemente aus $\mathbf{P}$ bzw. $\mathbf{G}$ wollen wir hier kurz „Punkte" bzw. „Geraden" nennen.

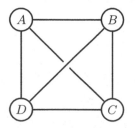

Abb. 8.1.4 Struktur $(\mathbf{P}, \mathbf{G}, \in)$

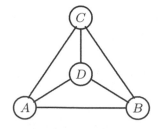

Abb. 8.1.5 $(\mathbf{P}, \mathbf{G}, \in)$ kreuzungsfrei

Diese Inzidenzstruktur hat folgende Eigenschaften:

- Auf jeder Geraden liegen mindestens (hier: genau) zwei Punkte.
- Durch je zwei Punkte geht genau eine Gerade.
- Es gibt drei Punkte, die nicht auf einer Geraden liegen.

Eine Inzidenzstruktur mit diesen Eigenschaften nennt man eine *Inzidenzgeometrie*. Abb. 8.1.5 zeigt eine Darstellung der Inzidenzgeometrie $(\mathbf{P}, \mathbf{G}, \in)$ durch einen „kreuzungsfreien" Graph.

In unserer Beispiel-Inzidenzgeometrie gilt zusätzlich:

- Zu jeder Geraden g und jedem Punkt P mit $P \notin g$ existiert genau eine Gerade h mit $P \in h$ und $g \cap h = \emptyset$.

Inzidenzgeometrien mit dieser zusätzlichen speziellen Eigenschaft werden wir uns in Abschn. 8.2 zuwenden.   ■

Beispiel 8.5

Es seien Punkte und Geraden gegeben durch $\mathbf{P} = \{1,2,3,4,5,6,7\}$ und
$\mathbf{G} = \{\{1,2,3\}, \{1,4,7\}, \{1,5,6\}, \{2,4,6\},$
$\{2,5,7\}, \{3,6,7\}, \{3,4,5\}\}$.
Die Inzidenzstruktur $(\mathbf{P}, \mathbf{G}, \in)$ ist in Abb. 8.1.6 dargestellt. Es gibt genau sieben Punkte und sieben Geraden, jede Gerade enthält genau drei Punkte und jeder Punkt liegt auf genau drei Geraden. Je zwei Geraden schneiden sich in genau einem Punkt, es gibt hier also keine „parallelen" Geraden.

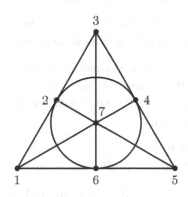

Abb. 8.1.6 Keine Parallelen

■

Aufgaben

8.1 Es sei $|\mathbf{P}| = 6$ und $\mathbf{G}$ die Menge aller zweielementigen Teilmengen von $\mathbf{P}$; die Inzidenz sei die Elementbeziehung „$\in$". Stelle diese Inzidenzstruktur durch eine Zeichnung dar.

8.2 Es sei M eine n-elementige Menge und $0 \le i \le j \le n$. Ferner sei $\mathbf{P}$ die Menge aller i-elementigen und $\mathbf{G}$ die Menge aller j-elementigen Teilmengen von M. Die Inzidenzrelation $\mathbf{I}$ sei definiert durch $X\mathbf{I}Y \iff X \subseteq Y$ für $(X, Y) \in \mathbf{P} \times \mathbf{G}$.
Beweise damit die Beziehung $\binom{n}{j} \cdot \binom{j}{i} = \binom{n}{i}\binom{n-i}{j-i}$.

8.2 Affine Ebenen

Jetzt betrachten wir einen Typ von Inzidenzstrukturen, die einige Eigenschaften der uns vertrauten Geometrie aufweisen, wobei es aber möglich ist, dass nur endlich viele „Punkte" und „Geraden" existieren. Es seien Mengen **P** und **G** gegeben (welche auch endlich sein dürfen), ihre Elemente wollen wir *Punkte* bzw. *Geraden* nennen. Inzidenzen werden, wie in der Geometrie üblich, durch „liegt auf" bzw. „geht durch" angegeben. Die Inzidenzstruktur soll die folgenden Eigenschaften haben:

(1) Auf jeder Geraden liegen mindestens zwei verschiedene Punkte.

(2) Durch zwei verschiedene Punkte geht genau eine Gerade.

(3) Es gibt drei Punkte, die nicht auf einer gemeinsamen Geraden liegen.

(4) Zu jeder Geraden g und jedem Punkt P, der nicht auf g liegt, gibt es genau eine Gerade h durch P, auf der kein Punkt von g liegt.

Dann nennt man die Inzidenzstruktur eine *affine Ebene*. Die Gerade h in (4) nennt man die *Parallele* zu g durch P.

In Bsp. 8.4 lag eine affine Ebene mit vier Punkten und sechs Geraden vor. Die Inzidenzstruktur in Bsp. 8.55 ist keine affine Ebene, denn es existieren keine Parallelen.

Im nun folgenden Beispiel 8.6 konstruieren wir eine affine Ebene mit neun Punkten und zwölf Geraden. Die Konstruktion beruht auf dem Rechnen mit Restklassen mod 3 verwenden; die Zahlen 0, 1, 2 sollen also die Restklassen 0 mod 3, 1 mod 3 bzw. 2 mod 3 repräsentieren.

Beispiel 8.6
Es sei **P** die Menge aller Paare von Restklassen mod 3, repräsentiert durch

$$(0,0), (0,1), (0,2), (1,0), (1,1), (1,2), (2,0), (2,1), (2,2).$$

Eine Gerade sei die Menge aller Lösungen einer linearen Gleichung

$$ax_1 + bx_2 = c \quad \text{mit} \quad (a,b) \neq (0,0),$$

wobei mit Restklassen mod 3 gerechnet wird. Es gibt zwölf Geraden, denn es gibt $\frac{1}{2} \cdot (3^2 - 1) \cdot 3 = 12$ verschiedene solche Gleichungen; diese sind nebenstehend mit ihren Lösungen aufgeführt. Beispielsweise ist die Gleichung

$$2x_1 + x_2 = 2$$

äquivalent mit der Gleichung

Gleichung	Lösungen
$x_1 = 0$	$(0,0), (0,1), (0,2)$
$x_1 = 1$	$(1,0), (1,1), (1,2)$
$x_1 = 2$	$(2,0), (2,1), (2,2)$
$x_2 = 0$	$(0,0), (1,0), (2,0)$
$x_2 = 1$	$(0,1), (1,1), (2,1)$
$x_2 = 2$	$(0,2), (1,2), (2,2)$
$x_1 + x_2 = 0$	$(0,0), (1,2), (2,1)$
$x_1 + x_2 = 1$	$(0,1), (1,0), (2,2)$
$x_1 + x_2 = 2$	$(0,2), (2,0), (1,1)$
$x_1 + 2x_2 = 0$	$(0,0), (1,1), (2,2)$
$x_1 + 2x_2 = 1$	$(0,2), (1,0), (2,1)$
$x_1 + 2x_2 = 2$	$(0,1), (2,0), (1,2)$

$x_1 + 2x_2 = 1$, wie man durch Multiplikation der Gleichung mit 2 erkennt.

Jede Gleichung $ax_1 + bx_2 = c$ mit $(a, b) \neq (0,0)$ hat genau drei Lösungen: Ist etwa $a \neq 0$, dann kann man für x_2 drei verschiedene Werte wählen, wobei jedesmal x_1 eindeutig durch die Gleichung bestimmt ist. Auf jeder Geraden liegen also genau drei Punkte.

Jeder Punkt (p_1, p_2) liegt auf genau vier Geraden, denn die Gleichung $ap_1 + bp_2 = c$ hat genau vier Lösungen (a, b, c): Von den 8 Möglichkeiten für $(a, b) \neq (0,0)$ ergeben jeweils zwei dieselbe Gerade $(ap_1 + bp_2 = c \iff 2ap_1 + 2bp_2 = 2c)$.

Es gibt drei Punkte, die nicht auf einer gemeinsamen Geraden liegen, etwa $(0,0), (0,1), (1,0)$.

Die Parallele zu der Geraden g mit der Gleichung $ax_1 + bx_2 = c$ durch $P(p_1, p_2)$ hat die Gleichung $ax_1 + bx_2 = c'$ mit $c' = ap_1 + bp_2$; denn liegt P nicht auf g, dann ist $c' \neq c$, und das aus den Gleichungen $ax_1 + bx_2 = c$ und $ax_1 + bx_2 = c'$ bestehende Gleichungssystem hat keine Lösung. Die Menge der Geraden zerfällt in vier Parallelenscharen, nämlich

- die Parallelenschar mit den Gleichungen $x_1 = 0$, $x_1 = 1$, $x_1 = 2$,
- die Parallelenschar mit den Gleichungen $x_2 = 0$, $x_2 = 1$, $x_2 = 2$,
- die Parallelenschar mit den Gleichungen $x_1 + x_2 = 0$, $x_1 + x_2 = 1$, $x_1 + x_2 = 2$,
- die Parallelenschar mit den Gleichungen $x_1 + 2x_2 = 0$, $x_1 + 2x_2 = 1$, $x_1 + 2x_2 = 2$.

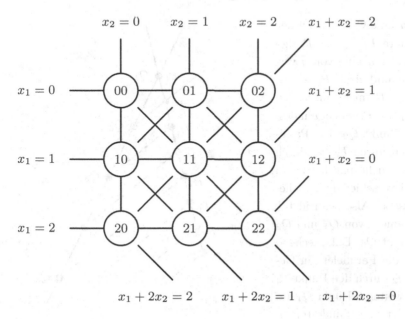

Abb. 8.2.1 Veranschaulichung der affinen Ebene aus Beispiel 8.6

In Abb. 8.2.1 ist diese affine Ebene durch eine Zeichnung veranschaulicht. (Zu den „Nebendiagonalen" gehört auch jeweils der gegenüberliegende „Eckpunkt".) ∎

Beispiel 8.7

Ist $\mathbf{P} = \mathbb{R}^2$ (Menge aller Paare reeller Zahlen) und ist eine Gerade die Menge aller Lösungen einer linearen Gleichung $ax_1 + bx_2 = c$ mit $(a, b) \neq (0,0)$, dann erhält man eine affine Ebene mit unendlich vielen Punkten und Geraden. Es handelt sich dabei um die uns vertraute ebene Geometrie in ihrer Darstellung bezüglich eines affinen Koordinatensystems.   ■

Die Beispiele 8.6 und 8.7 unterscheiden sich dadurch, dass einmal im endlichen Körper der Restklassen mod 3 und einmal im unendlichen Körper der reellen Zahlen gerechnet wird. Ebenso kann man beliebig viele weitere affine Ebenen konstruieren, indem man einen beliebigen Körper wählt. Mit dem Körper der Restklassen mod p, wobei p eine Primzahl ist, ergibt sich eine affine Ebene mit p^2 Punkten. Mit dem Körper der rationalen Zahlen ergibt sich wieder eine affine Ebene mit unendlich vielen Punkten; mit diesem Körper entsteht aber noch nicht unsere wohlbekannte ebene Geometrie, denn die Schnittpunkte von Geraden und Kreisen können irrationale Koordinaten haben.

Im Folgenden beschäftigen wir uns näher mit *endlichen* affinen Ebenen.

Satz 8.2

Wenn bei einer endlichen affinen Ebene auf einer Geraden genau n Punkte liegen, dann gilt dies für jede Gerade. Jeder Punkt liegt auf genau $n + 1$ Geraden; die affine Ebene besteht aus genau n^2 Punkten und genau $n(n + 1)$ Geraden.

Beweis 8.2 Sei g eine Gerade, auf der genau die n Punkte $P_1, P_2, \ldots, P_n$ liegen (Abb. 8.2.2). Ist h eine von g verschiedene Gerade und liegt P_1 auf h, dann liegen $P_2, \ldots, P_n$ nicht auf h. Auf h liegt außer $Q_1 = P_1$ noch mindestens ein weiterer Punkt Q_2. Die Parallele k zur Geraden durch P_2, Q_2 durch den Punkt P_3 ist nicht parallel zu h, weil k sonst zwei verschiedene Parallelen durch Q_2 besäße. Also schneidet k die Gerade h in einem von Q_1 und Q_2 verschiedenen Punkt Q_3. Entsprechend verfährt man mit der Parallelen zur Geraden durch P_2, Q_2 durch den Punkt P_4 und erhält einen weiteren Punkt Q_4 auf h. Schließlich findet man mindestens n verschiedene Punkte auf h.

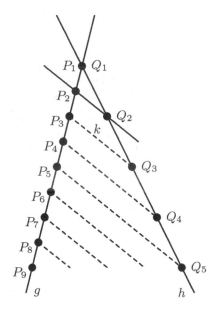

Abb. 8.2.2 Beweisfigur: $(g) = (h)$

Folglich ist offenbar $(h) \geq (g)$. Kehrt man die Argumentation um, so erhält man $(g) \geq (h)$ und damit $(g) = (h)$.

Durch jeden Punkt P gehen genau $n+1$ Geraden. Ist nämlich g eine Gerade, die nicht durch P geht, und liegen auf g die Punkte $P_1, P_2, \ldots, P_n$, dann gehen durch P genau die Verbindungsgeraden von P und P_i ($i = 1, 2, \ldots, n$) sowie die Parallele zu g durch P (Abb. 8.2.3).

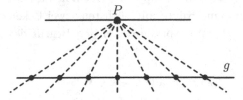

Abb. 8.2.3 Beweisfigur: $(P) = n+1$ **Abb. 8.2.4** Parallelenschar zu g

Zu jeder Geraden g gibt es einschließlich g genau n Parallelen. Denn ist h nicht parallel zu g, dann gibt es durch jeden Punkt von h eine Parallele zu g, und jede weitere Parallele zu g müsste einen Punkt mit h gemeinsam haben. Auf dieser durch g bestimmten Parallelenschar gibt es genau n^2 Punkte. Gäbe es noch einen weiteren Punkt, dann gäbe es auch noch eine weitere Parallele zu g (Abb. 8.2.4).

Für die Anzahl der Inzidenzen gilt nach Satz 8.1 nun $|\mathbf{P}| \cdot (n+1) = |\mathbf{G}| \cdot n$, wegen $|\mathbf{P}| = n^2$ also $|\mathbf{G}| = n(n+1)$.   □

Der Parameter n in Satz 8.2 heißt *Ordnung* der (endlichen) affinen Ebene. Wir kennen bereits die affinen Ebenen der Ordnung 2 und 3 (Bsp. 8.4 und Bsp. 8.6). Für jede Primzahl p kann man wie in Beispiel 8.6 die affine Ebene der Ordnung p konstruieren. Nicht für jedes n existiert eine affine Ebene der Ordnung n; es gibt z. B. keine affine Ebene der Ordnung 6 und keine der Ordnung 10. Die letzte Behauptung konnte erst 1991 mit umfangreichem Computereinsatz bewiesen werden.

Aufgaben

8.3 Neben der Gleichung $|\mathbf{P}| \cdot (n+1) = |\mathbf{G}| \cdot n$ gilt für eine affine Ebene der Ordnung n auch die Gleichung $|\mathbf{P}| \cdot (|\mathbf{P}| - 1) = |\mathbf{G}| \cdot n(n-1)$. Diese erhält man durch Zählen der Paare (P, Q) mit $P \neq Q$, wobei man beachte, dass auf jeder Geraden $n(n-1)$ solche Paare liegen. Berechne aus diesem Gleichungssystem $|\mathbf{P}|$ und $|\mathbf{G}|$.

8.4 Es sei $\mathbf{P} = \mathbb{Z} \times \mathbb{Z}$ (Menge aller Paare ganzer Zahlen), und Geraden seien die Lösungsmengen von Gleichungen der Form $ax_1 + bx_2 = c$ mit $\mathrm{ggT}(a, b) = 1$. Liegt eine affine Ebene vor?

8.5 Es sei $\mathbf{P}$ eine m-elementige Menge und $\mathbf{G}$ die Menge aller k-elementigen Teilmengen von $\mathbf{P}$, ferner $\mathbf{I}$ die Elementrelation „$\in$". Für welche m, k liegt eine affine Ebene vor?

8.3   Graphen

Im Folgenden betrachten wir endliche Inzidenzstrukturen $(\mathbf{E}, \mathbf{K}, \mathbf{I})$, wobei die Elemente von $\mathbf{E}$ *Ecken* und die Elemente von $\mathbf{K}$ *Kanten* heißen sollen. Ganz allgemein nennt man eine solche Inzidenzstruktur einen *Graph*, wenn eine Kante mit höchstens zwei Ecken inzidiert, wenn also $(k) \leq 2$ für alle $k \in \mathbf{K}$ gilt. Wir spezialisieren den Begriff des Graphen hier durch die Forderungen

$$(E) \geq 1 \quad \text{für alle } E \in \mathbf{E} \qquad \text{und} \qquad (k) = 2 \quad \text{für alle } k \in \mathbf{K}.$$

Wir setzen also voraus, dass jede Ecke mit mindestens einer Kante inzidiert (d.h., es gibt keine „isolierten Ecken") und dass jede Kante mit *genau zwei* Ecken inzidiert (d.h., es gibt keine „isolierten Kanten" (Fall $(k) = 0$) und keine „Schleifen" (Fall $(k) = 1$)). Man nennt (E) die *Ordnung* der   Ecke E.

Wir setzen ferner voraus, dass ein Graph *zusammenhängend* ist, dass man also von jeder Ecke aus jede andere Ecke längs einer Folge von Kanten („Kantenzug") erreichen kann; einfache Beispiele solcher Graphen haben wir in Beispiel 8.3 schon gesehen.

Ein Graph ist ein abstraktes Gebilde (eine Inzidenzstruktur), die Zeichnung ist nur ein Modell, eine Veranschaulichung dieser Struktur. Entscheidend ist dabei nur die korrekte Wiedergabe von Inzidenzen; auf die Figuren, die bei der Veranschaulichung der Inzidenzen entstehen, kommt es nicht an. Abb. 8.3.1 zeigt Beispiele für verschiedene zeichnerische Darstellungen von Graphen. Manchmal ist es dabei wünschenswert, den Graph „kreuzungsfrei" (sofern das möglich ist) oder mit möglichst wenig Kreuzungen darzustellen.

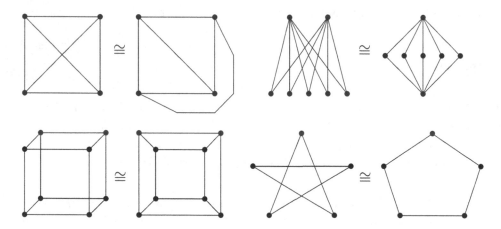

Abb. 8.3.1   Verschiedene Veranschaulichungen paarweise gleicher Inzidenzstrukturen

Satz 8.3

In einem Graph ist die Anzahl der Ecken mit ungerader Ordnung stets gerade.

Beweis 8.3 Dies folgt aus Satz 8.1, denn die Anzahl der Inzidenzen ist gerade, weil jede Kante mit genau zwei Ecken inzidiert: $|\mathbf{I}| = 2|\mathbf{K}|$. Wäre nun die Anzahl von Ecken mit ungerader Ordnung ungerade, dann müsste sich für $|\mathbf{I}|$ eine ungerade Zahl ergeben.

$\square$

Beispiel 8.8
Die Anzahl der Gäste einer Party, die ungerade oft die Hand geschüttelt haben, ist gerade. ∎

Ein Graph heißt *einzügig durchlaufbar* oder *unikursal*, wenn man aus den Ecken (eventuell unter mehrfacher Verwendung) eine Folge $E_1, E_2, \ldots, E_t$ derart bilden kann, dass der zugehörige Kantenzug jede Kante genau einmal enthält. Man kann dann den Graph „in einem Zug zeichnen". Lässt sich das so organisieren, dass $E_1 = E_t$ gilt, dann ist der unikursale Graph sogar *geschlossen-unikursal*.

Eine Folge wie $E_1, E_2, \ldots, E_t$ bzw. die zugehörige Kantenfolge nennt man dann einen *Euler-Weg* des Graphen; den Graph selbst nennt man dann auch einen *Euler-Graph*. Die Bezeichnung rührt daher, dass LEONHARD EULER im Jahr 1737 das seinerzeit sehr populäre *Königsberger Brückenproblem* gelöst hat, bei dem es um die Frage der einzügigen Durchlaufbarkeit eines Graphen ging.

In der Innenstadt von Königsberg vereinen sich der Alte und der Neue Pregel zum Pregelfluss. Im 18. Jahrhundert führten sieben Brücken über die Flussläufe (Abb. 8.3.2). Es wurde nach einem Rundgang durch die Stadt gefragt, bei dem jede der sieben Brücken genau einmal benutzt wird.

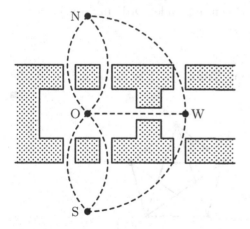   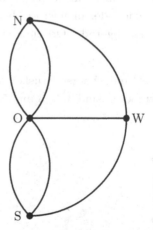

Abb. 8.3.2 Brückenproblem   **Abb. 8.3.3** Abstraktion: Graph K. B.

Es wurde also gefragt, ob der in Abb. 8.3.3 gezeichnete Graph, der die Sachsituation abstrakt beschreibt, aber alle nötigen Informationen enthält, unikursal ist. Satz 8.4 liefert die Antwort auf diese Frage – es existiert *kein* Rundgang der gewünschten Art.

Satz 8.4 (Unikursalitätskriterium)
Ein Graph ist genau dann unikursal, wenn die Anzahl seiner Ecken ungerader Ordnung
0 oder 2 ist. Geschlossen-unikursal ist er genau dann, wenn der erste Fall vorliegt, wenn
der Graph also keine Ecken ungerader Ordnung besitzt.

Beweis 8.4 (1) Der Graph sei unikursal, besitze also einen Euler-Weg. Beim Durchlaufen des Graphen längs des Euler-Wegs streiche man stets die gerade durchlaufene
Kante. Dies reduziert die Ordnung der Anfangs- und Endecke des Euler-Wegs um jeweils 1, die Ordnung der unterwegs durchlaufenen Ecken um Vielfache von 2. Sind
Anfangs- und Endecke verschieden, dann sind dies die einzigen Ecken ungerader Ordnung. Sind sie gleich, dann haben alle Ecken eine gerade Ordnung.

(2) Gibt es keine Ecke ungerader Ordnung, so wähle man eine beliebige Ecke als
Anfangsecke A. Gibt es genau zwei Ecken ungerader Ordnung, dann füge man zwischen
diesen eine weitere Kante ein, sodass der erste Fall vorliegt, und wähle eine der beiden
Ecken als Anfangsecke A. Man beginne nun die Durchlaufung in beliebiger Weise,
wobei aber keine Kante doppelt durchlaufen werden darf. Endet dieser Prozess, dann
befindet man sich wieder in A, denn jede Ecke hat man auf einem solchen Weg ebenso
oft betreten wie verlassen. Enthält dieser Weg noch nicht alle Kanten, dann enthält
er eine Ecke B, von der aus ein Weg mit bisher unbenutzten Kanten möglich ist, der
wieder zu B führt. Diesen Weg kann man in den ersten Weg einfügen. So fortfahrend
erhält man schließlich einen geschlossenen Euler-Weg des gegebenen Graphen. Hatte
man ursprünglich zwei Ecken ungerader Ordnung, so muss man die zwischen diesen
beiden Ecken hinzugefügte Kante wieder entfernen und kann den letzten Schritt zurück
zur Anfangsecke A nicht mehr gehen; dann hat man aber einen nicht-geschlossenen
Euler-Weg gefunden, der in einer der beiden Ecken ungerader Ordnung startet und in
der anderen Ecke ungerader Ordnung endet.   □

Beispiel 8.9
Der Graph des Königsberger Brückenproblems (Abb. 8.3.3) ist nicht unikursal; die
Ordnungen der Ecken sind 3, 3, 3 und 5.   ■

Abb. 8.3.4 Zu Beispiel 8.10   **Abb. 8.3.5** Zu Beispiel 8.11

Beispiel 8.10
Das „Haus des Nikolaus" in Abb. 8.3.4 ist unikursal, denn die Eckenordnungen sind
2, 3, 3, 4 und 4. Man beginnt eine Durchlaufung in einer der Ecken der Ordnung 3.
                                                                                     ■

Beispiel 8.11
Der Graph in Abb. 8.3.5 ist geschlossen-unikursal; alle Ecken haben die Ordnung 4.

∎

Die Anzahl der Ecken ungerader Ordnung ist nach Satz 8.3 gerade. Ist sie $2n$, dann kann man den Graph „in n Zügen zeichnen" und man nennt ihn n-zügig durchlaufbar. Dies ergibt sich folgendermaßen aus Satz 8.4: Man verbinde die Ecken ungerader Ordnung paarweise durch weitere n Kanten. Der so entstandene Graph besitzt nach dem Unikursalitätskriterium einen geschlossenen Euler-Weg. Entfernt man die hinzugefügten Kanten wieder, dann zerfällt der Euler-Weg in n Wegstücke.

Ein Graph heißt *einfach*, wenn zwei Ecken durch *höchstens eine* Kante verbunden sind. Beispielsweise ist der Graph in Abb. 8.3.3 (Königsberger Brückenproblem) nichteinfach. In einem einfachen Graph heißt ein geschlossener Kantenzug, der jede Ecke genau einmal enthält, ein *Hamilton-Weg* des Graphen. Der berühmte Mathematiker WILLIAM ROWAN HAMILTON (1805–1865) (1805–1865) hat ein Spiel mit entworfen, bei dem es darum ging, einen solchen Weg in einem Dodekaeder-Netz (Abb. 8.3.6d) zu finden („Reise um die Welt").

Beispiel 8.12
Man kann ein konvexes Polyeder so auf eine Ebene durch eine seiner Seitenflächen projizieren, dass aus den Kanten des Polyeders ein kreuzungsfreier Graph entsteht; diesen nennt man auch das *Netz* des Polyeders. Die Netze der fünf platonischen Körper besitzen Hamilton-Wege (Abb. 8.3.6).

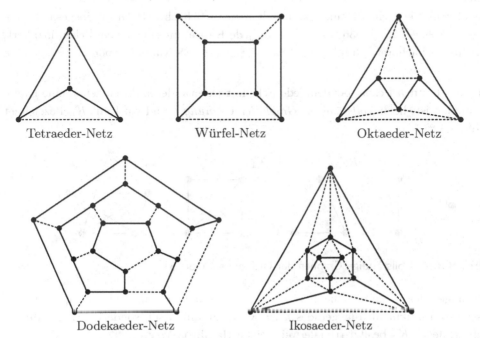

Tetraeder-Netz   Würfel-Netz   Oktaeder-Netz

Dodekaeder-Netz   Ikosaeder-Netz

Abb. 8.3.6 Schlegel-Diagramme der platonischen Körper

Diese Netze sind besonders „schön" (d.h. symmetrisch) gezeichnet und heißen in dieser Form auch die *Schlegel-Diagramme* der platonischen Körper (nach VIKTOR SCHLEGEL, (1843–1905), einem Schüler von Felix Klein.) Mit den platonischen Körpern werden wir uns in Abschn. 8.4 nochmals ausführlicher befassen.   ■

Beispiel 8.13 (Rösselsprung-Problem)

Der Schachbrett-Graph besteht aus den 64 Feldern eines Schachbretts als Ecken; diese sind durch eine Kante verbunden, wenn man mit einem „Rösselsprung" von dem einen zum anderen Feld gelangen kann. Das Rösselsprung-Problem besteht darin, einen Hamilton-Weg in diesem Graph zu finden. Solche Wege existieren; in Abb. 8.3.7 ist der Anfang eines derartigen Weges eingezeichnet. Ein Hamilton-Weg im Schachbrett-Graph enthält 64 Kanten, denn mit jeder Kante (außer der letzten) erreicht man eine neue Ecke.

Der Schachbrett-Graph hat

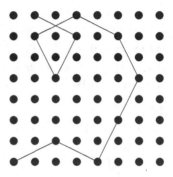

- 4 Ecken der Ordnung 2,

- 8 Ecken der Ordnung 3,

- 20 Ecken der Ordnung 4,

- 16 Ecken der Ordnung 6,

- 16 Ecken der Ordnung 8.

Davon kann man sich leicht überzeugen, indem man für jede Ecke prüft, wie viele andere Ecken man von dort mit einem

Abb. 8.3.7 Rösselsprung-Problem

Rösselsprung erreichen kann. Man erhält für den Schachbrett-Graph insgesamt $(8 + 24 + 80 + 96 + 128) = 336$ Inzidenzen; da jede Kante mit genau zwei Ecken inzidiert, muss der Schachbrett-Graph gemäß Satz 8.1 genau 168 Kanten haben.   ■

Ein Graph mit n Ecken, bei dem jede Ecke mit jeder anderen durch genau eine Kante verbunden ist, heißt *vollständiger Graph der Ordnung n* und wird mit K_n bezeichnet (Abb. 8.3.8).

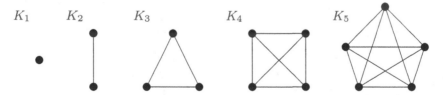

Abb. 8.3.8 Vollständige Graphen der Ordnungen 1 bis 5

Für ungerades n haben alle Ecken von K_n gerade Ordnung, der Graph ist also geschlossen-unikursal. Für gerades n ist K_n nicht unikursal, sondern $\frac{n}{2}$-zügig durchlaufbar. Jeder K_n besitzt trivialerweise einen Hamilton-Weg.

In K_n sind $\binom{n}{r}$ verschiedene K_r als Teilgraphen enthalten. Dabei versteht man unter einem *Teilgraph* eines Graphen $(\mathbf{E}, \mathbf{K}, \mathbf{I})$ einen Graph $(\mathbf{E}', \mathbf{K}', \mathbf{I}')$ mit

$$\mathbf{E}' \subseteq \mathbf{E}, \quad \mathbf{K}' \subseteq \mathbf{K} \quad \text{und} \quad \mathbf{I}' \subseteq \mathbf{I}.$$

Für die vollständigen Graphen K_n mit $n \le 4$ kann man kreuzungsfreie Bilder zeichnen, für K_5 gelingt dies (zumindest in der Ebene) nicht.

Ein einfacher Graph heißt *paarer Graph* oder *bipartiter Graph*, wenn gilt (Abb. 8.3.9):

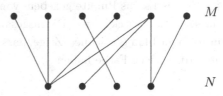

- $\mathbf{E} = M \cup N$ und $M \cap N = \emptyset$;
- jede Kante des Graphen verbindet eine Ecke aus M mit einer Ecke aus N.

Abb. 8.3.9 Bipartiter Graph

Ein paarer Graph heißt *vollständig*, wenn jede Ecke aus M mit jeder Ecke aus N durch genau eine Kante verbunden ist; mit $|M| = m$, $|N| = n$ bezeichnet man ihn durch $K_{m,n}$ (Abb. 8.3.10).

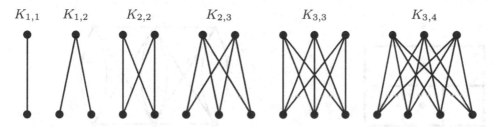

$K_{1,1}$　　$K_{1,2}$　　　$K_{2,2}$　　　　$K_{2,3}$　　　　　$K_{3,3}$　　　　　$K_{3,4}$

Abb. 8.3.10 Vollständige bipartite Graphen

Der Graph $K_{m,n}$ hat genau $m \cdot n$ Kanten. Als weitere Eigenschaften halten wir fest:

- Sind m und n gerade, dann ist $K_{m,n}$ geschlosen-unikursal.
- Nur für $m = n$ besitzt $K_{m,n}$ einen Hamilton-Weg.
- $K_{1,n}$ und $K_{2,n}$ kann man in der Ebene kreuzungsfrei zeichnen, bei $K_{3,3}$ und allgemein bei $K_{m,n}$ für $m, n \ge 3$ gelingt dies aber nicht.

Aufgaben

8.6 a) Auf einer Party treffen sich n Leute, die sich aber nicht so gut kennen, dass jeder jedem die Hand schüttelt. Zeige, dass mindestens zwei Leute gleich oft eine Hand geschüttelt haben, wenn jeder mindestens einmal eine Hand schüttelt.

b) Jeder Partyteilnehmer möge genau k Bekannte treffen. Zeige, dass dies nur möglich ist, wenn das Produkt kn eine gerade Zahl ist.

8.7 Ein Fährmann F möchte den Wolf W, das Schaf S und den Kohlkopf K über den Fluss bringen; auf jeder Fahrt kann er aber nur immer einen der Fahrgäste W, S, K transportieren. Ohne seine Aufsicht leben S und K gefährlich.

Beschreibe das Problem mit einem Graphen, dessen Ecken Teilmengen von $\{F, W, S, K\}$ sind und die Zustände auf dem Ausgangsufer angeben.

8.8 Es seien sechs Punkte gegeben, von denen je drei nicht auf einer Geraden liegen, sodass sie ein Dreieck bilden. Die insgesamt 15 Verbindungsstrecken der Punkte werden nun rot oder blau gezeichnet. Zeige, dass dann mindestens ein Dreieck entsteht, dessen Seiten die gleiche Farbe haben.

8.9 Der Nachtwächter soll auf seinem Rundgang jede Tür genau einmal benutzen und zu seinem Ausgangspunkt zurückkehren.

a) Ist dies bei dem Grundriss in Abb. 8.3.11 möglich? Zeichne einen Wegeplan.

b) Der Graph in Abb. 8.3.12 ist der Wegeplan des Nachtwächters. Zeichne einen passenden Grundriss.

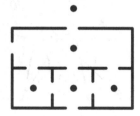   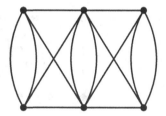

Abb. 8.3.11 Zu Aufgabe 8.9a   **Abb. 8.3.12** Zu Aufgabe 8.9a

8.10 Als die $2n$ Ecken eines vollständigen Graphen K_{2n} betrachten wir die Restklassen mod $2n$. Für $1 \leq i \leq n$ sei Z_i die Menge aller Kanten $\{a, b\}$ mit

$$a + b \equiv 2i - 1 \bmod 2n \quad \text{oder} \quad a + b \equiv 2i \bmod 2n.$$

Zeige, dass die Mengen Z_i paarweise disjunkte Kantenzüge der Länge $2n - 1$ sind, die zusammen alle Kanten von K_{2n} enthalten.

8.11 Ein einfacher Graph mit n Ecken, der keinen K_3 (also kein Dreieck) enthält, besitzt höchstens $\left[\dfrac{n^2}{4}\right]$ Kanten. Beweise dies mit vollständiger Induktion. Unterscheide dabei die Fälle, dass n gerade oder ungerade ist. Zeige an einem Beispiel, dass die Abschätzung optimal ist.

8.4   Planare Graphen

Ein Graph heißt *planar* oder *plättbar*, wenn man ihn ohne Überschneidungen von
Kanten („kreuzungsfrei") in der Ebene zeichnen kann. Bisweilen unterscheidet man
auch diese beiden Begriffe und spricht von einem plättbaren Graph, wenn man ihn
kreuzungsfrei *zeichnen kann*, hingegen von einem planaren Graph, wenn er kreuzungsfrei *gezeichnet ist*. Wir wollen aber beide Begriffe synonym verwenden. Beispiele für
planare Graphen sind in Abb. 8.4.1 dargestellt.

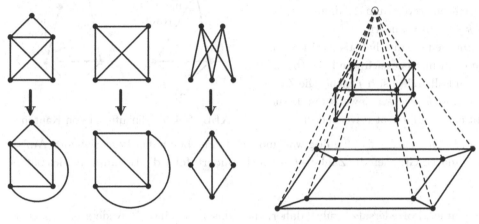

Abb. 8.4.1 Planare Graphen   **Abb. 8.4.2** Polyedernetz als
                                                    planarer Graph

Statt in der Ebene könnte man den Graph auch auf einer Kugel zeichnen und diese
dann mittels einer Zentralprojektion in eine Ebene abbilden. Ebenso lässt sich das
Netz eines konvexen Polyeders, also eine geeignete Projektion des Polyeders in die
Ebene, dort als ein planarer Graph erkennen; daher nennt man einen planaren Graph
manchmal auch ein *Netz* (Abb. 8.4.2).

Ein planarer Graph teilt die Ebene (oder die Kugel) in Gebiete ein, die man die
Flächen des planaren Graphen nennt. Man beachte dabei, dass bei einem in der Ebene
gezeichneten planaren Graph eine der Flächen stets unbeschränkt ist; sie wird die
äußere Fläche genannt. Bei der Darstellung auf der Kugel muss man natürlich keine
der Flächen als äußere Fläche auszeichnen.

Man bezeichnet allgemein mit e die *Anzahl* der Ecken, mit k die *Anzahl* der Kanten
und mit f die *Anzahl* der Flächen eines planaren Graphen. Zwischen den Zahlen e, k, f
besteht ein wichtiger Zusammenhang, der durch Satz 8.5 beschrieben wird.

Satz 8.5 (Euler'scher Polyedersatz für planare Graphen)
Für die Zahlen e, k, f eines planaren Graphen qilt

$$e - k + f = 2.$$

Beweis 8.5 Ausgehend von einer Ecke bauen wir den Graph schrittweise durch Hinzufügen von Kanten auf und beobachten dabei das Verhalten der Zahl $e - k + f$. Zunächst ist $e = 1, k = 0, f = 1$, also $e - k + f = 2$. Hinzufügen einer Kante einschließlich ihrer zweiten Endecke liefert $e = 3, k = 1, f = 1$, also wieder $e - k + f = 2$. Haben wir den Graph schon teilweise aufgebaut und fügen eine weitere Kante hinzu, so sind zwei Fälle möglich (Abb. 8.4.3).

(1) Die neue Kante verbindet zwei schon vorhandene Ecken (a); in diesem Fall ändert sich e nicht. Die Zahlen k und f wachsen jeweils um 1; damit bleibt $e - k + f$ unverändert.

(2) Die neue Kante hat als zweite Ecke eine noch nicht gezeichnete Ecke (b); in diesem Fall ändert sich f nicht. Die Zahlen e und k wachsen jeweils um 1; die Zahl $e - k + f$ bleibt unverändert.

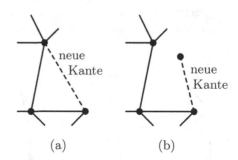

(a)   (b)

Abb. 8.4.3 Hinzufügen von Kanten

Da zu Beginn $e - k + f = 2$ gültig war und sich beim oben näher beschriebenen Aufbau des planaren Graphen die Zahl $e - k + f$ nicht ändert, folgt die Behauptung des Satzes. □

Der Name „Polyedersatz" rührt daher, dass das Netz eines Polyeders ein spezieller planarer Graph ist (Abb. 8.4.2). Aus Satz 8.5 folgt damit auch Satz 2.1 über das Netz eines Polyeders.

Bei der Frage nach der Planarität ist es unerheblich, ob der Graph Mehrfachkanten besitzt. Daher wollen wir im Folgenden stets nur *einfache* Graphen betrachten.

Satz 8.6

In einem planaren Graph, dessen Flächen alle von genau n Kanten begrenzt werden, gilt $n(e - 2) = k(n - 2)$. Ist der Graph maximal, kann man also keine weitere Kante ohne Verletzung der Planarität hinzufügen, dann gilt $k = 3(e - 2)$; immer gilt aber $k \leq 3(e - 2)$.

Beweis 8.6 Da jede Fläche mit n Kanten inzidiert und es f Flächen gibt, liegen nf Inzidenzen Kante/Fläche vor. Diese Inzidenzen kann man aber auch anders zählen: Es gibt k Kanten, und jede dieser Kanten inzidiert mit 2 Flächen. So erhält man $2k$ Inzidenzen Kante/Fläche. Daraus ergibt sich $nf = 2k$, mit Satz 8.5 demnach

$$n(k + 2 - e) = 2k \quad \text{bzw.} \quad n(e - 2) = k(n - 2).$$

Ist der Graph maximal, so ist $n = 3$; stets ist aber $n \geq 3$ und deshalb $\frac{n}{n-2} = 1 + \frac{2}{n-2} \leq 3$. Daraus folgt die Behauptung. □

Anwendung: Die Graphen K_5 und $K_{3,3}$ sind nicht planar (Abb. 8.4.4).

Im Fall K_5 ist $k = 10$ und $n = 3$, aber

$$3(e - 2) = 3 \cdot 3 = 9 \neq 10(n - 2).$$

Im Fall $K_{3,3}$ ist $k = 9$ und $n = 4$, folglich

$$16 = n(e - 2) \neq 18 = k(n - 2).$$

K_5 $\qquad$ $K_{3,3}$

Abb. 8.4.4 Nicht-planare Graphen

Die Graphen K_5 und $K_{3,3}$ sind in gewisser Weise „typisch" für nicht-planare Graphen, denn ein Graph ist genau dann planar, wenn er keinen Teilgraph enthält, der durch Weglassen von Ecken der Ordnung 2 in einen K_5 oder einen $K_{3,3}$ übergeht. Das können wir hier aber nicht beweisen.

Satz 8.7

Jeder planare Graph mit mindestens vier Ecken hat auch mindestens vier Ecken der Ordnung ≤ 5.

Beweis 8.7 Hätte der Graph höchstens drei Ecken der Ordnung ≤ 5 und damit mindestens $e - 3$ Ecken der Ordnung ≥ 6, dann müsste die Summe $2k$ der Ordnungen der Ungleichung

$$2k \geq (e - 3) \cdot 6 + 3 \cdot 3 = 6e - 9$$

genügen. Gemäß Satz 8.6 muss aber $2k \leq 6(e - 2) = 6e - 12$ gelten. $\qquad\square$

Nun wollen wir die Euler'sche Polyederformel auf zwei geometrische Probleme anwenden. Zunächst geht es um die Berechnung des Flächeninhalts eines *Gitterpolygons*, die auf GEORG ALEXANDER PICK (1859–1942) zurückgeht; anschließend werden wir uns einen kompletten Überblick über die *platonischen Körper* verschaffen.

Satz 8.8 (Satz von Pick)

Der Flächeninhalt einen Polygons in $\mathbb{R}^2$, dessen Ecken ganzzahlige Koordinaten haben, ist

$$A = a + \frac{b}{2} - 1,$$

wobei a die Anzahl der Gitterpunkte im Inneren und b die Anzahl der Gitterpunkte auf dem Rand des Polygons bezeichnet.

Beweis 8.8 Man zerlege die Polygonfläche derart in Dreiecke, dass alle Gitterpunkte im Inneren und auf dem Rand benutzt werden und jedes dieser Dreiecke den Inhalt $\frac{1}{2}$ besitzt (Abb. 8.4.5).

Es entsteht ein planarer Graph mit $e = a + b$ Ecken, f Flächen und k Kanten. Offensichtlich ist $A = \dfrac{f-1}{2}$; man beachte dabei, dass die äußere Fläche für die Berechnung des Inhalts des Polygons nicht mitgezählt werden darf. Gibt es c innere Kanten und b Randkanten $(b + c = k)$, dann ist (Zählen von Inzidenzen Kante/Fläche)

$$3(f - 1) = 2c + b = 2k - b.$$

Es folgt

$$
\begin{aligned}
f &= 2(k - f) - b + 3 \\
  &= 2(e - 2) - b + 3 \\
  &= 2a + b - 1,
\end{aligned}
$$

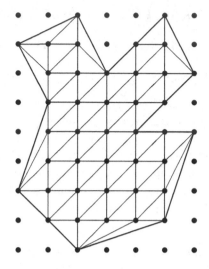

Abb. 8.4.5 Zerlegung in Dreiecke

wobei die Euler'sche Polyederformel in Gestalt von $k - f = e - 2$ benutzt wurde. Daraus ergibt sich die Behauptung. □

Nun bestimmen wir alle *platonischen Körper*, also alle konvexen Polyeder, deren Seitenflächen zueinander kongruente regelmäßige n-Ecke sind, von denen in jeder Ecke gleich viele (m) aneinanderstoßen. Dabei betrachten wir neben dem Polyeder auch den planaren Graph, der dem Polyedernetz entspricht (Projektion des Polyeders auf eine Ebene durch eine seiner Seitenflächen; Abb. 8.3.6)).

Satz 8.9
Es gibt genau fünf platonische Körper, nämlich

Tetraeder, Hexaeder, Oktaeder, Dodekaeder und Ikosaeder.

Beweis 8.9 Wir zeigen zunächst, dass es *höchstens fünf* platonische Körper gibt.

In jeder Ecke eines konvexen Polyeders mögen m kongruente regelmäßige n-Ecke aneinanderstoßen. Durch Zählen der Inzidenzen von Ecken mit Kanten, Kanten mit Flächen und Flächen mit Ecken erhalten wir Gleichungen für die Parameter e, k, f, m und n, die uns Informationen über das Polyeder liefern.

Die Anzahl der Inzidenzen einer Ecke mit einer Kante ist einerseits em, andererseits $2k$. Die Anzahl der Inzidenzen einer Kante mit einer Fläche ist einerseits fn, andererseits $2k$. Die Anzahl der Inzidenzen einer Fläche mit einer Ecke ist einerseits fn, andererseits em. Von den drei Gleichungen $em = 2k, fn = 2k$ und $fn = em$ folgt jede aus den beiden anderen; es genügt also, zwei dieser Gleichungen zu betrachten, etwa $em = 2k = fn$.

Aus der Euler'schen Polyederformel $e + f = 2 + k$ folgt damit $\frac{2k}{m} + \frac{2k}{n} = 2 + k$ bzw.

$$\frac{1}{m} + \frac{1}{n} = \frac{1}{k} + \frac{1}{2} > \frac{1}{2}.$$

Wegen $n \geq 3$ und $\frac{1}{m} + \frac{1}{n} > \frac{1}{2}$ muss $3 \leq m \leq 5$ gelten.

Für $m = 3$ ist $\frac{1}{n} = \frac{1}{k} + \frac{1}{6}$, also $n \leq 5$.

$n = 3$ ergibt $k = 6$, $e = 3$, $f = 4$,

$n = 4$ ergibt $k = 12$, $e = 8$, $f = 6$,

$n = 5$ ergibt $k = 30$, $e = 20$, $f = 12$.

Für $m = 4$ ist $\frac{1}{n} = \frac{1}{k} + \frac{1}{4}$, also $n = 3$ und damit $k = 12$, $e = 6$, $f = 8$.

Für $m = 5$ ist $\frac{1}{n} = \frac{1}{k} + \frac{3}{10}$, also $n = 3$ und damit $k = 30$, $e = 12$, $f = 20$.

	e	k	f
Tetraeder	4	6	4
Hexaeder	8	12	6
Oktaeder	6	12	8
Dodekaeder	20	30	12
Ikosaeder	12	30	20

Es gibt also höchstens fünf platonische Körper; ihre Namen sind in obiger Tabelle gemäß der Anzahl ihrer Flächen gewählt. Dass diese fünf Körper tatsächlich auch existieren, belegt man durch Konstruktion.

Ein Ikosaeder kann man beispielsweise folgendermaßen konstruieren: Man stecke drei Rechtecke mit den Seitenlänge 2 und 2α symmetrisch ineinander (Abb. 8.4.6) und verbinde benachbarte Ecken, wobei die Zahl α durch

$$\alpha : 1 = 1 : (\alpha - 1)$$

definiert ist. Dies führt auf die quadratische Gleichung

$$\alpha^2 - \alpha - 1 = 0$$

mit der positiven Lösung

$$\alpha = \frac{1 + \sqrt{5}}{2}.$$

Die Entfernung zweier Punkte, die die Schmalseite eines Rechtecks begrenzen, ist 2. Die Entfernung zweier benachbarter Ecken von zwei verschiedenen dieser Rechtecke ist ebenfalls 2:

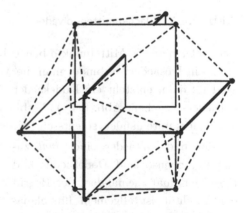

Abb. 8.4.6 Konstruktion Ikosaeder

$$\sqrt{1^2 + \alpha^2 + (1 - \alpha)^2} = \sqrt{2(\alpha^2 - \alpha - 1) + 4} = \sqrt{4} = 2$$

Dabei haben wir benutzt, dass die Diagonale eines Quaders mit den Seitenlängen a, b, c die Länge $\sqrt{a^2 + b^2 + c^2}$ hat; das folgt aus dem Satz von Pythagoras.

Ein Rechteck mit dem Seitenverhältnis α nennt man ein *goldenes Rechteck*, da das Seitenverhältnis dem goldenen Schnitt entspricht (Aufgabe 8.18).

Die Bedeutung der regelmäßigen Körper für die griechische Naturphilosophie geht auf PLATON (um 429–348 v.Chr.) zurück. Er lehrte einen mystischen Zusammenhang zwischen den vier „Elementen" Erde, Feuer, Luft, Wasser und dem Würfel, dem Tetraeder, dem Oktaeder und dem Ikosaeder. Platonische Körper treten in der Natur als Kristalle bestimmter Mineralien und als Skelette von Radiolarien (Strahlentierchen) auf.

Bei genauerer Betrachtung der tabellarischen Zusammenstellung der platonischen Körper erkennt man eine gewisse Verwandtschaft zwischen Hexaeder und Oktaeder bzw. zwischen Dodekaeder und Ikosaeder: Die Kantenzahl ist gleich, die Eckenzahl des einen Körpers ist die Flächenzahl des anderen Körpers. Verbindet man die Mittelpunkte benachbarter Flächen eines Würfels, dann entsteht ein Oktaeder; verbindet man die Mittelpunkte benachbarter Flächen eines Oktaeders, dann entsteht wieder ein Würfel (Abb. 8.4.7).

Abb. 8.4.7 Flächenmittenpolyeder I

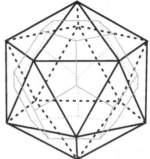

Abb. 8.4.8 Flächenmittenpolyeder II

Verbindet man die Mittelpunkte benachbarter Flächen eines Dodekaeders, dann entsteht ein Ikosaeder; verbindet man die Mittelpunkte benachbarter Flächen eines Ikosaeders, dann entsteht ein Dodekaeder. (Damit ist auch eine Konstruktion des Dodekaeders gegeben; Abb. 8.4.8). Verbindet man die Mittelpunkte der Flächen eines Tetraeders miteinander, so entsteht wieder ein Tetraeder.

Würfel und Oktaeder sind *dual* zueinander, ebenso sind Dodekaeder und Ikosaeder dual zueinander. Der Begriff der Dualität ist allgemein für planare Graphen definiert: Der zu einem planaren Graph duale Graph entsteht, wenn man die Rolle von Ecken und Flächen vertauscht. Jede Fläche verstehe man als Ecke und verbinde zwei solche Ecken durch eine Kante, wenn im ursprünglichen Graph die Flächen längs

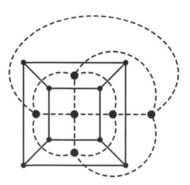

Abb. 8.4.9 Graph und dualer Graph

einer Kante aneinanderstoßen. Der duale Graph des dualen Graphen ergibt wieder den ursprünglichen Graph. In Abb. 8.4.9 ist zu einem Graph der duale Graph (gestrichelt) gezeichnet.

Legt man bei einem planaren Graph das Augenmerk auf seine Flächen, dann nennt man ihn auch eine *Landkarte*. Ein interessantes Problem besteht darin, die Länder einer Landkarte so zu färben, dass Länder mit einer gemeinsamen Grenze verschiedene Farben haben. Man spricht dann von einer *zulässigen Färbung* der Landkarte. Kommt man dabei mit k Farben aus, dann heißt die Landkarte *k-färbbar*. Es ist dabei gleichgültig, ob man sich die Landkarte in der Ebene oder auf der Kugel gezeichnet denkt.

Zeichnet man in der Ebene endlich viele Geraden, so entsteht eine Gebietseinteilung der Ebene, also eine (unbegrenzte) Landkarte. Diese ist mit zwei Farben zulässig färbbar, also 2-färbbar. Dies beweist man durch vollständige Induktion:

Zeichnet man eine einzige Gerade, dann ist die entstandene Landkarte offensichtlich 2-färbbar. Es sei gezeigt, dass eine von n Geraden erzeugte Landkarte 2-färbbar ist. Man zeichne eine weitere Gerade (Abb. 8.4.10). Auf der einen Seite der neuen Geraden lasse man die Farben unverändert, auf der anderen Seite vertausche man die beiden Farben. Dann ergibt sich eine zulässige Färbung der neuen Landkarte mit 2 Farben.

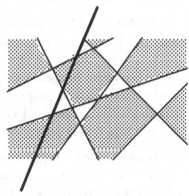

Abb. 8.4.10   2-färbbare Landkarte

Der soeben bewiesene *Zweifarbensatz* gilt auch für eine Gebietseinteilung der Ebene (oder der Kugelfläche) durch Kreise oder geeignete andere geschlossene Kurven. Dabei ist entscheidend, dass die Ecken des entstehenden Graphen alle eine gerade Ordnung haben, wie die folgende Überlegung zeigt.

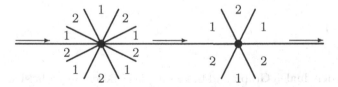

Abb. 8.4.11   Argumentation zum Zweifarbensatz

Ist der Graph 2-färbbar, dann trifft sich an jeder Ecke eine gerade Anzahl von Ländern und damit von Grenzen; die Eckenordnungen sind also alle gerade und der Graph besitzt einen geschlossenen Euler-Weg. Besitzt der Graph umgekehrt einen geschlossenen Euler-Weg, dann ist er 2-färbbar: Man wähle eine Ecke und färbe die sich dort treffenden Länder mit 2 Farben. Dann gehe man längs des Euler-Wegs zur nächsten Ecke und übertrage die gewählte Färbung auf die dort zusammentreffenden Länder (Abb. 8.4.11).

Der Graph in Abb. 8.4.12 ist 3-färbbar. Man kann zeigen, dass dies für jeden Graph zutrifft, dessen Eckenordnungen alle 3 sind und dessen Fläche alle von einer geraden Anzahl von Kanten begrenzt werden.

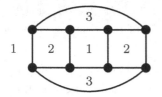

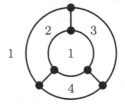

Abb. 8.4.12 3-färbbarer Graph   **Abb. 8.4.13** 4-färbbarer Graph

Der Graph in Abb. 8.4.13 ist 4-färbbar, man kommt aber nicht mit weniger als 4 Farben aus. Der berühmte *Vierfarbensatz* besagt, dass man *jede* Landkarte in der Ebene (oder auf der Kugel) mit 4 Farben zulässig färben kann. Der Färbung der Flächen einer Landkarte entspricht die Färbung der Ecken des dualen Graphen. Eine Eckenfärbung eines planaren Graphen heißt dann zulässig, wenn die Endecken jeder Kante verschiedene Farben haben. Der Vierfarbensatz besagt dann, dass jeder planare Graph eine zulässige Eckenfärbung mit maximal 4 Farben besitzt.   □

Der Vierfarbensatz ist erst 1976 bewiesen worden, obwohl er lange als *Vierfarbenvermutung* die Mathematiker beschäftigte. Damals gelang es KENNETH APPEL (1932–2013) und WOLFGANG HAKEN (geb. 1928) an der University of Illinois, den zu untersuchenden Sachverhalt in knapp 2000 Fälle unterschiedlicher topologischer Eigenschaften einzuteilen, die anschließend sämtlich mithilfe eines Computers überprüft werden konnten. Damit war der Vierfarbensatz das erste wichtige mathematische Problem, das mithilfe von Computern gelöst wurde.

Wir beweisen nun den schwächeren Satz, dass man zum Färben einer Landkarte mit *fünf* Farben auskommt.

Satz 8.10 (Fünffarbensatz)
Jeder planare Graph ist 5-färbbar.

Beweis 8.10 Wir betrachten den dualen Graph und beweisen, dass dieser eine zulässige Eckenfärbung mit 5 Farben besitzt. Wir führen den Beweis durch vollständige Induktion über die Anzahl der Ecken. Der Graph Γ besitze $e + 1$ Ecken. Wir wählen eine Ecke E vom Grad ≤ 5 (Existenz: Satz 8.7) und entfernen diese Ecke einschließlich der mit ihr inzidierenden Kanten. Es entsteht ein Graph Γ' mit e Ecken. Dieser ist nach Induktionsvoraussetzung 5-färbbar (Eckenfärbung). War die Ordnung von E höchstens 4, dann hat man für E eine fünfte Farbe zur Verfügung. Es ist also nur der Fall zu betrachten, dass E die Ordnung 5 in Γ hat. In Abb. 7.4.14 sind die Farben c_1, c_2, c_3, c_4, c_5

der Nachbarecken von E bei der Färbung von Γ' eingetragen. Es sei nun Γ_{13} der (nicht notwendig zusammenhängende) Teilgraph von Γ', der nur die mit c_1 oder c_3 gefärbten Ecken enthält. Man muss nun zwei Fälle unterscheiden:

(1) E_1, E_3 gehören zu verschiedenen zusammenhängenden Komponenten von Γ_{13}. Man vertausche die Farben in der Komponente, zu der E_1 gehört. Dann hat kein Nachbar von E die Farbe c_1, man kann also E mit c_1 färben.

(2) E_1, E_3 gehören beide zu einer Komponente, es existiert also ein Kantenzug von E_1 nach E_3 mit c_1/c_3-gefärbten Ecken.

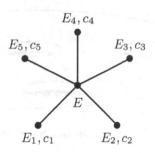

Abb. 8.4.14 Beweisfigur zu Satz 8.10

Zusammen mit $E_1 E E_3$ entsteht ein geschlossener Kantenzug, in dessen Innerem E_2 oder E_4, E_5 liegen. Es existiert also in Γ' kein Kantenzug von E_2 nach E_4, dessen Ecken alle c_2- oder c_4-gefärbt sind. Folglich gehören E_2 und E_4 zu verschiedenen Komponenten des Graphen Γ_{24}, der analog zu Γ_{13} definiert ist. Nun vertausche man die Farben in der Komponente, in der E_2 liegt, und ordne E die Farbe c_2 zu.

Bei diesen Überlegungen ist es wichtig, dass E_5 weder die Farbe c_1 noch die Farbe c_2 erhalten kann. $\qquad\qquad\qquad\qquad\qquad\qquad\qquad\qquad\qquad\qquad\qquad\qquad\quad$ $\square$

Den Begriff der Eckenfärbung kann man auch auf nicht-planare Graphen anwenden. Beispielsweise benötigt der vollständige Graph K_r für eine zulässige Eckenfärbung genau r Farben.

Ein Graph ist planar, wenn er kreuzungsfrei in der Ebene oder auf der Kugel zu zeichnen ist. Man kann nun Graphen auf anderen Flächen zeichnerisch darstellen und danach fragen, ob dies kreuzungsfrei möglich ist. Beispielsweise kann man den K_5 und den $K_{3,3}$, die wir oben als nicht-planare Graphen identifiziert haben, auf einem Torus tatsächlich kreuzungsfrei zeichnen (Abb. 8.4.15 und 7.4.16); das trifft auch für K_6 und K_7 zu. Den vollständigen Graph K_8 kann man aber nicht kreuzungsfrei auf dem Torus zeichnen, dazu benötigt man schon eine Brezelfläche (Doppeltorus), wie wir in Satz 8.12 sehen werden.

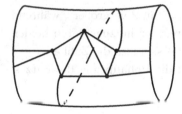

Abb. 8.4.15 K_5 auf dem Torus

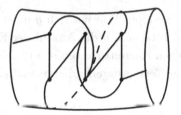

Abb. 8.4.16 $K_{3,3}$ auf dem Torus

Eine „Brezelfläche" mit g Löchern (Abb. 8.4.17) nennt man eine Fläche vom *Geschlecht* g. Man kann nun die Euler'sche Polyederformel auf Flächen vom Geschlecht g verallgemeinern.

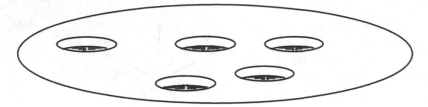

Abb. 8.4.17   Fläche vom Geschlecht g

Satz 8.11

Für die Anzahl e der Ecken, k der Kanten und f der Flächen eines auf eine Fläche vom Geschlecht g kreuzungsfrei gezeichneten Graphen gilt

$$e - k + f = 2 - 2g.$$

Beweis 8.11 Man betrachte ein Loch, durch welches Kanten des Graphen hindurchführen. (Existieren keine solche Kanten, dann ist das Loch überflüssig und der Graph könnte auf einer Fläche von kleineren Geschlecht als g gezeichnet werden.) Nun schließe man das Loch und ersetze seine beiden Ränder jeweils durch einen geschlossenen Kantenzug (Abb. 8.4.18).

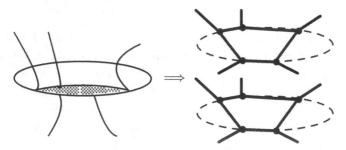

Abb. 8.4.18   Beweisfigur zu Satz 8.11

Bei dieser Manipulation hat sich g um 1 verkleinert und f um 2 vergrößert, während e und k sich beide um die Anzahl der Ecken bzw. Kanten der hinzugefügten beiden geschlossenen Kantenzüge vergrößert haben. Insgesamt hat sich also die Zahl $e - k + f$ um 2 vergrößert. Ausgehend vom Fall $g = 0$ ergibt sich die Behauptung des Satzes.

□

Satz 8.12

Es sei $g(K_n)$ das kleinstmögliche Geschlecht einer Fläche, auf der der vollständige Graph K_n kreuzungsfrei gezeichnet werden kann. Dann gilt

$$g(K_n) \geq \frac{(n-3)(n-4)}{12}.$$

Beweis 8.12 Da jede Fläche von K_n mit mindestens 3 Kanten inzidiert, gilt $3f \leq 2k$, nach Satz 8.11 also $6g = 6 + 3k - 3e - 3f \geq 6 + k - 3e$ und daher

$$g \geq \frac{6 + k - 3e}{6} = \frac{6 + \binom{n}{3} - 3n}{6} = \frac{12 + n(n-1) - 6n}{12} = \frac{(n-3)(n-4)}{12}.$$

$\square$

Bemerkung: Es gilt sogar $g(K_n) = \left\{ \frac{(n-3)(n-4)}{12} \right\}$, wobei $\{x\}$ die kleinste ganze Zahl $\geq x$ bedeutet. Das ist aber nicht leicht zu beweisen.

Für eine auf einen Torus gezeichnete Landkarte gilt der *Siebenfarbensatz*: Jede Landkarte auf dem Torus kann mit 7 Farben zulässig gefärbt werden. Statt eines Torus könnte man eine Brezelfläche betrachten und Landkarten auf dieser Fläche färben. Hier gilt der *Achtfarbensatz*. Auf einer Fläche vom Geschlecht g kann man jede Landkarte mit

$$\left[\frac{7 + \sqrt{1 + 48g}}{2} \right]$$

Farben zulässig färben. (Dabei bedeutet $[x]$ die größte ganze Zahl $\leq x$.) Diese interessante Aussage, die für $g = 0$ den Vierfarbensatz beinhaltet, kann hier aber nicht bewiesen werden, denn zu ihrem Beweis (für $g > 0$) benötigt man die in obiger Bemerkung enthaltene Aussage über $g(K_n)$.

Aufgaben

8.12 Vom Wasserwerk, vom Gaswerk und vom Elektrizitätswerk aus sollen n Häuser durch Leitungen versorgt werden. Für welche Zahlen n ist es möglich, die Leitungen in einer Ebene kreuzungsfrei zu verlegen?

8.13 Zeige, dass für die Anzahl e der Ecken, k der Kanten und f der Flächen eines konvexen Polyeders die Ungleichungen $3e \leq 2k$ und $3f \leq 2k$ gelten. Beweise damit, dass kein Polyeder mit genau sieben Kanten existiert.

8.14 Beweise: Besitzt ein Graph einen Hamilton-Weg und haben seine Ecken alle die Ordnung 3, dann lassen sich seine Kanten so mit drei Farben färben, dass aneinanderstoßende Kanten verschiedene Farben haben.

8.15 Für die platonischen Körper sollen Kantenmodelle aus Draht hergestellt werden. Wie viele Drahtstücke muss man mindestens schneiden ?

8.16 Eine Überdeckung der Ebene mit kongruenten Figuren heißt eine *Parkettierung* der Ebene, wenn jeder Punkt der Ebene überdeckt wird und die Figuren keine inneren Punkte gemeinsam haben.

a) Zeige, dass sich die Ebene mit jedem Dreieck und mit jedem Viereck parkettieren lässt.

b) Zeige, dass eine Parkettierung der Ebene mit regelmäßigen n-Ecken nur für $n = 3$, $n = 4$ und $n = 6$ möglich ist.

c) Zeige, dass eine Parkettierung der Ebene mit jedem der Polygone in Abb. 8.4.19 möglich ist.

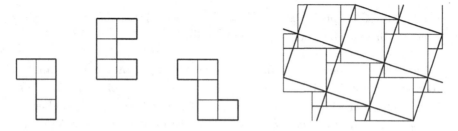

Abb. 8.4.19 Zu Aufgabe 8.16c   **Abb. 8.4.20** Zu Aufgabe 8.16e

d) Man kann auch Parkettierungen der Ebene mit *zwei* Sorten kongruenter Figuren untersuchen. Zeichne eine Parkettierung der Ebene mit Quadraten und regelmäßigen Achtecken.

e) In Abb. 8.4.20 ist eine Parkettierung der Ebene einmal mit zwei Sorten von Quadraten und einmal mit einem einzigen Quadrat angedeutet. Leite aus dieser Zeichnung den Satz von Pythagoras her.

8.17 Das Tetraeder, das Oktaeder und das Ikosaeder werden von kongruenten gleichseitigen Dreiecken begrenzt. Es gibt noch weitere konvexe Körper, die von kongruenten gleichseitigen Dreiecken begrenzt werden, aber dennoch keine platonischen Körper sind, da nicht in jeder Ecke gleichviele Kanten zusammenstoßen. Für einen solchen Körper muss $3f = 2k$ und $3e_3 + 4e_4 + 5e_5 = 2k$ gelten, wobei e_i die Anzahl der Ecken ist, in denen genau i Kanten zusammenstoßen ($i = 3,4,5$). Leite mithilfe des Euler'schen Polyedersatzes her, dass

$$f = 2e - 4 \qquad \text{und} \qquad k = 3e - 6.$$

Folgere daraus, dass für f nur die Werte 4, 6, 8, 10, 12, 14, 16, 18, 20 infrage kommen. Die Fälle $f = 4,8,20$ werden durch die oben genannten platonischen Körper realisiert. Auch alle anderen Fälle außer $f = 18$ sind zu realisieren. Man versuche, diese fünf Körper zu finden.

(Hinweise: Man setze Pyramiden aneinander, deren Mantel aus kongruenten gleichseitigen Dreiecken besteht; man ergänze das Antiprisma in Abb. 8.4.22 durch zwei quadratische Pyramiden; man verfahre ähnlich mit zwei Tetraedern; man setze drei quadratische Pyramiden mit ihren Kanten so aneinander, dass zwischen ihnen ein Prisma frei bleibt.)

8.18 Bei der Konstruktion eines Ikosaeders haben wir die Verhältniszahl des *goldenen Schnitts* benutzt.

Eine Strecke AB wird durch einen Punkt T *innerhalb* der Strecke im goldenen Schnitt geteilt, wenn $\overline{AT} : \overline{AB} = \overline{TB} : \overline{AT}$. Zeige, dass dann gilt: $\dfrac{\overline{AT}}{\overline{AB}} = \dfrac{-1+\sqrt{5}}{2}$.

Eine Strecke AB wird durch einen Punkt T auf der Geraden durch A und B *außerhalb* der Strecke im goldenen Schnitt geteilt, wenn $\overline{AT} : \overline{AB} = \overline{AB} : \overline{BT}$. Zeige, dass dann gilt: $\dfrac{\overline{AT}}{\overline{AB}} = \dfrac{1+\sqrt{5}}{2}$.

8.19 Ein Europa-Fußball besteht aus kongruenten regelmäßigen Fünfecken und Sechsecken, wobei an jedes Fünfeck nur Sechsecke grenzen, an jedes Sechseck aber je drei Fünfecke und Sechsecke. Aus wie vielen Fünfecken und Sechsecken ist der Europa-Fußball zusammengesetzt? (Der Europa-Fußball ist ein Beispiel für einen *archimedischen Körper*, vgl. Aufgabe 8.20.)

8.20 Ein konvexes Polyeder, das von *zwei* Sorten untereinander kongruenter regelmäßiger Polygone begrenzt wird, heißt ein *halbregelmäßiger Körper* oder ein *archimedischer Körper*. Archimedes hat alle halbregelmäßigen Polyeder gefunden, wobei er auch solche Polyeder untersuchte, die von *drei* Sorten regelmäßiger Polygone begrenzt werden. Die einfachsten archimedischen Körper sind die Prismen mit regelmäßigen Grund- und Deckflächen. Aus platonischen Körpern entstehen archimedische Körper, wenn man in geeigneter Weise die Ecken abschneidet. So erhält man aus einem Würfel die beiden archimedischen Körper, die von gleichseitigen Dreiecken und Quadraten bzw. von gleichseitigen Dreiecken und regelmäßigen Achtecken begrenzt werden (Abb. 8.4.21).

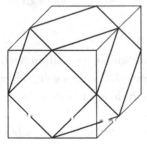 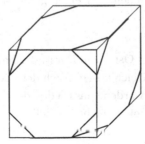

Abb. 8.4.21 Zu Aufgabe 8.20: Archimedische Körper

Schneidet man die Ecken eines Dodekaeders in geeigneter Weise ab, dann entsteht ein von regelmäßigen Fünfecken und regelmäßigen Sechsecken begrenzter Körper; ein Modell für einen solchen Körper ist der *Europa-Fußball* (Aufgabe 8.19).

Abb. 8.4.22 zeigt ein *Antiprisma*, das aus zwei Quadraten und acht gleichseitigen Dreiecken gebildet ist.
Auch archimedische Körper treten vielfach in der Natur auf, sodass die Untersuchung solcher Körper schon in der Antike sicher nicht nur von ästhetischem Interesse war.

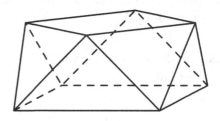

Abb. 8.4.22 Antiprisma

a) Wie lang sind die Kanten der archimedischen Körper in Abb. 8.4.21, wenn der Ausgangswürfel die Kantenlänge a hat? (Verwende den Satz des Pythagoras.)

b) Zeichne das Schrägbild eines Tetraeders und konstruiere damit das Schrägbild eines archimedischen Körpers, der von vier gleichseitigen Dreiecken und vier regelmäßigen Sechsecken begrenzt wird. Wie lang sind die Kanten, wenn das ursprüngliche Tetraeder die Kantenlänge a hat?

c) Zeichne das Schrägbild eines Würfels der Kantenlänge 4 cm und errichte auf jeder seiner Seitenflächen eine gerade Pyramide der Höhe 2 cm. Zeichne dann die sichtbaren Linien (und nicht die Kanten des Würfels!) verstärkt nach. Der so dargestellte Körper heißt *Rhombendodekaeder*. Wie lang sind die Kanten dieses Polyeders?

8.21 Zeichne eine Landkarte, für deren Färbung man 4 Farben benötigt, in der aber keine vier Länder mit paarweise gemeinsamen Grenzen existieren.

8.22 Wie viele Farben benötigt man zur Färbung der platonischen Körper, wenn aneinandergrenzende Flächen verschiedene Farben tragen sollen?

8.23 Beweise: Eine Landkarte, deren sämtliche Eckenordnungen 3 sind, ist genau dann 3-färbbar, wenn alle Flächen von einer geraden Anzahl von Kanten begrenzt werden.

8.24 Es war einmal im Fernen Osten ein Fürst, der hatte fünf Söhne. Sie sollten nach dem Tode des Herrschers sein Reich erben. Nach dem Willen des Herrschers sollte aber die Teilung so vorgenommen werden, dass jedes der fünf Teilreiche an jedes andere angrenze. Den Söhnen gelang eine solche Aufteilung des Reiches nicht. Eines Tages meldete sich ein Derwisch und behauptete, die richtige Lösung zu haben. Welchen Vorschlag machte er?

9 Axiome der Geometrie

Übersicht

9.1   Ein Axiomensystem der ebenen euklidischen Geometrie 321

9.2   Das Poincaré-Modell 329

9.3   Das Klein-Modell 333

9.1   Ein Axiomensystem der ebenen euklidischen Geometrie

Der schweizerische Geometer JACOB STEINER (1796–1863) pflegte seine Geometrie-Vorlesungen in einem verdunkelten Hörsaal zu halten. Damit bezweckte er sicher eine Stärkung der Vorstellungskraft, vermutlich aber auch eine Loslösung von der Anschauung. Dass eine allzu anschaulich-intuitive Argumentation zu Widersprüchen und Paradoxien führen kann, zeigten schon in der Antike die Sophisten; bekannt ist das Paradoxon von Achilles und der Schildkröte (ZENON). Die Formalisierung (Axiomatisierung) der Mathematik und insbesondere der Geometrie durch Euklid war möglicherweise durch die Angriffe der Sophisten bedingt, die an der Zuverlässigkeit und Zulässigkeit mathematischer Argumentation zweifelten.

Unter den *Sophisten* versteht man eine Gruppe griechischer Philosophen des 5. und 4. Jahrhunderts v.Chr., die als Wanderlehrer eine zu politischem Handeln befähigende Bildung vermitteln wollten. Ihre philosophischen Lehren hatten pragmatische Züge, sie interessierten sich nicht für naturphilosophische oder ontologische Fragestellungen. Wesentlich war ihr erkenntnistheoretischer Skeptizismus, der keine absolute, menschenunabhängige Wahrheit mehr anerkannte. Der Einfluss der Sophisten war groß, selbst Aristoteles wurde von ihnen geprägt. Das Hauptanliegen der Philosophen Sokrates und Platon war die Überwindung der sophistischen Lehren.

Euklids Axiomensystem weist in heutiger Sicht einige Merkwürdigkeiten auf: Er versucht, Grundbegriffe — fast im Sinn einer Definition — zu erklären, z.B.: „Ein Punkt ist, was keine Teile hat." Ein modernes Axiomensystem wird Grundbegriffe nicht *explizit* erklären wollen, sondern nur *implizit* durch Festlegung von Beziehungen zwischen diesen Grundbegriffen definieren. Ferner ist unklar, welche Stellung Euklid dem *Parallelenpostulat* gibt („Zu jeder Geraden g und jedem Punkt P existiert genau eine

Parallele zu g durch P.") Er hat es durch die Wahl der Bezeichnung von den eigentlichen *Axiomen* abgesetzt, lässt aber offen, ob dieses Postulat *unabhängig* von den Axiomen ist.

Erst J. Bolyai, N. I. Lobatschewski und auch C. F. Gauß erkannten unabhängig voneinander, dass das Parallelenpostulat nicht von den übrigen Axiomen Euklids abhängt. Erhebt man es zum Axiom, dann treibt man *euklidische Geometrie*. Erhebt man die Forderung, dass zu einer Geraden und einem Punkt außerhalb dieser stets keine oder mindestens zwei Parallelen existieren, zum Axiom, dann treibt man *nichteuklidische Geometrie*. Lässt man das Parallelenpostulat völlig offen, dann treibt man *absolute Geometrie*.

JÁNOS BOLYAI (1802–1860) entdeckte die Rolle des Parallelenpostulats im Jahr 1823, obwohl sein Vater FARKAS BOLYAI (1775–1856) ihm dringend von der Beschäftigung mit diesem gefährlichen Thema abgeraten hatte. Farkas Bolyai, der sich große Verdienste auf dem Gebiet der Analysis erworben hat, hatte zusammen mit CARL FRIEDRICH GAUSS (1777–1855) in Göttingen studiert und war mit diesem Zeit seines Lebens freundschaftlich verbunden. Er wusste, wovor er seinen Sohn warnte, denn auch Gauß hat sich mit dem Parallelenpostulat beschäftigt. Gauß hat auch eine Lösung dieses Problems gefunden, aber diese nie publiziert. NIKOLAI IWANOWITSCH LOBATSCHEWSKI (1792–1856) begann seine Untersuchungen zum Parallelenpostulat 1826 in Kasan, wo er im Alter von 21 Jahren Professor geworden war.

Zwischen einer axiomatischen Geometrie und der „Erfahrungsgeometrie" bestehen ernste Konflikte. Einstein schreibt in *Geometrie und Erfahrung*: „Insofern sich die Sätze der Mathematik auf die Wirklichkeit beziehen, sind sie nicht sicher, und insofern sie sicher sind, beziehen sie sich nicht auf die Wirklichkeit". Die Lehrsätze der euklidischen Geometrie und der Trigonometrie sind auf der Erdoberfläche nur beschränkt anwendbar, man muss sie durch Sätze der sphärischen Geometrie ersetzen (Abschn. 5.4). Analog sind Sätze der euklidischen räumlichen Geometrie im Weltall nur beschränkt anwendbar, das Weltall ist nämlich ein *gekrümmter Raum*. Den gekrümmten Raum können wir nicht anschaulich erfassen, so wie ein zweidimensionales Wesen die „gekrümmte Ebene" (Kugelfläche) nicht erfassen könnte.

Der *Grundlagenstreit* der Mathematik, der seit Anfang des 20.Jahrhunderts zwischen Formalisten, Platonisten und Konstruktivisten tobt, führte zu einer Axiomatisierung der Mengenlehre, der Arithmetik, der Wahrscheinlichkeitstheorie usw., Axiomensysteme gibt es also nicht nur in der Geometrie. In der Mengenlehre gibt es eine ähnliche Situation wie in der Geometrie bezüglich des Parallelenpostulats: Man wusste lange nicht, ob die Existenz einer Kardinalzahl zwischen der von $\mathbb{N}$ („abzählbar") und der von $\mathbb{R}$ (Kontinuum) existiert. Die *Kontinuumshypothese* besagte, dass keine solche Kardinalzahl existiert. Seit einigen Jahren weiß man, dass diese Hypothese den Charakter eines Axioms hat.

Treibt man Geometrie mit dem Computer, so muss man geometrische Objekte und Relationen zwischen diesen ohne Zuhilfenahme der Anschauung beschreiben, muss dem Computer also „Axiome" eingeben.

Es gibt also zahlreiche Gründe, die Geometrie auf eine axiomatische Grundlage zu stellen.

Das folgende Axiomensystem der ebenen euklidischen Geometrie orientiert sich an den *Grundlagen der Geometrie* von DAVID HILBERT (1862–1943) aus dem Jahr 1899.

Undefinierte *Grundbegriffe* sind *Punkt, Gerade* und *Inzidenz*. Es sei

P eine Menge, deren Elemente Punkte *heißen*,

G eine Menge, deren Elemente Geraden *heißen*,

I eine Relation zwischen **P** und **G**.

Als Variable für Punkte wählen wir meistens große und für Geraden kleine lateinische Buchstaben. Statt $P \mathbf{I} g$ ($P \in \mathbf{P}$, $g \in \mathbf{G}$) schreiben wir auch $P \in g$, obwohl wir g nicht als eine Menge von Punkten verstehen müssen.

Ist $P \in g$, so sagt man, *P inzidiert* mit g oder g *inzidiert* mit P bzw. *P liegt auf g* oder *g geht durch* P. Zuweilen ist es zweckmäßig, eine Gerade mit der Menge der mit ihr inzidierenden Punkte zu identifizieren, obwohl man diese Menge und die Gerade begrifflich auseinanderhalten muss. Gilt P, Q, R, ... $\in g$, dann sind P, Q, R,... *kollinear*.

Ist $g = h$ oder inzidieren g und h nicht mit einem gemeinsamen Punkt, dann heißen g, h *parallel* und man schreibt $g \| h$.

Inzidenzaxiome

(1) Jede Gerade inzidiert mit mindestens zwei Punkten.

(2) Je zwei Punkte inzidieren mit genau einer Geraden.

(3) Es gibt drei nicht-kollineare Punkte.

Ein Tripel (**P**, **G**, $\in$) mit (1), (2), (3) heißt eine *Inzidenzgeometrie*. Die Gerade aus (2) heißt die *Verbindungsgerade* der beiden Punkte. Aus (2) folgt, dass zwei verschiedene Geraden höchstens einen gemeinsamen Punkt besitzen können; dieser heißt dann der *Schnittpunkt* der beiden Geraden. Aus (1), (2), (3) folgt auch, dass durch jeden Punkt mindestens zwei Geraden gehen (Aufgabe 9.4).

Ein Minimalmodell für eine Inzidenzgeometrie besteht aus drei Punkten und drei Geraden (den Verbindungsgeraden von je zwei dieser Punkte). Modelle endlicher Inzidenzgeometrien lassen sich durch Graphen darstellen (Kap. 8).

Parallelenaxiom

(4) Zu jedem Punkt P und jeder Geraden g existiert genau eine
    Gerade h mit $P \in h$ und $g \| h$.

Eine Inzidenzgeometrie, in der das Parallelenaxiom gilt, heißt eine *affine Ebene* (Abschn. 8.2). Ein Minimalmodell einer affinen Ebene ist die affine Ebene der Ordnung 2 mit vier Punkten und sechs Geraden (Abb. 7.1.4 und 7.1.5). In Abschn. 8.2 haben wir eine affine Ebene mit neun Punkten und zwölf Geraden konstruiert.

Die folgenden Axiome stellen nun sicher, dass es in der euklidischen Geometrie *unendlich viele* Punkte und Geraden gibt.

Anordnungsaxiome

Für jede Gerade g ist in der Menge der Punkte, die mit g inzidieren, eine Relation $<$ („vor") definiert, sodass gilt:

(5) $P < P$ gilt für kein $P \in g$.

(6) Aus P, Q, $R \in g$ und $P < Q$, $Q < R$ folgt $P < R$.

(7) Aus P, $Q \in g$ und $P \neq Q$ folgt $P < Q$ oder $Q < P$.

(8) Für P, $Q \in g$ mit $P < Q$ existieren A, B, $C \in g$ mit $A < P < B < Q < C$.

Die Axiome (5), (6) und (7) besagen, dass $<$ eine strenge lineare Ordnungsrelation in der Menge der Punkte von g ist. Diese drei Bedingungen sind auch zu erfüllen, wenn die Geometrie nur endlich viele Punkte enthält. Forderung (8) erzwingt aber, dass jede Gerade *unendlich viele Punkte* enthält und damit $\mathbf{P}$ und $\mathbf{G}$ unendliche Mengen sind.

Aufgrund der Anordnungsaxiome kann man den Begriff der *Strecke PQ* definieren (Menge der Punkte aus g *zwischen* P und Q), ferner den Begriff der *Halbgeraden* PQ^+ und der Begriff des *Winkels* (als Halbgeradenpaar).

Teilungsaxiome

Zu jeder Geraden g gibt es zwei nichtleere Teilmengen Σ, Σ' von $\mathbf{P}$, sodass gilt:

(9) $\{\Sigma, \Sigma'\}$ ist eindeutig durch g bestimmt.

(10) $\Sigma \cup \Sigma'$ besteht aus allen Punkten, die nicht auf g liegen.

(11) Ist $P \in \Sigma$ und $Q \in \Sigma'$, so ist $P \neq Q$, und PQ enthält einen Punkt von g.

(12) Ist $P, Q \in \Sigma$ oder $P, Q \in \Sigma'$ und $P \neq Q$, so enthält PQ *keinen* Punkt von g.

Interpretiert man g als die Menge der mit g inzidierenden Punkte, dann ist also $\Sigma \cup g \cup \Sigma'$ eine *Zerlegung* von $\mathbf{P}$. Die Mengen Σ und Σ' heißen die *Halbebenen* mit der *Trägergeraden* g. Den Begriff des *Winkelfeldes* und den Begriff der *Polygonfläche* kann man jetzt mithilfe der Schnittmenge von Halbebenen einführen.

Ein *Modell* für das aus (1) bis (12) bestehende Axiomensystem ist die ebene Geometrie $G_2\mathbb{Q}$ über dem Körper der rationalen Zahlen, die folgendermaßen definiert ist:

$$\mathbf{P} = \mathbb{Q} \times \mathbb{Q},$$

ein Punkt ist also ein Paar rationaler Zahlen;

$$\mathbf{G} = \{ax_1 + bx_2 = c \mid a, b, c \in \mathbb{Q}, (a, b) \neq (0,0)\},$$

eine Gerade ist also eine lineare Gleichung, die über $\mathbb{Q}$ weder unlösbar noch allgemeingültig ist;

$$(p_1, p_2) \in ax_1 + bx_2 = c : \Longleftrightarrow ap_1 + bp_2 = c;$$

ein Punkt inzidiert also mit einer Geraden, wenn seine Koordinaten der Geradengleichung genügen;

$$(p_1, p_2) < (q_1, q_2) : \Longleftrightarrow p_1 < q_1 \text{ oder } p_1 = q_1 \text{ und } p_2 < q_2;$$

die Gerade $ax_1 + bx_2 = c$ definiert die Halbebenen

$$\{(x_1, x_2) \in \mathbf{P} \mid ax_1 + bx_2 > c\} \quad \text{und} \quad \{(x_1, x_2) \in \mathbf{P} \mid ax_1 + bx_2 < c\}.$$

Die Geometrie $G_2\mathbb{Q}$ ist noch nicht die Geometrie der Anschauungsebene. Man kann z.B. keine Konstruktionen mit dem Zirkel ausführen, da Schnittpunkte von Kreisen und Geraden irrationale Koordinaten haben können. Man kann gewisse Kongruenzabbildungen (z.B. Drehungen) nur beschränkt ausführen, wenn man den Bereich der Punkte mit rationalen Kordinaten nicht verlassen darf. Es besteht also die Notwendigkeit, weitere Axiome zu den Axiomen (1) bis (12) hinzuzunehmen.

Um die Länge von Strecken und die Größe von Winkeln definieren zu können, führt man zunächst eine Äquivalenzrelation („gleichgroß") ein und erhält die Größen selbst dann als die zugehörigen Äquivalenzklassen. Man vergleiche hierzu das analoge Vorgehen bei der Definition von Kardinalzahlen, bei der Definition von ganzen und von rationalen Zahlen als Klassen von Zahlenpaaren, bei der Definition der reellen Zahlen durch Klassen von Intervallschachtelungen und schließlich bei der Definition des Flächeninhalts einer Figur mithilfe des Begriffs der Flächeninhaltsgleichheit. Zur Einführung der genannten Äquivalenzrelation führt man zuerst den Begriff der Bewegung („Kongruenzabbildung") axiomatisch ein, man könnte aber auch den Begriff der Kongruenz direkt axiomatisch einführen.

Bewegungsaxiome

Es existiere eine Menge $\mathcal{B}$ von Bijektionen von $\mathbf{P}$ auf sich mit folgenden Eigenschaften:

(13) $(\mathcal{B}, \circ)$ ist eine Gruppe.

(14) $(PQ)^\tau = P^\tau Q^\tau$ für alle $P, Q \in \mathbf{P}$ und alle $\tau \in \mathcal{B}$.

(15) a) Zu je zwei Punkten A, B existiert ein $\tau \in \mathcal{B}$ mit $A^\tau = B$, $B^\tau = A$.

     b) Zu je zwei Halbgeraden p, q mit gemeinsamem Anfangspunkt O existiert ein $\tau \in \mathcal{B}$ mit $p^\tau = q$, $q^\tau = p$.

(16) Sind A, B, C nicht-kollineare Punkte, ist p eine Halbgerade mit dem Anfangspunkt $O(p)$ und ist Σ eine Halbebene bezüglich der Geraden durch p, dann existiert genau ein $\tau \in \mathcal{B}$ mit $A^\tau = O(p)$, $B^\tau \in p$ und $C^\tau \in \Sigma$.

Man nennt $(\mathcal{B}, \circ)$ die Gruppe der Kongruenzabbildungen der Ebene auf sich.

Forderung (14) besagt, dass eine Strecke wieder auf eine Strecke und damit auch eine Gerade wieder auf eine Gerade und eine Halbgerade wieder auf eine Halbgerade abgebildet wird.

In Forderung (15) ist die Existenz von Achsenspiegelungen enthalten.

Ist $\mathbf{F} \subseteq \mathbf{P}$, ist also $\mathbf{F}$ eine *Figur*, und ist $\mathbf{F}^\tau = \mathbf{F}'$ für ein $\tau \in \mathcal{B}$, dann schreibt man $\mathbf{F} \cong \mathbf{F}'$ und nennt $\mathbf{F}$ *kongruent zu* $\mathbf{F}'$. Dies ist eine Äquivalenzrelation in der Menge der Figuren (Potenzmenge von $\mathbf{P}$), weil die Bewegungen eine Gruppe bilden. Nun kann man die *Länge einer Strecke* als Äquivalenzklasse definieren; man setzt dazu $\overline{PQ} := \{XY \mid XY \cong PQ\}$. Analog definiert man die *Größe von Winkelfeldern*. Ein Winkel (bzw. Winkelfeld) $\sphericalangle pq$ heißt ein *rechter* Winkel, wenn $\sphericalangle pq \cong \sphericalangle pq^-$ gilt.

Forderung (16) impliziert u.a., dass eine Abbildung $\tau \in \mathcal{B}$ durch ein Dreieck ABC und sein Bild eindeutig bestimmt ist; daher pflegt man Kongruenzabbildungen oft dadurch zu beschreiben, das man ein Dreieck und sein Bild angibt.

Die nun folgenden Axiome sollen sicherstellen, dass jede Gerade mit dem oben definierten Längenbegriff ein Bild der reellen Zahlengeraden ist.

Stetigkeitsaxiome

(17) Für jede Länge a und jede Länge b existiert eine natürliche Zahl n mit
$$a < n \cdot b \ (archimedisches \ Axiom).$$

(18) Für jede Gerade g und jede nichtleere Teilmenge $\mathbf{T}$ der Menge der Punkte von g gilt: Existiert ein $P \in g$ mit $T \leq P$ für alle $T \in \mathbf{T}$, dann existiert auch ein $P_0 \in g$ mit folgender Eigenschaft:

$$(T \leq P_0 \text{ für alle } T \in \mathbf{T}) \text{ und } (T \leq P \text{ für alle } T \in \mathbf{T} \Longrightarrow P_0 \leq P)$$

(*Vollständigkeitsaxiom*).

In (17) ist $n \cdot a$ das n-fache der Länge a, also die Länge einer Strecke, die durch n-maliges Abtragen einer Strecke der Länge a auf einer Halbgeraden entsteht. Die Möglichkeit und Eindeutigkeit des Streckenabtragens auf Halbgeraden folgt aus den Bewegungsaxiomen. Die $<$-Beziehung für Längen wird ebenfalls aufgrund dieser Axiome definiert; Analoges gilt für Winkelgrößen. In (18) ist das bekannte Vollständigkeitsaxiom der Menge der reellen Zahlen formuliert, und zwar in Gestalt des Supremumsaxioms.

Damit ist nun ein Axiomensystem für die ebene euklidische Geometrie gegeben. Die *Widerspruchsfreiheit* beweist man durch Angabe eines Modells; ein solches ist z.B. die Geometrie $G_2\mathbb{R}$, die analog zur Geometrie $G_2\mathbb{Q}$ (s.o.) definiert ist. Die Widerspruchsfreiheit basiert also letztlich auf einem Axiomensystem der Arithmetik, das seinerseits ein Axiomensystem für die Mengenlehre voraussetzt. Die *Unabhängigkeit* eines Axiomensystems beweist man durch Angabe von Modellen, die alle Axiome bis auf jeweils eines erfüllen; dies ist für das Axiomensystem der Geometrie natürlich keine leichte Aufgabe. Die *Vollständigkeit* des Axiomensystems bedeutet, dass man jede Aussage der ebenen euklidischen Geometrie aus ihm herleiten kann; sie ist in gewisser Weise

Definitionssache: Zur ebenen euklidischen Geometrie gehören genau die Sätze, die sich aus dem Axiomensystem herleiten lassen.

Wir betrachten in den folgenden Abschnitten zwei Modelle für eine *nichteuklische Geometrie*, in denen die Axiome (1) bis (18) – mit Ausnahme des Parallelenaxioms (4) – erfüllt sind. An seiner Stelle wird in diesen Beispielen gelten:

(4^*) Zu jeder Geraden g und jedem Punkt P mit $P \notin g$ existieren *mindestens zwei* Parallelen zu g durch P.

Zur Beschreibung dieser Modelle benutzen wir Begriffe der ebenen *euklidischen* Geometrie; wir müssen also stets zwischen *euklidischen* Figuren und Figuren des betrachteten Modells unterscheiden. In beiden Modellen existieren zu einer Geraden und zu einem Punkt außerhalb der Geraden stets *unendlich viele* Parallelen zu der Geraden durch den Punkt. Im *Poincaré-Modell* (Abschn. 9.2) sind die Spiegelungen mithilfe der *Inversion am Kreis* definiert; im *Kleinschen Modell* (Abschn. 9.3) erklären wir die Spiegelungen mithilfe von *Polarenspiegelungen*.

Aufgaben

9.1 Eine *projektive Ebene* ($\mathbf{P}, \mathbf{G}, \mathbf{I}$) ist durch folgende Eigenschaften (vergleiche dazu auch Kap. 7) festgelegt:

(1) Zwei verschiedene Punkte inzidieren mit genau einer Geraden.

(2) Zwei verschiedene Geraden inzidieren mit genau einem Punkt.

(3) Jede Gerade inzidiert mit mindestens drei Punkten.

(4) Es gibt vier Punkte, die zu je dreien nicht mit einer gemeinsamen Geraden inzidieren.

a) Beweise:　(3′) Jeder Punkt inzidiert mit mindestens drei Geraden.

　　　　　　(4′) Es gibt vier Geraden, die zu je dreien nicht mit einem gemeinsamen Punkt inzidieren.

b) Ein Minimalmodell einer projektiven Ebene besitzt genau sieben Punkte und sieben Geraden (*Sieben-Punkte-Geometrie*). Beschreibe dieses Modell anhand einer Skizze.

9.2 Zeige: Erfüllt die Inzidenzstruktur ($\mathbf{P}, \mathbf{G}, \mathbf{I}$) die Axiome (1) und (2), dann erfüllt sie genau dann auch (3), wenn $|\mathbf{G}| \geq 3$ gilt.

9.3 Zeige, dass eine Inzidenzgeometrie mit genau fünf Punkten genau fünf, sechs, acht oder zehn Geraden besitzt.

9.4 Zeige, dass in einer Inzidenzgeometrie folgende Sätze gelten:

a) Durch jeden Punkt gehen mindestens zwei verschiedene Geraden.

b) Zwei verschiedene Geraden haben *höchstens einen* Punkt gemeinsam.

c) Es gibt drei Geraden, die keinen Punkt gemeinsam haben.

9.5 Beweise, dass die Parallelität in einer affinen Ebene eine Äquivalenzrelation ist. Zeige ferner: Ist g parallel zu h und nicht parallel zu k, so ist h nicht parallel zu k.

9.6 Es sei $\mathbf{P} = \mathbb{Z} \times \mathbb{Z}$, als Punkte betrachte man also alle Paare ganzer Zahlen. Als Geraden betrachte man die Gleichungen $ax_1 + bx_2 = c$ mit $a, b, c \in \mathbb{Z}$, $(a, b) \neq (0,0)$ und $\mathrm{ggT}(a, b)|c$. Ein Punkt inzidiert mit einer Geraden, wenn er eine Lösung der Geradengleichung ist. In Abb. 9.1.1 sieht man, dass das Axiom (4) nicht erfüllt ist. Welche der Axiome sind hier gültig? Berechne die Verbindungsgerade der Punkte $(2, -1)$ und $(4,3)$.

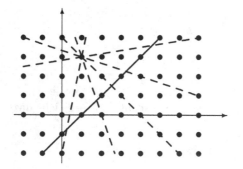

Abb. 9.1.1 Zu Aufgabe 9.6

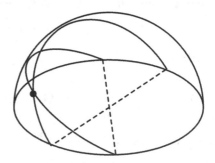

Abb. 9.1.2 Zu Aufgabe 9.7

9.7 Als Punkte betrachten wir die Punkte auf einer Halbkugel ohne den Rand, als Geraden alle Großkreis-Halbkreise auf dieser Halbkugel (Abb. 9.1.2). Welche Axiome sind erfüllt?

9.8 Es sei $\mathbf{P} = \mathbb{R} \times \mathbb{R}$. Als Geraden betrachten wir die Gleichungen

$$ax_1 + bx_2 = c \quad \text{mit} \quad ab \geq 0,$$

$$\begin{cases} ax_1 + bx_2 = c & \text{für } x_2 \leq 0 \\ ax_1 + 2bx_2 = c & \text{für } x_2 > 0 \\ \qquad \text{mit} \quad ab < 0. \end{cases}$$

Geraden mit negativer Steigung sind also die üblichen Geraden im Koordina-

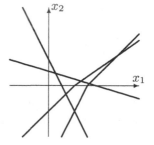

Abb. 9.1.3 Zu Aufgabe 9.8

tensystem, bei Geraden mit positiver Steigung wird die Steigung oberhalb der x_1-Achse halbiert (Abb. 9.1.3). Es gelten alle Axiome bis auf die Bewegungsaxiome. Bestimme zeichnerisch und rechnerisch die Verbindungsgerade der Punkte $(1, -3)$ und $(4,7)$.

9.2 Das Poincaré-Modell

Das folgende Modell einer nichteuklidischen Geometrie stammt von HENRI POINCARÉ (1854–1912). Er war einer der führenden Mathematiker seiner Zeit und verfasste bahnbrechende Arbeiten auf den verschiedensten Gebieten der Mathematik und der theoretischen Physik.

Es sei **P** die Menge der Punkte einer euklidischen Halbebene; diese sei *offen*, die Punkte ihrer (euklidischen) Trägergeraden u sollen also nicht zu **P** gehören.

Es sei **G** die Menge aller euklidischen Halbgeraden (mit Anfangspunkt aus u) und Halbkreise aus der betrachteten Halbebene, die (euklidisch) orthogonal zu u sind; die Mittelpunkte der Halbkreise liegen also auf u.

Ist nun **I** die übliche euklidische Inzidenzrelation, dann gelten offensichtlich die Inzidenzaxiome (1), (2), (3); das Parallelenaxiom (4) ist aber nicht erfüllt, an seiner Stelle gilt (4*) aus Abschn. 9.1: Zu jeder Geraden g und jedem Punkt P, der nicht auf g liegt, gibt es unendlich viele Parallelen zu g durch P (Abb. 9.2.1).

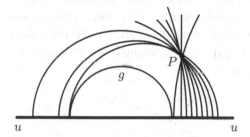

Abb. 9.2.1 Parallelen im Poincaré-Modell

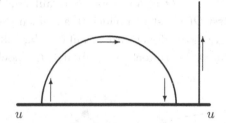

Abb. 9.2.2 Durchlaufsinn im Poincaré-Modell

Versieht man die Geraden in naheliegender Weise mit einem Durchlaufsinn (Abb. 9.2.2), so sieht man, dass die Axiome (5) bis (12) erfüllt sind. Die Axiome (17) und (18) sind erfüllt, weil die Geraden als stetige Bilder der reellen Zahlengeraden aufgefasst werden können.

Als Spiegelung an einer Geraden g betrachten wir nun die „übliche" Achsenspiegelung, wenn g eine euklidische Halbgerade ist, und die Inversion am Kreis, wenn g ein euklidischer Halbkreis ist. Die Menge aller Spiegelungen und ihrer Verkettungen bildet eine Gruppe (Axiom (13)). Die Gültigkeit der Axiome (14), (15), (16) verifiziert man anhand der bekannten Eigenschaften der Inversion am Kreis. Abb. 9.2.3 zeigt, dass das Bild einer Strecke PQ bei einer Spiegelung wieder eine Strecke $P'Q'$ ist (Axiom (14)). Ist die Spiegelachse eine euklidische Halbgerade, so ist dies noch einfacher zu sehen.

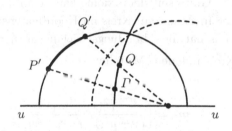

Abb. 9.2.3 Streckentreue

Liegt die Strecke PQ auf einer euklidischen Halbgeraden, dann konstruiert man die Bildstrecke ähnlich wie in Abb. 9.2.3.

Abb. 9.2.4 zeigt, dass zu zwei verschiedenen Punkten A, B genau eine Spiegelung existiert, bei der A auf B und B auf A abgebildet wird

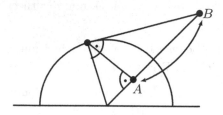

Abb. 9.2.4 Bewegungsaxiom (15)a   **Abb. 9.2.5** Bewegungsaxiom (15)b

Abb. 9.2.5 zeigt, dass zu zwei verschiedenen Halbgeraden p, q mit gemeinsamem Anfangspunkt genau eine Spiegelung existiert, bei der p und q und q auf p abgebildet wird.

Abb. 9.2.6 zeigt schließlich, dass auch Axiom (16) erfüllt ist. Eine Spiegelung bildet A auf $A' = O(p)$ ab, wobei B, C auf B', C' abgebildet werden. Eine zweite Spiegelung lässt $O(p)$ fest und bildet B' auf einen Punkt der Halbgeraden p ab, falls B' noch nicht auf p liegt; dabei wird C' auf C'' abgebildet. Ein dritte Spiegelung bildet C'' auf einen Punkt der Halbebene Σ ab, falls C'' noch nicht in Σ liegt.

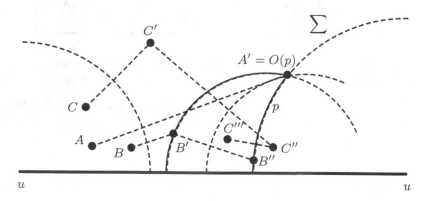

Abb. 9.2.6 Bewegungsaxiom (16) im Poincaré-Modell

Die Gültigkeit der Axiome kann man auch *nachrechnen*, indem man die Darstellung der Inversion am Kreis im Koordinatensystem benutzt. Die Spiegelung am Einheitskreis hat die Abbildungsgleichungen $x_1' = \frac{x_1}{x_1^2 + x_2^2}$, $x_2' = \frac{x_2}{x_1^2 + x_2^2}$. Die Spiegelung am Kreis mit dem Mittelpunkt $M(m_1, m_2)$ und dem Radius r hat also die Abbildungsgleichungen

$$x_1' - m_1 = \frac{r^2(x_1 - m_1)}{(x_1 - m_1)^2 + (x_2 - m_2)^2}, \qquad x_2' - m_1 = \frac{r^2(x_2 - m_2)}{(x_1 - m_1)^2 + (x_2 - m_2)^2}.$$

Übersichtlicher werden die Rechnungen, wenn man dabei mit komplexen Zahlen rechnet (Abschn. 5.2). Mithilfe komplexer Zahlen kann man z.B. leicht erkennen, dass sich bei einer Spiegelung am Kreis das *Doppelverhältnis*

$$\frac{\overline{P_1P_3}}{\overline{P_2P_3}} : \frac{\overline{P_1P_4}}{\overline{P_2P_4}}$$

von vier kollinearen Punkten P_1, P_2, P_3, P_4 nicht ändert. Dabei kann man sich auf die Spiegelung am Einheitskreis beschränken. Sind die Punkte durch die komplexen Zahlen z_1, z_2, z_3, z_4 gegeben, dann ist obiges Doppelverhältnis der Betrag von

$$\frac{z_3 - z_1}{z_3 - z_2} : \frac{z_4 - z_1}{z_4 - z_2}.$$

Die Inversion am Kreis wird nun (bis auf Konjugieren) durch die Abbildung $z \mapsto \frac{1}{z}$ beschrieben. Es gilt

$$\frac{\frac{1}{z_3} - \frac{1}{z_1}}{\frac{1}{z_3} - \frac{1}{z_2}} : \frac{\frac{1}{z_4} - \frac{1}{z_1}}{\frac{1}{z_4} - \frac{1}{z_2}} = \frac{(z_1 - z_3)z_2 z_3}{(z_2 - z_3)z_1 z_3} : \frac{(z_1 - z_4)z_2 z_4}{(z_2 - z_4)z_1 z_4} = \frac{z_3 - z_1}{z_3 - z_2} : \frac{z_4 - z_1}{z_4 - z_2}.$$

Ist nun in der Poincaré-Ebene AB eine Strecke auf einer Geraden, die durch einen euklidischen Halbkreis mit den Endpunkten U, V gegeben ist (Abb. 9.2.7), dann definieren wir die *Länge* von AB durch

$$l(AB) := \left| \log \left(\frac{\overline{AU}}{\overline{BU}} : \frac{\overline{AV}}{\overline{BV}} \right) \right|,$$

wobei log eine beliebige Logarithmusfunktion sein darf.

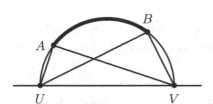

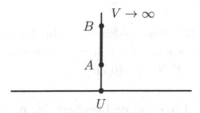

Abb. 9.2.7 Strecke auf euklidischem Halbkreis

Abb. 9.2.8 Strecke auf euklidischer Halbgeraden

Ist hingegen AB eine Strecke auf einer Geraden, die eine euklidische Halbgerade mit dem Anfangspunkt U ist, so kann man formal einen unendlich fernen Punkt V als Endpunkt dieser Geraden auffassen und $\frac{\overline{AV}}{\overline{BV}}$ durch 1 ersetzen (Abb. 9.2.8). Als Länge der Strecke AB erklärt man dann

$$l(AB) := \left| \log \frac{\overline{AU}}{\overline{BU}} \right|.$$

Dabei sind mit $\overline{AU}, \overline{BU}, \ldots$ in den Formeln zur Definition von Streckenlängen im Poincaré-Modell natürlich *euklidische* Streckenlängen gemeint; man darf auch noch einen beliebigen Faktor $c > 0$ hinzufügen, was lediglich der Festlegung einer Maßeinheit dient.

Diese Definition genügt sinnvollen Ansprüchen an eine „Länge", denn es gilt:

(1) $l(AA) = 0$ für jeden Punkt A.

(2) $l(AB) = l(BA)$ für alle Punkte A, B.

(3) $l(AB) \longrightarrow \infty$ für $A \longrightarrow U$ oder $B \longrightarrow V$.

(4) $l(AB) + l(BC) = l(AC)$ für drei kollineare Punkte A, B, C.

Die Eigenschaften (1) bis (3) sind sofort zu erkennen. Zum Nachweis von (4) beachte man, dass für fünf kollineare Punkte A, B, C, U, V

$$\left(\frac{\overline{AU}}{\overline{BU}} : \frac{\overline{AV}}{\overline{BV}} \right) \cdot \left(\frac{\overline{BU}}{\overline{CU}} : \frac{\overline{BV}}{\overline{CV}} \right) = \frac{\overline{AU}}{\overline{CU}} : \frac{\overline{AV}}{\overline{CV}},$$

gilt, weil sich die Längen $\overline{BU}, \overline{BV}$ herauskürzen. Wegen $\log ab = \log a + \log b$ ergibt sich die Eigenschaft (4). Damit ist die obige Längendefinition sinnvoll.

Bei dieser Argumentation mithilfe des Doppelverhältnisses ist es wichtig, dass die Punkte A, B, C kollinear sind, da durch die Gerade durch zwei Punkte die euklidischen Punkte U, V festgelegt sind.

Winkel sind im üblichen Sinn als Winkel zwischen Kurven, also als Winkel zwischen Tangenten in den Kurvenschnittpunkten zu berechnen. Man beachte dabei, dass die Inversion am Kreis eine *winkeltreue* Abbildung ist (Abschn. 4.9).

Aufgaben

9.9   Die Poincaré-Ebene sei durch die obere Halbebene in einem kartesischen Koordinatensystem dargestellt. Konstruiere in der Poincaré-Ebene das Dreieck mit den Ecken $A(2,3), B(10,1), C(6,7)$.

9.10   Die Poincaré-Ebene sei durch die obere Halbebene in einem kartesischen Koordinatensystem dargestellt. Unter welcher Bedingung sind die euklidischen Halbkreise mit den Gleichungen $(x_1 - a)^2 + x_2^2 = r^2$ bzw. $(x_1 - b)^2 + x_2^2 = s^2$ Parallelen in der Poincaré-Ebene?

9.11   Die Poincaré-Ebene sei durch die obere Halbebene in einem kartesischen Koordinatensystem dargestellt. Bei einer Spiegelung der Poincaré-Ebene werde $A(1,1)$ auf $A'(8,8)$ abgebildet. Berechne und konstruiere den Bildpunkt von $B(\frac{1}{2},3)$.

9.12   Berechne die Länge der Strecke AB mit $A(4,4), B(7,5)$ in der Poincaré-Ebene.

9.13   Unter welchem Winkel schneiden sich die Poincaré-Geraden mit den Gleichungen $(x_1 - 6)^2 + x_2^2 = 25$ und $(x_1 + 3)^2 + x_2^2 = 41$?

9.3 Das Klein-Modell

Das folgende Modell einer nicht-euklidischen Geometrie, das auch den Namen *Bierdeckelgeometrie* trägt, stammt von FELIX KLEIN (1849–1925). Es sei **P** die Menge aller Punkte einer (euklidischen) Kreisscheibe, wobei die Kreislinie nicht zu **P** gehören soll; bei der Menge der Punkte handele es sich also um eine *offene* euklidische Kreisscheibe.

Inzidenz wird im euklidischen Sinn definiert. Die Inzidenzaxiome (1), (2), (3) sind offensichtlich erfüllt, das Parallelenaxiom (4) aber nicht; es gilt vielmehr Axiom (4*) aus Abschn. 9.1. In Abb. 9.3.1 sind mehrere Parallelen zu g durch P gezeichnet. Die Geraden sind die (euklidischen) Sehnen der Kreisscheibe; es handelt sich also hier um euklidische Strecken ohne die Endpunkte.

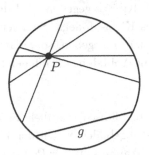

Abb. 9.3.1 Parallelen im Klein-Modell

Mit der euklidischen Anordnung der Punkte gelten auch die Anordnungsaxiome (5) bis (8), wobei insbesondere (8) gilt, weil die euklidischen Strecken, die die Geraden der vorliegenden Geometrie sind, *offene* Strecken sind. Die Teilungsaxiome (9) bis (12) sind ebenfalls erfüllt, wobei die Halbebenen offene euklidische Kreissegmente sind. Die Axiome (17) und (18) sind erfüllt, da man die Geraden der Klein'schen Ebene als stetige Bilder der reellen Zahlengeraden auffassen kann.

Es müssen also nur noch die Bewegungsaxiome (13) bis (16) untersucht werden; dazu führen wir den Begriff der *Polarenspiegelung* ein.

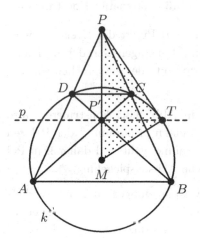

Abb. 9.3.2 Polareneigenschaft I

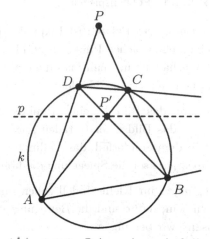

Abb. 9.3.3 Polareneigenschaft II

In Abb. 9.3.2 ist k der Umkreis des geraden Trapezes $ABCD$ und P der Schnittpunkt der Geraden g_{AD} und g_{BC}. Dann ist die Polare p zum Pol P bezüglich k parallel zu

AB und geht durch den Schnittpunkt P' von AC und BD. (Die Begriffe „Gerade", „parallel" usw. sind dabei euklidisch zu verstehen). Denn im Dreieck PMT liefert der Kathetensatz $\overline{PM} \cdot \overline{P'M} = r^2$, wobei r der Radius von k ist. Es gilt auch allgemeiner, dass der Schnittpunkt der Diagonalen und der Geraden g_{AB} und g_{CD} des Sehnenvierecks $ABCD$ in Abb. 9.3.3 auf der Polaren p zum Pol P liegt; das ist aber nicht so leicht zu beweisen.

Es sei nun ein Kreis k gegeben, und das Innere von k sei die Menge der Punkte der Geometrie des Klein-Modells. Sind ferner ein Pol P außerhalb des Kreises und die zugehörige Polare p gegeben, so verstehen wir unter einer Spiegelung an p (Polarenspiegelung) eine Abbildung der offenen Kreisfläche auf sich mit folgenden Eigenschaften (Abb. 9.3.4):

- Jede zu p (euklidisch) parallele Sehne (Gerade des Klein-Modells) wird auf eine ebensolche abgebildet, wobei der Diagonalenschnittpunkt des von diesen Sehnen gebildeten Trapezes auf der Polaren liegt.
- Der Bildpunkt X' des Punkts X liegt auf dem von P ausgehenden Strahl durch X.

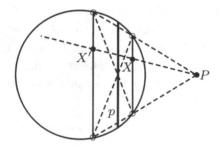   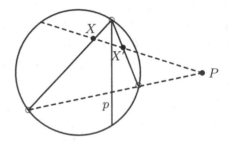

Abb. 9.3.4 Polarenspiegelung   **Abb. 9.3.5** Alternative Konstruktion

Jeder Punkt der Polaren ist Fixpunkt, jeder (euklidische) Punkt der Kreislinie wird auf einen ebensolchen Punkt abgebildet. Das Bild einer beliebigen Geraden im Klein-Modell erhält man, wenn man die (euklidischen) Endpunkte der entsprechenden (euklidischen) Kreissehne abbildet.

Man kann das Bild X' eines Punktes X auch wie in Abb. 9.3.5 konstruieren, also zunächst das Bild einer Geraden zeichnen, die durch einen „Endpunkt" der Polaren geht. In dem Sonderfall, dass p durch den Kreismittelpunkt geht und daher kein Pol zu p existiert, sei die Spiegelung die übliche euklidische Achsenspiegelung.

Bewegungen im Klein-Modell sollen nun alle Polarenspiegelungen und ihre Verkettungen sein; dafür sind die Bewegungsaxiome erfüllt. Der Nachweis hierfür ist etwas mühsam, wir begnügen uns daher mit einigen Bemerkungen dazu.

Die Spiegelung ist offensichtlich involutorisch (ihre eigene Inverse), sodass jede Verkettung von Spiegelungen invertierbar ist. Die Bewegungen bilden also eine Gruppe (Axiom (13)).

In Abb. 9.3.6 ist das Bild einer Strecke bei einer Spiegelung konstruiert (Axiom (14));
die Achse der (eindeutig bestimmten) Spiegelung, die den einen zweier verschiedener
Punkte A, B auf den anderen Punkt abbildet, konstruiert man gemäß Abb. 9.3.7.

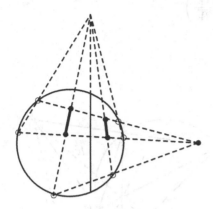

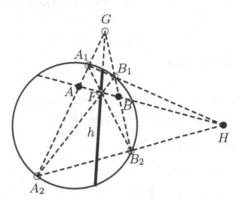

Abb. 9.3.6 Polarenspiegelung
einer Strecke

Abb. 9.3.7 Konstruktion
der Spiegelachse

Es sei g die Gerade durch A, B und G der zugehörige Pol, ferner A_1, A_2 die Schnittpunkte der Geraden durch A, G mit dem Kreis und B_1, B_2 die Schnittpunkte der
Geraden durch B, G mit dem Kreis. Bei Spiegelung an g werden A_1, B_1 auf A_2, B_2
abgebildet. Die Schnittpunkte H und F der Geraden durch A_1, B_1 und A_2, B_2 bzw.
A_1, B_2 und A_2, B_1 sind Fixpunkte bei der Spiegelung an g und die Gerade h durch G
und F ist die Polare zum Pol H. Die Spiegelung an h bildet nun A auf B und B auf
A ab. Damit ist die Gültigkeit von Axiom (15 a) klar; die weiteren Bewegungsaxiome
kann man ähnlich veranschaulichen.

Die Spiegelung im Klein-Modell (Polarenspiegelung) ist im euklidischen Sinn
nicht winkeltreu (im Gegensatz zur
Spiegelung im Poincaré-Modell). Wie
in der euklidischen Geometrie nennt
man zwei Geraden rechtwinklig zueinander, wenn die eine bei einer Spiegelung an der anderen auf sich selbst abgebildet wird. In der Poincaré-Geometrie
ergibt sich die euklidische Orthogonalität, in der Klein-Geometrie liegen die
Verhältnisse aber anders: In Abb. 9.3.8
sind die Geraden g und h rechtwinklig
zueinander.

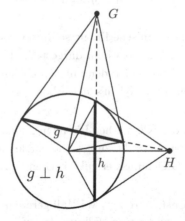

Abb. 9.3.8 Orthogonalität in der
Klein-Geometrie

Die Länge $l(A, B)$ einer Strecke AB im Klein'schen Modell definiert man mithilfe der
euklidischen Längen ähnlich wie im Poincaré-Modell. Es seien U, V die euklidischen

Randpunkte der Sehne, auf welcher AB liegt, ferner seien $\overline{AU}$, $\overline{AV}$, $\overline{BU}$, $\overline{BV}$ die euklidischen Längen dieser Strecken. Dann setzt man

$$l(AB) = \left| \log \left(\frac{\overline{AU}}{\overline{BU}} : \frac{\overline{AV}}{\overline{BV}} \right) \right|$$

Aufgaben

9.14 Es sei $ABCD$ ein Sehnenviereck mit dem Umkreis k. Ferner sei

$g_{AC} \cap g_{BD} = \{F\}$,

$g_{AB} \cap g_{CD} = \{G\}$,

$g_{AD} \cap g_{BC} = \{H\}$

(Abb. 9.3.9). Beweise mithilfe der in Abb. 9.3.3 dargestellten Aussage, dass

$f := g_{GH}$, $g := g_{FH}$ und $h := f_{FG}$

die Polaren bezüglich k zu F, G bzw. H sind.

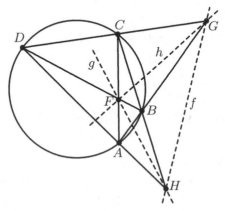

Abb. 9.3.9 Polaren zu F, G und H

9.15 Richtig oder falsch im Klein'schen Modell?

(1) Ist $h_1 \perp g$ und $h_2 \perp g$, dann ist $h_1 \| h_2$.

(2) Ist $h_1 \| h_2$ und $h_1 \perp g$, dann ist auch $h_2 \perp g$.

9.16 Die Klein'sche Ebene sei durch die Kreisscheibe $x_1^2 + x_2^2 < 25$ in einem kartesischen Koordinatensystem dargestellt. Unter welcher Bedingung sind die euklidischen Strecken auf den Geraden mit den Gleichungen $a_1 x_1 + a_2 x_2 = a_3$ und $b_1 x_1 + b_2 x_2 = b_3$ Parallelen in der Klein'schen Ebene?

9.17 In der Klein'schen Ebene in Aufgabe 9.16 ist durch $x_2 = 2$ eine Gerade g festgelegt. Konstruiere die zu g orthogonale Gerade h durch den Punkt $P(-1,3)$. Berechne auch die Gleichung der euklidischen Geraden, auf der h liegt.

9.18 Konstruiere zu zwei Halbgeraden mit gemeinsamem Anfangspunkt die Spiegelung, bei der die eine Halbgerade auf die andere abgebildet wird.

9.19 Es sei M der Mittelpunkt des Kreises, der die Ebene im Klein'schen Modell ist. Zeige, dass mit obiger Längendefinition durch die Gleichung $l(MX) = c$ mit $0 < c < 1$ ein euklidischer Kreis um M beschrieben wird.

Lösungen der Aufgaben

1 Grundlagen der ebenen euklidischen Geometrie

1.1 Abb. 1.1.

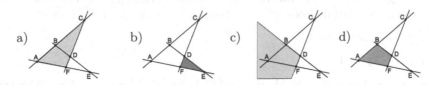

Abb. 1.1 Zu Aufgabe 1.1

1.2 a) $(ACE^+ \cap CFA^+ \cap AFB^+) \cup (AEC^+ \cap BEA^+ \cap ACE^+)$;
b) $((EFD^+ \cap DFE^+ \cap DEF^+) \cup (BDC^+ \cap DCB^+ \cap BCD^+)$.

1.3 Abb. 1.2.

1.4 Die Schnittmenge zweier als Schnittmengen von Halbebenen gegebener Winkelfelder W_1, W_2 kann leer sein (z.B. für $W_1 = \{x > 0\} \cap \{y > 0\}$ und $W_2 = \{x < 0\} \cap \{y < 0\}$), sie kann ein Streifen sein (z.B. für $W_1 = \{x > 0\} \cap \{x > 1\} = \{x > 1\}$ und $W_2 = \{x > 2\} \cap \{x > 3\} = \{x > 3\}$), sie kann ein Winkelfeld sein (z.B. für $W_1 = \{x > 0\} \cap \{y > 0\}$ und $W_2 = \{x > 0\} \cap \{y < x\}$), sie kann das Innere eines Dreiecks sein (z.B. für $W_1 = \{y > 0\} \cap \{y < x\}$ und $W_2 = \{x > 1\} \cap \{y < -x + 2\}$), sie kann das Innere eines Vierecks sein (z.B. für $W_1 = \{x > 0\} \cap \{y > 0\}$ und $W_2 = \{x < 1\} \cap \{y < 1\}$).

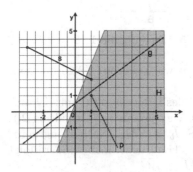

Abb. 1.2 Zu Aufgabe 1.3

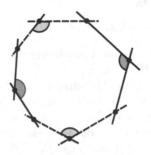

Abb. 1.3 Zu Aufgabe 1.5

1.5 Abb. 1.3 zeigt den Fall $n = 8$.

1.6 $P_1 <_g P_2$ gilt genau dann, wenn $x_1 < x_2$ oder ($x_1 = x_2$ und $y_1 < y_2$).

1.7 Wenn die Geraden g_1, g_2 mindestens zwei Punkte A, B, $A \neq B$ gemeinsam haben, dann folgt aus (3) sowohl $g_{AB} = g_1$ als auch $g_{AB} = g_2$, also $g_1 = g_2$.

1.8 Konvexe Hüllen sind die Dreiecksfläche ACE und die Vierecksfläche $FECB$.

1.9 a) Zwei verschiedene Großkreise haben stets genau zwei gemeinsame Punkte; daher existiert zu einer Geraden g und einem Punkt $P \notin g$ in der sphärischen Geometrie keine Parallele zu g durch P.

b) Sphärische Halbgeraden lassen sich nicht definieren, weil man nicht sinnvoll erklären kann, wann ein Punkt A auf einem Großkreis *vor* einem Punkt B desselben Großkreises liegen soll.

c) Jeder Großkreis wird durch zwei Punkte A, B in zwei komplementäre Großkreisbögen zerlegt. Man könnte auf die Idee kommen, den kürzeren der beiden als sphärische Strecke AB_s zu definieren – was aber, wenn beide gleich lang sind?

1.10 Vgl. Abb. 1.2.20 im Text.

1.11 $m_{AB} : 2x + 3y - 31 = 0$.

1.12 An einander diagonal gegenüberliegenden Ecken der Raute sind gleich große Wechselwinkel, also sind einander gegenüberliegende Seiten der Raute parallel.

1.13 Eine Seitenhalbierende, welche gleichzeitig Mittelsenkrechte ist, zerlegt das Dreieck in zwei kongruente rechtwinklige Teildreiecke, deren gleich lange Hypotenusen zwei Seiten des Dreiecks bilden. Existieren zwei Seitenhalbierende, die zugleich Mittelsenkrechte sind, erhält man zwei verschiedene Paare gleich langer Dreiecksseiten, daher sind alle Dreiecksseiten gleich lang.

1.14 Abb. 1.4.

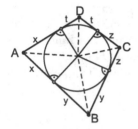

Abb. 1.4 Zu Aufgabe 1.14

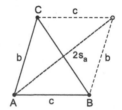

Abb. 1.5 Zu Aufgabe 1.15

1.15 a) Verwende die Umkehrung des 1. Strahlensatzes wie bei Abb. 1.3.25 im Text; ersetze dabei H durch S.

b) Seien M_a, M_b die Mittelpunkte der Seiten BC, AC des Dreiecks ABC mit Schwerpunkt S. Der Punkt S teilt die Seitenhalbierenden s_a, s_b jeweils im Verhältnis 2:1; sind s_a und s_b gleich lang, so folgt $\overline{BS} = \overline{AS}$ und $\overline{SM_b} = \overline{SM_a}$. Nach Kongruenzsatz (sws) sind folglich die Dreiecke ASM_b und BSM_a kongruent, insbesondere folgt $\overline{BM_a} = \overline{AM_b}$ und damit auch $\overline{BC} = 2 \cdot \overline{BM_a} = 2 \cdot \overline{AM_b} = \overline{AC}$.

c) Aus $\frac{2}{3}s_a + \frac{2}{3}s_b \geq c$ und analogen Zitaten der Dreiecksungleichung folgt $\frac{4}{3}(s_a + s_b + s_c) \geq a + b + c$; aus $2s_a \leq b + c$ usw. (Abb. 1.5) folgt $2(s_a + s_b + s_c) \leq 2a + 2b + 2c$.

1.16 Die Euler'sche Gerade e ist die Verbindungsgerade des Seitenhalbierendenschnittpunkts S und des Höhenschnittpunkts H. Weil die Seitenhalbierende s der Basis gleichzeitig Höhe auf die Basis ist, liegen sowohl S als auch H auf s. Also ist $s = e$.

1.17 Zeichne in $\triangle ABC$ die Seitenhalbierenden, das Mittendreieck und die Höhen des Mittendreiecks ein. Die Verbindungsgerade von S und dem Schnittpunkt der Höhen des

Mittendreiecks ist die Eulersche Gerade von $\triangle ABC$; der Umkreis des Mittendreiecks ist der Feuerbachkreis von $\triangle ABC$.

1.18 Das Dreieck ist gleichschenklig, und die vom Feuerbach'schen Kreis berührte Seite ist die Basis.

1.19 Genau dann ist der Feuerbach'sche Kreis der Inkreis, wenn er mit den Bezeichnungen der Abb. 1.3.27 im Text die Dreiecksseiten von $\triangle ABC$ in den Punkten M_a, M_b, M_c berührt; in dieser Situation ist aber FM_a orthogonal zu $M_b M_c$, FM_b orthogonal zu $M_a M_c$ und FM_c orthogonal zu $M_a M_b$, sodass der Schnittpunkt F der Mittelsenkrechten des Mittendreiecks zugleich Schnittpunkt der Höhen des Mittendreiecks ist. Damit sind Höhen und Mittelsenkrechte im Mittendreieck identisch, sodass das Mittendreieck und damit $\triangle ABC$ gleichseitig ist.

1.20 $\alpha = 22{,}5°$.

1.21 Abb. 1.6.

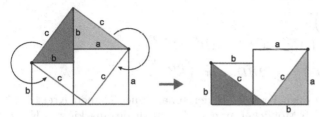

Abb. 1.6 Zu Aufgabe 1.21

1.22 In Abb. 1.7 gilt $\frac{(h+p)\cdot(h+q)}{2} = \frac{1}{2}hp + h^2 + \frac{1}{2}hq$, daraus folgt $\frac{h^2+h(p+q)+pq}{2} = h^2 + \frac{h(p+q)}{2}$ und schließlich $h^2 = pq$.

1.23 Pythagoras $\Rightarrow$ Höhensatz: Aus dem Satz des Pythagoras ergibt sich $h^2 = b^2 - p^2$ und $h^2 = a^2 - q^2$, also $2h^2 = a^2 + b^2 - p^2 - q^2 = c^2 - p^2 - q^2 = (p+q)^2 - p^2 - q^2 = 2pq$. Höhensatz $\Rightarrow$ Kathetensatz: Laut Höhensatz gilt in den rechtwinkligen Dreiecken $A'B'C$ und ABC in Abb. 1.8:
$h^2 = (b+p)(b-p)$ und $h^2 = pq$, daraus folgt $b^2 - p^2 = pq$ bzw. $b^2 = p(p+q) = pc$.

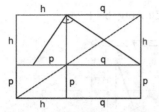

Abb. 1.7 Zu Aufgabe 1.22

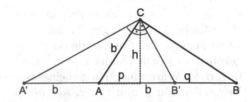

Abb. 1.8 Zu Aufgabe 1.23

1.24 Vergleicht man Dreiecke ABC_ν mit Höhenfußpunkt F auf AB und $\overline{AF} = p$, $\overline{FB} = q$, $p+q = c$ und verschiedenen Winkeln γ_ν, so ergibt sich für $\gamma_0 = 90°$ und den Standardbezeichnungen für Längen der Höhen und Seiten jeweils $h_0^2 = pq$, $b_0^2 = pc$ und $a_0^2 = qc$. Ist $\gamma_\nu > 90°$, so ist $h_\nu < h_0$, $a_\nu < a_0$ und $b_\nu < b_0$, in diesem Fall gilt $h_\nu^2 < pq$, $b_\nu^2 < pc$, $a_\nu^2 < qc$. Ist $\gamma_\nu > 90°$, so folgt $h_\nu > h_0$, $b_\nu > b_0$, $a_\nu > a_0$, und man erhält $h_\nu^2 > pq$, $b_\nu^2 > pc$, $a_\nu^2 > qc$. Die jeweilige Gleichheit gilt also nur im Falle eines rechten Winkels $\gamma_\nu = \gamma_0 = 90°$.

1.25 Vgl. Abb. 1.4.17 im Text.

1.26 a) $\overline{AB} = \sqrt{41}$; b) $\overline{AB} = \sqrt{200} = 10\sqrt{2}$; c) $\overline{AB} = \sqrt{69}$; d) $\overline{AB} = \sqrt{293}$

1.27 a) $h^2 = a^2 - \left(\frac{a}{2}\right)^2$, also $h = \frac{a}{2}\sqrt{3}$. Im gleichseitigen Dreieck ist Inkreis- und Umkreismittelpunkt der Schwerpunkt S des Dreiecks, der die Seitenhalbierenden im Verhältnis 2:1 teilt. Daher ist $r = \frac{2}{3}h = \frac{a}{\sqrt{3}}$ der Umkreisradius und $\varrho = \frac{1}{3}h = \frac{a}{2\sqrt{3}}$ der Inkreisradius.
b) Länge der Tetraederhöhe ist h_T mit $h_T^2 = a^2 - r^2$, also $h_T = \frac{\sqrt{2}}{\sqrt{3}}a$.

1.28 a) Sind S_1 und S_2 die Spitzen der Türme T_A und T_B und bezeichnet x die Entfernung zwischen C und A, so gilt (Abb. 1.9) $40^2 + x^2 = 30^2 + (50 - x)^2$, denn die Strecken S_1C und S_2C sind gleich lang. Daraus erhält man $x = 18$ (Schritt).
b) Der Punkt C des gleichschenkligen Dreiecks S_1CS_2 liegt auf der Mittelsenkrechten m der Strecke S_1S_2 und auf AB (Abb. 1.9).

1.29 Mit den Bezeichnungen von Abb. 1.4.25 im Text gilt:
$$\frac{\pi}{2}\left(\frac{\overline{AC}}{2}\right)^2 - \frac{\pi}{2}\left(\frac{\overline{AB}}{2}\right)^2 - \frac{\pi}{2}\left(\frac{\overline{BC}}{2}\right)^2$$
$$= \frac{\pi}{8}\left(\overline{AC}^2 - \overline{AB}^2 - \overline{BC}^2\right) = \frac{\pi}{8}\left(\overline{AD}^2 + \overline{CD}^2 - \overline{AB}^2 - \overline{BC}^2\right)$$
$$= \frac{\pi}{8}\left(\overline{AD}^2 - \overline{AB}^2 + \overline{CD}^2 - \overline{BC}^2\right) = \frac{\pi}{8} \cdot 2\overline{BD}^2 = \pi \cdot \left(\frac{\overline{BD}}{2}\right)^2.$$

1.30 Es sei A der Inhalt des großen Kreises, B der Inhalt eines kleinen Kreises, C der Inhalt eines der überstehenden Möndchen und D der Inhalt des markierten Keils. Dann ist $A + 2C = 2B + 2D$, also $D = \frac{1}{2}A - B + C$, woraus mit $\frac{1}{2}A = B$ dann $D = C$ folgt. C seinerseits ist auch der Inhalt des markierten Quadrats (Möndchen des Hippokrates!).

1.31 $\ell^2 = 5^2 + (\ell - 3)^2$ liefert $\ell = \frac{17}{3}$.

1.32 Der kürzeste Weg der Spinne zur Fliege hat die Länge $\sqrt{4^2 + 11^2} = \sqrt{137}$ Arschin (Abb. 1.10).

1.33 Offenbar gilt $x^2 + y^2 = m^4 - 2m^2n^2 + n^4 + 4m^2n^2 + = (m^2 + n^2)^2 = z^2$, also handelt es sich um pythgoräische Tripel. Wegen $2 \nmid (m - n)$ ist m gerade und n ungerade oder umgekehrt, in jedem Fall ist $z = m^2 + n^2$ ungerade. Wäre nun p ein gemeinsamer Primteiler von x und von z, so wäre p Teiler von $z + x$ und von $z - x$, also von $2m^2$ und von $2n^2$, also von n und von m, was der Teilerfremdheit von n und m widerspricht.
(3,4,5), (5,12,13), (15,8,17), (7,24,25), (21,20,29), (9,40,41), (35,12,37), (11,60,61), (45,28,53), (33,56,65) sind teilerfremde pythagoräische Tripel.

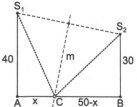

Abb. 1.9 Zu Aufgabe 1.28

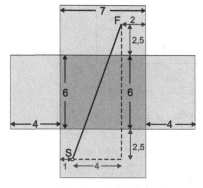

Abb. 1.10 Zu Aufgabe 1.32

1.34 Abb. 1.11 zeigt den Fall, dass der Bogen kleiner als ein Halbkreis ist und M im Äußeren des Dreiecks ABC liegt. Mit den Bezeichnungen in Abb. 11 hat der Peripheriewinkel die Größe $\varphi = \varphi_1 - \varphi_2$, und es gilt $\mu + (180° - 2\varphi_1) = 180° - 2\varphi_2$, woraus dann $\varphi = \frac{\mu}{2}$ folgt. Die Größe des Sehnentangentenwinkels berechnet man wie im Fall, dass M im Inneren des Dreiecks liegt.

Abb. 1.12 zeigt den Fall, dass der Bogen größer als ein Halbkreis ist; M liegt dann im Äußeren des Dreiecks ABC. Mit den Bezeichnungen in Abb. 1.12 hat der Peripheriewinkel die Größe $\varphi = \varphi_1 + \varphi_2$, und es gilt $2\varphi_1 + 2\varphi_2 + (360° - \mu) = 360°$, also $\varphi = \frac{\mu}{2}$. Ferner ist $\tau = 90° + \frac{1}{2}(180° - (360° - \mu)) = \frac{\mu}{2}$.

Ist der Bogen gleich einem Halbkreis, so ist $\overset{\frown}{AB}$ ein Kreisdurchmesser und $\mu = 180°$. In diesem Fall ist $\tau = 90°$ und $\varphi = \varphi_1 + \varphi_2 = \frac{1}{2} \cdot 180° = 90°$ (Abb. 1.13).

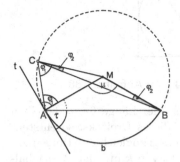

Abb. 1.11 Zu Aufgabe 1.34 (I)

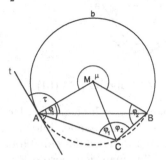

Abb. 1.12 Zu Aufgabe 1.34 (II)

1.35 a) Zeichne AB mit $\overline{AB} = 6\,\text{cm}$. C liegt auf dem Fasskreisbogen über AB zum Winkel $\gamma = 50°$ und auf dem Kreis um A mit Radius $b = 3\,\text{cm}$.

b) Zeichne AB mit $\overline{AB} = 6\,\text{cm}$. Trage in A an AB den Winkel $\alpha = 30°$ und in B an AB den Winkel $\beta = 180° - \alpha - \gamma = 100°$ an. C ist der Schnittpunkt der freien Schenkel.

c) Zeichne AB mit $\overline{AB} = 6\,\text{cm}$. C liegt auf dem Fasskreisbogen über AB zum Winkel $\gamma = 50°$ und auf der Parallelen zu AB im Abstand $h_c = 4\,\text{cm}$, die den Fasskreisbogen schneidet.

d) Zeichne AB mit $\overline{AB} = 6\,\text{cm}$. C liegt auf dem Fasskreisbogen über AB zum Winkel $\gamma = 50°$ und auf dem Kreis um den Mittelpunkt der Strecke AB mit Radius $s_c = 4\,\text{cm}$.

1.36 Ist $ABCD$ ein Viereck mit Umkreis k, so sind $\sphericalangle ABC$ und $\sphericalangle ADC$ Peripheriewinkel über zueinander komplementären Bögen zur Sehne AC des Kreises k, ebenso sind $\sphericalangle BAD$ und $\sphericalangle BCD$ Peripheriewinkel über zueinander komplementären Bögen zur Sehne BD des Kreises k. Daraus folgt $\sphericalangle ABC + \sphericalangle ADC = \sphericalangle BAD + \sphericalangle BCD = 180°$. Hat Viereck $ABCD$ keinen Umkreis, so liegt C nicht auf dem Umkreis k von $\triangle ABD$. Liegt C im Inneren von k, ist der Winkel bei C größer als $180° - \alpha$, liegt C im Äußeren von k, so ist er kleiner als $180° - \alpha$. In gleicher Weise behandele man δ und β, wenn D nicht auf dem Umkreis von $\triangle ABC$ liegt.

1.37 Dass in einem Tangentenviereck die Summen der Längen gegenüberliegenden Seiten gleich sind, wurde bereits in Aufgabe 1.14 begründet. Sei nun umgekehrt $ABCD$ ein Viereck mit $\overline{AB} + \overline{CD} = \overline{BC} + \overline{AD}$. Sei M der Schnittpunkt der Winkelhalbierenden der Vierecks-Innenwinkel bei A und bei B und seien F_{AB}, F_{BC}, F_{CD} und F_{AD} die Fußpunkte der Lote von M auf die Vierecksseiten. Dann ist $r := \overline{MF_{AB}}$ der gemeinsame Abstand des Punktes M von den Seiten AB, AD und BC des Vierecks.

Zu zeigen ist, dass $r' := \overline{MF_{CD}} = r$ gilt. Nun ist $\overline{MD}^2 = r^2 + \overline{F_{AD}D}^2 = r'^2 + \overline{DF_{CD}}^2$ und $\overline{MC}^2 = r^2 + \overline{F_{BC}C}^2 = r'^2 + \overline{F_{CD}C}^2$. Wäre nun $r' < r$ $(r' > r)$, so folgte $\overline{F_{AD}D} < \overline{F_{CD}D}$ und $\overline{F_{BC}C} < \overline{F_{CD}C}$ $(\overline{F_{AD}D} > \overline{F_{CD}D}$ und $\overline{F_{BC}C} > \overline{F_{CD}C})$. Da die Tangentenabschnitte von A und B aus an den Kreis k um M mit Radius r jeweils gleich lang sind, ergäbe sich für $r < r'$ und $r > r'$ jeweils ein Widerspruch dazu, dass die Summen der Längen gegenüberliegender Seiten in $ABCD$ jeweils gleich sind. Deshalb ist $r = r'$ und k der Inkreis von $ABCD$.

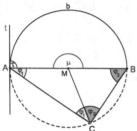

Abb. 1.13   Zu Aufgabe 1.34 (III)   **Abb. 1.14**   Zu Aufgabe 1.38

1.38 Zeichne ein gleichschenkliges Dreieck mit Schenkeln der Länge 6 cm, die einen Winkel von $110°$ miteinander bilden. Ist k der Umkreis dieses Dreiecks, so entsteht für jeden vierten Punkt auf k ein Sehnenviereck. Damit dieses zugleich ein Tangentenviereck ist, wähle man den vierten Punkt als Schnittpunkt von k mit der Winkelhalbierenden des $110°$-Winkels, denn dann sind auch die beiden anderen Vierecksseiten gleich lang, und damit stimmt auch die Summe der Seitenlängen gegenüberliegender Seiten im Viereck überein (Abb. 1.14).

1.39 Für jede Wahl von P hat $\sphericalangle APB$ die gleiche Größe (Peripheriewinkelsatz!), also gilt dies auch für seinen Nebenwinkel $\sphericalangle APB'$; auch die Größe des Winkels $\sphericalangle PB'A$ ändert sich bei Bewegung von P nicht, denn immer ist $\sphericalangle PB'A$ ein Peripheriewinkel über AB. Daher hat auch $\sphericalangle B'AA'$ für jede Wahl von P dieselbe Größe, und weil dieser ein Peripheriewinkel über $A'B'$ ist, hat diese Strecke bzw. der zugehörige Bogen auf dem großen Kreis stets dieselbe Länge (Abb. 1.15).

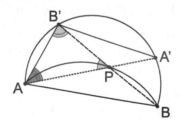   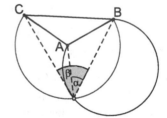

Abb. 1.15   Zu Aufgabe 1.39   **Abb. 1.16**   Zu Aufgabe 1.40

1.40 Der gesuchte Punkt ist Schnittpunkt der Fasskreise über AB zum Winkel α und über BC zum Winkel β (Abb. 1.16).

1.41 In Abb. 1.5.23 im Text betrage der Radius r des Kreises k, der die Strecke AB in B berührt, $r = \frac{1}{2}\overline{AB}$; sein Mittelpunkt sei M, und D sei der Schnittpunkt von AM mit k. Dann gilt $\overline{AB}^2 = \overline{AD} \cdot (\overline{AD} + 2r) = \overline{AD} \cdot (\overline{AD} + \overline{AB})$. Daraus folgt

$\overline{AD}^2 = \overline{AB} \cdot (\overline{AB} - \overline{AD})$, und der Punkt T auf AB mit $\overline{AD} = \overline{AT}$ teilt AB im Verhältnis des goldenen Schnitts.

1.42 Zeichne eine Strecke AD der Länge d und teile sie wie in Aufg. 8 im Verhältnis des goldenen Schnitts; die längere Teilstrecke habe die Länge a. Sei B der Schnittpunkt der Kreise um A mit Radius a und um D mit Radius d, seien ferner C, E die Schnittpunkte der Kreise um B und D (um A und D) mit dem Radius a. Dann ist $ABCDE$ ein regelmäßiges Fünfeck mit Seiten der Länge a und Diagonalen der Länge d.

1.43 Vgl. Abb. 1.6.3 im Text.

1.44 Die Gleichungen der Polaren p_A, p_B, p_C zu den Polen A, B, C sind $p_A : y = -x + 8$, $p_B : y = -5x + 16$ und $p_C : y = -\frac{x}{6} + \frac{8}{3}$. Die Schnittpunkte von je zwei dieser Polaren sind $P(2,6)$, $Q\left(\frac{32}{5}, \frac{8}{5}\right)$ und $R\left(\frac{80}{29}, \frac{64}{29}\right)$. Die Polaren zu den Polen P, Q, R haben die Gleichungen $p_P : y = -\frac{x}{3} + \frac{8}{3}$, $p_Q : y = -4x + 10$ und $p_R : y = -\frac{5}{4}x + \frac{29}{4}$. Zur geometrischen Konstruktion der Polaren vgl. Abb. 4 bis Abb. 6 im Text.

1.45 a) Sei B der Berührpunkt der Kreise k_1 um M_1 mit Radius r_1 und k_2 um M_2 mit Radius r_2. Dann liegt B auf der Zentralen der beiden Kreise, und die gemeinsame Tangente t_0 ist die Lotgerade zu $M_1 M_2$ durch B. Jeder Punkt $X \in t_0$, $X \neq B$ liegt außerhalb beider Kreise; sind dann T_1, T_2 die Berührpunkte der Tangenten t_1, t_2 von X aus an die Kreise k_1, k_2, so gilt $\overline{XT_1} = \overline{XB}$ und $\overline{XT_2} = \overline{XB}$ (gleich lange Tangentenabschnitte!), daraus folgt $\overline{XT_1} = \overline{XT_2}$.

b) Mit den Bezeichnungen aus Abb. 1.6.11 im Text sei $r_2 < r_1$ und der Kreis um M_2 im Inneren des Kreises um M_1 gelegen. Die Abschnitte u, v sind in dieser Situation durch die Gleichungen (1) $u^2 - v^2 = (u + v) \cdot (u - v) = r_1^2 - r_2^2$ und (2) $u - v = \overline{M_1 M_2}$ festgelegt, wieder unabhängig von X. Alle diese Punkte X haben identische Lotfußpunkte auf $g_{M_1 M_2}$ und liegen daher auf einer Lotgeraden zu $g_{M_1 M_2}$.

1.46 Wähle einen Punkt M_3 außerhalb der Zentralen $g_{M_1 M_2}$ der beiden Kreise und zeichne um M_3 einen Kreis k_3, welcher die gegebenen Kreise k_1 und k_2 schneidet. Zeichne die Verbindungsgeraden der Schnittpunkte von k_3 mit k_1 bzw. von k_3 mit k_2. Der Schnittpunkt C ist ein Punkt der Chordalen von k_1 und k_2; diese ist die Lotgerade zur Zentralen beider Kreise k_1, k_2 durch den Punkt C.

1.47 Die Mittelpunkte M_1, M_2, M_3 der drei Kreise müssen kollinear sein, dann sind die Chordalen alle parallel.

1.48 Sei k_1 der Kreis um A, k_2 der Kreis um B und k_3 der Kreis um C. Dann berühren sich k_2 und k_3 im Punkt $D \in BC$, sodass die Chordale c_{23} der Kreise k_2 und k_3 durch die Lotgerade zu BC durch D gegeben ist. Ist dann k_4 ein Kreis um M, sodass M, A, B nicht kollinear sind und k_4 die Kreise k_1 und k_2 schneidet, dann lässt sich die Chordale c_{12} der Kreise k_1 und k_2 wie in Abb. 1.6.13 im Text konstruieren. Der Schnittpunkt von c_{23} und c_{12} ist der gesuchte Chordalpunkt.

2 Geometrie im Raum

2.1 a) Prisma: $e = 2n, k = 3n, f = n + 2$; b) Pyramide: $e = n + 1, k = 2n, f = n + 1$

2.2 $e - k + f = 16 - 32 + 16 = 0 \ (\neq 2)$

2.3 $e = 8 + \frac{8 \cdot 3}{4} = 14$, $k = 8 \cdot 3 + \frac{8 \cdot 3}{2} = 36$, $f = 8 \cdot 3 = 24$,   also $e - k + f = 2$.

2.4 (1) Spat: Punktspiegelung an Schnittpunkt der Raumdiagonalen

(2) Tetraeder: Drehungen um die Raumhöhen um 120° und 240°; Spiegelungen an Ebenen durch eine Kante und den Mittelpunkt der gegenüberliegenden Kante

(3) Quadratische Pyramide: Spiegelungen an den Ebenen durch die Spitze und die Symmetrieachsen des Grundquadrats; Drehungen um die Achse durch die Spitze und den Mittelpunkt des Grundquadrats (0°, 90°, 180°, 270°)

(4) Würfel: Drehungen um die Geraden durch die Mittelpunkte gegenüberliegender Quadrate (um Vielfache von 90°) und um die Geraden durch die Raumdiagonalen (um Vielfache von 120°); Spiegelung an Ebenen durch die Ecken, Kantenmittelpunkte, ...

2.5 Flächenhöhe: $h = \sqrt{a^2 - (\frac{a}{2})^2} = \sqrt{\frac{3}{4}a^2} = \frac{a}{2}\sqrt{3}$

Raumhöhe: $H = \sqrt{a^2 - (\frac{2}{3} \cdot \frac{a}{2}\sqrt{3})^2} = \sqrt{\frac{2}{3}a^2} = a\sqrt{\frac{2}{3}} = \frac{a}{3}\sqrt{6}$

2.6 $\sqrt{a^2 + b^2 + c^2}$ (zweifache Anwendung des Satzes von Pythagoras)

2.7 Die in Abb. 2.1.10 gestrichelten Kanten haben alle die Länge
$\sqrt{(\alpha - 1)^2 + \alpha^2 + 1^2}$ mit $\alpha = \frac{1+\sqrt{5}}{2}$; die Wurzel hat den Wert 2, denn
$(\alpha - 1)^2 + \alpha^2 + 1^2 = (\frac{-1+\sqrt{5}}{2})^2 + (\frac{1+\sqrt{5}}{2})^2 + 1 == (\frac{6}{4} - \frac{1}{2}\sqrt{5}) + (\frac{6}{4} + \frac{1}{2}\sqrt{5}) + 1 = 4$.

2.8 Projektion in Richtung einer Raumdiagonalen des Würfels orthogonal zur Projektionsebene; isometrische Projektion, Winkel zwischen Koordinatenachsen 120°.

2.9 Es entstehen sich verdeckende Linien!

2.10 $\sqrt{(\frac{a}{2})^2 + (\frac{a}{2})^2} = \sqrt{\frac{a^2}{2}} = a\sqrt{\frac{1}{2}} = \frac{a}{2}\sqrt{2}$

2.11 $\sqrt{a^2 + (a\sqrt{2})^2} = \sqrt{3a^2} = a\sqrt{3}$

2.12 Abb. 2.1.

2.13 Kantenlänge $\frac{1}{3}a$; vgl. Abb. 2.1.12.

2.14 Kantenlänge $\frac{a}{2}\sqrt{2}$; vgl. Abb. 2.1.13.

2.15 Für die Kantenlänge s muss gelten:
$2(\frac{a-u}{2})^2 = u^2$; daraus ergibt sich $u = (\sqrt{2} - 1) \cdot a$.
Vgl. Abb. 2.2.14.

2.16 Würfel. Vgl. Abb. 2.2.7 und Abb. 2.5.9.

2.17 bis **2.19** Bei mangelhaftem räumlichen Vorstellungsvermögen hilft die Herstellung eines Papier-Modells! Beispiel in Abb. 2.2.

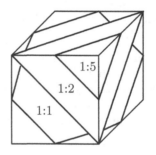

Abb. 2.1   Zu Aufgabe 2.12

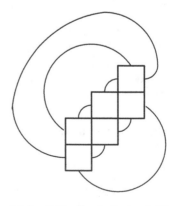

Abb. 2.2   Zu Aufgabe 2.17 - 2.19

2.20 Vgl. Abb. 2.3.

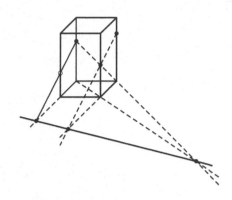

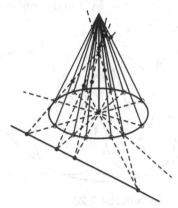

Abb. 2.3 Zu Aufgabe 2.20   **Abb. 2.4** Zu Aufgabe 2.21

2.21 Konstruktion von Punktepaaren:
Durchmesser AB der Grundellipse wählen. Gerade durch A, B schneidet g in T. Gerade durch T und P schneidet Mantellinien SA und SB in zwei Punkten der Schnittkurve (Abb. 2.4).

2.22 Ist das Viereck ein Quadrat, dann ist das Dreieck gleichschenklig, wobei die Grundseite die Länge a und die Schenkel die Länge $\frac{a}{2}\sqrt{5}$ haben. Ist das Dreieck gleichschenklig, dann ist das Viereck ein Rechteck mit den Seitenlängen a und $\frac{a}{2}\sqrt{2}$.

2.23 Eine ähnliche Rechnung wie im Text (zwei sich schneidende Kugeln) liefert $\overline{PB_1}^2 = \overline{PB_2}^2$, falls $a_1^2 - r_1^2 = a_2^2 - r_2^2$.

2.24 Es sei r der Umkugelradius und ϱ der Inkugelradius. Aus $r^2 = (h-r)^2 + (\frac{a}{2}\sqrt{2})^2$ folgt $r = \frac{h}{2} + \frac{a^2}{4h}$. Für die Länge s der Falllinie der Pyramide gilt $s^2 = h^2 + (\frac{a}{2})^2$. Aus $(h-\varrho)^2 = (s - \frac{a}{2})^2 + \varrho^2$ folgt damit $\varrho = \frac{sa}{2h} - \frac{a^2}{4h}$ (Abb. 2.5).

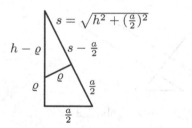

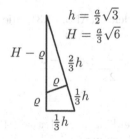

Abb. 2.5 Zu Aufgabe 2.24   **Abb. 2.6** Zu Aufgabe 2.25

2.25 Die Rechnungen verlaufen ähnlich wie in Aufgabe 2.24:
Aus $(H-r)^2 + (\frac{2}{3}h)^2 = r^2$ mit $h = \frac{a}{2}\sqrt{3}$ und $H = \frac{a}{3}\sqrt{6}$ folgt $r = \frac{a}{4}\sqrt{6}$.
Aus $(H-\varrho)^2 = (\frac{2}{3}h)^2 + \varrho^2$ folgt $\varrho = \frac{a}{12}\sqrt{6}$ (Abb. 2.6).

2.26 Eine Inkugel besitzen Dreieckspyramide, Parallelepiped mit gleichlangen Kanten und Kreiskegel. Eine Umkugel besitzen Quader, Dreieckspyramide, Dreiecksprisma und Kreiskegel.

2.27 Der kleine Würfel hat die Kantenlänge $\frac{a}{3}$, für den Radius r seiner Umkugel gilt also $2r = \sqrt{3 \cdot (\frac{a}{3})^2} = \frac{a}{3}\sqrt{3}$ und somit $r = \frac{a}{6}\sqrt{3}$.

2.28 Abb. 2.7.

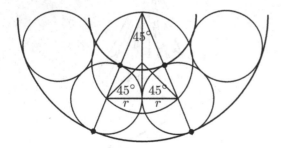

Abb. 2.7 Zu Aufgabe 2.28

2.29 Für zwei senkrechte Reihen ist der Abstand der Geraden, auf denen die Mittelpunkte liegen, $\frac{1}{2}\sqrt{3}$. Also benötigen k Reihen einen Platz von $1 + \frac{k-1}{2}\sqrt{3}$. Die größte ganzen Zahl k mit $1 + \frac{k-1}{2}\sqrt{3} \leq 50$ ist $[\frac{98}{\sqrt{3}} + 1] = 57$. Es passen also mindestens $28 \cdot 50 + 29 \cdot 49 = 2821$ Kugeln in die Kiste, also deutlich mehr als $50 \cdot 50 = 2500$.

3   Flächeninhalt und Volumen

3.1 Zu Ergänzungsgleichheit vgl. Abb. 3.1.

3.2 Addition/Subtraktion von Trapezinhalten; es ergibt sich der Inhalt $A = 53$.

3.3 Z.B. wie in Abb. 3.2.

3.4 Flächenvergleich (Abb. 3.3); die Höhe des Dreiecks ist 8: Aus

$$48 = x^2 + \frac{x(8-x)}{2}\frac{x(12-x)}{2}$$

folgt $x = 4{,}8$.

3.5 Mit den Seitenlängen $x-1, x, x+1$ ergibt sich die Gleichung

$$x^2(x^2 - 4) = 2^8 \cdot 3 \cdot 7.$$

Mit 7 als Teiler von x findet man $x = 14$, also die Lösung $13, 14, 15$. Vgl. hierzu auch Aufgabe 3.6.

Abb. 3.1 Zu Aufgabe 3.1

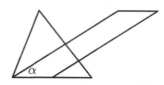

Abb. 3.2 Zu Aufgabe 3.3

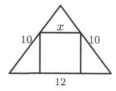

Abb. 3.3 Zu Aufgabe 3.4

3.6 Aus der heronschen Formel folgt hier die Gleichung $3a^2(a^2 - 4) = 16x^2$; dabei muss a gerade und $a^2 - 4$ durch 3 teilbar sein, also $a^2 = 12y^2 + 4$. Aus obiger Gleichung folgt, dass $3y^2 + 1$ ein Quadrat sein muss; dies ist der Fall für $y = 1$ und $y = 4$ (und $y = 15$ und unendlich viele weitere) und führt auf die Tripel $(3,4,5)$ und $(13,14,15)$ (und $(51, 52, 53)$ usw.).

3.7 $A = \sqrt{7 \cdot 1 \cdot 2 \cdot 4} = 2\sqrt{7}$; $r = \frac{3 \cdot 5 \cdot 6}{8\sqrt{7}} = \frac{45}{28}\sqrt{7}$; $\varrho = \frac{4\sqrt{7}}{3+5+6} = \frac{2}{7}\sqrt{7}$.

3.8 $A \approx \frac{7a^2}{4\tan 25{,}7°} \approx 3{,}64a^2$.

3.9 Zerlegung des Polygons in Dreiecke, deren Grundseiten die Polygonseiten sind und deren Spitze der Mittelpunkt des Inkreisradius ist.

3.10 Aus $r^2 = h^2 + \frac{a^2}{4}$ und $2ah = r^2\sqrt{2}$ folgt $h = a\sqrt{2}$, also $A = 8 \cdot \frac{a^2\sqrt{2}}{2} = 4\sqrt{2} \cdot a^2$.

3.11 $a_n = \sqrt{2 - \sqrt{4 - a_{n-1}^2}}$; $u_2 = 4\sqrt{2} \approx 0{,}9 \cdot 2\pi$; $u_3 = 8\sqrt{2 - \sqrt{2}} \approx 0{,}97 \cdot 2\pi$;

$u_4 = 16\sqrt{2 - \sqrt{2 + \sqrt{2}}} \approx 0{,}994 \cdot 2\pi$; $u_5 = 32\sqrt{2 - \sqrt{2 + \sqrt{2 + \sqrt{2}}}} \approx 0{,}9995 \cdot 2\pi$

3.12 Vgl. Satz 3.1 und Satz 3.2.

3.13 Man benutze den Satz vom Peripheriewinkel und Satz 3.3.

3.14 Konstruktion eines Rechtecks mit den Seitenlängen 4 und $\frac{8}{3}$.

3.15 Einbeschriebenen 8-Eck: $A_e = 2\sqrt{2} \approx 2{,}828$; umbeschriebenes 8-Eck: $A_u = 8(\sqrt{2} - 1) \approx 3{,}314$; $\frac{1}{2}(A_e + A_u) \approx 3{,}07$. Rechnungen vgl. Aufgabe 3.10.

3.16 Aus $\frac{\alpha}{360} \cdot 2\pi r = 3$ und $\frac{\alpha}{360} \cdot \pi r^2 = 10$ folgt $r = \frac{20}{3}$ und $\alpha = \frac{81}{\pi} \approx 25{,}8°$. Mithilfe der Sinusfunktion ergibt sich dann $s \approx 2{,}96\,\mathrm{cm}$ und $A_{Segment} \approx 0{,}3\,\mathrm{cm}^2$.

3.17 $h = r - \sqrt{r^2 - \frac{s^2}{4}}$

3.18 $u = \frac{360}{7{,}2} \cdot 5000 = 250\,000$ Stadien $= 393\,375$ km

3.19 Entfernt man sich von dem Berg und ist seine Spitze gerade nicht mehr sichtbar, dann habe man den Bogen der Länge $\frac{\alpha}{360} \cdot 2\pi r$ zurückgelegt. Dabei ist r der gesuchte Erdradius; der Winkel α heißt Horizontaldepression. Ist h die Höhe des Berges, dann gilt $(h + r)\cos\alpha = r$, also $r = \frac{h\cos\alpha}{1 - \cos\alpha}$. ($\alpha$ misst man von der Bergspitze aus.)

3.20 $\pi \approx \frac{62\,832}{20\,000} = 3{,}1416$; relativer Fehler $< 0{,}0003\%$.

3.21 (1) $u = 8\pi$, $A = 8\pi - 16$ $\quad$ (2) $u = 8\pi$, $A = 8\pi - 12\sqrt{2}$
(3) $u = \frac{8}{3}\pi + \frac{16}{5}\sqrt{5}$, $A = \frac{8}{3}\pi + \frac{8}{5}\sqrt{21}$ $\quad$ (4) $u = \frac{10}{3}\pi + 4 - 2\sqrt{3}$, $A = \frac{5}{3}\pi + 2 - \sqrt{3}$

3.22 Eine sichelförmige Fläche habe den Inhalt L, eine linsenförmige den Inhalt L. Dann gilt in der ersten Figur $\frac{\pi}{2} - \frac{\pi}{4} - (\frac{\pi}{4} - 2L) = 2S$, also $S = L$. Ferner gilt $L = \frac{1}{4} - 2(\frac{1}{4} - \frac{\pi}{16}) = \frac{\pi}{8} - \frac{1}{4}$. Die schattierte Fläche sowohl in der ersten als auch in der zweiten Figur hat also den Inhalt $\frac{\pi}{2} - 1$.

3.23 Das Seil habe die Länge λ. Ein zum Meer offenes Rechteck mit den Seitenlängen a und $\lambda - 2a$ hat den Inhalt $a(\lambda - 2a)$. Dieser ist maximal für $a = \frac{\lambda}{4}$ und beträgt dann $\frac{\lambda^2}{8}$. Ein zum Meer offener Halbkreis mit dem Umfang λ hat den Radius $\frac{\lambda}{\pi}$, also den Inhalt $\frac{\pi}{2}(\frac{\lambda}{\pi})^2 = \frac{\lambda^2}{2\pi}$. Dido benutzte die Tatsache, dass $\pi < 4$.

3.24 Aus $(\frac{x}{15})^3 = \frac{1}{2}$ folgt $x \approx 10,6$; aus $\frac{\pi}{3}(\frac{4x}{15})^2 \cdot x = 50$ folgt $x = \frac{15}{2}\sqrt[3]{\frac{10}{3}} \approx 11,0$.

3.25 $V = \frac{\pi}{3}r^2\sqrt{s^2 - r^2}$; $O = \frac{2\pi r}{2\pi s}\pi s^2 = \pi r s$.

3.26 Das Volumen multipliziert sich mit $(\frac{1,5}{1,2})^3 = 1,953125$, man muss also noch $1,90625$ m^3 hinzufügen.

3.27 (a) und (b): Aus $(\frac{h-d}{h})^3 = \frac{1}{2}$ bzw. $(\frac{h-d}{h})^2 = \frac{1}{2}$ folgt $d = (1 - \sqrt[3]{\frac{1}{2}})h$ bzw. $d = (1 - \sqrt{\frac{1}{2}})h$. c): Für $\lambda = \frac{h-d}{h}$ gilt $\lambda^2 = \frac{a^2 + M_a}{2M_a}$ mit $M_a = a\sqrt{(2h)^2 + a^2}$; daraus folgt $d = h\left(1 - \sqrt{\frac{a^2 + M_a}{2M_a}}\right)$.

3.28 $\frac{A+B}{2} \cdot k - \frac{A + 2\sqrt{AB} + B}{3} \cdot k = \frac{k}{6}(A - 2\sqrt{AB} + B) = \frac{k}{6}(\sqrt{A} - \sqrt{B})^2 > 0$

3.29 Das Polyeder setzt sich aus Pyramiden zusammen, deren Grundflächen zusammen die Oberfläche bilden und deren Höhen gleich ϱ sind.

3.30 An der Stelle x mit $o \le x \le 2600$ hat die Querschnittsfläche den Inhalt $q(x) = (5\text{ß} + \frac{x}{2600}(140 - 50)) \cdot \frac{x}{2600} \cdot 80) = \frac{9}{8450}x^2 + \frac{10}{13}x$. Zur Berechnung von $\int\limits_0^{2600} q(x)\,dx$ kann man auch die archimedische Methode zur Quadratur der Parabel benutzen; es ergibt sich $11\,440\,000$ m^3.

3.31 $O = \sqrt{3} \cdot a^2$; $V = \frac{1}{4}\sqrt{2} \cdot a^3$; $\varrho = \frac{3V}{O} = \frac{1}{4}\sqrt{6} \cdot a$

3.32 $O = 2\sqrt{3} \cdot a^2$; $V = \sqrt{2} \cdot a^3$; $\varrho = \frac{3V}{O} = \frac{1}{2}\sqrt{6} \cdot a$

3.33 $O = 5\sqrt{3} \cdot a^2$. Eine Dreieckspyramide, deren Grundseite ein gleichseitiges Dreieck mit der Seitenlänge a und deren andere Kanten die Länge r haben, hat das Volumen $\frac{1}{3} \cdot \frac{a^2}{4}\sqrt{3} \cdot \sqrt{r^2 - (\frac{2}{3}(\frac{a}{2}\sqrt{3}))^2} = \frac{1}{48}\sqrt{14 + 6\sqrt{5}} \cdot a^3 = \frac{1}{48}(3 + \sqrt{5}) \cdot a^3$; das Ikosaeder hat also das Volumen $V = \frac{5}{12}(3 + \sqrt{5}) \cdot a^3$.
(Eine Umformung $\sqrt{a + b\sqrt{p}} = x + y\sqrt{p}$ mit ganzen Zahlen a, b, x, y ist nur in seltenen Fällen möglich!)
Der Radius der Inkugel ist $\varrho = \frac{1}{12}\sqrt{42 + 18\sqrt{5}} \cdot a$.

3.34 $O = 3\sqrt{25 + 10\sqrt{5}} \cdot a^2$. Der Umkugelradius des Dodekaeders ist $r = \frac{1}{4}\sqrt{18 + 6\sqrt{5}} \cdot a$. Der Umkreisradius eines regelmäßigen Fünfecks mit der Seitenlänge a ist $\frac{1}{\sqrt{10}}\sqrt{5 + \sqrt{5}} \cdot a$ (Abschn. 3.1). Also ist der Inkreisradius des Dodekaeders $\varrho = \sqrt{\frac{1}{16}(18 + 6\sqrt{5}) - \frac{1}{10}(5 + \sqrt{5})} \cdot a = \frac{1}{\sqrt{40}}\sqrt{25 + 11\sqrt{5}} \cdot a$.
Damit erhält man $V = \frac{1}{4}\sqrt{470 + 210\sqrt{5}} \cdot a^3 = \frac{1}{4}(15 + 7\sqrt{5}) \cdot a^3$.
(Eine Umformung $\sqrt{a + b\sqrt{p}} = x + y\sqrt{p}$ mit ganzen Zahlen a, b, x, y ist nur in seltenen Fällen möglich!)

3.35 $V = 72 - 16 = 56$

3.36 a) $k(k + 1) = 2(1, 2, \ldots + k)$ b) $\frac{k(k+1)}{2} = 3(1^1 + 2^2 + \ldots + k^2)$

3.37 $\Delta u = 2\pi$ m; $\quad \Delta O \approx 160 \, \text{km}^2$;
$\Delta V \approx 51\,000 \, \text{km}^3$

3.38 $A \approx (\frac{40\,000}{360})^2 \cdot \frac{1}{2}\sqrt{2} \approx 8730 \, \text{km}^2$.

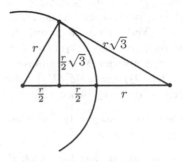

3.39 $V \approx (1350 + 239{,}797 + 106{,}023) \cdot \pi$
$\text{mm}^3 \approx 5327{,}6 \, \text{mm}^3 \approx 5{,}33 \, \text{cm}^3$.

3.40 $O = \frac{5}{2}\pi r^2 = 10\pi \, \text{cm}^2$;
$V = \frac{3}{2}\pi r^3 = 12\pi \, \text{cm}^3$ (Abb. 3.4)

3.41 $V = \pi r^2 \cdot 2\pi R$; $O = 2\pi r \cdot 2\pi R$.

3.42 $1 : 2 : 3$

Abb. 3.4 Zu Aufgabe 3.40

3.43 Man denke an das Hebelgesetz und beachte, dass die Kraft proportional zum Inhalt der Schnittfläche und damit proportional zum Radiusquadrat der Schnittkreise ist. Man erhält als Drehmoment (Kraft mal Kraftarm)

in S: $\overline{NS}^2 \cdot \overline{AS} = \overline{AC}^2 \cdot \overline{AS}$ (wegen $\overline{NS} = \overline{AC}$),

in B: $(\overline{OS}^2 + \overline{RS}^2) \cdot \overline{AB} = (\overline{AS} \cdot \overline{SC} + \overline{AS}^2) \cdot \overline{AB}$ (Höhensatz und $\overline{RS} = \overline{AS}$)

$= (\overline{AS} + \overline{SC}) \cdot \overline{AS} \cdot \overline{AB} = \overline{AC} \cdot \overline{AB} \cdot \overline{AS} = \overline{AC}^2 \cdot \overline{AS}$.

3.44 (1) $\frac{1}{16}(1 + \frac{5}{16} + (\frac{5}{16})^2 + \ldots) = \frac{1}{11}$; $d = \frac{\log 5}{\log 4} \approx 1{,}161$

(2) $\frac{2}{25}(1 + \frac{9}{25} + (\frac{9}{25})^2 + \ldots) = \frac{1}{8}$; $d = \frac{log\,9}{\log 5} \approx 1{,}365$

3.45 Kein Peano-Kontinuum, da in jeder Teilfläche des Dreiecks Punkte liegen, die nicht zur Grenzmenge gehören. Es ist $d = \frac{\log 3}{\log 2} \approx 1{,}585$.

3.46 (1) Der Inhalt der weggewischten Fläche ist $\frac{1}{9}(1 + \frac{8}{9} + (\frac{8}{9})^2 + \ldots) = 1$;

der Inhalt der verbleibenden Fläche reduziert sich bei jedem Schritt um den Faktor $\frac{8}{9}$, die Grenzfläche hat den Inhalt 0. Die Dimension ist $d = \frac{\log 8}{\log 3} \approx 1{,}892$.

(2) Der Inhalt der weggewischten Fläche ist $\frac{1}{4}(1 + \frac{3}{4} + (\frac{3}{4})^2 + \ldots) = 1$, die Grenzfläche hat also den Inhalt 0. Die Dimension ist $d = \frac{\log 12}{\log 4} \approx 1{,}792$.

3.47 Das Volumen der herausgebohrten Teile ist $\frac{7}{27}(1 + \frac{20}{27} + (\frac{20}{27})^2 + \ldots) = 1$; das Volumen der Grenzmenge ist 0, was man auch daran erkennt, dass sich das Restvolumen bei jedem Schritt um den Faktor $\frac{20}{27}$ verkleinert; die Dimension ist $d = \frac{\log 20}{\log 3} \approx 2{,}723$.

4 Abbildungsgeometrie

4.1 a) Darstellung der Punktspiegelungen als Doppelspiegelungen mit gemeinsamer Achse. b) Interpretation der Verkettung zweier Punktspiegelungen als Verschiebung; A, B, C, D bilden ein Parallelogramm.

4.2 a) $(\sigma_a \circ \sigma_b) \circ \sigma_c = \sigma_a \circ (\sigma_b \circ \sigma_c)$ mit $a \parallel b$ und $b \perp c$.
b) Q Fußpunkt des Lotes von P auf g und h parallel zu g durch P

4.3 Es ist $\delta = \delta_1 \circ \delta_2 = \delta(D_1, \alpha_1) \circ$ $\delta(D_2, \alpha_2)$ zu betrachten. Das Drehzentrum der Verkettung liegt auf der Mittelsenkrechten von $D_1\delta(D_1) = D_1\delta_2(D_1)$ und auf der Mittelsenkrechten von $D_2\delta(D_2) = D_2\delta_1(D_2)$. Der Drehwinkel ist $\alpha_1 + \alpha_2$ (Abb. 4.1).

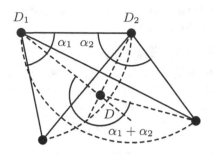

4.4 Spiegelachse $x_1 + x_2 = 10$, Verschiebung $x_1' = x_1 + 2$, $x_2' = x_2 - 2$.

4.5 a) Spiegelung an Geraden durch F, Drehungen um F

Abb. 4.1   Zu Aufgabe 4.3

b) Spiegelungen an f, Verschiebungen in Richtung von f c) Spiegelungen an f

4.6 a) Angenommen, es gibt einen Punkt P von g_{AB}, der kein Fixpunkt von ϱ ist. Da ϱ geradentreu ist, muss $P' = \varrho(P)$ auf der Bildgeraden von g_{AB} liegen; wegen $A = \varrho(A)$ und $B = \varrho(B)$ ist dies aber g_{AB} selbst. Also ist $P' \in g_{AB}$ mit $\overline{AP'} = \overline{AP}$ und $\overline{BP'} = \overline{BP}$ (Längentreue von ϱ!). Dies ist aber nur für $P' = P$ möglich, d.h., P ist doch ein Fixpunkt von ϱ – Widerspruch.

b) τ ist durch ein Dreieck und sein Bilddreieck eindeutig bestimmt. Sind nun A, B, C die nichtkollinearen Fixpunkte von τ, so ist $\tau(\triangle ABC) = \triangle ABC$ und $\mathrm{id}(\triangle ABC) = \triangle ABC$. Daraus folgt $\tau = \mathrm{id}$.

4.7 a) Vier Spiegelungen und vier Drehungen einschließlich id

b) Drei Spiegelungen und drei Drehungen einschließlich id

4.8 Fünfeck, Siebeneck: Entweder regelmäßig (D_5 bzw. D_7) oder nur eine einzige Spiegelung; Sechseck: D_6 oder nur eine Spiegelachse durch Ecken, nur eine Spiegelachse durch Kanten, nur zwei orthogonale Spiegelachsen und Punktspiegelung, nur drei Spiegelachsen duch Ecken und Drehungen um $120°, 240°$.

4.9 Umkreis: gerades Trapez (und damit Rechteck, Quadrat); Inkreis: gerades Drachenviereck (und damit Raute, Quadrat).

4.10 Erstes Band: Neben Verschiebungen noch Vertikalspiegelungen, Punktspiegelungen an Mittelpunkten der senkrechten Strecken und Schubspiegelungen (TVPS). Zweites Band: Neben Verschiebungen noch Punktspiegelungen an Mittelpunkten der kurzen waagerechten Strecken (TP).

4.11 (1) Punktspiegelung ist Doppelspiegelung an zueinander senkrechten Achsen.
(2) Schubspiegelung ist Verkettung von Spiegelung mit Verschiebung in Richtung der Spiegelachse.
(3) Sei a die Bandachse und $P \in a$. Für vertikales g mit $g \cap a = \{P\}$ ist $\sigma_P = \sigma_g \circ \sigma_a = \sigma_a \circ \sigma_g$, also $\sigma_P \circ \sigma_a = \sigma_a \circ \sigma_P = \sigma_g$ eine Vertikalspiegelung.
(4) Ist g vertikal mit $P \in g$ und a die Bandachse, dann ist $\sigma_P = \sigma_a \circ \sigma_g = \sigma_g \circ \sigma_a$ und deshalb $\sigma_g \circ \sigma_P = \sigma_P \circ \sigma_g = \sigma_a$ die Horizontalspiegelung an der Bandachse.
(5) Ist g vertikal mit $P \notin g$, a die Bandachse und $\sigma_P = \sigma_a \circ \sigma_h = \sigma_h \circ \sigma_a$ für $h \parallel g, h \neq g, \{P\} = h \cap a$, dann ist $\sigma_g \circ \sigma_P = (\sigma_g \circ \sigma_h) \circ \sigma_a$, und die Doppelspiegelung $\sigma_g \circ \sigma_h$ an den Vertikalen g, h definiert eine Verschiebung in Richtung der Bandachse, deshalb ist $\sigma_g \circ \sigma_P$ eine Schubspiegelung mit der Bandachse als Spiegelachse. Analog argumentiert man für $\sigma_P \circ \sigma_g$.

(6) Ist g vertikal mit $P \in g$ und a die Bandachse, dann ist $\sigma_P = \sigma_a \circ \sigma_g = \sigma_g \circ \sigma_a$. Ist $s = \sigma_a \circ (\sigma_h \circ \sigma_\ell)$ eine Schubspiegelung, h, ℓ vertikale Geraden, dann ist $\sigma_P \circ s = (\sigma_g \circ \sigma_a) \circ \sigma_a \circ (\sigma_h \circ \sigma_\ell) = \sigma_g \circ \sigma_h \circ \sigma_\ell$, und dies ist laut Dreispiegelungssatz eine Spiegelung an einer zu g, h, ℓ parallelen (und damit vertikalen) Geraden. Analog argumentiert man für $s \circ \sigma_P$.

(7) Ist $s = \sigma_a \circ (\sigma_h \circ \sigma_\ell)$ eine Schubspiegelung (h, ℓ vertikale Geraden, a die Bandachse) und ist g eine vertikale Gerade, dann ist $s \circ \sigma_g = \sigma_a \circ (\sigma_h \circ \sigma_\ell \circ \sigma_g)$. Die Dreifachspiegelung lässt sich durch eine einzige Vertikalspiegelung ersetzen (Dreispiegelungssatz!), also ist $s \circ \sigma_g$ eine Doppelspiegelung an a und einer vertikalen Geraden, mithin eine Punktspiegelung. Für $\sigma_g \circ s$ argumentiert man analog.

(8) Ist $s = \sigma_a \circ (\sigma_h \circ \sigma_\ell) = (\sigma_h \circ \sigma_\ell) \circ \sigma_a$ eine Schubspiegelung mit der Bandachse a als Spiegelachse, dann ist $s \circ s = \sigma_h \circ \sigma_\ell \circ \sigma_h \circ \sigma_\ell$ eine Vierfachspiegelung an vertikalen Geraden, also eine Doppelspiegelung an vertikalen Geraden und damit eine Translation in horizontaler Richtung.

(9) Nutze wie in (8), dass eine Vierfachspiegelung an vertikalen Geraden als eine Doppelspiegelung an vertikalen Geraden dargestellt werden kann.

4.12 Abb. 4.2.4: nur Drehungen; Abb. 4.2.5: Verschiebungen; Abb. 4.2.16: neben Verschiebungen auch zahlreiche Spiegelungen und Drehungen.

4.13 Verschiebungen, Spiegelungen, Drehungen, ...; verschiedene Elementarbereiche (Abb. 4.2).

4.14 Punktspiegelung am Mittelpunkt von PQ.

4.15 P auf h drehen; gerades Drachenviereck.

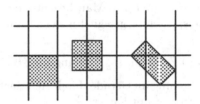

Abb. 4.2   Zu Aufgabe 4.13

4.16 Einen der Kreise durch Punktspiegelung an S abbilden.

4.17 Einen Kreis parallel zu g um Länge a verschieben.

4.18 Kreis k_2 an g spiegeln. Für $k_2' \neq k_1$ ist $|k_1 \cap k_2'| = 0, 1$ oder 2.

4.19 Sehne der Länge s zunächstbeliebig einzeichnen, dann P aus Geraden durch s drehen, dann alles zurückdrehen.

4.20 Sehne zu Mittelpunktwinkel beliebig einzeichnen, P um Mittelpunkt des Kreises drehen, dann alles zurückdrehen.

4.21 Doppelspiegelung an den in Abb. 4.3.20 im Text gestrichelten Geraden!

4.22 Betrachte eine Drehung um B im Uhrzeigersinn um $60°$ usw.; P ist der Fermat-Punkt.

4.23 $\vec{a} + \frac{1}{2}\overrightarrow{AC} = \vec{b} + \frac{1}{2}\overrightarrow{BD}$

4.24 $\overrightarrow{OS} = \vec{a} + \frac{1}{2}(\vec{b} - \vec{a}) + \frac{1}{2}(\frac{1}{2}(\vec{c} + \vec{d}) - \frac{1}{2}(\vec{a} + \vec{b}))$

4.25 Man rechne mit $\vec{p_i} = \overrightarrow{OP_i}$ und $\vec{q_i} = \overrightarrow{OQ_i}$ ($i = 1,2,3$) wie in Beispiel 4.10.

4.26 Das Bild eines jeden Punktes auf einer der Dreiecksseiten von $\triangle ABC$ ist wegen der Geradentreue und der Winkeltreue der Ähnlichkeitsabbildung eindeutig festgelegt.

Ist P ein anderer Punkt, dann kann man P so mit einem Eckpunkt des Dreiecks (O.B.d.A. handele es sich um A) verbinden, dass die Verbindungsgerade g_{AP} eine Dreiecksseite schneidet; der Schnittpunkt sei D. Der Bildpunkt D' von D ist wieder eindeutig konstruierbar, und der Bildpunkt P' von P muss auf der Geraden $g_{A'D'}$ liegen. Da die Winkel der Dreiecke ABP und $A'B'P'$ sowie PCA und $P'C'A'$ jeweils miteinander übereinstimmen müssen, ist P' eindeutig zu konstruieren.

4.27 Ändern sich die Längen mit dem Faktor k, dann ändern sich die Flächeninhalte mit dem Faktor k^2 und die Rauminhalte mit dem Faktor k^3.

4.28 Vgl. die Angaben in Abb. 4.4.11 im Text.

4.29 Vgl. Abb. 4.4.9 und Abb. 4.4.12 im Text..

4.30 Wegen $\overline{ZP} : \overline{PP'} = 1 : (k-1)$ folgt die Behauptung aus dem Strahlensatz.

4.31 Ist d der Abstand von Z zu a, dann ist f die Parallele zu a, die von Z den Abstand $\frac{2d}{k+1}$ hat; man muss also $k \neq -1$ fordern. Der Punkt F ist der Fußpunkt des Lotes von Z auf f (vgl. Abb. 4.4.14 im Text).

4.32 Der gemäß Abb. 4.4.15 im Text bestimmte Punkt F ist ein Fixpunkt. Es gilt
$$\delta(D,\alpha) \circ \vartheta(Z,k) \circ \vartheta(F,\tfrac{1}{k}) = \delta(D,\alpha) \circ (k-1)\,\overrightarrow{ZF} = \delta(D,\alpha) \circ \overrightarrow{FF'} = \sigma_a \circ \sigma_b \circ \sigma_b \circ \sigma_c$$
$$= \sigma_a \circ \sigma_c = \delta(F,\alpha).$$ Man beachte, dass man dabei die Darstellung der Drehung als Doppelspiegelung geeignet wählen kann, sodass a,b denselben Winkel wie a,c einschließen.

4.33 a) Zentrum H, Drehung um $90°$ im Uhrzeigersinn, Streckung mit Faktor $\frac{a}{b}$

b) Spiegelung an Gerade durch AC, Zentrum A, Drehung im Uhrzeigersinn um Winkel α, Streckung mit Faktor $\frac{p}{b}$.

4.34 Schnittpunkte der gemeinsamen Tangenten an Kreise, vgl. Abb. 4.4.17 im Text.

4.35 Beliebiges Dreieck mit den abgegebenen Winkeln zeichnen, Umkreis bzw. Inkreis konstruieren, dann an dessen Mittelpunkt geeignete zentrische Streckung ausführen.

4.36 Gegeben P, Q, g. Mittelsenkrechte m auf PQ schneidet g in Z. Kreis mit Mittelpunkt auf m zeichnen, welcher g berührt, dann Streckung mit Zentrum Z.

4.37 Zentrische Streckung an P mit Faktor -2 bildet Kreis auf k' ab, und k' schneidet a in gesuchtem Punkt A.

4.38 Zentrische Streckung an P mit Faktor -3.

4.39 Zentrische Streckung an P mit Faktor 3.

4.40 Zentrische Streckung an P mit Faktor -2; zwei Lösungen.

4.41 $a : b : c = 9 : 8 : 7{,}2$; Dreieck mit $a = 9$, $b = 8$, $c = 7{,}2$ zeichnen, dann strecken (z.B. von C aus), sodass die Höhen die vorgeschriebenen Werte bekommen.

4.42 Invers zu $\psi(a; r; k)$ ist $\psi(a; r; \frac{1}{k})$.

4.43 $x_1' = 1 + 3x_1 - x_2$, $x_2' = 2 + 3x_1 + 3x_2$

4.44 Es soll *konstruiert*, nicht *gerechnet* werden!

4.45 Konstruktion vgl. Abb. 4.6.10 im Text.

4.46 In Aufgabe 4.43 wird das Dreieck OE_1E_2 mit dem Inhalt $\frac{1}{2}$ auf das Dreieck ABC mit dem Inhalt $\frac{7}{2}$ abgebildet. Flächeninhalte vergrößern sich also mit dem Faktor 7.

4.47 $\psi(a,r;-1) \circ \sigma_a$ mit r gemäß Abb. 4.6.11 im Text.

4.48 Siehe Quadrat.

4.49 Man betrachte ein gleichseitiges Dreieck, wo alles klar ist.

4.50 Die Gerade ist parallel zur dritten Seite, dritter Punkt „unendlich fern".

4.51 Geraden durch einander zugeordnete Seiten schneiden sich auf Streckachse.

4.52 Strahlensatz bzw. Umkehrung

4.53 Die Schnittpunkte der Geraden durch die nicht-parallelen Seiten liegen auf einer Parallelen zu AB. Ist auch $AC \parallel A'C'$, dann siehe Aufgabe 4.52.

4.54 Siehe Definition des Teilverhältnisses.

4.55 $\mu = \frac{\lambda}{1+\lambda}$, $\lambda = \frac{\mu}{1-\mu}$

4.56 $\mu = \frac{1}{1+\lambda}$

4.57 4 Spiegelungen an Ebenen durch eine Kante und den Mittelpunkt der gegenüberliegenden Kante; 8 ($= 4 \cdot 2$) Drehungen um Geraden durch die Raumhöhen (um $120°$ und $240°$); Verkettung dieser Abbildungen liefert auch Drehungen um den Schwerpunkt. Insgesamt (einschließlich id) 24 ($= 1 \cdot \cdot 3 \cdot 4 = 4!$) Abbildungen, denn jede Permuation der 4 Ecken lässt sich durch eine Kongruenzabbildung realisieren.

4.58 Drehungen um $0°, 120°, 240°$; Spiegelebenen durch Raumdiagonalen.

4.59 $P'(25,32,52)$; geschickterweise rechnet man mit Vektoren in $\mathbb{R}^3$, welche in Abschn. 5.3 ausführlich behandelt werden.

4.60 Einfache Konstruktionsaufgabe; die Spiegelungen sind vertauschbar.

4.61 Abb. 4.3.

 oder

Abb. 4.3 Zu Aufgabe 4.61   **Abb. 4.4** Zu Aufgabe 4.64

4.62 Es sei r_1 der kleinere, r_2 der größere Radius und $v = r_2 : r_1$. Dann muss $\frac{v-1}{v+1} = \sin\frac{\pi}{n}$ gelten, also $v = \frac{1+s}{1-s}$ mit $s = \sin\frac{\pi}{n}$. Beispiele: Für $n = 3$ ist $v = 7 + 4\sqrt{3}$, für $n = 4$ ist $v = 2 + \frac{4}{3}\sqrt{2}$, für $n = 6$ ist $v = 3$.

4.63 Erst an Kreis mit Radius r_1, dann an Kreis mit Radius r_2 spiegeln: Aus $\overline{MP} \cdot \overline{MP'} = r_1^2$ und $\overline{MP'} \cdot \overline{MP''} = r_2^2$ folgt $\overline{MP''} : MP = (r_2 : r_1)^2$.

4.64 Abb. 4.4.

4.65 Spiegelung an einem Kreis um P bildet die Kreise auf Geraden ab, die ein Dreieck bilden. Der Inkreis und die Ankreise des Dreiecks werden dann auf die gesuchten vier Kreise abgebildet.

4.66 Erst alle Radien um 1 (kleinster Radius) verkleinern, dann wie in Beispiel 4.23 verfahren, dann Radius des gefundenen Kreises um 1 verkleinern.

4.67 $\overline{N_0 N'} : \overline{N_0 A'} = (\frac{a+b}{2ab} - \frac{2}{a+b}) : (\frac{1}{a} - \frac{a+b}{2ab}) = (b-a) : (b+a)$

5 Rechnerische Methoden

5.1 $\sin 30° = \cos 60° = \frac{1}{2}$, $\sin 45° = \cos 45° = \frac{1}{2}\sqrt{2}$, $\sin 60° = \cos 30° = \frac{1}{2}\sqrt{3}$

5.2 Abb. 5.1

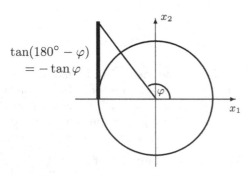

$\tan(180° - \varphi)$
$= -\tan\varphi$

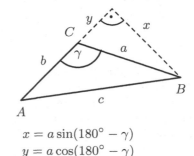

$x = a\sin(180° - \gamma)$
$y = a\cos(180° - \gamma)$

Abb. 5.1 Zu Aufgabe 5.2   **Abb. 5.2** Zu Aufgabe 5.3

5.3 Abb. 5.2:
$$c^2 = a^2\sin^2(180° - \gamma) + (b - a\cos(180° - \gamma))^2$$
$$= a^2\sin^2\gamma + a^2\cos^2\gamma + b^2 + 2ab\cos(180° - \gamma) = a^2 + b^2 - 2ab\cos\gamma$$

5.4 $\alpha = 41{,}41°$; $\beta = 55{,}77$; $\gamma = 82{,}82°$; $h_a = 4{,}96$; $h_b = 3{,}97$; $h_c = 3{,}31$;
$s_a = 5{,}14$; $s_b = 4{,}44$; $s_c = 3{,}67$; $w_\alpha = 5{,}10$; $w_\beta = 4{,}24$; $w_\gamma = 3{,}33$.

5.5 Der Flächeninhalt ist einerseits $\frac{1}{2}(a + b + c) \cdot \varrho = \frac{15}{2}\varrho$, andererseits
$\frac{1}{2}ch_c = 3 \cdot \frac{5}{4}\sqrt{7}$, also $\varrho = \frac{1}{2}\sqrt{7} = 1{,}32$. (Beachte $h_c = b\sin\alpha$ und $\cos\alpha = \frac{3}{4}$.)

5.6 $a = 312{,}42\,\mathrm{m}$; $\beta_2 = 57{,}36°$; $\gamma_2 = 40{,}64°$;
$x = 265{,}67\,\mathrm{m}$; $y = 205{,}48\,\mathrm{m}$; $z = 205{,}65\,\mathrm{m}$

5.7 $\tan\varphi = 3{,}58$; $\varphi = 74{,}38°$; $\psi = 55{,}62°$; $r = 107{,}11$; $s = 115{,}14$; $t = 128{,}78$

5.8 $\sin 15° = \frac{1}{2}\sqrt{2 - \sqrt{3}} = 0{,}259$; $\sin 7{,}5° = \frac{1}{2}\sqrt{2 - \sqrt{2 + \sqrt{3}}} = 0{,}131$;
$\sin 22{,}5° = 0\,259 \cdot 0{,}966 + 0{,}131 \cdot 0{,}991 = 0{,}38$

5.9 a) $37 - 3i$ b) 0 c) $-7 + 24i$ d) $\frac{1-i}{2}$ e) $\frac{3-5i}{34}$
f) $\frac{i}{7}$ g) $\sqrt{2}$ h) $\sqrt{305}$ i) $\frac{1}{\sqrt{13}}$

5.10 a) $m = 2 - 4i$; $r = 5$ b) $m = -3 - 4i$; $r = \sqrt{31}$

5.11 $|(1+2i) + t(3-i) - (5+3i)| = 7$ bzw. $(3t-4)^2 + (t+1)^2 = 49$
hat die Lösungen $t_1 = 3{,}2$ und $t_2 = -1$.

5.12 a) Verkettung von $z \mapsto z+i$, $z \mapsto \overline{z}$, $z \mapsto \frac{1}{z}$ (Inversion am Einheitskreis),
$z \mapsto -3z$, $z \mapsto z - 2i$ ergibt $z \mapsto -\dfrac{3}{z+i} - 2i = \dfrac{2z+i}{iz-1}$.
b) g, h gehen durch $-i$ und werden daher auf Geraden abgebildet, und zwar g auf sich selbst und h auf die Gerade durch $-2i$ und $i - 2$.
c) Die Umkehrabbildung ist $z \mapsto \frac{z+i}{iz-2}$. Das Bild des Einheitskreises hat die Gleichung $\frac{z+i}{iz-2} \cdot \frac{\overline{z}-i}{-i\overline{z}-2} = 1$, was sich zu $z - \overline{z} = -3i$ vereinfachen lässt. Dies ist die Gleichung der Parallelen zur reellen Achse durch $-\frac{3}{2}i$.
d) Ein Kreis wird auf eine Gerade abgebildet, wenn er durch $-i$ geht; eine Gerade wird auf einen Kreis abgebildet, wenn sie *nicht* durch $-i$ geht.

5.13 Die Fixpunkte sind die Punkte des Kreises mit der Gleichung $|z-m| = r$, denn $\dfrac{m\overline{z} - m\overline{m} + r^2}{\overline{z} - \overline{m}} = z$ lässt sich umformen zu $z\overline{z} - m\overline{z} - \overline{m}z + m\overline{m} - r^2 = 0$.

5.14 Beispielsweise erst Inversion am Kreis um $2i$ mit Radius 1, also $z \mapsto 2i + \frac{1}{\overline{z}-2i} = \frac{2i\overline{z}}{\overline{z}+2i}$, dann Verschiebung $z \mapsto z - i$, also insgesamt $z \mapsto \dfrac{i\overline{z}+2}{\overline{z}+2i}$.

5.15 a) $(a_1^2 + a_2^2)(b_1^2 + b_2^2) = (a_1b_1 - a_2b_2)^2 + (a_1b_2 + a_2b_1)^2$ $\qquad 65 = 1^2 + 8^2 = 4^2 + 7^2$

5.16 $h_c = \left| \dfrac{\vec{n} \bullet (\vec{c} - \vec{a})}{|\vec{n}|} \right|$
$= \left| \frac{1}{\sqrt{17}} \left(\binom{1}{-4} \bullet \binom{2}{6} \right) \right| = \dfrac{22}{\sqrt{17}}$

5.17 $\vec{x} = \binom{1}{1} + t\left(\frac{1}{\sqrt{17}} \binom{4}{1} + \frac{1}{\sqrt{10}} \binom{1}{3} \right)$
(Abb. 5.3)

5.18 $(x_1 - 7)(3-7) + (x_2 - 8)(11-8) = 25$, also $-4x_1 + 3x_2 = 21$.

5.19 a) $\begin{aligned} x_1 + 2x_3 &= 5 \\ x_2 + x_3 &= 5 \end{aligned}$

b) $\begin{pmatrix} x_1 \\ x_2 \\ x_3 \end{pmatrix} = \begin{pmatrix} 6 \\ 0 \\ 7 \end{pmatrix} + r \begin{pmatrix} 2 \\ 1 \\ 5 \end{pmatrix}$

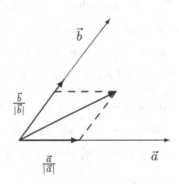

Abb. 5.3 Zu Aufgabe 5.17

5.20 a) $x_1 + 2x_3 = 5$, $x_2 - x_3 = 3$ $\qquad$ b) $\vec{x} = (2, 0, -1) + t(2, 3, 7)$

5.21 Die Tangentialebenen haben von M den Abstand 2, also die Gleichungen $x_1 + 2x_2 + 3x_3 = 5 \pm 2\sqrt{14}$. Berührpunkte $B_{1/2}(2 \pm \sqrt{\frac{2}{7}}, \pm 2\sqrt{\frac{2}{7}}, 1 \pm 3\sqrt{\frac{2}{7}})$

5.22 $M'(\frac{31}{11}, -\frac{68}{11}, \frac{27}{11})$, $r' = \sqrt{\frac{158}{11}}$

5.23 $(1+t, 2t, 1-t)$ mit $t_{1/2} = -\frac{4}{3} \pm \frac{1}{3}\sqrt{46}$.

5.24 a) $\left(\frac{2uw}{u^2+v^2+w^2}, \frac{2vw}{u^2+v^2+w^2}, \frac{w^2-u^2-v^2}{u^2+v^2+w^2} \right)$; Koordinaten rational, falls u, v, w ganz; pythagoräische Quadrupel $(2uw, 2vw, w^2 - u^2 - v^2, u^2 + v^2 + w^2)$

5.25 Die Determinante ist gleich $\begin{vmatrix} 0 & 0 & 1 \\ 1 & 0 & 3 \\ 1 & 4 & 0 \end{vmatrix}$ und hat den Wert 4.

5.26 Geschicktes Ausklammern!

5.27 $a \neq 0$ (Man berechne die Determinante aus diesen drei Vektoren!)

5.28 Die Determinante aus den Koeffizientenspalten ist $(b-a)(c-a)(c-b)$. Genau dann gibt es nur die triviale Lösung, wenn a, b, c paarweise verschieden sind.

5.29 Der Weg längs des Breitenkreises hat die Länge $20\,000 \cdot \cos\beta$ [km]. Der Weg über den Nordpol hat die Länge $20\,000 \cdot \left(1 - \frac{\beta}{90}\right)$ [km]. Für $0 < \beta < 90$ gilt $1 - \frac{\beta}{90} < \cos\beta$.

5.30 Für die Größe φ des Winkels $\sphericalangle POQ$ gilt $\cos\varphi = \frac{72}{169} = 0{,}426$, also $\varphi = 64{,}8°$. Die Entfernung der Punkte auf der Kugel ist also $\frac{64{,}8}{360} \cdot 2\pi\sqrt{13} = 4{,}08$.

5.31 Ecken $(1,0,0)$, $(0,1,0)$, $(0,0,1)$ bzw. $(1,0,0)$, $(-\frac{1}{2}\sqrt{3}, \frac{1}{2}, 0)$, $(0,0,1)$

5.32 Mit $\lambda_1 = 10{,}4°, \lambda_2 = 53{,}4°, \beta_1 = 51{,}5°, \beta_2 = 47{,}7°$ gilt für den gesuchten Winkel φ

$$\cos\varphi = \begin{pmatrix} \cos\beta_1\cos\lambda_1 \\ \cos\beta_1\sin\lambda_1 \\ \sin\beta_1 \end{pmatrix} \bullet \begin{pmatrix} \cos\beta_2\cos\lambda_2 \\ \cos\beta_2\sin\lambda_2 \\ \sin\beta_2 \end{pmatrix} = \begin{pmatrix} 0{,}6123 \\ 0{,}1124 \\ 0{,}7826 \end{pmatrix} \bullet \begin{pmatrix} 0{,}4017 \\ 0{,}5403 \\ 0{,}7396 \end{pmatrix} = 0{,}8855,$$

also $\varphi = 27{,}7°$. Die gesuchte Länge ist damit $\frac{27{,}7}{360} \cdot 40\,000 = 3080$ [km].

5.33 Das Skalarprodukt der Ortsvektoren von P_1 und P_2 ist zunächst

$$\cos\varphi = \sin\beta_1 \sin\beta_2 + \cos\beta_1 \cos\beta_2 \cos(\lambda_1 - \lambda_2).$$

Dabei ist $\cos\varphi$ die Länge des Bogens $P_1 P_2$ und $\gamma = \lambda_1 - \lambda_2$ der Winkel bei N; ferner sind $\frac{\pi}{2} - \beta_1$ und $\frac{\pi}{2} - \beta_2$ die Längen der den Ecken P_1, P_2 gegenüberliegenden Seiten. Beachte nun $\cos(\frac{\pi}{2} - \beta) = \sin\beta$ und $\sin(\frac{\pi}{2} - \beta) = \cos\beta$.

5.34 $x_1' = 2x_1 - x_2 + 10$, $x_2' = -\frac{5}{2}x_1 + \frac{3}{2}x_2 - 14$

5.35 $x_1' = \frac{1}{4}x_1 + \frac{3}{4}x_2$, $x_2' = -\frac{3}{4}x_1 + \frac{7}{4}x_2$ (Abb. 5.4)

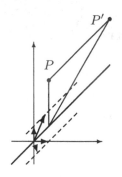   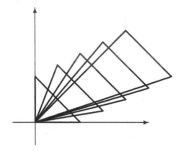

Abb. 5.4   Zu Aufgabe 5.35   Abb. 5.5   Zu Aufgabe 5.38

5.36 $\begin{pmatrix} 1 & -1 \\ 0 & -2 \end{pmatrix}$

5.37 $\begin{pmatrix} 1 & -\sqrt{3} \\ \sqrt{3} & 1 \end{pmatrix}$; $1 + \sqrt{3}\,i$

5.38 a) Eine affine Abbildung liegt vor, wenn
$(2t+1)(t+1) - 2t^2 \neq 0$, also $t \neq \frac{1}{3}$. In diesem Fall ist die Matrix der Umkehrabbildung
$\frac{1}{3t+1} \begin{pmatrix} t+1 & -2t \\ -t & 2t+1 \end{pmatrix}$.

b) Für $t = 0$ und für $t = -\frac{2}{3}$.

c) Für $t = 0$ ist $f: x_1 + x_2 = 0$ eine Fixpunktgerade.

d) Siehe Abb. 5.5.

5.39 $x_1'' = x_1 + 26x_2 - 26$, $x_2'' = 5x_1 + 9x_2 - 7$

5.40 Man berechne die Bildpunkte von $E_1(1,0)$ und $E_2(0,1)$.

$\sigma_g: \begin{pmatrix} -0{,}8 & 0{,}6 \\ 0{,}6 & 0{,}8 \end{pmatrix}$, $\sigma_h: \begin{pmatrix} -0{,}6 & -0{,}8 \\ -0{,}8 & 0{,}6 \end{pmatrix}$, $\sigma_h \circ \sigma_g: \begin{pmatrix} 0 & -1 \\ 1 & 0 \end{pmatrix}$

$\sigma_g \circ \sigma_h$ ist eine Drehung um $90°$, der Winkel zwischen g und h ist also $45°$.

5.41 $g_1: \vec{x} = \begin{pmatrix} -1 \\ 3 \end{pmatrix} + t\begin{pmatrix} 1 \\ 1 \end{pmatrix}$, $g_2: \vec{x} = \begin{pmatrix} -1 \\ 3 \end{pmatrix} + t\begin{pmatrix} 1 \\ -2 \end{pmatrix}$

5.42 Gilt $A\vec{f_1} + \vec{c} = \vec{f_1}$ und $A\vec{f_2} + \vec{c} = \vec{f_2}$, dann wird der Ortsvektor $\vec{f_1} + t(\vec{f_2} - \vec{f_1})$ eines Punktes der Geraden durch F_1, F_2 auf sich selbst abgebildet: $A(\vec{f_1} + t(\vec{f_2} - \vec{f_1})) = A\vec{f_1} + t(A\vec{f_2} - A\vec{f_1}) + \vec{c} = (\vec{f_1} - \vec{c}) + t((\vec{f_2} - \vec{c}) - (\vec{f_1} - \vec{c})) + \vec{c} = \vec{f_1} + t(\vec{f_2} - \vec{f_1})$

5.43 Mit $\vec{u_1} = \begin{pmatrix} 1 \\ -1 \end{pmatrix}$, $\vec{u_2} = \begin{pmatrix} 2 \\ 1 \end{pmatrix}$ gilt: Der Punkt mit dem Ortsvektor $r\vec{u_1} + s\vec{u_2}$ wird abgebildet auf den Punkt mir dem Ortsvektor $r\vec{u_1} + s(3t+1)\vec{u_2}$.

5.44 Für $|c| \neq 4$ genau ein Fixpunkt, nämlich $F(\frac{8-2c}{16-c^2}, \frac{4-c}{16-c^2})$. Für $c = -4$ kein Fixpunkt. Für $c = 4$ eine Fixpunktgerade, nämlich $f: 2x_1 + 4x_2 = 1$.

6 Kegelschnitte

6.1 $M(1,5)$; $\quad a = 3, \ b = 4$

6.2 Koeffizientenvergleich in $x_2 = -0{,}3x_1 + 2{,}5$ und $x_2 = -\frac{15b^2}{8a^2} x_1 + \frac{5b^2}{8}$ liefert $a = 5$ und $b = 2$. Konstruktion: Abb. 6.1.

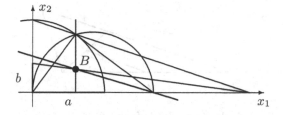

Abb. 6.1 Zu Aufgabe 6.2 und Aufgabe 6.6

6.3 $\varrho_1 = \dfrac{d \sin\alpha \sin\varphi}{\sin\alpha + \sin\varphi}$, $\varrho_2 = \dfrac{d \sin\alpha \sin\varphi}{\sin\alpha - \sin\varphi}$

6.4 a) Ist P der Fußpunkt des Lotes, F_2' der Spiegelpunkt von F_2 bei Spiegelung an der Tangente und B der Berührpunkt, dann ist $\overline{F_1 F_2'} = \overline{F_1 B} + \overline{F_2 B} = 2a$ und aufgrund des Strahlensatzes $\overline{OP} = a$. b) vgl. Abb. 6.1 zu Aufgabe 6.2.

6.5 Ist P ein Ellipsenpunkt und K der Punkt auf dem Kreis um F_1 mit dem Radius $2a$, dann ist $\overline{PK} = 2a - \overline{PF_1} = \overline{PF_2}$.

6.6 a) Ist F_2' der Bildpunkt von f_2 bei Spiegelung an t, dann ist $\overline{F_1 F_2'} = 2a$ und B der Schnittpunkt von t mit $F_1 F_2'$. Weiter s. Aufgabe 6.2.   b) Vgl. a) und Aufgabe 6.2.

c) Spiegele Brennpunkt an Tangente und zeichne um Spiegelpunkt Kreis vom Radius $2a$. Schnittpunkte mit Tangente ergeben anderen Brennpunkt (2 Mögl.).

6.7 Ist $\vec{u} \bullet \vec{v} = 0$, dann ist $A\vec{u} \bullet A\vec{v} = 6u_1 v_2 + 6u_2 v_1 + 9u_2 v_2$. Fallunterscheidung $u_1 = 0$ oder $u_2 = 0$ (nur $\vec{u} = \vec{o}$ oder $\vec{v} = \vec{o}$ möglich) und $u_1, u_2 \neq 0$.
Beispiel: $\vec{u} = \binom{-2}{1}$, $\vec{v} = \binom{1}{2}$

6.8 Hauptachsen wie in Abb. 6.2.17 im Text, dann Scheitelkrümmungskreise.

6.9 $M(3, -5); a = 4, b = 3;$ $9(x_1 - 3) \pm 8\sqrt{5}(x_1 + 5) = 24$

6.10 $\varepsilon < 1:$ $a = \frac{\varepsilon q}{1 - \varepsilon}$, $b = a\sqrt{1 - \varepsilon^2}$, $M(a, 0)$

$\varepsilon > 1:$ $a = \frac{\varepsilon q}{\varepsilon - 1}$, $b = a\sqrt{\varepsilon^2 - 1}$, $M(-a, 0)$

6.11 Die Hyperbeltangente in B mit der Gleichung $9b_1 x_1 - 16b_2 x_2 = 144$ hat von O den Abstand $\frac{144}{\sqrt{(9b_1)^2 + (16b_2)^2}}$, es gilt also $\sqrt{(9b_1^2)^2 + (16b_2)^2} = 72$ bzw. $81x_1^2 + 256x_2^2 = 72^2$. Ferner gilt $9b_1^2 - 16b_2^2 = 144$. Setzt man $16b_2^2 = 9b_1^2 - 144$ in die erste Gleichung ein, so folgt $b_1 = \pm \frac{8}{5}\sqrt{13}$. Der Berührpunkt im ersten Quadranten des Koordinatensystems ergibt sich damit zu $B\left(\frac{8}{5}\sqrt{13}, \frac{9}{5}\sqrt{3}\right)$.

6.12 Die quadratische Gleichung $b^2 x_1^2 - a^2(mx_1 + n)^2 = a^2 b^2$ hat genau dann zwei verschiedene reelle Lösungen, wenn $n^2 + b^2 > a^2 m^2$.
Ist $n^2 + b^2 = a^2 m^2$, dann existiert genau eine reelle Lösung.

6.13 Die Gleichung $25x_1^2 - 9(x_1 - 2)^2 = 225$ hat die Lösungen $\alpha \pm \beta$ mit $\alpha = -\frac{9}{8}$ und $\beta = \frac{15}{8}\sqrt{5}$. Die Schnittpunkte der Geraden mit der Hyperbel sind also $B_1(\alpha + \beta, \alpha + \beta - 2), B_2(\alpha - \beta, \alpha - \beta - 2)$. Das aus den beiden Tangentengleichungen bestehende Gleichungssystem lässt sich durch Addition bzw. Subtraktion der Gleichungen umformen zu $x_1 - x_2 = -8$ und $25x_1 = 9x_1$ und hat die Lösung $\left(\frac{9}{2}, \frac{25}{2}\right)$.

6.14 Die Behauptung ergibt sich mithilfe des Strahlensatzes (Abb. 6.2).

6.15 Einsetzen der Geradengleichungen in die Gleichung des Hyperboloids.

6.16 $(x_1 - 2)^2 + (x_2 - 5)^2 = d^2$ mit $d = \frac{1}{5}|3x_1 + 4x_2 - 10|$ liefert $16x_1^2 + 9x_2^2 - 24x_1 x_2 - 40x_1 - 170x_2 + 625 = 0$.

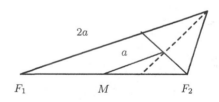

Abb. 6.2 Zu Aufgabe 6.14

6.17 Aus $\frac{1}{3} = \frac{x_2}{2x_1}$ und $x_2^2 = 10x_1$ folgt $x_1 = 22{,}5, x_2 = 15$.
    Tangentengleichung: $x_1 - 3x_2 + 22{,}5 = 0$

6.18 Mit einer Kongruenzabbildung kann man die Achsen und Scheitel zweier Parabeln zur Deckung bringen. Die Parabel mit der Gleichung $x_2^2 = 2px_1$ wird bei der zentrischen Streckung mit dem Zentrum O und dem Faktor $\frac{q}{p}$ auf die Parabel mit der Gleichung $\frac{p^2}{q^2} \cdot x_2^2 = 2p \cdot \frac{p}{q} \cdot x_1$ bzw. $x_2^2 = 2qx_1$ abgebildet.

6.19 Abb. 6.3: Die Lotfußpunkte H_1, H_2 von F auf die Tangenten liegen auf der Scheiteltangente, der Kreis mit dem Durchmesser LF geht durch H_1, H_2 (Thales), und $H_1 H_2$ ist ebenfalls Kreisdurchmesser.

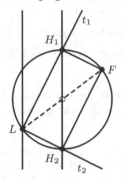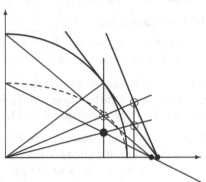

Abb. 6.3 Zu Aufgabe 6.19   **Abb. 6.4** Zu Aufgabe 6.30

6.20 a) Der Lotfußpunkt von F auf die gegebene Tangente liegt auf der Scheiteltangenten.

b) Beachte Abb. 6.4.6 im Text.

c) F liegt auf den Loten auf die beiden gegebenen Tangenten in ihren Schnittpunkten mit der Scheiteltangenten.

d) Beachte Abb. 6.4.6 im Text.

6.21 $c^2 > 8$: Hyperbel; $c^2 = 9$: rechtwinklige Hyperbel; $c^2 = 8$: Parabel; $c^2 < 8$: Ellipse; $c^2 = 1$: Kreis; $c = 0$: Punkt

6.22 a) Ellipse $M(5,0), a = 5, b = 3$ b) Kreis $M(2,0), r = 2$ c) Parabel $p = 6$; d) Hyperbel $M(-1,0), a = \sqrt{2}, b = \frac{2}{3}\sqrt{2}$ e) Ellipse $M(6,0), a = 6, b = 3$

6.23 Die Parabeltangenten sind die Mittelsenkrechten der Verbindungsstrecken von F mit den Punkten der Leitlinie.

6.24 Geradengleichung in Hyperboloidgleichung einsetzen: Identität

6.25 Geradengleichung in Hyperboloidgleichung einsetzen: Identität

6.26 Man betrachte die Kugel um O mit dem Radius a bei orthogonaler Streckung an der $x_1 x_3$-Ebene (also in x_2-Richtung) mit dem Faktor $\frac{b}{a}$ und anschließender orthogonaler Streckung an der $x_1 x_2$-Ebene (also in x_3-Richtung) mit dem Faktor $\frac{c}{a}$. Die Abbildungsgleichungen sind $x_1' = x_1$, $x_2' = \frac{b}{a}x_2$, $x_3' = \frac{c}{a}x_3$. Aus der Kugelgleichung $x_1^2 + x_2^2 + x_3^2 = a^2$ ergibt sich die Gleichung $(x_1')^2 + (\frac{a}{b}x_2')^2 + (\frac{a}{c}x_3')^2 = a^2$, also nach Division durch a^2 die Gleichung des Ellipsoids. Der Punkt $B(b_1, b_2, b_3)$ des Ellipsoids entsteht bei der betrachteten Abbildung aus dem Punkt $B'(b_1, \frac{a}{b}b_2, \frac{a}{c}b_3)$ der Kugel. Die Tangentialebene an die Kugel in B' hat die Gleichung $b_1 x_1 + \frac{a}{b}b_2 x_2 + \frac{a}{c}b_3 x_3 = a^2$. Bei der Abbildung der Kugel auf das Ellipsoid ergibt sich die gesuchte Gleichung: $b_1 x_1' + \frac{a^2}{b^2}b_2 x_2' + \frac{a^2}{c^2}b_3 x_3' = a^2$.

6.27 Geraden durch O mit Richtungsvektor $\vec{u} = \overrightarrow{OU}$ (U Punkt der Kegelfläche).

6.28 Alle Flächen sind Zylinder (bzw. gewisse Entartungsformen), sie entstehen durch Verschieben eines Kurvenstücks der $x_1 x_2$-Ebene in Richtung der x_3-Achse.
(1) elliptischer Zylinder   (2) hyperbolischer Zylinder   (3) x_3-Achse
(4) Ebenenpaar   (5) parabolischer Zylinder   (6) Paar paralleler Ebenen

6.29 Die Schnittellipse und der Schnittkreis mit der $x_2 x_3$-Ebene schneiden sich (u.a) im Punkt $S(0, u, v)$ mit $u = b\sqrt{\frac{a^2-c^2}{b^2-c^2}}$ und $v = c\sqrt{\frac{b^2-a^2}{b^2-c^2}}$. Die Ebene durch S und die x_1-Achse hat die Gleichung $vx_2 - ux_3 = 0$.

6.30 Abb. 6.4: Ellipse auf Kreis strecken, Konstruktion am Kreis, dann Kreis auf Ellipse strecken. Konstruktion am Kreis: Pol zu Gerade durch P parallel zur x_2-Achse konstruieren, Polare orthogonal zu OP.

6.31 Es sei $P(p_1, p_2)$ gegeben. Die Richtung der Polaren ist die Richtung der Tangente im Parabelpunkt mit dem x_2-Wert p_2. Der Schnittpunkt der Polaren mit der x_1-Achse hat von der Leitlinie den Abstand $p_1 - d$, wobei d die Hälfte des Abstands von F und l ist.

6.32 Die Sehnenmittelpunkte sind $M(\mu_1, \mu_2)$ mit $\mu_1 = -\frac{a^2 m_1 n}{a^2 m_1^2 + b^2}, \mu_2 = \frac{b^2 n}{a^2 m_1^2 + b^2}$, es gilt also $m_2 = \frac{\mu_2}{\mu_1} = -\frac{b^2}{a^2 m_1}$. Ähnlich rechnet man bei Hyperbeln und Parabeln.

7   Projektive Geometrie

7.1 (1) Eine Punktreihe hat mit einem Kegelschnitt (als Menge von Punkten) maximal zwei gemeinsame Punkte.
(1') Ein Geradenbüschel hat mit einem Kegelschnitt (als Menge von Geraden) maximal zwei gemeinsame Geraden.

(2) Vier Punkte, von denen keine drei auf einer Geraden liegen, bestimmen sechs Verbindungsgeraden.
(2') Vier Geraden, von denen keine drei durch einen Punkt verlaufen, bestimmen sechs Schnittpunkte.

7.2 Zu zwei Fernpunkten existiert genau eine Verbindungsgerade (nämlich die Ferngerade), ebenso zu einem gewöhnlichen Punkt P und einem Fernpunkt (nämlich die gewöhnliche Gerade durch P in Richtung des Fernpunkts). Die Ferngerade und eine gewöhnliche Gerade haben genau einen Schnittpunkt (den Fernpunkt der gewöhnlichen Geraden).

7.3 a) $a_1 = a_2 = a_3 = 0$: $\mathbb{R}^3$ $a_1 = a_2 = 0, a_3 \neq 0$: uneigentliche Gerade; a_1, a_2 nicht beide 0, aber $a_3 = 0$: Punkt, Gerade oder Geradenpaar; a_1, a_2 nicht beide 0 und $a_3 \neq 0$: Ellipse, Hyperbel, aber auch Entartungen (leere Menge, Parallelenpaar)

b) (1) Lösungsmenge des LGS: Vielfache von $(-12, 13, 9)$; Schnittpunkt $S(-\frac{12}{9}, \frac{13}{9})$.

(2) Lösungsmenge des LGS: Vielfache von $(3, -2, 0)$; Schnittpunkt uneigentlich, gegeben durch die Richtung der Geraden mit der Gleichung $2x_1 + 3x_2 = 0$.

c) (1) Die Lösungsmenge des LGS aus den Gleichungen $a_1 + 2a_2 + a_3 = 0$ und $3a_1 - 4a_2 + 2a_3 = 0$ besteht aus den Vielfachen von $(8, 1, -10)$, die Geradengleichung ist also $8u_1 + u_2 - 10u_3 = 0$ bzw. in „üblicher" Form $8x_1 + x_2 = 10$.

(2) Die Lösungsmenge des LGS aus den Gleichungen $a_1 + 2a_2 + a_3 = 0$ und $3a_1 - 5a_2 = 0$ besteht aus den Vielfachen von $(5, 3, -11)$, die Geradengleichung ist also $5u_1 + 3u_2 - 11u_3 = 0$ bzw. in „üblicher" Form $5x_1 + 3x_2 = 11$.

7.4 Drei kollineare Punkte A,B,C sind frei wählbar. Bestimme D so, dass TV (A,B,C)= (-2)*TV(A,B,D).

7.5 Analog zu projektiven Punktreihen.

7.6 Satz 7.7 verwenden.

7.7 Es gibt insgesamt 60 Geraden. Argumentiere mit der dualen Aussage zu Satz 7.7.

7.8 Ergänze zweimal zum vollständigen Viereck, wobei S eine Nebenecke ist.

7.9 Zwei Punkte, ihr Mittelpunkt und der Fernpunkt ihrer Verbindungsgerade sind harmonische Punkte.

8 Inzidenzstrukturen

8.1 Abb. 8.1.

8.2 Es gilt $|\mathbf{P}| = \binom{n}{i}, |\mathbf{G}| = \binom{n}{j}$ und $(P) = \binom{n-i}{j-i}$ für alle $P \in \mathbf{P}$, $(g) = \binom{j}{i}$ für alle $g \in \mathbf{G}$.

8.3 Einsetzen der ersten in die zweite Gleichung liefert $|\mathbf{P}| = (n+1)(n-1) + 1 = n^2$. Aus der ersten Gleichung erhält man dann $|\mathbf{G}| = n(n+1)$.

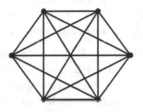

Abb. 8.1 Zu Aufgabe 8.1

8.4 Eigenschaft (4) liegt nicht vor (die übrigen sind erfüllt): Zu jeder Geraden g und jedem Punkt P mit $P \not\in g$ existieren unendlich viele Parallelen zu g durch P. Beispiel: $g: x_1 - 2x_2 = 0$, $P(1,1)$; die Gerade $h: ax_1 + bx_2 = c$ ist eine Parallele zu g durch P, wenn $a + b = c$ und c nicht teilbar durch $a + 2b$.

8.5 Es muss $2 \leq k < m$ gelten; aber nur für $m = 4, k = 2$ sind alle Forderungen (1) bis (4) erfüllt; es handelt sich um die affine Ebene aus Beispiel 8.4.

8.6 a) Ein Gast kann i-mal mit $1 \leq i \leq n-1$ die Hand geschüttelt haben, für die n Gäste gibt also nur $n-1$ Möglichkeiten. Daher gibt es zwei Gäste, die zum gleichen i gehören (Taubenschlagprinzip).

b) In einem Graph auf n Ecken der Ordnung k ist nk die Summe der Ordnungen, und dies ist das Doppelte der Anzahl der Kanten.

8.7
$$\text{FWZK} - \text{WK} - \text{FWK} \Big\langle {{\text{W} - \text{FWZ}} \atop {\text{K} - \text{FZK}}} \Big\rangle \text{Z} - \text{FZ} - \emptyset$$

8.8 Von den fünf Kanten, die von einer Ecke E ausgehen, sind (mindestens) drei von gleicher Farbe, etwa rot. Sind die Endecken dieser drei Kanten blau miteinander verbunden, dann hat man ein blaues Dreieck. Ist eine der Verbindungskanten aber rot, dann hat man ein rotes Dreieck.

8.9 a) Der Wegeplan (Abb. 8.2) zeigt, dass nur ein nicht-geschlossener Euler-Weg existiert.

b) Hier existiert ein geschlossener Euler-Weg (Abb. 8.3).

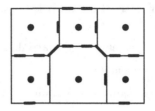

Abb. 8.2 Zu Aufgabe 8.9a   **Abb. 8.3** Zu Aufgabe 8.9b

8.10 Die Kantenmengen Z_i sind paarweise disjunkt, denn sowohl aus $2i \equiv 2j \bmod 2n$ als auch aus $2i - 1 \equiv 2j - 1 \bmod 2n$ folgt $i \equiv j \bmod n$, also $i = j$; ferner gilt $2i \not\equiv 2j - 1 \bmod 2n$. Zu Z_i gehören die $2n - 1$ Kanten $\{i, i-1\}, \{i-1, i+1\}, \{i+1, i-2\}, \{i-2, i+2\}, \{i+2, i-3\}, \{i-3, i+3\}, \ldots,$
$\ldots, \{i+k-1, i-k\}, \{i-k, i+k\}, \ldots, \{i+n-2, i-n+1\}, \{i-n+1, i+n-1\}, \{i+n-1, i-n\}$
und diese bilden einen Kantenzug. Dieser ist nicht zu verlängern, denn $\{i-1, i\} = \{i, i-1\}$ und $\{i+n, i-n-1\} = \{i+n-1, i-n\}$. Insgesamt enhalten die Kantenzüge $n \cdot (2n - 1) = \binom{2n}{2}$ Kanten, also alle Kanten von K_{2n}.

8.11 Die Anzahl n der Ecken sei gerade. Die Behauptung sei für $n \leq 2m$ bewiesen und es sei nun $n = 2m + 2$. Man entferne zwei benachbarte Ecken und die mit ihnen inzidierenden Kanten. Der so entstandene Graph hat höchstens $[\frac{4m^2}{4}] = m^2$ Ecken. Es sind außer der Kante zwischen den beiden entfernten Ecken höchstens $2m$ weitere Kanten entfernt worden, da keine Ecke mit beiden entfernten Kanten verbunden war (weil kein Dreieck existiert). Also enthält der Graph höchstens $m^2 + 2m + 1 = (m+1)^2$ Kanten. Für eine ungerade Eckenzahl verläuft der Beweis analog. Der vollständige paare Graph $K_{m,m}$ enthält kein Dreieck; er hat $2m$ Ecken und $m^2 = [\frac{(2m)^2}{4}]$ Kanten.

8.12 $K_{3,n}$ ist nur für $n \leq 2$ planar.

8.13 Inzidenzen Ecke/Kante bzw. Fläche/Kante zählen; für $k = 7$ folgt $e \leq 4$ und $f \leq 4$, für $e = f = 4$ ist aber $k = 6$.

8.14 Die Anzahl n der Ecken ist gerade (weil $3n$ gerade ist); man färbe die Kanten eines Hamilton-Wegs mit zwei Farben und die übrigen mit der dritten Farbe.

8.15 Oktaeder 1, Tetraeder 2, Würfel 4, Ikosaeder 6, Dodekaeder 10

8.16 a) Parkettierung mit Dreiecken folgt aus der mit Parallelogrammen; zur Parkettierung mit Vierecken betrachte man Punktspiegelungen an den Seitenmitten.

b) Stoßen in einer Ecke k regelmäßige n-Ecke zusammen, dann muss $k \cdot \frac{n-2}{n} \cdot 180° = 360°$ gelten, weil die Winkelsumme im n-Eck $(n - 2) \cdot 180°$ beträgt. Es folgt $k = 2 + \frac{4}{n-2}$, und das ist nur für $n = 3, 4, 6$ eine ganze Zahl.

c) d) klar   e) Die Seiten der Quadrate bilden ein rechtwinkliges Dreieck.

8.17 Aus $3e_3 + 4e_4 + 5e_5 = 6(e_3 + e_4 + e_5) - 12$ folgt $3e_3 + 2e_4 + 3_5 = 12$ mit den Lösungen $(4,0,0), \ldots, (0,0,12)$.

8.18 Quadratische Gleichung für $x = \overline{AT} : \overline{AB}$ lösen: $x^2 \pm x - 1 = 0$

8.19 Es sei a die Anzahl der Fünfecke und b die Anzahl der Sechsecke, also $f = a + b$. Doppeltes Zählen der Inzidenzen Ecke/Fläche und Fläche/Kante ergibt 3e=5a+6b=2k. Aus dem eulerschen Polyedersatz folgt damit $a = 12$. Die Anzahl der Inzidenzen 5eck/6eck ist einerseits $12 \cdot 5$, andererseits $3 \cdot b$, also ist $b = 20$.

8.20 a) $\frac{a}{2}\sqrt{2}$, $(\sqrt{2} - 1)a$ b) $\frac{1}{3}a$
c) $4\sqrt{3}\,\mathrm{cm}$

8.21 Abb. 8.4.

8.22 Oktaeder 2, Tetraeder 4, sonst 3

8.23 Ist die Landkarte 3-färbbar, dann darf kein Land an eine ungerade Anzahl von Ländern grenzen; dann würden nämlich 4 Farben benötigt, weil diese

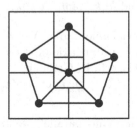

Abb. 8.4 Zu Aufgabe 8.21

Nachbarländer zyklisch aneinandergrenzen. Ist ein Land von einer geraden Anzahl von Kanten begrenzt, dann kann es zusammen mit seinen Nachbarländern mit 3 Farben färben.

8.24 Der Derwisch weiß, dass der K_5 auf dem Torus kreuzungsfrei zu zeichnen ist. Er schlägt also den Bau einer Brücke vor.

9 Axiome der Geometrie

9.1 a) (3′): Sind g, h verschiedene Geraden durch P, dann existiert nach (4) ein Punkt $Q \neq P$ mit $Q \notin g$ und $Q \notin h$; die Gerade durch P und Q ist nach (1) verschieden von g und von h.   (4′): Nach (4) existieren Punkte P, Q, R, S, die zu dreien nicht auf einer Geraden liegen. Je drei der Geraden durch P, Q, durch Q, R, durch R, S, durch S, P haben keinen gemeinsamen Punkt.   b) Abb. 8.1.6 im Text.

9.2 Gilt (1), (2) und (3), und sind P, Q, R nicht kollinear, dann sind die Geraden durch P, Q, durch Q, R und durch R, P drei verschiedene Geraden. Gilt (1) und (2) und sind g, h zwei verschiedene Geraden, so wähle $P, Q \in g$ mit $P \neq Q$ und $R \in h$ mit $R \notin g$.

9.3 Alle Möglichkeiten sind in Abb. 9.1 zusammengestellt.

Abb. 9.1 Zu Aufgabe 9.3

9.4 a) P liegt auf einer Geraden, die einen weiteren Punkt Q enthält. Es gibt einen weiteren Punkt R, der nicht auf g liegt. Durch P gehen also die Geraden durch P, Q

und durch P, R.

b) Zwei Geraden mit zwei gemeinsamen Punkten sind identisch.

c) Die Geraden durch je zwei von drei nichtkollinearen Punkten haben keinen gemeinsamen Punkt.

9.5 Reflexivität und Symmetrie klar; Transitivität: Es sei $g||h$ und $h||k$; ist dann $g \cap k \neq \emptyset$, etwa $P \in g \cap k$, dann ist $g||h$ und $P \in g$ sowie $k||h$ und $P \in k$, nach (4) also $g = k$. Ist $g||h$ und $h||k$, dann ist $g||k$.

9.6 Das Parallelenaxion, die Anordnungsaxiome, die Teilungsaxiome (und weitere) sind nicht erfüllt. Geradengleichung $2x_1 - x_2 = 5$. Vgl. auch Aufg. 8.4.

9.7 Zwei Geraden sind parallel, wenn die sie definierenden Großkreise durch denselben Durchmesser des Basiskreises gehen.

9.8 Die (euklidische) Gerade durch die Punkte $(1, -3)$ und $(4,14)$ hat die Gleichung $17x_1 - 3x_2 = 26$. Also gilt für die gesuchte Verbindungsgerade $17x_1 - 3x_2 = 26$ für $x_2 \leq 0$ und $17x_1 - 6x_2 = 26$ für $x_2 > 0$ (Abb. 9.2).

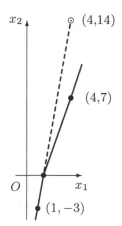

Abb. 9.2 Zu Aufgabe 9.8

9.9 Abb. 9.3.

9.10 $(r - s)^2 \leq (a - b)^2 \leq (r + s)^2$

9.11 Der Spiegelkreis hat den Mittelpunkt $O(0,0)$, weil die (euklidische) Gerade durch A, A' durch O geht. Wegen $\overline{OA} \cdot \overline{OA'} = \sqrt{2} \cdot \sqrt{128} = 16$ ist sein Radius 4. Wegen $\overline{OB} = \frac{1}{2}\sqrt{37}$ ist $\overline{OB'} = \frac{32}{\sqrt{37}}$. Der Bildpunkt ist $B'(\frac{32}{37}, \frac{192}{37})$, denn $\frac{32}{\sqrt{37}} \cdot \frac{2}{\sqrt{37}}\binom{0,5}{3} = \frac{64}{37}\binom{0,5}{3}$. Konstruktion: Abb. 9.4.

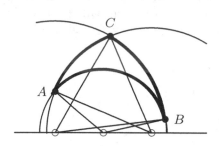

Abb. 9.3 Zu Aufgabe 9.9

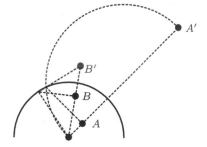

Abb. 9.4 Zu Aufgabe 9.11

9.12 Der Mittelpunkt des Halbkreises, auf dem A, B liegen, ist der Schnittpunkt der Mittelsenkrechten von AB mit der x_1-Achse, also $M(7,0)$. Der Radius des Halbkreises ist 5, man erhält also $U(2,0)$ und $V(12,0)$. Es ist $\overline{AU} = \sqrt{20}$, $\overline{BU} = \sqrt{50}$, $\overline{AV} = \sqrt{80}$, $\overline{BV} = \sqrt{50}$, also

$(\overline{AU} : \overline{BU}) : (\overline{AV} : \overline{BV}) = \sqrt{\frac{2}{5}} : \sqrt{\frac{8}{5}} = \sqrt{\frac{1}{4}} = \frac{1}{2}$. Also ist $l(AB) = \log|\frac{1}{2}| = \log 2$.

9.13 Die Poincaré-Geraden schneiden sich in $S(3,4)$. Die Radien im Punkt S haben die Steigungen $-\frac{4}{3}$ bzw. $\frac{2}{3}$, die Tangenten der Halbkreise in S haben daher die Steigungen $\frac{3}{4}$ bzw. $-\frac{3}{2}$. Der Schnittwinkel ist $\varphi = 180° - \varphi_1 - \varphi_2$ mit $\tan\varphi_1 = \frac{3}{2}$, also $\varphi_1 = 56,31°$, und $\tan\varphi_2 = \frac{3}{4}$, also $\varphi_2 = 36,87°$. Es ergibt sich $\varphi = 86,82°$.

9.14 Die Punkte F, H liegen auf der Polaren zu G, also ist g die Polare zu G. Die Punkte F, H liegen auf der Polaren zu H, also ist h die Polare zu H. Wegen $F \in g \cap h$ liegen G, H auf der Polaren zu F, also ist f die Polare zu F.

9.15 (1) richtig (2) falsch

9.16 Zunächst muss der Abstand der Geraden von O kleiner als 5 sein, also $25(a_1^2 + a_2^2) > a_3^3$ und $25(b_1^2 + b_2^2) > b_3^2$. Ferner muss, wenn die Geraden nicht euklidisch parallel sind, ihr Schnittpunkt $S(\frac{a_3 b_2 - a_2 b_3}{a_1 b_2 - a_2 b_1}, \frac{a_1 b_2 - a_2 b_1}{a_1 b_2 - a_2 b_1})$ außerhalb der Kreisscheibe liegen, es muss also $(a_3 b_2 - a_2 b_3)^2 + (a_1 b_3 - a_3 b_1)^2 > 25(a_1 b_2 - a_2 b_1)^2$ gelten.

9.17 Die euklidische Gerade h geht durch $P(-1,3)$ und $G(\frac{25}{2},0)$ und hat die Gleichung $19x_1 - 2x_3 + 25 = 0$. Konstruktion: Abb. 9.5.

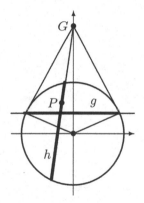

Abb. 9.5 Zu Aufgabe 9.17

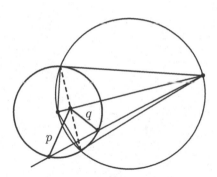

Abb. 9.6 Zu Aufgabe 9.18

9.18 Abb. 9.6.

9.19 Die Gleichung $l(MX) = c$ reduziert sich auf $\overline{XV} : \overline{XU} = c$, also auf $\overline{XM} - r = c(\overline{XM} + r)$ bzw. $(c+1)\overline{XM} = (c-1)r$, wobei r der Radius des Kreises ist, der die Klein'sche Ebene darstellt. Die Punkte X liegen also auf einem euklidischen Kreis um M mit dem Radius $\frac{c-1}{c+1} \cdot r$,

Namensverzeichnis

APOLLONIUS VON PERGE (UM 200 V. CHR.), 188

APPEL (1932–2013), 314

ARCHIMEDES (CA. 287 - 212 V. CHR.), 42, 175

BHASKARA (1114 - 1191), 33

BOLYAI (1802–1860), 322

CANTOR (1845–1918), 118

CAVALIERI (1598–1647), 101

CEVA (1648–1734), 175

CRAMER (1704–1752), 223

DANDELIN (1794–1847), 242

DESARGUES (1593–1662), 178

DESCARTES (1586–1650), 7, 210

ERATOSTHENES VON CYRENE (276–195 V. CHR.), 99

EULER (1707 - 1783), 26 , 301, 307

EUKLID VON ALEXANDRIA (CA. 340 - 270 V. CHR.), 1

FIBONACCI (CA. 1170 - 1240), 42

FERMAT (1605–1661), 7, 151

FEUERBACH (1800 - 1834), 28

GARFIELD (1831 - 1888), 34

GAUSS (1777–1855), 322

HAKEN (GEB. 1928), 314

HAMILTON (1805 - 1865), 303

HAUSDORFF (1868–1942), 120

HERON VON ALEXANDRIA (UM 60 N. CHR.), 89

HILBERT (1862–1943), 323

HIPPOKRATES VON CHIOS (CA. 470 - 410 V. CHR.), 40

KLEIN (1849–1925), 333

VON KOCH (1874–1924), 115

LEONARDO DA VINCI (1452 - 1519), 34

LINDEMANN (1852–1939), 93

LOBATSCHEWSKI (1792–1856), 322

MENELAOS VON ALEXANDRIA (UM 100 N. CHR.), 176

NAPOLÉON BONAPARTE (1769–1821), 151

PAPPOS VON ALEXANDRIA (UM 300 V. CHR.), 156

PASCAL (1623–1662), 156, 282

PEANO (1858–1932), 116

PICK (1859–1942), 309

PLATON (UM 429–348 V.CHR.), 312

POINCARÉ (1854–1912), 329

POLYA (1887–1985), 148

PONCELET (1788-1867), 28

PYTHAGORAS VON SAMOS (UM 570 - 496 V. CHR.), 31

SCHLEGEL (1843–1905), 304

SCHOPENHAUER (1788-1860), 33

SIERPINSKI (1882–1969), 120

SIMSON (1687 - 1768), 50

STEINER (1796–1863), 321

THALES VON MILET (CA. 625 - 545 V. CHR., 1, 43

WALLACE (1768 - 1843), 50

Sachverzeichnis

Abbildungsmatrix Drehstreckung, 235
Abbildungsmatrix Spiegelung, 234
Abbildungsmatrix Streckdrehung, 239
absolute Geometrie, 322
Abstand Punkt – Ebene, 217
Abstand Punkt – Gerade, 10
Abwicklung, 70
Achse einer Parabel, 256
Achsen einer Ellipse, 245
Achsen einer Hyperbel, 252
Achsenspiegelung, 127
achsensymmetrisch, 137
Additionstheoreme sin und cos, 200
affine Abbildung, 166
affine Ebene, 296
affine Figuren, 166
Affinität, 166
ähnliche Dreiecke, 15
ähnliche Figuren, 157

Ähnlichkeitsabbildung, 157
Ähnlichkeitspunkt, 163
algebraische Gleichung, 93
Ankreis des Dreiecks, 23
Ankreismittelpunkte, 23
Anordnungsaxiome, 324
Anschauungsebene, 1
Anschauungsraum, 1
Antipodenpaar, 76
Antiprisma, 320
apollonische Berührungsaufgabe, 188
archimedischer Körper, 319
Argument, 206
Asymptoten einer Hyperbel, 252
Auffaltung, 70
Außenwinkel eines Dreiecks, 17
äußere Fläche, 307
äußerer Teilpunkt, 167
Axiom, 1

Bandornament, 139
Bandornamente nach IUCr, 147
Berührradius, 52
Bewegung, 126
Bewegungsaxiome, 325
Bewegungsgruppe, 126
Bierdeckel-Geometrie, 333
bijektiv, 125
bipartiter Graph, 305
Breitenkreis, 226
Brennpunkte einer Ellipse, 245
Brianchon'sches Sechsseit, 284

Cantor'sche Kurve, 119
Cantor'sches Diskontinuum, 118
Cavalieri'sches Prinzip, 101
Chordale, 56
Chordalebene, 79
Cramer'sche Regel, 223

Dandelin'sche Kugeln, 242
Deckabbildung, 127, 135
Deckabbildungsgruppe, 137
Determinante, 223
Determinante einer Matrix, 233
Dodekaeder, 71, 311
Doppelspiegelung, 128
Doppelverhältnis, 272
Doppelverhältnis von kopunktalen Geraden, 274
Drehgruppe, 139
drehsymmetrisch, 137
Drehung, 128
Dreieckspyramide, 60, 62

Dreiecksungleichung, 16
Dreieckswinkelsumme, 16
Dreifachspiegelung, 130
Dreispiegelungssatz, 130
Dualität, 270
Dualität planarer Graphen, 312
Durchlaufsinn, 4

ebenentreu, 180
Ecken, 293
Ecktransversalen des Dreiecks, 24
eigentliche Bewegung, 133
einfacher Graph, 303
Einheitskreis, 94
Elementarbereich, 148
Ellipse, 241
Ellipse als Ortskurve, 244
Ellipsengleichung, 244
Ellipsoid, 261
Entfernung zweier Punkte, 10
ergänzungsgleich, 85
Erweiterter Satz des Pythagoras, 39
euklidische Geometrie, 322
Euler'sche Gerade, 26
Euler'scher Polyedersatz, 60, 307
Euler-Affinität, 237
Euler-Graph, 301
Euler-Weg, 301
Euler'scher Kreis, 28

Fasskreisbogen, 45
Fermat-Punkt, 151
Ferngerade, 268
Fernpunkt, 185, 268
Feuerbach'scher Kreis, 28
Figur, 2, 126
Fixgerade, 136
Fixpunktsgerade, 136
Fläche zweiter Ordnung, 243
Flächen eines planaren Graphen, 307
Flächeninhalt Dreieck, 84
Flächeninhalt Fünfeck, 87
Flächeninhalt Parallelogramm, 84

Flächeninhalt Rechteck, 84
Flächeninhalt Sechseck, 86
Flächeninhalt Trapez, 90
Flächenornament, 147
Fraktale, 123

Gärtnerellipse, 245
Gegendrehung, 128
Gegenverschiebung, 128
geometrische Grundkonstruktionen, 14
Gerade, 2
Geradengleichung in Parameterform,
    212
Geradenspiegelung, 127
geradentreu, 125
gerader Kreiskegel, 72
gerader Zylinder, 72
gerades Prisma, 61
gerichteter Abstand, 271
Geschlecht einer Fläche, 316
geschlossen-unikursaler Graph, 301
gestreckter Winkel, 11
Gitterpolygon, 309
gleichseitiges Dreieck, 17
Gleichung der Polaren, 264
goldener Schnitt, 51
Graph, 293, 300
Großkreis, 9, 76, 226
Grundgebilde, 270
Gruppe der Kongruenzabbildungen,
    126

Höhen im Dreieck, 19
Höhensatz, 36
Halbebene, 5, 324
Halbgerade, 4, 324
Hamilton-Weg eines Graphen, 303
harmonische Punkte, 287
Hauptachsenkonstruktion, 250
Hauptsatz der projektiven Geometrie,
    279

Haus der Vierecke, 138
Heron'sche Formel, 88
Heron'sches Tripel, 90
Heron-Algorithmus, 95
Hexaeder, 311
Hyperbel, 242
Hyperbelgleichung, 252
Hyperboloid, 255
Hyperboloid, einschalig, 261
Hyperboloid, zweischalig, 262
Hypotenuse, 31
Hypotenusenabschnitte, 31

identische Abbildung, 126
Ikosaeder, 63, 71, 311
Imaginärteil, 205
Inhalt Kugelzone, 110
Inkreis des Dreiecks, 23
Inkreismittelpunkt, 23
Innenwinkel eines Dreiecks, 17
Innenwinkelhalbierende im Dreieck, 23
innererTeilpunkt, 167
Invarianten einer Abbildung, 125
inverse Matrix, 233
Inversion am Kreis, 184, 207
involutorisch, 128
Inzidenzaxiome, 323
Inzidenzgeometrie, 295, 323
Inzidenzstruktur, 291
isolierte Ecke, 300
isolierte Kante, 300
isometrische Projektion, 65

Kanten, 293
kartesische Koordinaten, 210
Kartesisches Koordinatensystem, 7
Kathete, 31
Kathetensatz, 35
Kavalierprojektion, 65
Kegel, 72, 102
Kegelstumpf, 73, 103
Kegelstumpfvolumen, 103
k-färbbar, 313
koaxiales Kreisbüschel, 190

kollineare Punkte, 3
kongruent, 126
kongruente Dreiecke, 15
Kongruenzabbildung, 126
Kongruenzsätze, 16
konjugiert komplex, 206
konjugierte Durchmesser, 249
Konoid, 74
Konoidvolumen, 105
konvexe Figur, 6
Koordinatengleichung einer Ebene, 213
Koordinatensystem, 7
kopunktale Geraden, 3
Korkenzieherregel, 211
Kosinus, 195
Kosinusfunktion, 196
Kosinussatz, 38, 197
Kreis des Apollonius, 193
Kreisbogen, 43, 99
Kreisornament, 139
Kreissegment, 99
Kreissehne, 99
Kreissektor, 99
Kreisverwandtschaften, 208
Kreiszylinder, 72
Kreuzliniensatz, 283
Kugel, 76
Kugel Oberflächeninhalt, 108
Kugelabschnitt, 76
Kugelfläche, 76
Kugelkörper, 76
Kugelkappe, 76
Kugelkeile, 76
Kugelschicht, 76, 109
Kugelsegment, 109
Kugelvolumen, 108
Kugelzweiecke, 76
Kurve zweiter Ordnung, 243

Länge einer Strecke, 10
Längenkreis, 226
längentreu, 126
Landkarte, 313

Leitgerade, 256
linear abhängig, 211
linear unabhängig, 152, 211
Lot, 11
Lotfußpunkt, 11
Lotgerade, 11

Möndchen des Hippokrates, 40
Mantelinhalt Kegel, 109
Mantelinhalt Kegelstumpf, 109
Matrizenprodukt, 234
Militärprojektion, 65
Mittelachse eines Bandornaments, 141
Mittellot, 11
Mittelpunktswinkel, 43
Mittelsenkrechte, 11
mittelsenkrechte Ebene, 79, 180
Mittelsenkrechte im Dreieck, 19
Mittendreieck, 20

Napoléon-Dreieck, 151
Nebenecken, 288
Nebenseiten, 288
Nebenwinkel, 12
n-Eck, 59
negativ orientiert, 222
Netz eines Polyeders, 303
Neunpunktekreis, 27, 28
n-Flach, 59
nichteuklidische Geometrie, 322
Normalengleichung einer Ebene, 216
n-zügig durchlaufbarer Graph, 303

Oktaeder, 66, 71, 311
Ordnung einer affinen Ebene, 299
Ordnung einer Ecke, 294, 300
orientierungsumkehrend, 128
Ornamentgruppe, 148
orthogonale Geraden, 9
orthogonale Parallelstreckung, 170
Orthogonaliät von Strecken und Halb-
    geraden, 10
Orthogonalität, 9
Ortsvektor, 152, 211

Parabel, 242
Parabel als Ortskurve, 256
Parabelgleichung, 256
Parabelquadratur, 92
Paraboloid, elliptisches, 262
Paraboloid, hyperbolisches, 262
Parallele, 296
parallele Geraden, 2
Parallelenaxiom, 2, 16, 323
parallelentreu, 166
Parallelepiped, 61
Parallelität von Halbgeraden, 9
Parallelität von Strecken, 9
Parallelprojektion, 64
Parallelstreckung, 170
Pascal'sches Sechseck, 282
Pascal-Gerade, 282
Passante, 52
Peano-Kontinuum, 116
Pentagramm, 31
Periode eines Bandornaments, 139
Peripheriewinkel, 43
perspektiv, 273
plättbarer Graph, 307
planarer Graph, 307
platonische Körper, 303, 309, 310
Polare bezüglich eines Kegelschnitts,
    264
Polarenspiegelung, 334
Polarkoordinaten, 204
Polyeder, 59
Polygon, 59
positiv orientiert, 222
Potenzgerade, 57
Prinzip von Cavalieri, 101
projektive Ebene, 268
projektive Geradenbüschel, 280
projektive Grundgebilde, 277
Punktreihe, 270
Punktspiegelung, 129
punktsymmetrisch, 137
Pyramide, 62, 72
Pyramidenstumpf, 73
pythagoräisches Zahlentripel, 38
pythagoreisches Quadrupel, 225

Quader, 61
quadratische Pyramide, 62
Quadratur einer Fläche, 83

Rösselsprung-Problem, 304
Randgeraden eines Bandornaments, 141
Raute, 13
Realteil, 205
rechter Winkel, 11
rechtwinklige Geraden, 9
Rhombendodekaeder, 67, 320
Richtungsvektor, 212
Rotationsellipsoid, 261
Rotationshyperboloid, 261
Rotationsparaboloid, 258, 262

Sattelfläche, 262
Satz des Pythagoras, 31
Satz des Thales, 26
Satz vom Peripheriewinkel, 44
Satz von Ceva, 175
Satz von Desargues, 178
Satz von Menelaos, 176
Satz von Miquel, 190
Satz von Pappos und Pascal, 156
Satzgruppe des Pythagoras, 37
Scheitel einer Ellipse, 245
Scheitel einer Hyperbel, 252
Scheitel einer Parabel, 256
Scheitel eines Winkels, 4
Scheitelkrümmungskreis, 248
Scheitelkrümmungskreis einer Parabel, 259
Scheitelwinkel, 12
Schenkel eines Winkels, 4
Scherung, 35, 172
Scherungsachse, 172
Scherungswinkel, 172
Schlegel-Diagramme, 304
Schleife, 300
Schneeflockenkurve, 114, 115
Schnittpunkt von Geraden, 2

Schrägbild, 65
Schrägspiegelung, 170
Schraubung, 182
Schubspiegelung, 131
Schwerelinien, 183
Schwerpunkt im Dreieck, 22
Sechseck projektive Geometrie, 282
Sehnensatz, 45
Sehnentangentenwinkel, 44
Sehnenviereck, 50
Seitenhalbierende im Dreieck, 21
Sekante, 52
Sekanten-Tangenten-Satz, 45
Sekantensatz, 45
Selbstähnlichkeitsdimension, 121
sich schneidende Geraden, 2
Sierpinski'scher Flickenteppich, 120
Simson-Gerade, 49
Sinus, 195
Sinusfunktion, 196
Sinussatz, 88, 197
Sinussatz für sphärische Dreiecke, 230
Skalarprodukt, 215
Spat, 61
Spatprodukt, 221
sphärische Geometrie, 9
sphärisches Dreieck, 228
Spiegelung an einer Geraden, 127
spitzer Winkel, 11
Stützvektor, 212
Stetigkeitsaxiome, 326
Strahlensätze, 20, 158
Streckdrehung, 163
Strecke, 4, 324
streckenverhältnistreu, 158
Streckfaktor, 157
Streckscherung, 237
Streckspiegelung, 163
Streckzentrum, 157
Stufenwinkel, 12
stumpfer Winkel, 11
Symmetrieachse, 137
Symmetriegruppe, 137

Symmetriezentrum, 137

Tangente, 52
Tangentenabschnitt, 55, 78
Tangentengleichung Ellipse, 246
Tangentengleichung Hyperbel, 254
Tangentengleichung Parabel, 257
Tangentenviereck, 50
Tangentialebene, 76
Tangentialebene an Kugel, 218
Tangentialkegel, 78, 218
Teilgraph, 305
Teilungsaxiome, 5, 324
Teilverhältnis, 167
Teilverhältnistreue, 167
Tetraeder, 60, 311
Thales, 26
Torus, 82
Trägergerade, 324
Trägergerade einer Halbebene, 5
Transversalen des Dreiecks, 24
Transzendenz von π, 93
Triangulation, 85

überstumpfer Winkel, 11
Umfangswinkel, 43
Umkehrabbildung, 125
Umkehrung Pythagoras, 37
Umkugel, 79
uneigentliche Bewegung, 133
unikursaler Graph, 301

Vektorprodukt, 220
Vektorprodukt, Eigenschaften, 220
Verbindungsgerade, 2, 323
Verschiebung, 128
Verschiebungsgruppe der Ebene, 135
Verschiebungsvektor, 135
Vervielfachung von Veschiebungen, 152
Vierfarbensatz, 314
vollständiger bipartiter Graph, 305
vollständiger Graph der Ordnung n, 304
vollständiges Viereck, 288
vollständiges Vierseit, 288

Vollwinkel, 11
Volumen Kugelsegment, 111
von Koch'sche Kurve, 115

Würfel, 61
Würfelnetz, 294
Wechselwinkel, 12
Winkel, 4, 324
Winkelfeld, 6, 324
Winkelhalbierende, 13
Winkelhalbierende im Dreieck, 23
winkeltreu, 127, 157
Wischmenge, 117

Zentrale, 52
Zentralprojektion, 64
zentrisch ähnlich, 157
Zentrische Streckung, 157
Zentriwinkel, 43
zerlegungsgleich, 84
zugeordnete Punkte und Geraden, 273
zulässige Färbung, 313
Zweifarbensatz, 313
Zylinder, 101
Zylindervolumen, 102

Printed in the United States
By Bookmasters